JN492620

고마운
고분자 이야기

박오옥 · 김범준 지음

자유아카데미

머리말

이 책은 대학교 2~3학년 정도의 과학도나 공학도에게 전공에 무관하게 세상에 흔히 널려있는 고분자에 대한 일관된 지식을 갖도록 도움을 주기 위하여 집필되었다. 대부분의 고분자 개론서가 고분자 화학으로 시작하여 너무 많은 분량을 화학적 정보에 할애하고 있다. 이 책에서는 그러한 점을 보완하여 고분자 자체 개념 정리부터 시작해 화학, 물리 그리고 실제 가공 및 응용에 고루고루 장을 분배하였다. 이를 통해 고분자를 보다 일관되고 쉽게 이해하여 고분자 관련 연구나 다른 분야에서 실질적으로 활용할 수 있기를 기대한다. 또한 다양한 전공의 대학생들이 과학기술 기반의 지식 정보 사회에서 지도력을 가진 과학기술인으로 성장하는 데 미약하나마 도움이 될 수 있도록 가능한 한 쉽게, 가능한 한 실용적으로 기술하였다.

고도화되고 있는 과학기술 중심 사회에서 보다 큰 역할을 찾기 위해서는 4차 산업 혁명의 변화를 확실히 느껴야 한다. 이 변화는 완전히 새로운 것만은 아니다. 모든 변화는 이미 존재하고 있는 많은 것을 통하여 총체적으로 지배받고 있다는 사실을 유념해야 한다.

우리는 항상 새로운 주제를 스스로 찾아야 한다. 이미 존재하고 있는 사실과 문제를 제대로 파악하고, 새롭게 정의해나가는 과정에서 비록 고생하지만 의미와 보람을 찾아낼 수 있을 것이다.

무한한 노력과 상상력이 있어야만 세렌디피티(serendipity), 즉 우연을 가장한 발견에 도달할 수 있다. 누구나 보는 것을 보지만 아무도 생각하지 않은 것을 생각해야 진정한 발견이 된다. 과학기술만이 오직 새로운 부가가치를 만들어내는 유일한 길인 것이다.

산업 혁명, 정보 혁명 이전의 지구와 환경은 단지 2억 명 정도의 인구가 살기에 적합한 곳이었다. 과학기술인들의 어마어마한 노력 덕분에 이제는 70억 명 이상의 인류가 그럭저럭 먹고 살고 있는 셈이니 긍지를 느낄만하다. 이런 가운데 고분자라는 물질이 존재함은 또한 얼마나 고마운 일인가? 이제 점점 더 과학기술 발전이 가속화되고 지식 혁명, 창조 혁명, 융합 혁명이 일어나고 있으니 우리의 할 일은 더욱 무궁무진하다 하겠다. 예를 들어 마지막 장에서 소개된 전기발광 고분자 소자 중 LED, OLED, PLED의 의미와 가치를 크게 보자. 단순한 디스플레이나 분위기용 조명이 아니라 에너지 절약에도 보탬이 되어 지구 환경을 지키고, 많은 이들에게 희망의 빛을 주는 소자로서 연구되는 것이다.

인류의 문제인 식량, 에너지, 물, 의료복지, 테러 등등 이를 극복하기 위하여 우리가 무엇을 할 것인지, 할 수 있는지, 진지하게 생각해보자. 고분자 이야기를 하는 이유가 여기에 있다고 하면 억지인가? 인구 증가로 인한 모든 인류의 문제는 과학기술 기반으로 풀어야만 한다는 사실이 오늘도 우리를 바쁘게 만든다.

지난 1986년부터 대학에서 고분자를 가르치다가 2016년 가을 우리말 교과서를 집필하기 시작하였다. 2020년 겨울 김범준 교수의 가세로 드디어 이 책을 선보이게 되었다. 이 조그만 작품이 여러분에게 많은 도움이 되기를 간절히 바란다.

2021.1

갑천변에서 박오옥 씀

교재의 구성 및 활용

이 책에서는 일상에서의 고분자를 알기 쉽게 이해하기 위하여, 어떻게 만드는지, 어떻게 거동하는지, 어떤 용도와 어떤 종류의 고분자를 활용하고 있는지, 어떻게 성능과 기능을 증진시킬 것인지, 사용 후 처리는 어떻게 해야 하는지 등의 전반적인 이슈를 체계적으로 다루고자 한다. 크게 7개의 분야로 나누어 **1부 고분자와 고분자 유체** 분야에서 5개장, **2부 고분자 화학** 분야에서 5개장, **3부 고분자 물리** 분야에서 3개장, **4부 고분자 유변학과 가공** 분야에서 3개장, **5부 고분자의 실제 응용** 분야에서 4개장, **6부 범용 고분자 각론** 분야에서 3개장, **7부 고성능 고기능 고분자** 분야의 4개장으로 전체 27장을 준비하였다.

용어와 어휘는 '대한화학회 홈페이지(http://new.kcsnet.or.kr/cheminfo)의' 화학술어집을 참고하여 통일하였다. 본문의 볼드 처리된 용어는 색인으로 찾아볼 수 있다.

■ 이 교재로 고분자 학문을 처음 접하는 학생들에게

이 책은 고분자 개론을 다루고 있으며, 고분자의 용어 정의부터 물리, 화학 그리고 응용 등 다양한 내용을 접하게 된다. 고분자 공부도 퍼즐 맞추기와 비슷하여, 먼저 배운 내용을 잘 이해하고 있어야 새로운 것을 이해하기 쉽다. 특히, 강의 초반에 나오는 고분자 용어 정의를 잘 이해해서 고분자가 가지는 고유의 특성을 잘 파악하는 것이 무엇보다도 중요하고, 기존의 유기 분자들과 구분하는 면에서는 고분자의 분자량 개념을 이해하는 것이 중요하다. 저자의 경험에 의하면 강의 초반에 학습 내용을 잘 따라오던 학생들도 진도가 나갈수록 힘들어하는 경향이 많이 나타나는데, 이는 누적해서 배운 학습 내용을 잘 소화하지 못한 결과라고 생각한다. 고분자 개론 공부는 배운 내용을 복습하고, 정리하는 습관을 기르는 것이 중요하므로, 자기만의 강의노트를 유시할 것을 추천한다. 또한, 고분자 개론, 물리, 화학, 응용 등 고분자 학문의 방대한 양을 이 책에서 소개하다보니 상세한 내용의 전달이 부족할 것으로 예상된다. 필요한 경우, 부족한 설명에 대한 개념이나 용어들은 인터넷을 활용하거나 각 장에서 제공하는 참고문헌을 찾아보는 것을 권장하는 바이다.

■ 이 교재로 수업하는 교수님들께

이 책은 기본적으로 한 학기 분량의 내용으로 집필되었지만 강의하시는 분의 강의 방식에 따라 두 학기용 교재로도 활용할 수 있다.

각 장 말미에는 연습문제를 수록하였다. 본문의 내용을 복습하는 문제와 함께 그것을 응용할 수 있는 심화된 문제들로 구성하였다. 책의 말미에 연습문제에 대한 상세한 해답을 제공하고 있으니 함께 활용하면 좋을 것이다.

효율적인 강의를 위해서 강의하시는 분들께 제공되는 강의자료를 준비하였다. 먼저, 저자가 직접 강의내용을 요약한 강의노트(PPT)를 제공한다. 수업 시간에 그대로 활용해도 좋을 것이다. 다음으로, 강의하시는 분들이 자신만의 강의노트를 만들 수 있도록 책에 사용된 그림, 표, 구조식, 수식 등을 장별로 취합하여 PPT 형식으로 제공한다. 강의방식에 맞춰 적절히 활용하기를 바란다.

▸ 연습문제와 해답

각 장 뒤에 연습문제, 책의 뒷부분에 연습문제 해답을 준비하였다.

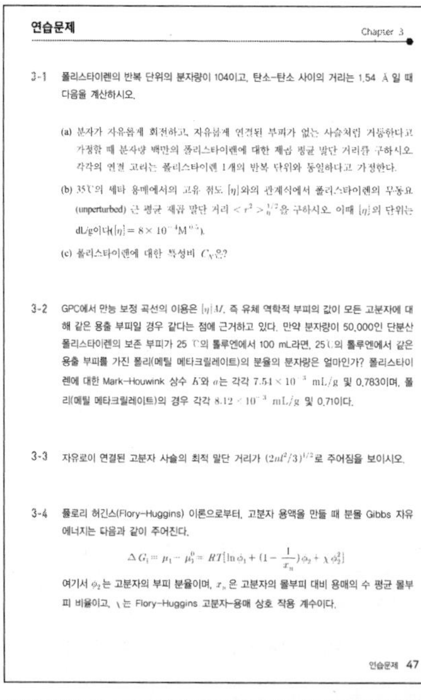

연습문제 Chapter 3

3-1 폴리스타이렌의 반복 단위의 분자량이 104이고, 탄소-탄소 사이의 거리는 1.54 Å 일 때 다음을 계산하시오.

(a) 분자가 자유롭게 회전하고, 자유롭게 연결된 부피가 없는 사슬처럼 거동한다고 가정할 때 분자량 백만의 폴리스타이렌에 대한 제곱 평균 말단 거리를 구하시오. 각각의 연결 고리는 폴리스타이렌 1개의 반복 단위와 동일하다고 가정한다.

(b) 35℃의 세타 용매에서의 고유 점도 $[\eta]$와의 관계식에서 폴리스타이렌의 무동요(unperturbed) 근 평균 제곱 말단 거리 $< r^2 >_0^{1/2}$을 구하시오. 이때 $[\eta]$의 단위는 dL/g이다($[\eta] = 8\times 10^{-4}M^{0.5}$).

(c) 폴리스타이렌에 대한 특성비 C_N은?

3-2 GPC에서 만능 보정 곡선의 이용은 $[\eta]M$, 즉 유체 역학적 부피의 값이 모든 고분자에 대해 같은 용출 부피일 경우 같다는 점에 근거하고 있다. 만약 분자량이 50,000인 단분산 폴리스타이렌의 보존 부피가 25 ℃의 톨루엔에서 100 mL라면, 25℃의 톨루엔에서 같은 용출 부피를 가진 폴리(메틸 메타크릴레이트)의 분율의 분자량은 얼마인가? 폴리스타이렌에 대한 Mark-Houwink 상수 K와 a는 각각 7.54×10^{-3} mL/g 및 0.783이며, 폴리(메틸 메타크릴레이트)의 경우 각각 8.12×10^{-3} mL/g 및 0.71이다.

3-3 자유로이 연결된 고분자 사슬의 최적 말단 거리가 $(2nl^2/3)^{1/2}$로 주어짐을 보이시오.

3-4 플로리 허긴스(Flory-Huggins) 이론으로부터, 고분자 용액을 만들 때 분몰 Gibbs 자유 에너지는 다음과 같이 주어진다.

$$\Delta G_1 = \mu_1 - \mu_1^0 = RT[\ln\phi_1 + (1-\frac{1}{x_n})\phi_2 + \chi\phi_2^2]$$

여기서 ϕ_2는 고분자의 부피 분율이며, x_n은 고분자의 몰부피 대비 용매의 수 평균 몰부피 비율이고, χ는 Flory-Huggins 고분자-용매 상호 작용 계수이다.

연습문제 47

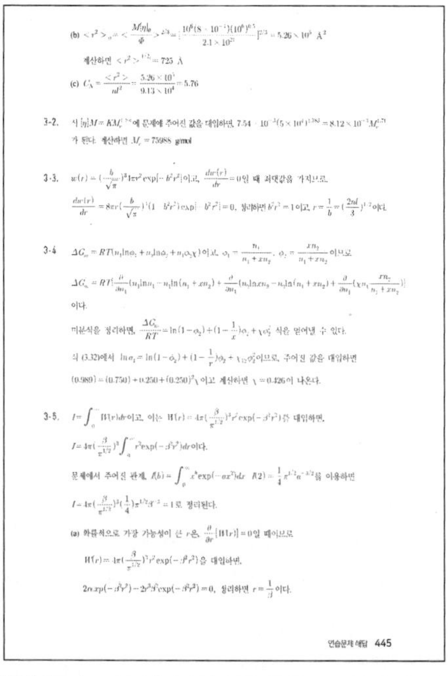

(b) $< r^2 >_0 = < \frac{M[\eta]_\theta}{\Phi} >^{2/3} = [\frac{10^6(8\times 10^{-4})(10^6)^{0.5}}{2.1\times 10^{21}}]^{2/3} = 5.26\times 10^5$ Å^2

계산하면 $< r^2 >^{1/2} = 725$ Å

(c) $C_N = \frac{< r^2 >}{nl^2} = \frac{5.26\times 10^5}{9.13\times 10^4} = 5.76$

3-2. 식 $[\eta]M = KM_v^{1+a}$에 문제에 주어진 값을 대입하면, $7.54\times 10^{-3}(5\times 10^4)^{1.783} = 8.12\times 10^{-3}M_v^{1.71}$가 된다. 계산하면 $M_v = 75988$ g/mol

3-3. $w(r) = (\frac{b}{\sqrt{\pi}})^3 4\pi r^2 \exp[-b^2r^2]$이고, $\frac{dw(r)}{dr} = 0$일 때 최대값을 가지므로,

$\frac{dw(r)}{dr} = 8\pi r(\frac{b}{\sqrt{\pi}})^3(1-b^2r^2)\exp[-b^2r^2] = 0$, 정리하면 $b^2r^2 = 1$이고, $r = \frac{1}{b} = (\frac{2nl}{3})^{1/2}$이다.

3-4 $\Delta G_m = RT(n_1\ln\phi_1 + n_2\ln\phi_2 + n_1\phi_2\chi)$이고, $\phi_1 = \frac{n_1}{n_1+xn_2}$, $\phi_2 = \frac{xn_2}{n_1+xn_2}$이므로

$\Delta G_m = RT[\frac{\partial}{\partial n_1}(n_1\ln n_1 - n_1\ln(n_1+xn_2)) + \frac{\partial}{\partial n_1}(n_2\ln xn_2 - n_2\ln(n_1+xn_2)) + \frac{\partial}{\partial n_1}(\chi n_1\frac{xn_2}{n_1+xn_2})]$

이다.

미분식을 정리하면, $\frac{\Delta G_m}{RT} = \ln(1-\phi_2) + (1-\frac{1}{x})\phi_2 + \chi\phi_2^2$ 식을 얻어낼 수 있다.

식 (3.32)에서 $\ln a_1 = \ln(1-\phi_2) + (1-\frac{1}{r})\phi_2 + \chi_{12}\phi_2^2$이므로, 주어진 값을 대입하면

$(0.989) = (0.750) + 0.250 + (0.250)^2\chi$이고 계산하면 $\chi = 0.426$이 나온다.

3-5. $I = \int_0^\infty W(r)dr$이고, 이는 $W(r) = 4\pi(\frac{\beta}{\pi^{1/2}})^3 r^2\exp(-\beta^2r^2)$를 대입하면,

$I = 4\pi(\frac{\beta}{\pi^{1/2}})^3\int_0^\infty r^2\exp(-\beta^2r^2)dr$이다.

문제에서 주어진 관계, $I(b) = \int_0^\infty x^b\exp(-ax^2)dx$ $I(2) = \frac{1}{4}\pi^{1/2}a^{-3/2}$를 이용하면

$I = 4\pi(\frac{\beta}{\pi^{1/2}})^3(\frac{1}{4})\pi^{1/2}\beta^{-3} = 1$로 정리된다.

(a) 확률적으로 가장 가능성이 큰 r은, $\frac{\partial}{\partial r}[W(r)] = 0$일 때이므로

$W(r) = 4\pi(\frac{\beta}{\pi^{1/2}})^3 r^2\exp(-\beta^2r^2)$을 대입하면,

$2r\exp(-\beta^2r^2) - 2r^3\beta^2\exp(-\beta^2r^2) = 0$, 정리하면 $r = \frac{1}{\beta}$이다.

연습문제 해답 445

▸ 강의노트(PPT)

저자가 직접 요약한 PPT 형식의 강의노트를 제공한다.

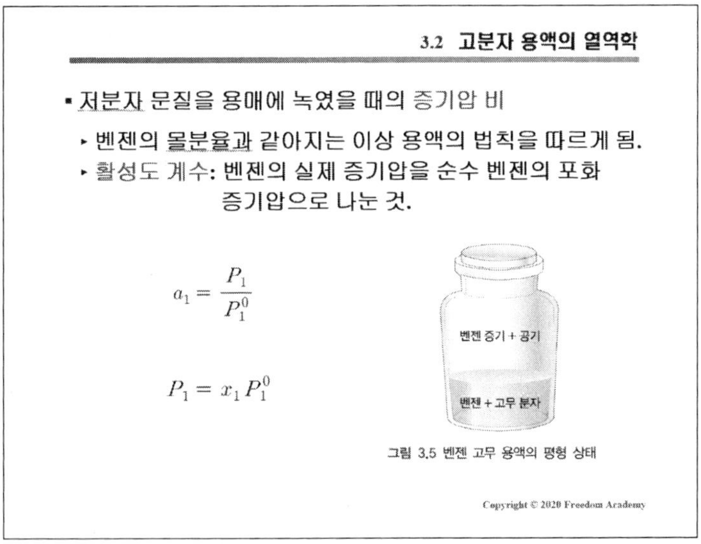

▸ 이미지 모음(PPT)

본문에 삽입된 모든 그림, 표, 구조식, 수식 등을 장별로 취합하였다.

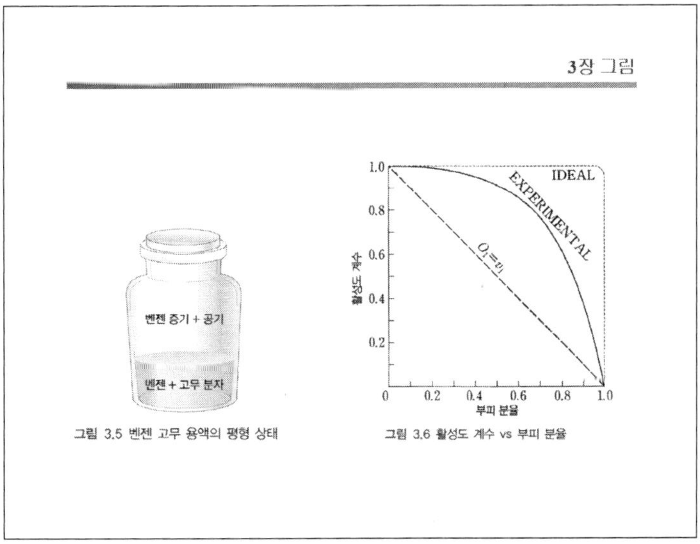

감사의 말씀

이 책이 출판되기까지 애써주신 자유아카데미 여러분들께 깊은 감사를 드리며, 교재 완성을 위해 도와준 카이스트 김은지, 박현정 학생에게도 감사의 인사를 남긴다. 추후 수정・보완할 내용이 있으면 자유아카데미 홈페이지(www.freeaca.com) 자료실을 통해 제공할 예정이니 참고하기를 바라며, 끝으로 본 저서가 고분자 학문을 처음 접하는 학생들에게 부족하나마 의미있는 출발점을 제시해주길 기대해본다.

차례

1부 | 고분자와 고분자 유체

12 고분자를 고체로 만들면?

13 고분자에 힘을 가하면 - 변형

4부 | 고분자 유변학 및 가공

14 고분자는 어떻게 가공하는가?

6부 | 범용 고분자

7부 | 고성능 고기능 고분자

1부

고분자와 고분자 유체

1 고분자 그리고 그 역사

1.1 고분자란 무엇인가?

우리가 매일 마시는 생수의 병은 PET라는 플라스틱으로 만든다. 우리 주위에 가득한 전자 제품은 모두 외장이 플라스틱으로 되어 있다. 연비가 높은 자동차도 경량화를 위하여 가벼운 플라스틱을 많이 활용하고 있다. 식품 포장용 필름이나 용기들도 전부 플라스틱으로 만든다. 우리 생활에서 너무나 친숙한 소재인 이 플라스틱(plastic)을 이루는 화합물이 바로 고분자(polymer)이다. 고분자란 한마디로 아주 커다란 분자를 말한다. 수많은 원자가 결합하여 이루는 아주 큰 거대 분자(giant molecule)인 것이다. 폴리(poly)는 많다는 뜻이고 머(mer)는 부분(part), 즉 반복 단위를 나타낸다. 즉, 똑같은 반복 단위(저분자 또는 단량체)를 연결하여 손쉽게 커다란 분자를 만들 수 있다는 것인데 참으로 다행스러울 따름이다. 상업적으로 반복 단위에 해당하는 저분자 물질(즉, 단량체 monomer)만 준비되면 아주 쉽게 고분자를 만들 수 있나는 의미이기 때문이다. 결국 고분자는 같은 반복 단위를 계속 이어서 만든 긴 사슬의 거대 분자라 하겠다. 이런 사실은 고무 라텍스가 나오는 과정을 살펴보면서 처음 알아내게 된 것이다.

고무나무의 표피를 자르면 하얀 진액이 흘러나오는데 이를 햇볕에서 굳히게 되면 고무 라텍스가 얻어진다. 이를 화학적으로 분해해 보니 그림 1.1에 있는 화학 구조를 가지는, **아이소프렌(isoprene)**이라고 하는 저분자 유기물이 계속해서 서로 연결되어 있었다. 나무 내부에서 자연스러운 화학 반응으로 연결되어 만들어진 것이다. 이런 작은 반복 단위의 화합물을 화학적으로 서로 연결하는 방법을 **중합(polymerization)**이라고 한다. 이미 많은 종류의 고분자들이 자연에서 중합되어 존재하고 있다.

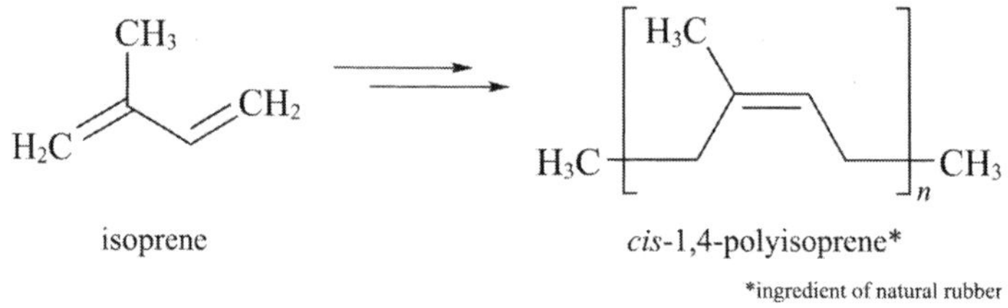

그림 1.1 아이소프렌 분자식 그리고 중합

자연에 존재하는 아주 흔한 고분자 중에는 첫째로 나무나 풀의 근간을 이루는 셀룰로스라고 하는 고분자가 있다. 목재나 종이의 주성분으로써 널리 사용되고 있지만 적절한 용매가 없어 그 가공이 매우 어렵다. 반면에 석유화학 공업에서 값싸게 반복 단위로 사용되는 단량체를 만들어 중합하면 폴리에틸렌(PE)이나 폴리프로필렌(PP) 등의 합성 수지를 쉽게, 대량으로 만들 수 있다. 이들은 다른 소재에 비해 성형 가공이 상대적으로 쉬워 두루두루 활용되고 있다.

두 번째 형태의 고분자 소재인 섬유의 경우를 보자. 실크, 면, 양모는 자연에 존재하는 천연 섬유인데 근본적으로 농산물이기 때문에 균일 품질의 대량 생산이 어렵다. 반면에 석유화학 공업에서 나온 원료들로 만들어진 나일론(nylon), 폴리에스터 섬유(polyester) 등의 합성 섬유는 대량 생산 및 가공이 쉬워 천연 섬유를 대체하고 있다.

세 번째 부류의 고분자인 고무의 경우, 오래전부터 고무나무에서 채취한 고무 라텍스에서 얻었던 천연 고무(polyisoprene)를 두루 사용해 왔지만, 합성 섬유에서와 같은 이유로 합성 고무인 스타이렌-뷰타다이엔 고무(SBR), 나이트릴 고무(NR) 등으로 많이 대체되고 있다.

이 세 가지 합성 고분자, 즉 합성 수지, 합성 섬유 그리고 합성 고무는 결국 자연의 이치를 모방하여 인간이 경제적으로 새로이 그리고 손쉽게 대량으로 만든 것이라 할 수 있다. 합성 고분자가 발명되어 우리 생활에 널리 사용되지 않았다고 하면 지금 모든 인류(2021년 현재 77억 명)가 소비하는 많은 양의 합성 섬유나 합성 수지 및 합성 고무들의 대체품을 천연에서만 얻어야 할 텐데, 이를 위하여 얼마나 많은 경작 면적이 필요할지는 상상하기조차 힘들다. 특히 개발도상국의 인구 증가나 생활 수준 향상에 따른 소비 증가 추세로 볼 때 합성 고분자의 수요는 계속 늘어날 것으로 예측된다. 합성 고분자의 소비가 지구 환경 보호를 위하여 정말로 큰 행운이라 할 수 있다. 만일 합성 고분자가 발명되지 않아 상업적 생산이 불가능하다면 얼마나 많은 나무를 소비할 것인지, 얼마나 많은 면적의 목화밭이 필요할 것인지, 얼마나 많은 고무나무를 재배해야 할지 상상할 수도 없다. 물론 일회성 플라스틱의 남용으로 최근 육지뿐 아니라 해양에서도 플라스틱 폐기물이 쌓이고 있고, 미세플라스틱 문제의 심각성 또한 거론되고 있어 이에 대한 대책도 심도 있게 논의해야 할 것이다.

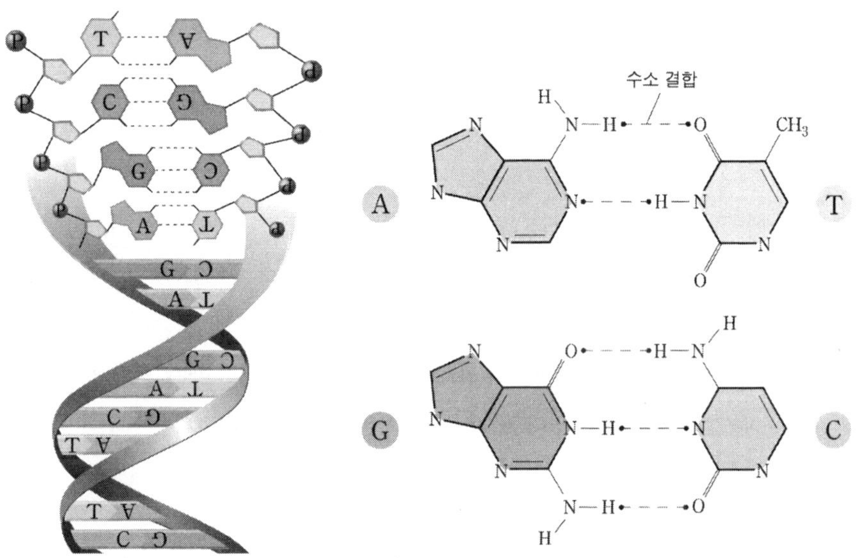

그림 1.2 고분자 DNA의 이중 나선 구조

일반적인 합성 수지, 합성 섬유 그리고 합성 고무 등의 범용 고분자와는 전혀 다른 특별한 기능이나 특성을 가진 고분자들도 자연에 많이 존재하고 있다. 예를 들면, 다양한 종류의 단백질들이나, 생명의 근원인 데옥시리보핵산(DNA)도 결국 생체 고분자의 하나로 이해되고 있다. 물론 이 경우는 단량체가 하나둘이 아니고 여럿이 필요하다. 단백질의 경우 20가지의 아미노산 단량체가 서로 결합하는 것으로 알려져 있고 DNA의 경우에도 곁가지에 4가지의 다른 구조의 화합물이 결합하는 것으로 알려져 있다(21장 참고). 잘 알려진 바와 같이 DNA는 1953년 왓슨(James Watson)과 크릭(Francis Crick)에 의하여 그 구조가 밝혀졌는데, 생명체의 유전 정보를 가지고 있고 이중 나선 구조를 하면서 기다란 코일 형태로 세포 속에 존재하고 있다(그림 1.2). 이처럼 고분자는 온 세상에 두루두루 존재하면서 모든 생명체의 근원을 관리하고 유전 정보를 이어가게 하는 아주 흔하면서도 또 아주 귀한 존재이니, 이 얼마나 고마운 존재인가?

일반적으로 이런 고분자는 순수한 고분자로 혼자 있기보다는 여럿이 같이 혼합물 또는 복합체 형태로 존재하면서 제 기능을 발휘하게 된다. 예를 들면 나무는 리그닌(lignin) 분산용매 속에 셀룰로스 섬유가 잘 분산되어 있는 형태이며, 동물의 뼈도 콜라젠이라는 고분자가 광물질 수산화인회석(hydroxy apatite) 속에 분산되어 있는 형태이다. 발굽, 뿔, 머리카락도 단백질이 주종을 이룬다. 이런 방식은 나중에 18장에서 다루는 고분자 블렌드나 고분자 복합체를 검토할 때 아주 유용한 기준으로 생각할 수 있다.

줄여 말하자면 고분자는 주위에서 흔히 발견되는 물질로서, 생명체에서도 결정적 역할을 맡고 있다. 일찍이 **솅크(Hans-Uwe Schenck)**는 "천연 고분자가 없다면 생명체가 존재할 수 없고, 합성 고분자가 없다면 지금 생활 수준을 영위할 수 없다(Without natural polymers, there would be no life, without synthetic polymers, no standard of living)."라고 설파하였다.

이렇게 소중한 고분자 소재는 기본적으로 유기물로 이루어져 있어서 다른 소재보다 용액 상태에서 가공하기가 쉽고, 비교적 낮은 온도에서 가공이 가능할 뿐 아니라, 밀도가 아주 작으므로 경량소재로도 사용할 수 있다. 일례로 자동차 부품으로 활용되면 경량화로 인하여 연비를 향상시킬 수도 있는 것이다. 또한 석유화학 공업의 발달로 대량 생산이 가능하여 비용 측면에서도 유리하게 조달할 수 있는 소재이다. 열전도도가 낮고, 전기적으로도

폴 존 플로리(Paul John Flory, 1910–1985, 일리노이 출생)

미국의 물리 화학자로, 1931년 맨체스터대학교를 졸업하고, 1934년에 오하이오주립대학교에서 물리 화학 박사 학위를 취득하였다. 이후 석유회사와 타이어 회사에서 근무하다가 1948~1956년 코넬대학교 교수, 1956~1961년 멜런 연구소 부소장을 맡았다. 1961년부터는 스탠퍼드대학교의 교수로 있으면서 화학과장까지 역임하며 재직하였다. 거대분자합성물 · 광화학 · 중합 메커니즘 등을 선구적으로 연구하였다. 특히 고분자 화학의 여러 영역에 걸쳐 이론, 실험 양면에 뚜렷한 업적을 남긴 공로로 1974년에 노벨 화학상을 받았다. 그의 저서로는 《Principles of Polymer Chemistry》(1953), 《Statistical Mechanics of Molecules》(1969) 등이 있다.

절연 특성이 있어 이런 특성을 활용할 수도 있다. 다만 어떤 경우에는 성능을 대폭 개선해야 할 필요가 있을 수도 있고 색다른 기능성을 부여할 필요가 생길 수도 있다.

고분자를 다루는 학문 분야로는 우선 단량체로부터 고분자를 중합하는 **고분자 화학(polymer chemistry)**이 있는데 이 분야의 대표적 학자로는 **폴 플로리(P. J. Flory)** 교수를 이야기할 수 있다. 플로리 교수는 고분자 화학의 여러 영역을 걸쳐 물리 화학적 기초를 구축한 공로로 1974년 노벨화학상을 받았다.

합성된 고분자의 물리적 거동을 설명하는 **고분자 물리(polymer physics)** 분야에서는 에드워드(S. F. Edward), **피에르-질 드 젠(P. G. de Gennes)** 등이 대표적 학자로, 드 젠 교수의 경우 액정 상전이 연구로 1991년 노벨물리학상을 받은 바 있다.

피에르-질 드 젠(Pierre-Gilles de Gennes, 1932-2007, **파리 출생)**

프랑스의 물리학자로, 1955년 파리의 국립고등사범학교(에콜 노르말 슈페리외르)에서 물리학 박사 학위를 받았다. 핵 연구소에서 근무하다가 미국의 캘리포니아대학교에서의 연구 생활을 하였다. 이후 1961년에 파리대학교 고체물리학 교수, 1971년 콜레주 드 프랑스 교수로 역임하다가 1976년부터는 파리의 물리 · 화학 학교 교장으로 재직하였다.

자기의 상전이(相轉移), 즉 영구자석에 열을 가하면 자석으로서의 성질이 바뀌는 현상을 연구하여 이를 수식으로 규명하였다. 이후에도 상전이를 연구를 계속하여 1960년에는 초전도 현상 및 액정, 고분자 등의 성질 속에서 일정한 규칙성을 찾아내었다. 각종 공학 분야에서 이들을 응용할 수 있게 된 것이다. 이 같은 액정 상전이 연구의 공로로 1991년에 노벨 물리학상을 받았다.

또 하나의 중요한 분야는 실제 고분자를 우리가 원하는 부품으로 활용하기 위한 가공 공정을 다루는 분야인 **고분자 유변학 및 가공(polymer rheology and processing)**을 들 수 있다. 이 장에서는 무엇보다도 먼저 우리 인류가 고분자를 어떻게 처음으로 알게 되었는지 그 역사에 대하여 우선 간략히 살펴보고자 한다.

1.2 | 고분자 과학 기술의 역사

1820년 **토마스 핸콕(Thomas Hancock)**에 의하여 천연 고무가 세상에 알려지기 전부터 아마존강 유역의 인류들은 고무 덩어리를 사용하고 있었다. 하지만 가황하지 않은, 즉 황 성분으로 분자들 사이에 가교 결합을 만들어주지 않은 고무를 물이 통하지 않는 성질을 이용해서 방수 등의 목적으로 옷이나 다른 재질 여러 곳에 코팅해서 활용한 것이었다. 이 경우 기온이 올라감에 따라 금방 고무 코팅이 흘러내리는 심각한 문제점을 나타내어 원활한 방수 기능을 발휘할 수가 없었다.

1839년 **찰스 굿이어(Charles Goodyear)**는 이 문제를 고민하던 중 아주 우연한 기회에 실수로 난로 옆에 놓아두었던 고무 라텍스 통에 유황 가루가 뿌려지자 난로에서 나오는 열기에 의하여 고무와 황 사이에서 가교 반응이 일어나 고체화되는 것을 발견하였다. 이 고체는 신기하게도 아주 탄성이 높고 넓은 온도 범위에서 물성이 유지되었다. 이것을 바로 **세렌디피티적(Serendipity)** 발명이라 할 수 있다. 이를 흔히 가황 공정(vulcanization)이라고 한다(참고문헌 1에 자세한 내용이 나와 있다). 발명가의 이름 굿이어(Goodyear)는 현재에도 미국 타이어 제조사 이름으로 남아 있다.

찰스 굿이어(Charles Goodyear, 1800-1860, 코네티컷 출생)

미국의 발명가로, 부친이 경영하는 철물상에서 일하면서 차거나 뜨거운 성질을 견디도록 하는 고무의 가공법에 관심을 가지고 연구하였다. 생고무에 황을 혼합하는 실험을 거듭하던 중, 1839년에 우연히 뜨거운 난로에 떨어뜨린 가황 고무의 조각이 냉서에 저항하는 성질을 발견하게 되었다.

이어 그는 이 고무에 특허를 받아 1851년 제1회 만국박람회의 개최지인 영국으로 건너가 공장을 세우려 했으나, 프랑스에서의 특허권 소송에서 패소하는 바람에 무산되었다. 사업 부채를 갚지 못하여 투옥되기도 하였다. 1852년에는 에보나이트를 발명하였다. 그의 저서로는 《Gum Elastic and Its Varieties》(1853)이 있다.

19세기에 인류에게 알려진 화합물들은 그리 많지 않았다. 그중에서도 자연에서 풍부하게 얻을 수 있는 셀룰로스는 녹일 수 있는 용매가 없어 가공이 매우 어려웠다. 1847년 **크리스티안 쇤바인(C.F. Schonbein)**은 셀룰로스를 질산과 반응시켜 나이트로셀룰로스

(nitrocellulose)를 만들고 이를 면화약(gun cotton)이라는 이름으로 화약 원료로 사용하게 된다. 하지만 안정성이 늘 문제로 대두되었다. 1870년 **존 하얏트(John Hyatt)**는 그 당시 당구공으로 이용하던 코끼리 상아를 대체할 수 있는 고분자 물질로 나이트로셀룰로스를 캄퍼(campher)-알코올 용액과 반응시켜 셀룰로이드(celluloid)라는 플라스틱을 만들었다(참고문헌 2). 지금으로 보면 열경화성 수지(thermosetting resin) 하나를 발명한 셈이다. 일반적인 용매에 녹지 않아 가공이 어려운 셀룰로스를, 1차 화학 반응으로 변형시킨 다음 용매에 녹여 섬유 모양으로 가공하고 나중에 다시 재처리하여 셀룰로스로 원상 환원시키는 점성 공정(viscous process)은 1892년 발명되었다. 이는 천연 섬유의 하나라 할 수 있는 레이온 섬유로 상용화된 것이다.

1910년 **리오 베이클랜드(Leo Baekeland)**는 또 다른 종류의 열경화성 수지인 페놀-폼알데하이드 수지를 페놀(phenol)과 폼알데하이드(formaldehyde)를 반응시켜 얻었다. 이를 **베이클라이트(Bakelite)**라는 상품명으로 시판하여 초창기 라디오 등 각종 가전제품의 케이스로 널리 사용되었다. 1912년 제너럴 일렉트릭사에서 개발한 열경화성 수지의 하나인 **글립탈(glyptal)** 수지도 고분자의 존재를 모르는 상태에서 어떻게든지 화학 반응을 통해 이를 합성하여 만들어 낸 것이다. 이 수지는 글리세롤과 무수 프탈산의 반응으로 만들어진 알키드 수지의 하나이다. 1920년에 와서야 비로소 이 분자들이 분자량이 아주 큰 분자라고 하는 "**고분자(polymer)**"라는 개념이 **헤르만 슈타우딩거(Hermann Staudinger)**에 의하여 제안되었고 여러 실험적 관찰을 통하여 서서히 이 이론이 옳다는 것이 증명되었다.

헤르만 슈타우딩거(Hermann Staudinger, 1881–1965, 보름스 출생)

독일의 화학자로, 다름슈타트대학교 · 뮌헨대학교 · 할레대학교에서 수학하였으며, 1903년 박사 학위를 취득하였다. 1912년 취리히 공업대학교, 1926년 프라이부르크대학교의 교수가 되었다. 프라이부르크대학교에서부터 고분자 화학 연구에 관심을 가져 약 500편의 보고서를 작성하기도 하였다.

그는 고분자 화합 물질의 구조가 긴 사슬 모양의 분자라는 것을 규명하였으나, 학계에서는 받아들여지지 않았다. 이후 고분자 관련 공업 기술이 발달로 고분자 화학의 내용이 확립되면서 그의 업적 또한 인정되었다. 프라이부르크대학교의 고분자 화학 연구소장을 역임하면서 1956년까지 연구하였고, 1953년에 노벨 화학상을 받았다. 그의 저서에는 《Anleitung zur organischen qualitativen Analyse》 (1948) 등이 있다.

그 이후 간단히 단량체와 촉매, 온도, 압력 등 적절한 중합 반응 조건을 알면 쉽게 고분자량의 중합체 즉 고분자를 만들 수 있다는 사실이 밝혀지면서 여러 가지 고분자들이 나타나기 시작하였다. 그 중에서 세계적인 주목을 받은 것은 1930년 듀퐁(Dupont)사에 의하여 세상에 나오게 된 **나일론**으로, 석탄과 물과 공기로부터 만들었다고 하여 대대적으로 선전하였을 뿐 아니라 강인한 물성으로 인하여 여성용 스타킹 및 낙하산 재료로 아주 유용한 섬유 소재가 되었다(참고문헌 3). 이후 합성된 여러 종류의 고분자 중에서 **테플론(teflon)**도 듀퐁사에 의하여 발명되었다. 1938년 폴리스타이렌(PS)은 다우사에서 스타이렌 단량체를 중합하여 만들었고 1939년 저밀도폴리에틸렌(LDPE)도 영국의 ICI사에서 에틸렌 가스를 중합하여 만들게 된다. 이 또한 아주 우연한 기회에 발명된 것으로 자세한 경위는 참고문헌 4에 잘 소개되어 있다.

1950년 치글러(Ziegler) 교수와 나타(Natta) 교수에 의하여 거의 동시에 알려지게 된 촉매의 존재는 폴리프로필렌의 중합뿐 아니라 나중에 고밀도폴리에틸렌(HDPE)의 중합에도 활용되어 고분자 중합 역사에 커다란 획을 긋게 된다. 이후 뜸하던 고분자의 발명은 1960~70년에 이르러 폴리카보네이트(PC, 참고문헌 5)에 이어 액정 고분자(LCP)라고 하는 아주 뛰어난 물성의 새로운 배향을 가진 고분자가 발명되면서 방탄용 소재 및 자동차 브레이크용 소재로 각광을 받게 되었다. 드디어 1974년 폴 플로리는 이러한 고분자 중합 화학에의 기여 등을 인정받아 노벨상을 받게 되었고 현재의 고분자 입문서의 대부분은 플로리의 저서인 ≪고분자 화학, Principles of Polymer Chemistry≫(1953)에 그 기반을 두고 있다 하여도 과언이 아니다.

메탈로센 촉매(metallocene catalyst)가 발견되고, 입체 규칙성을 조절할 수 있게 되면서, 같은 단량체를 사용하여도 아주 다른 물성을 가진 고분자를 합성할 수 있게 되었다. 그 결과로 교대 배열 폴리스타이렌(syndiotactic polystyrene; sPS), 동일 배열 폴리프로필렌(isotactic polypropylene; iPP), 무규칙 배열 폴리프로필렌(atactic polypropylene; aPP) 등 새로운 입체 규칙성을 가진 획기적인 고분자들이 세상에 선을 보이게 되었다. 이후에도 전도성 고분자라든지 발광성 고분자, 생분해성 고분자 등 새로운 기능을 가진 기능성 고분자들이 많이 연구되고 있다. 앞으로 어떤 기능과 성능을 가진 고분자들이 세상을 놀라게 할지 기대가 된다. 그 새로운 지평의 하나로 여러 단량체를 사용하는 이종 생물 고분자가 여러 기능성을 가질 수 있어 다양한 부분에서 크게 발전하지 않을까 조심스럽게 예측해 본다.

1.3 | 고분자는 어떻게 생겼을까?

고분자는 이름 그대로 분자량이 아주 크다. 그뿐 아니라 연속적으로 중합이 일어나면서 분자량 분포가 넓어지기 때문에 분자량이 정해져 있지도 않다. 예를 들어 고분자가 반복 단위가 100개 연결되었다면 중합도 100이라 말한다. 중합도 10 이하의 고분자는 올리고머라 하여 아주 특별한 경우에만 활용되고, 보통 PE, PS, PVC 같은 합성 고분자의 경우는 최소 100~1000 정도의 중합도를 가지게 된다. 반면에 천연 고분자의 하나인 DNA는 아주 큰 중합도를 가지는데 $10^9 \sim 10^{10}$ 정도이므로 진정한 거대 분자(macromolecule)라 부를 만하다. 이렇게 큰 분자가 만일 곧은 직선으로 존재한다면 그 길이가 어마어마하게 될 것이다.

물론 선형 고분자 이외에도 고리형 고분자(cyclic polymer), 가지 고분자(branched polymer), 그물구조 고분자(network polymer, 망상 고분자)를 상상할 수 있는데 여기서는 제일 간단한 선형(linear) 구조의 고분자의 형상에 대하여 알아보자. 선형 구조의 고분자는, 고분자 주사슬의 길이가 충분히 길어지면 사슬이 아주 유연하게 되고 결국 전체적으로 코일 상태의 구조를 보이게 된다. 이는 용융 고분자 상태에서나 고분자 용액 상태에서 같은 형상을 보인다. 몇몇 단량체들이 연결되어 있는 짧은 사슬은 결합각이 1~10° 정도인 점을 고려하면 상당히 곧은 직선 모양의 모양이 될 것으로 추정된다. 하지만 충분히 많은 단량체가 연결되어 있다면 전체적으로는 긴 사슬은 혼란스러운 코일(chaotic coil) 형상을 가지게 될 것이다.

그림 1.3 유연 고분자의 코일 형상

그러면 왜 이렇게 긴 선형 사슬의 경우에는 유연성을 가지게 되는가? 한 마디로 이야기해서 긴 길이 때문에 선형 구조(linear structure)를 가지기 때문이다. 고분자는 주로 탄소-탄소 단일 공유 결합으로 이루어지는데 이는 서로 일정 각도를 가지고 회전할 수 있기 때문에 각 결합을 크게 확대해 보면 코일 구조를 가진다. 심지어 DNA처럼 이중 나선 구조를 가지는 경우도 큰 길이 때문에 다소 경직된 구조를 보이면서도 차곡차곡 채인 모양을 가질 수 있다. 그래서 유전 정보를 많이 가진 아주 긴 분자가 작은 세포 속에서 잘 보관될 수 있는 것이다.

이런 모습은 간단한 이론, 즉 이상적 모델로서 자유 결합 사슬(freely jointed chain) 또는 팬텀 사슬(phantom chain)로 묘사된다. 일정 길이의 막대가 자유스럽게 회전할 수 있는 연결점을 가지는 경우로서 실제 상황과는 다소 거리가 있지만 그래도 유용한 모델이라 할 수 있다. 결국 코일 구조의 분자의 길이는 대체적으로 분자량의 제곱근에 비례하게 된다. 따라서 코일 구조의 고분자의 대체적 크기는 분자량이 100배 증가할 때마다 10배 정도만 증가하게 되는 것이다(3장 참고).

1.4 | 고분자는 어떻게 구별되는가?

고분자는 크게 두 가지 종류로 구별된다. 먼저 열을 가하여 온도를 높이면 녹아서 액체처럼 유동성을 가지다가 다시 냉각하면 고체로 변화하는 가역적 변화를 보여주기 때문에 가공이 아주 편리한 **열가소성 고분자(thermoplastic polymer)**와, 한번 경화되면 고체화하게 되어 다시 가열하여도 고체상이 분해만 일어날 뿐 다시 액상으로 유동성을 가질 수는 없는 비가역적인 **열경화성 고분자(thermosetting polymer)**로 구별된다. 실제 자연에서는 주로 열가소성 고분자가 만들어지지만, 고분자 합성의 역사로 보면 열경화성 고분자가 먼저 발명되었고 나중에 열가소성 고분자가 발명되었다. 지금 사용되는 고분자는 90% 이상이 열가소성 고분자이다.

다른 분류 방법은 중합 방법의 차이에 따른 것으로서 **축합 중합 고분자(condensation polymers)**와 **첨가 중합 고분자(addition polymers)**로의 구분 혹은 **사슬 중합(chain growth) 고분자**와 **단계 중합(step growth) 고분자**로의 구분이다. 각각은 중합이 일어나는 과정이 확연하게 다르다.

먼저 축합 중합은 화학 반응이 일어날 수 있는 한 작용기(functional group)와 다른 작용기 사이의 반응에 의하여 고분자 사슬이 성장하는 경우로서 자연 속에서 쉽게 발견되는 중합 방식이다. 축합 중합이라는 이름에서 암시하는 것과 같이 조그만 부산물이 반응 후 생성되는 평형 반응으로서 이 부산물을 계속적으로 제거하여야만 중합 반응이 진행된다. 따라서 고분자의 분자량은 천천히 증가할 뿐 아니라 높은 분자량을 얻기 위하여 저분자 부산물의 효과적인 제거가 필수적이다. 단량체는 초기에 거의 다 소진되지만, 평균적으로 이량체(dimer), 삼량체(trimer) 등으로 진행되므로 시간적으로 평균 분자량이 천천히 증가하게 된다(6장 고분자는 어떻게 만드는가? 참고).

반면에 첨가 중합의 경우에는 개시제(Initiator)라 하여 반응을 시작하게 하는 저분자 물질이 필요하다. 이 개시제가 열분해해서 만들어진 라디칼이라는 활성화된 물질로부터 중합 반응이 시작되어 단량체가 연쇄적으로 결합하게 된다. 이 방식은 자연에 존재하는 방식과는 달리 사람이 새로 고안한 방식이다. 따라서 반응 개시와 함께 일시에 큰 분자량을 가진 고분자가 만들어지지만, 단량체는 아직 많이 남아 있는 형국을 보인다. 이는 주로 합성 고분자를 촉매에 의하여 중합할 때 일어나는 것으로 고온 가압 공정인 경우가 많다(7장 사람이 고안한 고분자 중합 방식 참고). 반면에 앞서 설명한 축합 반응은 상대적으로 온화한 반응 조건에서 천천히 반응이 일어나는 것으로 실제 생물체 내에서의 중합 반응과 유사하다.

고분자를 나누는 또 다른 방법으로는 만들어진 고분자의 주사슬이 한 가지 원소(C)로 합성된 **단일 사슬 고분자(homo chain polymers)**와 여러 원소(C, O, N, S)가 참여하는 **이종 사슬 고분자(hetero chain polymers)**로 나누어 생각할 수 있고 또한 한 가지 단량체로 중합된 **단일 중합체(homo-polymer)**와 두 가지 및 세 가지 단량체를 사용하는 **공중합체(copolymer)**, **삼중 공중합체(terpolymer)**로 나누어 생각해 볼 수 있다. 특히 **생물 고분자(biopolymer)**에 해당하는 DNA는 곁가지에 4가지 다른 화합물을 가지게 되고 단백질의 경우에는 20가지 다른 아미노산 단량체로 만들어진다.

아무튼, 고분자의 산업적 생산을 위하여 무엇보다도 단량체의 확보 및 중합 촉매, 중합 공정의 이해가 필수적이다. 현재 우리나라의 경우 원유 정제 이후 나프타로 얻어지는 에틸렌, 프로필렌, 스타이렌 및 그 유도체를 기반으로 석유화학공업을 이루고 있다. 이런 석유화학공업의 발달 이전에는 단량체를 전부 석탄에서 얻어 왔고 지금도 일부 국가에서는 이런 방식으로 활발히 생산하고 있다. 나프타 외에도 셰일 가스나 천연가스 기반의 석유화학 공정이 가능하기에 세계적 경쟁은 점점 더 치열해지고 있다. 특히 미국의 셰일 가스의 가격 경쟁력이 최근 아주 높아져서 커다란 시장의 변화를 보이고 있다.

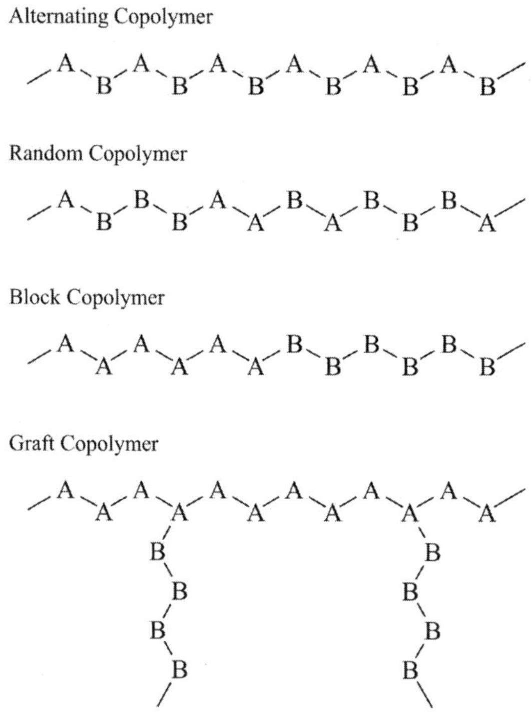

그림 1.4 공중합체의 다양한 구조들

1.5 | 두 가지 단량체로 공중합하면?

두 가지 이상의 단량체를 이용하여 중합하는 경우 그 결과물을 **공중합체**라 부르고 그림 1.4에서와 같이 불규칙(random), 교대(alternating), 블록(block), 접목(graft) 등의 다양한 구조를 상상할 수 있다.

긴 사슬 구조의 고분자가 실제 어떤 상대적 위치를 가지는지를 나타내는 입체 형태(conformation), 즉 입체적 상태(geometric arrangement)를 생각해 보면 무수히 많은 경우가 가능하지만, 화학적인 입체 배열(configuration)을 생각하면 단지 몇몇 경우만 가능할 것이다. 입체규칙도(tacticity)가 바로 입체 배열의 대표적인 예로서, 그림 1.5에서 보다시피 세 가지 경우가 예상되는데 각각 구조에 따라 현저하게 다른 물성을 보인다. PP는 **동일 배열(isotactic), 교대 배열(syndiotactic), 무규칙 배열(attactic)** 구조를 가질 수 있으며 상업적으로는 동일 배열성이 높은 반결정성 수지가 주로 이용된다(i-PP). 반면에 폴

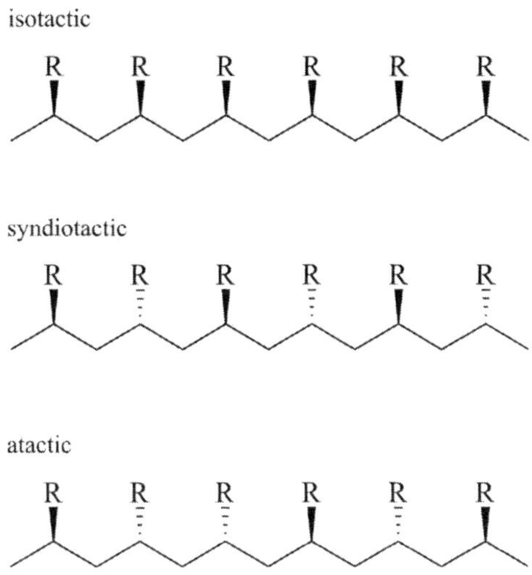

그림 1.5 고분자에서의 입체규칙도

리염화바이닐 수지(PVC)는 상업적으로 사용될 때 주로 무규칙 배열 구조를 가지게 되어 무정형 수지의 대표적인 예로 이해되고 있다.

주사슬이 선형으로 연결되는 경우 외에도 다양한 종류의 가지형 고분자(branched polymer)를 만들 수 있다. 빗 모양, 별 모양, 임의 가지 모양, 가교형 등을 생각할 수 있다(그림 1.6). 단량체가 가진 작용기 숫자에 따라 고분자 골격 구조(polymer skeletal structure)가 달라진다. 작용기가 두 개 있는 단량체 사이의 중합은 선형 구조 고분자를 이루게 되지만 작용기가 셋이면 가지형 고분자를 만들게 되고 작용기가 다수이면 망상

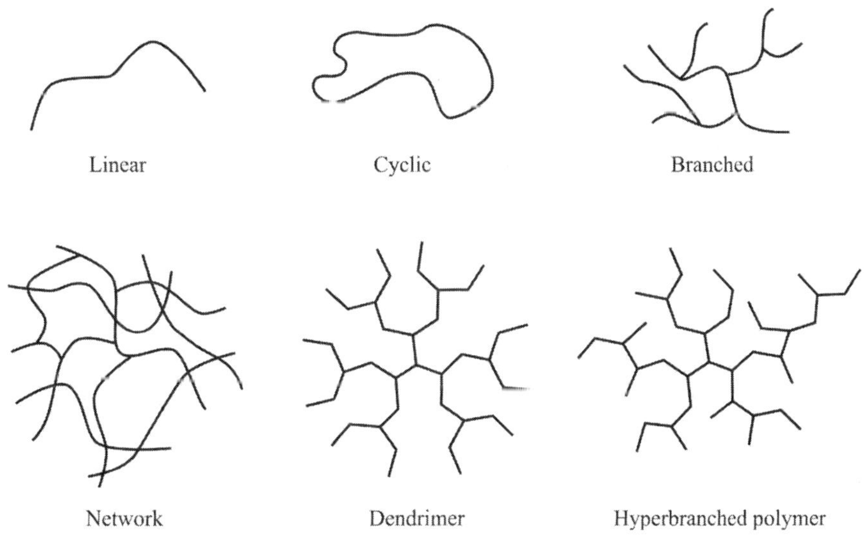

그림 1.6 고분자의 골격 구조

고분자 내지는 가교 구조를 만들게 되는데 이는 고무 고분자를 황 분자가 서로 연결하게 해주는 가황 현상과 아주 유사한 구조이다.

다소 특이한 경우로서 전기적 성질을 가진 전하를 띤 고분자(charged polymer)를 생각해 볼 수 있다. 이들 전해질 고분자(polyelectrolytes)는 용액 속에서 해리하게 되면 반대 전하(counter ion)와 함께 인접하게 되어 중성 상태로 존재하게 된다.

폴리아크릴산(polyacrylic acid) 고분자와 폴리메타아크릴산(polymetaacrylic acid) 고분자가 그 대표적인 예로서 수용액에서 해리하게 되며 알칼리 성분을 조금 넣어주면 음전하를 띠게 된다(그림 1.7). 단백질은 양전하나 음전하를 띨 수 있고 DNA(-)도 수용액에서 음전하를 띨 수 있다. 한 고분자 속에 양전하와 음전하가 동시에 존재하게 되는 경우 양쪽성 고분자 전해질(polyampholyte)이라 부른다. 아미노산의 경우 구조상 양쪽성을 가질 수 있다는 성질은 아주 중요한 사실이다.

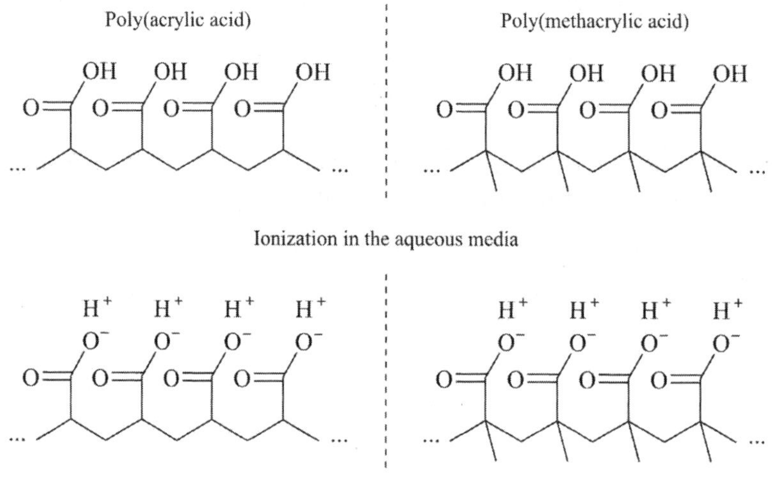

그림 1.7 폴리아크릴산과 폴리메타아크릴산

고무 고분자의 경우 그 구조상 기하학적 이성질체(geometric isomerism)가 존재하며 다음 두 가지 구조를 상정해 볼 수 있다. 어느 구조로 고분자가 만들어지는가에 따라 물성은 엄청나게 다르다. 그림 1.8에서 보는 바와 같이 뷰타다이엔을 중합하여 만들 수 있는 폴리뷰타다이엔의 경우에는 트랜스 구조가 상업적으로 활용되고 있다.

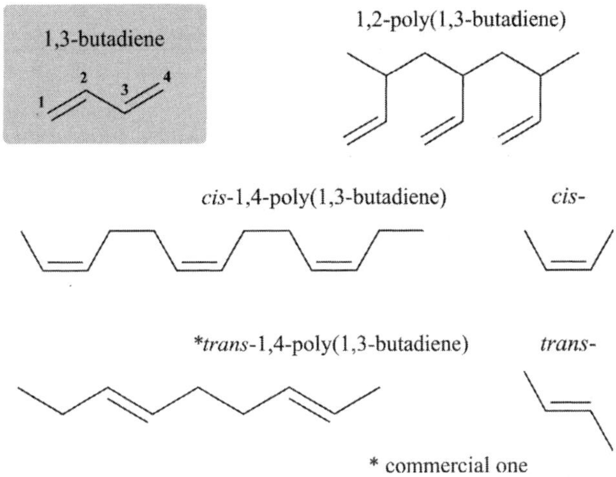

그림 1.8 기하학적 이성질체

참고문헌

1. Roystons M. Roberts, "Serendipity, Accidental Discoveries in Science", 1989, Wiley, Ch 11. Rubber- Natural and Unnatural
2. 동 저서, Ch 16. Celluloid and Rayon: Artificial Ivory and Silk
3. 동 저서, Ch. 25. Nylon: Cold Drawing Does the Trick
4. 동 저서, Ch. 26. Polyethylene: Thanks to Leaky and Dirty Equipment
5. 동 저서, Ch. 32. Polycarbonate: Tough Stuff
6. Alexander Yu, Grosberg and Alexei R. Khokhlov, "Giant Molecules", 1997, Ch 2.
7. R.J. Young and R.A. Lovell, "Introduction to Polymers", 3rd ed, 2011, CRC Press, Ch 1.

연습문제

1-1 열가소성 물질(thermoplastics)과 열경화성 물질(thermosets)을 비교하시오.

1-2 천연 고무(polyisoprene)에서 가능한 모든 머리-꼬리 반복 구조를 쓰고, 각각의 경우 적절한 원재료에 근거한 이름과 IUPAC 명을 적으시오.

1-3 아래 각 단량체로부터 중합되는 고분자의 구조를 그리고 고분자의 이름을 명명하시오.

(a) 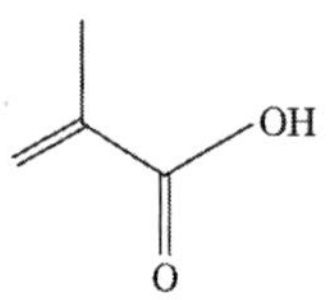

(b) 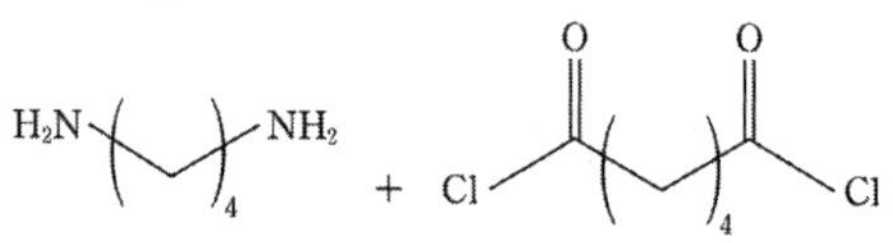

(c) 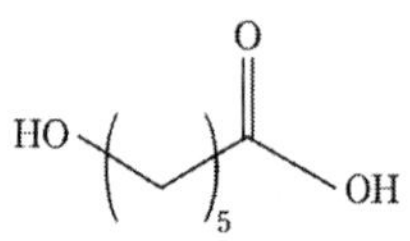

(d) 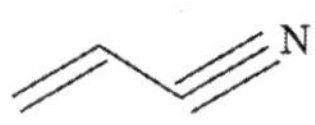

1-4 고분자의 입체규칙도(tacticity)가 무엇인지 설명하고, 세 가지 다른 입체규칙도를 제시하시오. 또한 polypropylene을 입체규칙도에 따라 세 가지 종류로 그려보시오.

2

고분자는 얼마나 큰 분자인가?

2.1 고분자 평균 분자량을 어떻게 정의할 것인가?

고분자가 다른 화합물과 여러 면에서 차이가 나는 가장 주된 이유는 분자량이 아주 크다는 점과 더불어 분자량이 저분자 화합물처럼 한 값으로 정해지지 않고 아주 넓게 분포한다는 점이다. 6장에서 설명하겠지만 사슬 중합으로 만들어지는 폴리올레핀(polyolefin)의 경우에는 비교적 넓게 분자량이 분포하지만, 축합 중합에서 얻어진 고분자의 경우 플로리(Flory)의 가장 흔한 분포(most probable distribution)라고 하는 비교적 좁은 분포 특성을 가진다. 플로리의 가장 흔한 분포는 뒤에 다시 언급하겠지만 **중량 평균 분자량**이 **수 평균 분자량**의 2배가 되는 분포를 말한다. 이외에도 생성된 거의 모든 고분자의 분자량이 거의 비슷한 값을 가질 수도 있는데, **단분산(monodisperse)** 폴리스타이렌(PS)이 여기에 해당한다. **리빙 중합(living polymerization)**과 같은 특별한 중합법을 활용하면 거의 모든 분자가 비슷한 분자량을 가지는 고분자들을 중합할 수 있다. 이런 단분산 고분자는 다른 고분자의 분자량을 비교 측정할 때 표준 시료로 사용될 수 있다.

일반적으로 단량체를 가지고 중합을 하게 되면 다양한 크기의 분자량을 가지는 분자들이 자연스럽게 합성된다. 이런 분자량 분포를 설명하기 위하여 이론적으로 단량체가

표 2.1 가상 분자량 분포

중합도	분자량	분자수	질량	몰분율	질량 분율		
i	M_i	N_i	W_i	$x_i = \dfrac{N_i}{N_T}$	$w_i = \dfrac{W_i}{W_T}$	x_iM_i	w_iM_i
10	100	5	500	0.11	0.037	11	3.7
20	200	10	2,000	0.22	0.148	44	29.6
30	300	15	4,500	0.33	0.333	99	99.9
40	400	10	4,000	0.22	0.296	88	118.4
50	500	5	2,500	0.11	0.185	55	92.5
합계		45	13,500	0.99	0.999	297	334.1

N_T = 45, W_T = 13,500, M_n = 297, M_w= 334.1, PDI= 1.13

i개 모여 한 분자를 이룬 경우, 즉 중합도가 i인 경우에 고분자의 분자량을 M_i 라고 한다. 이런 분자량을 가진 고분자의 수 N_i를 모두 알 수 있다면 고분자의 분자량에 관한 모든 정보를 아는 셈이 된다.

표 2.1에 제시된 것과 같이 처음 세 칼럼의 값을 안다고 가정하자. 중합도가 i인 고분자들은 질량이 10인 단량체로 이루어져 있는 상태이다. 고분자 하나의 질량을 계산해보면

$$W_i = N_iM_i \tag{2.1}$$

이 될 것이다. 이로부터 총 분자의 수(N_T) 및 총 질량(W_T)은 다음과 같이 얻어진다.

$$N_T = \sum_{i=1}^{\infty} N_i \tag{2.2}$$

$$W_T = \sum_{i=1}^{\infty} W_i \tag{2.3}$$

따라서 제일 먼저 생각할 수 있는 단순한 평균 분자량으로 수 평균 분자량(number average molecular weight, M_n)을 다음과 같이 정의할 수 있다.

$$M_n = \frac{\sum_{i=1}^{\infty} N_i M_i}{\sum_{i=1}^{\infty} N_i} = \sum_{i=1}^{\infty} x_i M_i \tag{2.4}$$

이는 모든 고분자의 총질량을 총 분자 수로 나눈 단순 평균 분자량인 셈이다.

다음으로 각 분자의 중합도(다르게 표현하면 질량)로 한 번 더 가중하여 얻어지는 평균 분자량은 중량 평균 분자량(weight average molecular weight, M_w)이라고 한다.

$$M_w = \frac{\sum_{i=1}^{\infty} W_i M_i}{\sum_{i=1}^{\infty} W_i} = \frac{\sum_{i=1}^{\infty} N_i M_i^2}{\sum_{i=1}^{\infty} N_i M_i} = \sum_{i=1}^{\infty} w_i M_i \tag{2.5}$$

각각 분자들의 중량으로 한번 가중했다는 의미이다. 이렇게 다른 종류의 평균 분자량을 정의하는 이유는 평균 분자량에 따라 어떤 특정 물성을 나타내는 데 유리한 측면이 다르기 때문이다.

중량 평균 분자량을 정의하는 이유는 고분자 가공에서 나타나는 여러 물리 현상들을 설명할 때 유리하기 때문이다. 고분자 용융체의 흐름 물성 등을 결정할 때 분자량이 작은 분자들의 기여도보다도 분자량이 큰 분자들의 기여도가 훨씬 높아서 중합도로 한 번 더 가중한 분자량이 흐름 현상을 설명하는 데 유리한 지표로 사용되는 것이다.

같은 방식으로 각 분자의 중합도를 한 번 더 가중하면 다음과 같이

$$M_z = \frac{\sum_{i=1}^{\infty} Z_i M_i}{\sum_{i=1}^{\infty} Z_i} = \frac{\sum_{i=1}^{\infty} N_i M_i^3}{\sum_{i=1}^{\infty} N_i M_i^2} = \sum_{i=1}^{\infty} z_i M_i \tag{2.6}$$

제드 평균 분자량(z average molecular weight, M_z)을 정의할 수 있다.

만일 충분히 중합도가 큰 경우에는 discrete 분포 대신 수학적으로 연속 분포로 가정할 수도 있다. 이 경우에는 다음과 같이 적분으로 평균 분자량을 정의할 수 있다.

$$M_n = \frac{\int N_i M_i dM_i}{\int N_i dM_i} = \int x_i M_i dM_i \tag{2.7}$$

$$M_w = \frac{\int N_i M_i^2 dM_i}{\int N_i M_i dM_i} = \frac{\int X_i M_i dM_i}{\int X_i dM_i} = \int x_i M_i dM_i \tag{2.8}$$

$$M_z = \frac{\int N_i M_i^3 dM_i}{\int N_i M_i dM_i} = \frac{\int Z_i M_i dM_i}{\int Z_i dM_i} = \int z_i M_i dM_i \tag{2.9}$$

중량 평균 분자량과 수 평균 분자량의 비를 분산도 지수(polydispersity index, PDI)라고 하여 정의한다. 이 분산도 지수는 중합된 고분자의 분자량이 얼마나 넓게 분포하는지를 잘 나타내주는 지표가 된다.

$$\text{PDI} = \frac{M_w}{M_n} \tag{2.10}$$

실제 사용되는 고분자의 물성 또는 가공성과 분자량의 상관관계로 볼 때 분자가 얼마나 큰지를 나타내는 평균 분자량 하나로만 설명하기는 힘들고 분산도 지수 같은 값을 한 가지 더 알아야만 제대로 된 물성을 평가할 수 있다. 다시 말해서 최소한 두 가지 정보를 알아야 한다는 의미이다.

표 2.1의 가상적인 분자량 분포의 경우 정의에 따라 계산해보면 수 평균 분자량은 297, 중량 평균 분자량은 334 정도로 계산되어 PDI가 1.13이라는 아주 적은 값을 보인다.

2.2 | 고분자의 분자량은 어떻게 측정하는가?

고분자의 크기, 즉 분자량을 알아보기 위하여 고분자를 용매에 녹여 그 거동을 관찰하게 된다. 11장에서 실제 측정 방법에 대하여 자세히 다루겠지만 이를 이해하기 위하여 고분자 용액의 거동에 대한 이해가 선행되어야 하므로 3장과 4장에서 고분자 용액에 대한 이론적 배경을 다룰 것이다. 여기에서는 단지 고분자의 분자량 측정 방법에 대하여 미리 간단히 요약해 보고자 한다.

1차적인 방법(primary method)은 직접 분자량을 결정하는 방법으로서, 삼투압법(osmometry)은 수 평균 분자량(M_n)을, 광산란법(light scattering)은 중량 평균 분자량(M_w)을, 침전법(sedimentation)은 z 평균 분자량(M_z)을 계산하기 위한 방법이다. 이런 방법들은 상당히 정확한 방법들이지만 실제로 측정하기 위하여 많은 시간과 노력이 필요하다. 분자량 측정 방법에 대해서는 고분자 물리 부분의 11장에서 고분자 용액 이론을 이용하여 자세히 설명하게 될 것이다. 이런 방법의 또 다른 어려운 점은 하나의 값만 측정하게 되므로 분포에 대한 정보를 전혀 알 수 없다는 것이다.

반면에 2차적인 방법(secondary method)으로는 젤 투과 크로마토그래피법(gel permeation chromatography, GPC), 크기 배제 크로마토그래피법(size exclusion chromatography, SEC)이 있는데 직접적인 방법은 아니며 표준 샘플의 값과 비교해서 상대적 분자량을 추정해내는 것이다. 대신 분자량 분포를 알 수 있다는 아주 큰 장점이 있다.

고유 점도법(intrinsic viscosity)은 비교적 쉬운 방법으로 중량 평균 분자량과 유사한 점도 평균 분자량(M_v)을 알아낼 수 있다. 보통의 경우 항상 다음과 같은 크기의 차이를 보인다.

$$M_n < M_v < M_w < M_z \tag{2.11}$$

2.3 | 분자량 분포는 어떻게 표현되는가?

이론적으로 분자량 분포는 다양한 모양으로 표현된다. 제일 먼저 가우스 정규 분포(Gaussian normal distribution)를 생각할 수 있는데 평균 중합도와 그의 표준 편차로 가진 정규 가우스 분포를 가정하는 것이다. 즉 수학적 표현으로 다음과 같이 가정할 수 있다.

$$x(X) = \frac{1}{\sigma_n \sqrt{2\pi}} \exp\left[-\frac{(X - X_{median})^2}{2\sigma_n}\right] \tag{2.12}$$

여기서 X는 중합도를 나타내고 분자량 분포 $x(X)$를 두 가지 매개 변수인 중간 중합도

(X_{median})와 표준 편차(σ_n)로 표현하였다.

둘째로는 로그 정규 분포(logarithmic normal distribution)로서, 중합도 자체보다는 중합도의 자연 대수 값에 대한 가우스 분포를 가정하는 것이다.

$$x(X) = \frac{1}{\sigma_n\sqrt{2\pi}}\exp\left[-\frac{(\ln X - \ln X_{median})^2}{2\sigma_n}\right] \tag{2.13}$$

슐츠-짐 분포(Schulz-Zimm distribution)는 아래와 같이 주어진다.

$$x(X) = \frac{(\zeta/X_n)^{\zeta+1}X^{\zeta-1}X_n\exp[-\zeta X/X_n]}{\Gamma(\zeta+1)} \tag{2.14}$$

푸아송 분포(Poisson distribution)는 다음과 같이 주어진다.

$$x(X) = \frac{(X_n-1)^{X-1}\exp(1-X_n)}{(X-1)!(X)} \tag{2.15}$$

여기서 $x(X)$는 중합도 X를 가진 고분자의 몰분율(mole fraction)이다. 즉 $X = M_i/M_0$이고 몰분율을 전부 합하면 1이 된다.

$$\int x(X)dX = 1 \tag{2.16}$$

아주 흔히 고려되는 분자량 분포는 하나의 매개 변수를 가진 플로리 분포(single parameter Flory distribution, $W(X)$)로서 아주 흥미로운 분포이다. 이 분포는 중합도 p를 가정하여 다음 식으로 유도된다.

$$W(X) = X(\ln p)^2 p^X \tag{2.17}$$

이 분포에 의하면 수 평균 분자량은 물론 중량 평균 분자량도 다음과 같이 쉽게 결정되며 분산도 지수가 2에 가까운 값을 가짐을 보여주고 있다.

$$X_n = \frac{\sum_{X=1}^{\infty} W(X)}{\sum_{X=1}^{\infty} \frac{W(X)}{X}} = \frac{1}{1-p} \tag{2.18}$$

$$X_w = \frac{\sum_{X=1}^{\infty} XW(X)}{\sum_{X=1}^{\infty} W(X)} = \frac{1+p}{1-p} \tag{2.19}$$

마지막으로 1988년 제안된 박의 분포(Park's distribution)는 Macromolecule 21(1988), p. 732-735에 소개된 분포로서 이 모델에서는 축합 중합 반응 속도 상수(k)가 플로리의 등반응성 조건에서 벗어나 고분자 사슬 길이에 보다 현실적으로 의존한다고 가정하였다.

$$k_{m,n} = k(1+q^2 mn) \tag{2.20a}$$

$$k_{n,n} = \frac{k(1+q^2 n^2)}{2} \tag{2.20b}$$

이런 조건 하에서도 시간에 따른 고분자의 성장(P_m)을 다음과 같이 해석적으로 예측할 수 있다.

$$P_m = A_m(q)\left[\frac{\tan(q\tau)}{q}\right]^{m-1} \frac{[1+\tan^2(q\tau)]}{\left[1+\frac{\tan(q\tau)}{q}\right]^{m+1}} exp[-2mq^2\tau] \tag{2.21}$$

이것이 새로운 분자량 분포 함수로서, q가 0에 가까워지면 플로리 분포(Flory distribution)로 접근한다. 이 모델의 장점은 수 평균 분자량의 추이와 중량 평균 분자량의 추이도 시간의 함수로 나타낼 수 있다는 점이다.

$$L_n = \frac{1+\frac{\tan(q\tau)}{q}}{1-q\tan(q\tau)} \tag{2.22}$$

$$L_w = \frac{1 + \dfrac{\tan(2q\tau)}{q}}{1 - q\tan(2q\tau)} \tag{2.23}$$

여기서 L_n, L_w는 각각 시간에 따른 수 평균 분자량과 중량 평균 분자량이다. 무차원 시간 $\tau = \dfrac{kM_0t}{2}$이다.

2.4 | 고분자 화학 구조와 열적 전이 특성

열가소성 고분자는 크게 두 가지로 나누어 생각할 수 있는데 그 하나는 무정형(amorphous) 고분자로서 폴리스타이렌(PS), 폴리메틸메타아크릴레이트(PMMA)가 그 대표적인 예이다. 이 경우 **유리 전이 온도(glass transition temperature,** T_g)라고 하는 온도가 존재하고 그 온도 이상에서는 고분자 사슬의 먼 거리 움직임이 관찰할 수 있다. 자세한 설명은 5장을 참고하기 바란다. 그 온도 이하에서는 고분자 사슬의 먼 거리 움직임은 멈추고 단지 아주 짧은 거리의 움직임만 가능하게 된다.

유리 전이 온도는 고분자 화학 구조에 따라 많은 차이를 보이는데 폴리다이메틸실록세인(PDMS)이라고 하는 탄성 고분자는 150 K로 아주 낮으며, 폴리벤조이미다졸(PBI)이라고 하는 고강도 섬유는 600 K로 아주 높다.

열가소성 수지의 다른 한 형태는 결정성 고분자로서 동일 배열 폴리프로필렌(i-PP)가 그 대표적인 예이다. 기본적으로 유연한 주사슬이 접힌 형태로 쌓이게 되어 결정 구조를 형성하는데 이런 결정화가 시작되는 온도를 **결정화 온도(**T_c, **crystallization temperature**)라 하고 이렇게 만들어진 결정 구조가 완전히 무정형 용융체로 변화하는 온도를 **용융 온도(**T_m, **melting temperature**)라 한다. 이 또한 고분자의 화학 구조에 따라 현저한 차이를 보이는데 지방족 폴리아마이드인 폴리카프로락톤(polycaprolactone)은 용융 온도가 334 K로 낮은 편이나 방향족 폴리아마이드(aromatic polyamides)의 경우는 675 K로, 아주 높은 내열성 고분자이다. 보통 결정성 고분자는 유리 전이 온도도 같이 가지고 있으며 T_g는 T_m의 2/3 정도라고 경험적으로 알려져 있다. 자세한 고체 고분자 물성은 12장에서 따로 정리해서 공부하기로 한다.

참고문헌

1. OO. Park, Molecular Weight Distribution and Moment for Condensation Polymerization with Variant Reaction Rate Depending on Chain Length, Macromolecules, Vol.21, P.732-735, 1988.

연습문제

2-1 고분자의 수 평균 분자량과 중량 평균 분자량의 정의에 대해 설명하고, 이 두 분자량을 실험적으로 어떻게 측정하는지 기술하시오.

2-2 플로리의 분자량 분포식은 $N_x = N_0(1-p)^2 p^{x-1}$로 주어지는데, 여기서 N_x, N_0는 x-mer의 분자 수와 초기 단량체의 분자 수를 나타내며 p는 전환율이다. 몰분율 분포 함수와 중량 분율 분포 함수를 먼저 구하고 수 평균 분자량과 중량 평균 분자량을 각각 구하시오.

2-3 수 평균 분자량이 89,440 g/mol인 폴리스타이렌 시료가 있다. 말단기의 영향은 무시하고, 이 시료의 수 평균 중합도를 구하시오. 또한, 시료의 몰질량 분산도가 1.5라고 가정하고, 중량 평균 몰질량을 구하시오.

2-4 몰질량 분포가 매우 좁은 폴리스타이렌 시료로부터 제조된 다음과 같은 세 가지 혼합물이 있다. 여기서, 폴리스타이렌 시료는 각각 10,000, 30,000, 100,000 g/mol의 몰질량을 가진다. 각 혼합물에 대하여, 수 평균 몰질량 및 중량 평균 몰질량을 구하고, 각각의 값의 의미를 말하시오.

혼합물 (a) 각 시료의 분자 수는 같다.

혼합물 (b) 각 시료의 무게는 같다.

혼합물 (c) 분자량이 각각 10,000과 100,000 g/mol인 두 시료를 0.145 : 0.855의 무게 비율로 혼합하였다.

2-5 폴리스타이렌(polystyrene)이 표와 같이 여러 크기의 분자량을 가진 부분으로 구성되어 있다고 할 때, 수 평균 분자량, 중량 평균 분자량을 계산하시오.

Fraction	질량 분율	분자량
1	0.10	12,000
2	0.19	21,000
3	0.24	35,000
4	0.18	49,000
5	0.11	73,000
6	0.08	102,000
7	0.06	122,000
8	0.04	146,000

2-6 A, B, C 고분자를 섞어서 50,000 kg의 선적(shipment)를 만들었다. 중량 평균 분자량이 250,000 kg/mol이고, PDI가 3.65가 되려면 각 고분자가 얼마나 필요한가? 수 평균 분자량, 중량 평균 분자량, PDI의 정의를 주의 깊게 생각해보시오.

Lot	중량 평균 분자량	PDI
A	500,000	2.50
B	250,000	2.00
C	125,000	2.50

2-7 다음 표와 같이 50 g의 고분자 시료를 여섯 종류의 다른 분자량을 갖는 시료로 분별하였다. 각각의 점도 평균 분자량을 계산하여 아래의 표에 나타내었다. 원(original) 시료의 수 평균 및 중량 평균 분자량을 구하시오. 이 계산에서 각 단편의 분자량 분포는 매우 좁으며 단분산성으로 여길 수 있다고 가정하시오. 원 시료의 분자량 분포는 좁은 분포인가, 넓은 분포인가?

단편	질량 (g)	M_v
1	1.0	1,500
2	5.0	35,000
3	21.0	75,000
4	15.0	150,000
5	6.5	400,000
6	1.5	850,000

3

고분자를 용매에 녹이면?

대부분 고분자를 실제로 가공할 때에는 항상 고분자를 적절한 유기 용매에 녹여 고분자 용액을 만들거나, 고분자 펠릿(pellet)을 직접 가열해서 고분자에 유동성을 부여한 고분자 용융체로 만들게 된다. 몇몇 일부 고분자의 경우 구조상 특징으로 물에 녹는 수용성을 가지지만, 이러한 경우는 극히 드물고 대부분은 특정한 유기 용매에 잘 녹는다. 고분자 용액과 고분자 용융체의 두 가지 경우를 합하여 **고분자 유체(polymeric fluid)**라고 한다.

고분자를 용매에 녹여서 고분자 용액으로 만들어 사용하는 예는 아주 흔하다. 우선 8장에서 설명하고 있는 **용액 중합** 도중에 이런 용액이 자연스럽게 얻어지기도 하고, 고분자 부품을 필름 제조 방법이나 방사 공정, 코팅 공정 등으로 원하는 모양으로 가공하기 위하여 이미 제조되어있는 고분자 펠릿을 용매에 녹여 고분자 용액을 만들기도 한다. 고분자의 분자량이나 그 분포를 측정하거나 유변 물성을 측정하기 위하여서도 고분자 용액을 만든다. 이 경우 가장 먼저 고려해야 할 사항은 고분자와 용매 사이의 상호 작용이다.

고분자 용액은 고분자의 분자량이나 물성을 측정할 때에도 유용하게 쓰인다. 수 평균 분자량은 고분자 희석 용액의 삼투압 실험으로 측정하며 중량 평균 분자량은 고분자 용액의 광산란 실험에서, 그리고 점도 평균 분자량은 고분자 용액의 점도 측정, 고분자 분자량 분포는 젤 투과 크로마토그래피(GPC) 실험을 통하여 얻을 수 있는데 모두 이 고분자 용액을 이용한다.

3.1 | 고분자 입체 형태와 고분자 사슬의 크기

고분자 용액이나 고분자 용융체에서의 고분자의 형태나 크기를 표현하고자 할 때 입체 배열과 입체 형태라는 두 가지 개념을 이해해야 한다. 우선 고분자 사슬의 **입체 배열(configuration)**은 **입체규칙도(tacticity)**와 같이 원자들이 고분자 사슬에 입체 화학적으로 어떻게 배열하는가를 나타내는 것이다. 입체 배열은 공유 결합을 깨지 않고서는 변경할 수 없는 것으로 중합을 통해 결정된 것이다. 반면에 유연 사슬 고분자의 **입체 형태(conformation)**는 각각의 화학 결합을 중심으로 자유스러운 회전이 가능하다면 수없이 많은 경우의 수를 가질 수 있으며, 이렇게 형성된 상대적 위치 배열을 나타낸다. 유연 고분자의 입체 형태에 대한 가장 간단한 모델로서 불규칙 비행(random-flight), 자유 회전 연결(freely-jointed), 무부피(volume-less) 이상적 유연 사슬(ideal flexible chain)을 생각해 볼 수 있다. 중합도가 낮은 짧은 사슬의 분자의 경우에는 단일 결합각이 보통 1~10° 정도 회전이 가능하므로 거의 직선 형태를 가질 것이나, 중합도가 큰 경우에는 코일(예, gaussian chain) 형태가 될 것이다. 특히 탄소-탄소 단일 결합으로 연결된 고분자의 경우 그 회전의 유연성으로 인해 코일 형태를 가진다. DNA도 이중 나선 구조로 국부적으로는 상당히 직선적이지만 충분히 길어지게 되면 결국 코일 형태로 존재하여 세포막 속으로 들어갈 수 있게 된다.

유연 사슬의 가장 쉬운 모델로서 불규칙 비행 사슬을 생각해 보자. 길이 l을 가진 고분자 막대 N개가 자유스럽게 회전할 수 있도록 많이 연결되었다면 전체 길이는 당연히 총 윤곽 길이(total contour length)로 $L = Nl$이 될 것이다. 즉, 고분자 사슬이 완전히 일직선으로 길게 늘어져 있다면 시작점과 끝점 간의 거리(end-to-end distance, r)는

$$r = L = Nl \tag{3.1}$$

으로 최댓값을 가질 것이다. 만일 유연한 팬텀 사슬(phantom chain)이 그림 3.1에서처럼 코일 모양을 띠게 된다면 그 크기는 대략적으로 다음과 같이 주어진다.

$$r = \sqrt{N}\, l \tag{3.2}$$

이는 마치 브라운 입자가 직선 운동 대신 불규칙적 운동을 하게 되는 경우의 처음 시작점과 마지막 지점 간의 거리와 유사한 모양이라 할 수 있다.

팬텀 사슬을 구성하는 고분자 막대의 각각의 방향을 벡터로 표현하면 각각 같은 크기 l을 가진다. 만일 방향성을 가지지 않는 경우 즉 등방적(isotropic)이라면 끝점 간 벡터의 평균값은 당연히 0이 된다. 따라서 코일 상태의 평균적 크기를 구하기 위하여 제곱의 평균값을 알아보아야 한다.

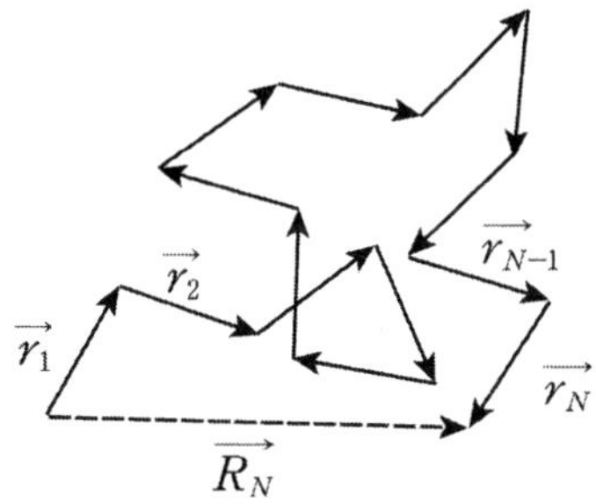

그림 3.1 팬텀 사슬의 고분자 막대들

그림 3.1에서

$$\overrightarrow{R_N} = \sum_{i=1}^{N} \vec{r_i} \tag{3.3}$$

$$\overrightarrow{R_{N-1}} + \overrightarrow{r_N} = \overrightarrow{R_N} \tag{3.4}$$

이 되고, 방향성이 없으므로 모든 경우를 평균하면 끝점 간 거리의 평균은

$$< \overrightarrow{R_N} > = 0 \tag{3.5}$$

가 될 것이므로 그 평균적 크기를 가늠할 수 없다. 대신 그 제곱 값의 평균은

$$< \overrightarrow{R_N}^2 > \; = \; < \overrightarrow{R_N} \cdot \overrightarrow{R_N} > \; = < |\overrightarrow{R_N}|^2 > \tag{3.6}$$

로 정의되어 식 (3.4)을 이용하면

$$\overrightarrow{R_N^2} = \overrightarrow{R_{N-1}^2} + 2\overrightarrow{R_{N-1}}\overrightarrow{r_N} + \overrightarrow{r_N}^2 = \overrightarrow{R_{N-1}^2} + 2\,|\,\overrightarrow{R_{N-1}}\,|\,l\cos r_N + l^2 \quad (3.7)$$

이 된다. $<\cos r_N> = 0$이므로 결과적으로

$$<\overrightarrow{R_N}^2> = <\overrightarrow{R_{N-1}}^2> + l^2 \quad (3.8a)$$

즉

$$<\overrightarrow{R_N}^2> = Nl^2 \quad (3.8b)$$

이 되겠다. 따라서 제곱근 평균 끝점 간 거리(mean-square end-to-end distance)는 대략 분자량의 제곱근과 단위 길이에 비례한다는 사실, 즉 식 (3.2)가 얻어진 셈이다. 다시 말하면 분자량이 100배가 되면 고분자의 입체적 크기는 길이 면에서 10배쯤 된다는 뜻이다.

플로리는 고분자 사슬의 입체적 형태를 3차원적 가우스 분포(Gaussian distribution)로 가정하고 다음과 같이

$$w(x,y,z) = (\frac{b}{\sqrt{\pi}})^3 \exp[-b^2(x^2+y^2+z^2)]\,,\; b^2 = \frac{3}{2Nl^2} \quad (3.9)$$

로 표시하였고 이를 길이 방향 r의 함수로 표현하면 다음과 같다.

$$w(r) = (\frac{b}{\sqrt{\pi}})^3 4\pi r^2 \exp[-b^2 r^2] \quad (3.10)$$

여기서도 적분을 통해 식 (3.2)와 같은 결과를 얻을 수 있다.

$$< r^2 > = \int_0^\infty r^2 w(r)dr \,/ \int_0^\infty w(r)dr = Nl^2 \quad (3.11)$$

따라서 이런 분포에서도 전체적 크기가 분자량의 제곱근에 따라 변화함을 알 수 있다. 0.3 nm 길이의 사슬이 약 10,000개 정도 연결된 경우를 고려하면 평균 제곱근 끝점 간

거리(root mean square end-to-end distance)는 30 nm 정도 될 것이다.

끝점 간 거리와 유사하지만 다른 정의인 회전 반지름(radius of gyration, s)은 다음과 같이 관련된다.

$$\sqrt{<s^2>} = \frac{\sqrt{<r^2>}}{\sqrt{6}} \tag{3.12}$$

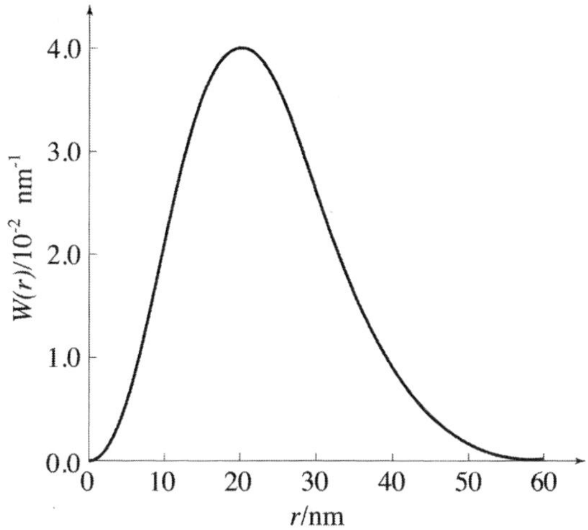

그림 3.2 고분자 사슬의 분포함수

실제 결합의 경우 고분자 막대 간의 회전이 일정 각도로 제한되므로 이를 θ라고 고려하면

$$<r^2> = Nl^2 \frac{1-\cos\theta}{1+\cos\theta} \tag{3.13}$$

가 되며 아직도 전체 크기의 분자량 의존도는 마찬가지이다. 만일 C−C 단일 결합의 각도($\theta =$ 109.5°)를 대입하면 $\cos\theta \cong -\frac{1}{3}$이 되므로

$$<r^2> \cong 2Nl^2 \tag{3.14}$$

가 되는 셈이다. 고분자 막대의 회전이 다른 각도 ϕ에서도 제한을 받는다면

$$< r^2 > = Nl^2 \frac{1-\cos\theta}{1+\cos\theta}\frac{1+<\cos\phi>}{1-<\cos\phi>} \tag{3.15}$$

이 되지만 그 기본적 경향성은 그대로 유지하고 있다.

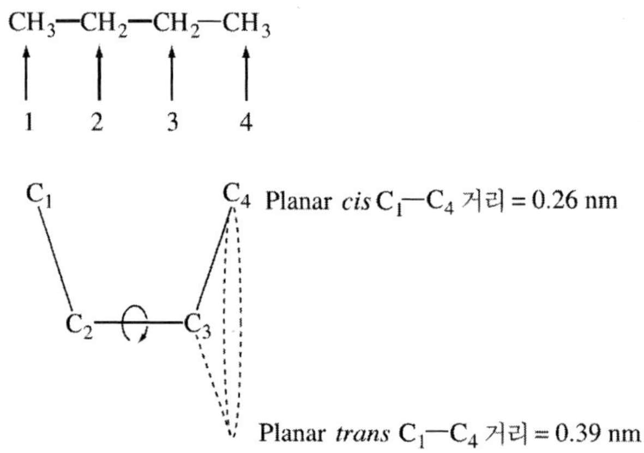

그림 3.3 Bond angle and bond rotation angle

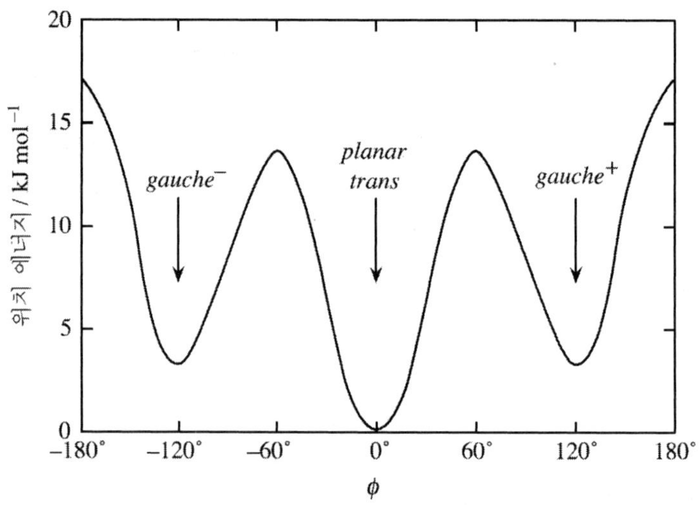

그림 3.4 Rotation energy vs bond rotation angle

마지막으로 실제 고분자는 실제 부피를 가지므로 한 막대 부분이 차지한 부피는 다른 막대 부분이 차지할 수 없다는 배제 부피의 효과(excluded volume effect)를 고분자 사슬의 전체에 반영하여 그 크기를 생각하면, 고유 비율(characteristic ratio) C_N은

$$C_N = \frac{< r^2 >_0}{Nl^2} = \frac{< r^2 >}{\alpha^2 Nl^2} \tag{3.16}$$

로 배제 부피 등을 고려하지 않은 경우와 비교해서 표현된다. 따라서 $\alpha = \frac{\sqrt{< r^2 >}}{\sqrt{< r^2 >_0}}$ 는 고분자 팽창 지수(chain expansion factor)로 배제 부피 등을 고려하지 않은 경우와 비교하여 얼마나 더 큰 영역을 차지하는가를 나타낸다. 같은 고분자라 하더라도 용매에 따라 이 지수가 달라지는데 $\alpha = 1$이면 세타 조건(θ 용매, θ 온도)이라 부르며 $\alpha \gg 1$이면 좋은 용매(good solvent)라 부른다. 이 지수는 배제 부피 효과 등과 같은 고분자 사슬 간의 먼 거리 상호 작용을 고려하기 위하여 도입된 것이다.

3.2 | 고분자 용액의 열역학

고분자를 용매에 녹이게 되면 희석 고분자 용액의 성질도 저분자 물질이 용액에서 보이는 이상 용액의 성질과는 현저히 차이를 보인다. 그 주된 이유는 고분자가 분자량이 아주 큰 물질이기 때문이다. 예를 들면 고무 분자를 벤젠 용매에 녹이고 기체상에 벤젠의 증기압을 관찰하면 고무가 없을 때의 포화 벤젠 증기압과 차이를 보인다. 일반적으로 저분자 물질을 용매에 녹였을 때의 증기압 비는 벤젠의 몰분율과 같아지는 이상 용액의 법칙을 따르게 된다. 즉, 그림 3.5에서 다음과 같은 계수 a_1을 상정할 수 있다.

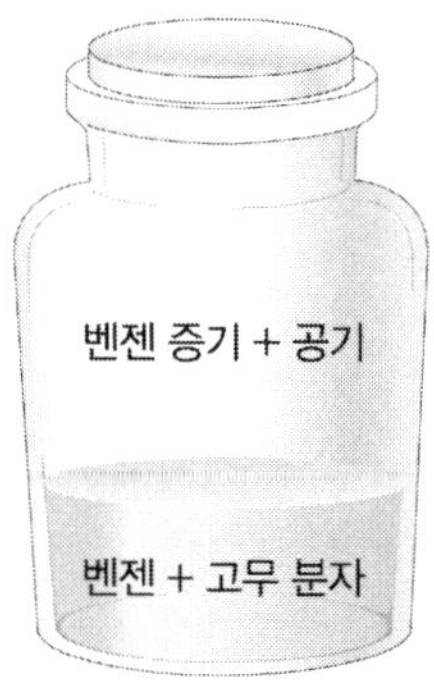

그림 3.5 벤젠 고무 용액의 평형 상태

$$a_1 = \frac{P_1}{P_1^0} \tag{3.17}$$

이는 벤젠의 실제 증기압을 순수 벤젠의 포화 증기압으로 나눈 것으로 **활성도 계수**라 부르는데 벤젠의 증기압은 용질의 존재에 따라 그만큼 포화 증기압보다 적은 값을 보인다. 이상 용액의 경우에는 이 활성도 계수가 벤젠의 몰분율과 같아지는데 식으로 나타내면 다음과 같다.

$$P_1 = x_1 P_1^0 \tag{3.18}$$

여기서 x_1는 벤젠의 몰분율이다. 이 경우를 라울의 법칙(Raoult's law)이 성립한다고 말한다. 즉, 이상 용액에서는

$$a_1 = x_1 \tag{3.19}$$

이 되는 셈이다. 실제 상황에서는 그림 3.6에서 보는 바와 같이 이상 용액으로부터 멀리 벗어나게 되는데 이는 혼합할 때에 보여주는 과다 엔탈피 또는 과다 엔트로피 때문이다.

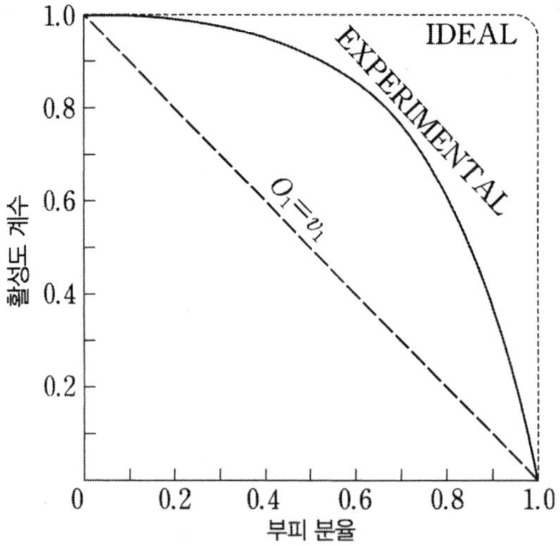

그림 3.6 활성도 계수 vs 부피 분율

3.3 | 플로리-허긴스 격자 이론

플로리와 허긴스는 각각 독립적으로 비슷한 연구 결과를 발표하였다. 고분자 용액의 자유 에너지를 고려하면 용질이 용매와 같이 용액으로 존재하기 위하여

$$\Delta G_m = G_{12} - (G_1 + G_2) < 0 \tag{3.20}$$

의 식이 성립하여야 한다. 여기서 G_{12}는 용액(용질+용매)의 자유 에너지, G_1은 용질의 자유 에너지, G_2는 용매의 자유 에너지이다. 깁스 자유 에너지(Gibbs free energy, ΔG_m)는

$$\Delta G_m = \Delta H_m - T\Delta S_m \tag{3.21}$$

로 표현된다(ΔH_m은 혼합 엔탈피 변화, T는 온도, ΔS_m은 혼합 엔트로피 변화이다). 이상적인 경우 $\Delta H_m = 0$이다. 저분자량 용매에 저분자 용질이 녹아 있는 경우를 생각해 보자. 혼합에 의한 엔트로피 변화가 항상 양수가 되므로 식 (3.20)이 성립되어 혼합이 잘 되는 방향임을 알 수 있다.

저분자량 용매와 저분자량 용질이 서로 혼합이 되는 경우에 엔트로피 변화에 대한 볼츠만 관계식(Boltzmann relation)은 다음과 같다.

$$\Delta S_m = k \ln \Omega \tag{3.22}$$

$$\Omega = \frac{N!}{n_1! n_2!} \tag{3.23}$$

k : 볼츠만 상수, 1.38×10^{-23} J/K

Ω : n_1개의 용매 분자와 n_2개의 용질 분자를 혼합 배열하는 총 경우의 수

여기서 $N = n_1 + n_2$이며 $\ln n! = n \ln n - n$이라는 수학적 스털링 근사식을 이용하면 혼합 엔트로피는 다음과 같이 나타낼 수 있다.

$$\Delta S_m = -k(n_1 \ln x_1 + n_2 \ln x_2) \tag{3.24a}$$

$$\Delta S_m = -R(x_1 \ln x_1 + x_2 \ln x_2) \tag{3.24b}$$

$x_1 = \dfrac{n_1}{n_1 + n_2}$, $x_2 = \dfrac{n_2}{n_1 + n_2}$,

$R = N_A k$,

N_A : 아보가드로 수(Avogadro's number)로 표현된다.

이것이 이상적인 혼합물의 혼합에 따른 엔트로피 변화를 예측하는 식이다. 고전적 열역학 법칙인 루이스-랜달 법칙(Lewis-Randall law)을 여러 용질의 경우에 확대해서 사용할 수 있다.

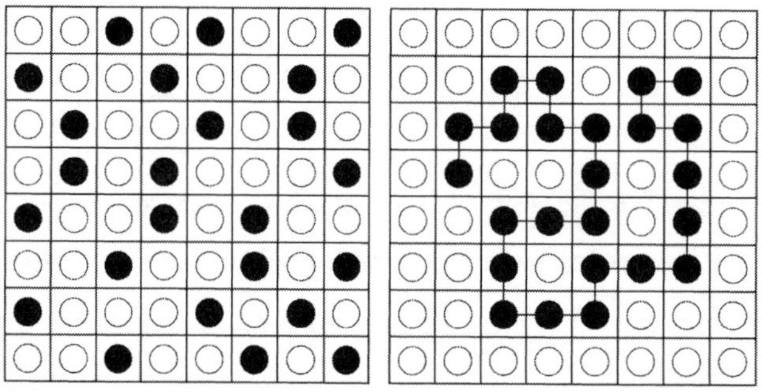

그림 3.7 (a) 격자 모델 단분자-단분자, (b) 단분자-고분자의 경우

반면에 저분자량의 용매에 고분자량의 고분자가 녹아 있는 경우의 혼합 엔트로피는 저분자들간의 혼합 엔트로피보다 작다. 왜냐하면 고분자들은 여러 원자들이 연결되어 있어 형태 엔트로피(conformational entropy)의 감소를 고려해야 하기 때문이다.

플로리와 허긴스에 의하면 혼합 엔트로피 변화는 다음과 같다.

$$\Delta S_m = -k[n_1 \ln \phi_1 + n_2 \ln \phi_2] \tag{3.25}$$

$$\phi_1 = \frac{n_1}{n_1 + rn_2}, \quad \phi_2 = \frac{rn_2}{n_1 + rn_2}$$

ϕ_1 : 저분자량 용매의 몰분율　　ϕ_2 : 고분자의 몰분율

n_1 : 저분자의 몰수　　n_2 : 고분자의 몰수

r : 고분자 부피 / 용매 분자 부피 분자 한 개씩 비교

고분자의 분자량 분포를 고려하면 다음과 같이 식이 변형된다.

$$\Delta S_m = -k[n_1 \ln \phi_1 + \sum_{i=2}^{N} n_i \ln \phi_i] \tag{3.26}$$

따라서 $\Delta G_m = \Delta H_m - T\Delta S_m$에 대입하고 화학 퍼텐셜($\mu$)의 정의에 따라 그 변화를 계산하면

$$\Delta \mu_1 = \mu_1 - \mu_{1,0} = \Delta \overline{G_m} = (\frac{\partial \Delta G_m}{\partial n_1})_{T,P} \tag{3.27}$$

$\Delta \overline{G_m}$: 혼합에 따른 분몰(partial molar) 깁스 자유 에너지

가 되고, 활성도 계수는

$$\ln a_1 = \frac{\Delta \mu_1}{kT} \tag{3.28}$$

이 된다. 이상 용액의 경우에는 $\Delta H_m = 0$이기 때문에 식 (3.28)로 충분하지만 만일 용매와 용질(고분자) 간의 상호 작용이 있다면 혼합 엔탈피의 변화도 고려하여야 한다.

플로리와 허긴스는 분자 간 상호 작용을 고려해서 혼합 엔탈피를 다음과 같이 가정하였다.

$$\Delta H_m = z n_1 r_1 \phi_2 \Delta \omega_{12}$$

z: 격자(lattice) 배열의 수, 즉 한 단위 셀이 인접할 수 있는 단위 셀의 수

r_1 : 용매 분자의 분절 수

$\Delta \omega_{12}$: 서로 다른 짝을 이룰 때 내부 에너지의 변화량(용매를 1, 고분자를 2) 평균값으로

$$\Delta \omega_{12} = \omega_{12} - \frac{1}{2}(\omega_{11} + \omega_{22})$$

여기서 우리는 플로리 상호 작용 계수(Flory interaction parameter, χ_{12})를 통해

$$\chi_{12} = zr_1 \frac{\Delta\omega_{12}}{kT} \quad \text{(무차원 값)} \tag{3.29}$$

$$\rightarrow \Delta H_m = kT\chi_{12} n_1 \phi_2 \tag{3.30}$$

$$\rightarrow \Delta G_m = kT[n_1 \ln \phi_1 + n_2 \ln \phi_2 + \chi_{12} n_1 \phi_2] \tag{3.31}$$

$$\rightarrow \ln a_1 = \ln(1-\phi_2) + (1-\frac{1}{r})\phi_2 + \chi_{12}\phi_2^2 \tag{3.32}$$

로 표현할 수 있다. 이 이론에서는 분자 간 상호 작용은 고려하였지만, 고분자 사슬이 자체 부피를 가지고 있다는 점을 배제하지 못하였고 고분자 사슬 농도도 균일하다는 가정을 사용하였기에 상당히 진한 용액의 경우에만 적용할 수 있다. 또한 일반적으로 일어나는 혼합에 의한 부피 변화를 고려하지 못한 약점을 가지고 있다.

실제로 혼합이 아주 잘 되는 경우에는 항상 부피가 감소하는 경향을 보인다. 또한 어떤 고분자와 용매의 조합의 경우 에너지 측면에서 선호하는 배열이 따로 있을 수도 있다. 또 플로리 상호 계수가 농도에 따라 달라질 수도 있다. 한 가지 흥미로운 사실은 아주 긴 사슬의 경우, 희석 용액이라고 생각하면 활동도 계수가 식 (3.33)에서 보여주는 것처럼 몰분율 제곱에 비례한다는 것이다. 그 계수가 (플로리 상호 계수 − 1/2)이 되므로 다음과 같이 나타나고,

$$\frac{1}{r} \rightarrow 0\,, \quad \phi_2 \rightarrow 0 \quad \ln a_1 \rightarrow (\chi_{12} - \frac{1}{2})\phi_2^2 \tag{3.33}$$

플로리 상호 계수가 1/2일 때를 중심으로 서로 다른 경향을 보임을 쉽게 짐작할 수 있다. 상호 계수를 실험적으로 측정하는 방법은 다른 장에서 다룬다.

3.4 | 고분자 용액의 마찰적 성질

고분자가 용매에 녹아 있는 경우 고분자의 존재로 인하여 고분자 용액의 점도가 올라가게 된다. 이때 고분자 사슬 주위를 용매 분자들이 자유스럽게 흐를 수 있다면(free draining) 용매 분자들의 흐름으로 고분자 사슬이 받는 마찰력 f_0는 고분자 사슬 길이에

비례하게 증가하게 될 것이다. 즉,

$$f_0 = \xi x \tag{3.34}$$

x : 고분자 사슬에서의 분절 수

ξ : 비례 상수

와 같이 나타낼 수 있다.

반면에 용매 분자가 코일 형태로 모여 있는 고분자 사슬 내부를 잘 통과하지 못하고 다만 주위로만 흐른다고 하면(non-draining) 이때의 마찰력은 미세구조 유체 흐름에서 얻어진 스톡스 법칙(Stokes' law)에 의하여

$$f_0 = 6\pi\eta_0 R_h \tag{3.35}$$

$$R_h \propto \sqrt{< s^2 >} \propto \sqrt{x}$$

가 되므로 크기 의존성, 즉 분자량 의존성이 현저히 다르다. 이제 여러 고분자가 존재하는 경우 그 부피 분율에 따른 고분자 용액의 점도 변화를 스톡스-아인슈타인 이론(non-draining)으로 예측해 보자. 고유 점도는 부피 분율에 대하여 다음의 관계식을 갖는다.

$$\eta = \eta_0 (1 + 2.5\,\phi_2) \tag{3.36}$$

부피 분율과 농도 c와의 관계는

$$\phi_2 = \frac{c}{M} N_A V_h \tag{3.37}$$

V_h : hydrodynamic volume

가 되므로 고유 점도를 다음과 같이 얻을 수 있다.

$$[\eta] = \lim_{c \to 0} \frac{1}{c} \left(\frac{\mu}{\mu_0} - 1 \right) = \frac{5}{2} \frac{N_A V_h}{M} \tag{3.38}$$

나중에 15장에서 고분자 용액의 유변학이나 점도 평균 분자량 또는 고유 점도에서 반복적으로 언급될 내용이지만 고분자의 투입으로 증가되는 희석 고분자 용액의 점도 변화를 고유 점도로 계산할 수 있고, 이는 고분자의 수력학적 부피와 분자량의 지수함수적인 관련성을 통해 나타낼 수 있다. 즉 Mark-Houwink-Sakirada식에 의하면

$$[\eta] = KM^{a} \tag{3.39}$$

로 표현되며 세타 조건에서는 a = 0.5이지만, 일반적인 조건에서는 a 값이 0.6에서 0.8 정도의 값을 가진다. 이는 중량 평균 분자량을 대신해서 산업계에서 간편하게 측정할 수 있어 많이 편리하게 사용하고 있다. 뿐만 아니라 고분자 용액에서의 고분자 사슬의 이동 확산 계수(translational diffusion coefficient, D)도 마찰력 계수와 직접 연관이 되어 스톡스-아인슈타인 법칙으로 설명되고 있다.

$$D = \frac{kT}{f_0} = \frac{kT}{6\pi\eta_0 R_h} \tag{3.40}$$

R_h : hydrodynamic radius

이 또한 분자량과 직접 관련성이 있는 것이다. 확산 계수도 분자량과 지수함수적으로 관련하는데 용매의 종류에 따라 그 지수가 다르다.

$$D = K_D M^{-a_D} \tag{3.41}$$

세타 조건의 경우에는 $a_D = 0.5$이나 조금 팽윤된 경우에는 0.6 정도의 값을 가진다.

만일 고분자가 전하를 띄고 있는 경우에는 그 용액 속에서의 입체 배향이 많이 다르다. 그림 3.8에서처럼 용매 속에 있는 반대 이온으로 다소 경직한 직선 구조를 가지게 되므로 특히 낮은 농도에서 계산되는 고유 점도가 현저히 다른 값을 가지게 된다.

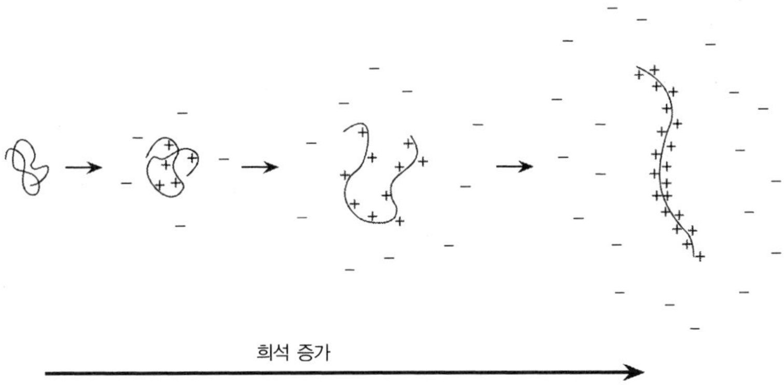

그림 3.8 고분자 전해질 용액

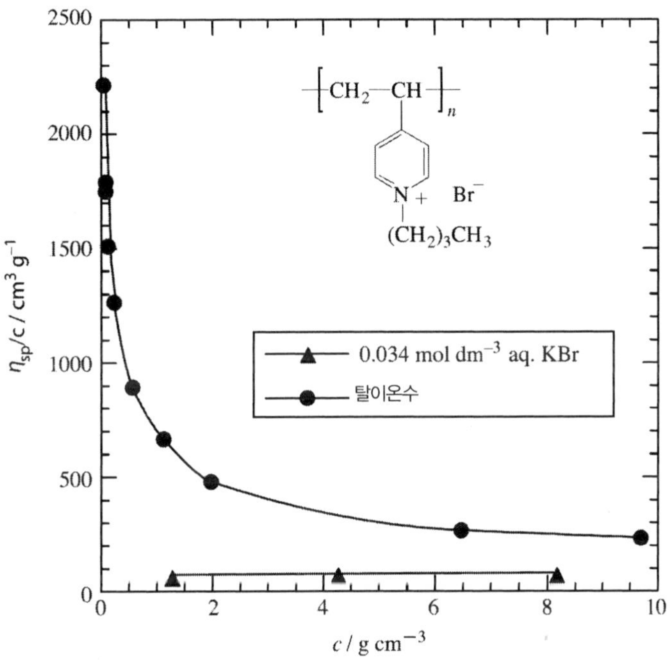

그림 3.9 고분자 전해질 용액의 환산 점도 추이

참고문헌

1. R.J. Young and R.A. Lovell, "Introduction to Polymers", 3rd ed., 2011 CRC Press, Ch 10.
2. Paul J. Flory, “Principles of Polymer Chemistry”, 1953, Cornell University Press, Ch XII Fig 108, Fig 109, p497, Fig 110, p499.

연습문제

3-1 폴리스타이렌의 반복 단위의 분자량이 104이고, 탄소-탄소 사이의 거리는 1.54 Å 일 때 다음을 계산하시오.

(a) 분자가 자유롭게 회전하고, 자유롭게 연결된 부피가 없는 사슬처럼 거동한다고 가정할 때 분자량 백만의 폴리스타이렌에 대한 제곱 평균 말단 거리를 구하시오. 각각의 연결 고리는 폴리스타이렌 1개의 반복 단위와 동일하다고 가정한다.

(b) 35℃의 세타 용매에서의 고유 점도 $[\eta]$와의 관계식에서 폴리스타이렌의 무동요(unperturbed) 근 평균 제곱 말단 거리 $< r^2 >_0^{1/2}$을 구하시오. 이때 $[\eta]$의 단위는 dL/g이다($[\eta] = 8 \times 10^{-4} M^{0.5}$).

(c) 폴리스타이렌에 대한 특성비 C_N은?

3-2 GPC에서 만능 보정 곡선의 이용은 $[\eta]M$, 즉 유체 역학적 부피의 값이 모든 고분자에 대해 같은 용출 부피일 경우 같다는 점에 근거하고 있다. 만약 분자량이 50,000인 단분산 폴리스타이렌의 보존 부피가 25 ℃의 톨루엔에서 100 mL라면, 25℃의 톨루엔에서 같은 용출 부피를 가진 폴리(메틸 메타크릴레이트)의 분율의 분자량은 얼마인가? 폴리스타이렌에 대한 Mark-Houwink 상수 K와 a는 각각 7.54×10^{-3} mL/g 및 0.783이며, 폴리(메틸 메타크릴레이트)의 경우 각각 8.12×10^{-3} mL/g 및 0.71이다.

3-3 자유로이 연결된 고분자 사슬의 최적 말단 거리가 $(2nl^2/3)^{1/2}$로 주어짐을 보이시오.

3-4 플로리 허긴스(Flory-Huggins) 이론으로부터, 고분자 용액을 만들 때 분몰 Gibbs 자유에너지는 다음과 같이 주어진다.

$$\Delta G_1 = \mu_1 - \mu_1^0 = RT[\ln \phi_1 + (1 - \frac{1}{x_n})\phi_2 + \chi \phi_2^2]$$

여기서 ϕ_2는 고분자의 부피 분율이며, x_n은 고분자의 몰부피 대비 용매의 수 평균 몰부피 비율이고, χ는 Flory-Huggins 고분자-용매 상호 작용 계수이다.

$M_n = 2.5 \times 10^5$ g/mol 인 천연 고무를 벤젠에 녹인 용액의 증기압 측정 실험을 수행하였다. 용액에서 용매인 벤젠의 활동도를 $\phi_2 = 0.25$라고 가정할 때, 상기 식을 이용해 χ 값을 계산하면 0.989가 얻어진다. 이 과정에서 어떠한 가정들을 사용했는지 기술하시오.

3-5 단독으로 떨어져 있는 유연한 고분자 사슬의 말단 거리 r의 방사 분포 함수 $W(r)$은 다음과 같다.

$$W(r) = 4\pi\left(\frac{\beta}{\pi^{1/2}}\right)^3 r^2 \exp(-\beta^2 r^2)$$

여기서 $\beta = [3/(2nl^2)]^{1/2}$이다($n$은 사슬을 형성하고 있는 길이가 l인 연결 단위의 개수이다). 위 방정식을 적분하면 분포 함수가 1로 정상화됨을 보이시오. 또한 다음 식들을 유도하시오. (참고: $I(b) = \int_0^\infty x^b \exp(-ax^2)dx$, $I(0) = \frac{1}{2}\pi^{1/2}a^{-1/2}$, $I(1) = \frac{1}{2}a^{-1}$, $I(2) = \frac{1}{4}\pi^{1/2}a^{-3/2}$, $I(3) = \frac{1}{2}a^{-2}$, $I(4) = \frac{3}{8}\pi^{1/2}a^{-5/2}$가 성립한다.)

(a) 확률적으로 가장 가능성이 높은 r의 값

(b) r의 평균제곱근값

(c) r의 평균값

3-6 세타 용매(theta solvent)와 좋은 용매(good solvent)를 비교하시오.

3-7 불규칙 비행 사슬(random flight chain)로 구성된 고분자에 대해 설명하고, 이의 분자량에 따른 크기 변화에 대해 설명하시오.

3-8 분자량이 200,000인 동일 배열 폴리프로필렌(isotactic polypropylene)이 있다.

(a) 이 고분자가 fully-stretched 형태로 펼쳐져 있을 때 한 분자의 길이를 계산하시오.

(b) 단결정(single crystal)으로 성장하였을 때의 부피는? 밀도는 0.906 g/cm^3라고 가정하시오.

4

고분자 용액 이론

3장에서는 고분자가 용매 속에서 가지는 고분자 사슬의 크기와 입체 배향에 대하여 공부하였다. 플로리-허긴스 이론에 의하면 고분자와 용매 사이의 상호 작용 계수가 입체 배향을 결정하는 데 중요한 역할을 하는 것으로 밝혀졌다. 이 장에서는 고분자 용액의 상평형을 좀 더 자세히 검토하면서 상호 작용 계수의 측정 및 이와 유사한 개념인 용해도 인자 등에 대하여 알아보기로 보자.

4.1 | 상평형

고분자계의 상평형(phase equilibrium)을 공부하는 것은 여러 면에서 유용하다. 예를 들어 가소화제(plasticizcrs)를 사용해야 하는 고분자계에서는 이 가소화제가 사용 온도에서 고분자로부터 분리되어 나오지 않아야 하지만, 결국 고분자가 어느 정도의 분자량에 이르면 반응 용액으로부터 침전 석출되어야 한다. 이런 상평형은 이미 전 장에서 언급한 바와 같이

$$\Delta G_m = \Delta H_m - T\Delta S_m \tag{4.1}$$

로 정의되는 혼합 자유 에너지 변화를 통해 설명할 수 있다. 이 혼합 자유 에너지 변화를 두 성분 간의 부피 분율의 함수로 알 수 있다면 상용성이 있는 영역인지 부분 상용성 영역인지 아니면 서로 혼합이 되지 않는 비상용성 영역인지 알 수 있다. 보통 혼합 엔탈피가 음수이면 상용성이 있다.

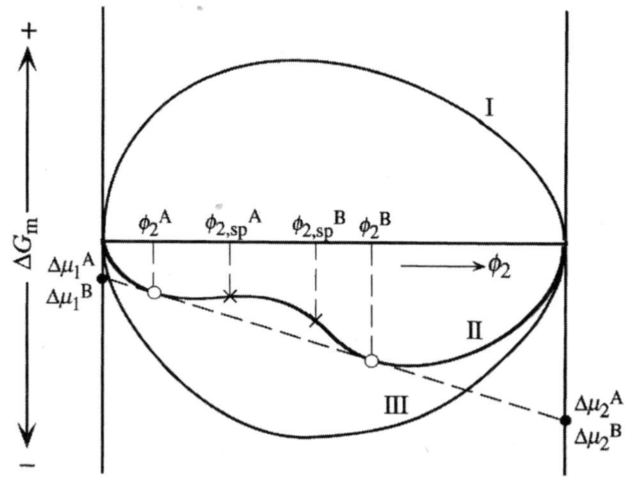

I: 비상용성 II: 부분상용성 III: 상용성

그림 4.1 부피 분율에 따른 혼합 깁스 자유 에너지의 변화 곡선

그림 4.1에서처럼 일정 온도에서의 혼합 자유 에너지 변화를 가상적으로 세 가지 유형으로 나누어 생각해 볼 수 있다. I에서와 같이 전 조성에서 이 값이 양수이면 항상 서로 섞이지 않는다(비상용성). 따라서 항상 두 가지 다른 상(phase)으로 나뉘어 존재한다. 반대로 항상 음의 값을 가지는 III의 경우는

$$\Delta G_m < 0, \qquad \left(\frac{\partial^2 \Delta G_m}{\partial \phi_2^2}\right)_{P,T} > 0 \tag{4.2}$$

와 같이 조성(ϕ)에 대하여 2차 미분 값의 기울기가 양수이면 전 조성 영역에서 잘 섞인다(상용성).

가운데 II의 경우에는 부분적으로 섞이는 경우로서(부분 상용성) 국부적으로 혼합 자

유 에너지 차이가 최소가 되는 두 조성을 가진 영역이 혼재하게 되는데 이를 바이노달(binodal) 조성이라고 한다. 이 조성에서는 깁스 자유 에너지를 조성으로 미분한 값(즉 그래프에서의 기울기)으로 정의되는 화학 퍼텐셜이 같아지는 두 조성이 존재하게 된다.

$$\mu_1^A = \mu_1^B, \qquad \mu_2^A = \mu_2^B \tag{4.3}$$

이 두 가지 바이노달 조성 사이에 2차 기울기가 0이 되는 변곡점이 존재하게 되는데 이를 스피노달(spinodal) 조성이라고 한다. 바이노달과 스피노달 사이에서는 항상 바이노달 조성으로 돌아오는 안정성을 보이지만 스피노달 조성과 다른 스피노달 조성 사이에서는 meta-stability만 보인다. 즉,

$$\left(\frac{\partial^2 \Delta G_m}{\partial \phi_2^2}\right)_{P,T} = 0 \tag{4.4}$$

을 만족하는 지점이다. 깁스 자유 에너지 곡선을 위치 에너지라 생각한다면, 이 곡선 위에 조그만 입자가 존재할 때 평형 상태에서 위치할 지점을 생각함을 통해 비유적으로 알 수 있다. I의 경우 입자는 항상 흘러내릴 것이며 III의 경우는 최소 에너지 위치로 안정화될 것이고 II의 경우 곡면의 형태에 따라 준 안정성 등을 보여주게 되는 것이다.

이런 자유 에너지 그림은 온도에 따라 많이 변하는데 보통 희석 고분자 용액의 경우 그림 4.2에 보이는 것과 같이 온도가 올라가면 상용성(miscible) 영역이 넓어진다. 상위

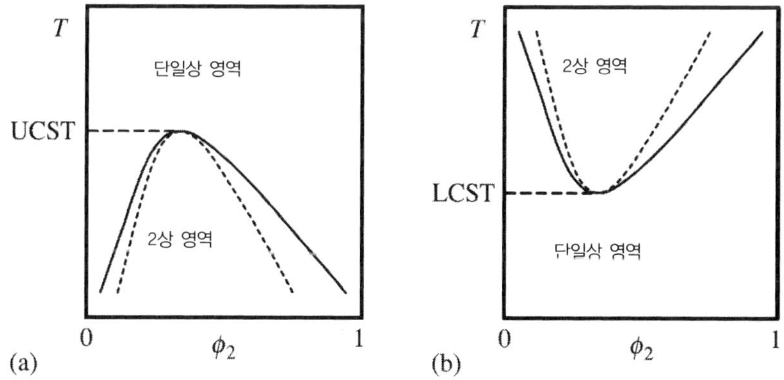

그림 4.2 (a) 상위 완전 혼합 온도(UCST) (b) 하위 완전 혼합 온도(LCST)

완전 혼합 온도(upper critical solution temperature; UCST) 보다 높은 온도에서는 항상 서로 잘 섞이는 단일 상으로만 존재하고 이 이하에서는 조성에 따라 단일상과 2상 영역으로 나뉘게 된다. 하위 완전 혼합 온도(lower critical solution temperature; LCST)는 특정 온도 이하에서는 항상 단일 상으로 존재하고 그 이상에서는 단일상과 2상 영역이 존재하는 경우의 최저 온도를 이야기한다.

4.2 | 상호 작용 계수

앞선 장에서 언급한 바 있는 고분자 용액의 열역학은 고분자 용매 간의 상호 작용 계수(interaction parameter) χ_{12}에 의하여 지배되는데 이를 측정하는 방법은 아주 다양하다. 그러므로 고분자의 농도에 따라서 다른 방법을 이용하는 것이 유리하다. 먼저 용질이 적게 녹아 있는 희석 용액의 경우 $\phi_2 \rightarrow 0$ 이므로 용매 간 상호 작용을 무시하고 한 분자에 대한 이론을 전개하면 되므로 광산란법(light scattering)이 편리하다. 반면에 준 희석 용액($0 < \phi_2 < 0.3$ 정도)의 경우에는 삼투압법(osmosis)이 유리하다. 또 불량 용매(poor solvent)를 사용하여 임계 상용성 조건을 찾아서 상호 작용 계수를 추정할 수도 있다.

진한 용액($0.3 < \phi_2 < 0.8$ 정도)의 경우에는 증기압법(vapor pressure methods)이 유리하고, 정말 고분자가 대부분을 차지하는 시스템인 경우인 $\phi_2 \rightarrow 1$이면 역 가스 크로마토그래피법(inverse gas chromatography)이나 가스 액체 크로마토그래피법(gas liquid chromatography)을 사용하게 된다. 다른 방법은 11장의 분자량 측정 등에서 자세히 설명할 것이므로 여기서는 역 가스 크로마토그래피법에 대하여 알아보고자 한다.

일반적인 가스 크로마토그래피(GC)에서는 이동상(mobile phase)에 알아보고자 하는 물질을 보내고 고정상(stationary phase)에 분리를 가속화시켜 주는 다공성 입자 등을 충전한다. 그러나 역 GC에서는 이름에서 제안하는 바와 같이 고정상에 알아보고자 하는 물질(여기선 고분자)을 두고 이동상으로 흘려보내 마지막에서 빠져나오는 것을 검출해서 해석하는 것이다. 예를 들어 고분자 용액을 상업적 구슬에 도포한 뒤 용매를 제거하기 위하여 진공 건조하고, GC 칼럼에 넣어 고분자의 유리 전이 온도보다 50도 정도 높은 온도에서 용매 probe를 주사하여 용매 probe의 용리 부피(elution volume)를 측정하는 것이다.

단위 질량 당 머무른 부피(specific retention volume, V_g)를 계산하게 되면 아주 무한

희석 용액에서의 활동도 계수(a_1)를 온도의 함수로 얻을 수 있다(ref. D.H. Everett, Trans. Faraday Soc. 61, 1637(1965)).

$$\ln \gamma_1^{\infty} = \ln(\frac{a_1}{\phi_1})^{\infty} = \lim_{\phi_1 \to 0}(\frac{a_1}{\phi_1}) = \ln(\frac{273.16\, R\nu_2}{V_g P_1^0}) - \frac{P_1^0(\beta_{11} - V_1)}{RT} \tag{4.5}$$

$$\chi_{12} = (\ln \frac{273.16\, R\nu_2}{V_g P_1^0\, V_1}) - \frac{P_1^0(\beta_{11} - V_1)}{RT} - 1 \tag{4.6}$$

여기서 γ_1^{∞}는 용매가 무한히 희석된 상태에서의 부피 분율 활동도 계수이며, P_1^0는 운반 기체 속에 있는 용매의 증기압, β_{11}는 측정 온도에서의 순수한 용매 증기의 제2 비리알 계수, ν_2는 고분자의 비부피(specific volume) 및 V_1은 용매의 몰부피이다. 이 값을 이용해서 활동도 계수를 다음과 같이 예측하게 되는 것이다.

$$\ln a_1 = \ln(1 - \phi_2) + \phi_2 + \chi_{12}\phi_2^2 \tag{4.7}$$

4.3 | 용해도 예측

고분자 용매 상호 작용 계수(χ_{12}) 대신 **용해도 인자(solubility parameters**, δ)를 사용하여 혼합할 때의 상관관계를 알아보는 것도 아주 유용한 방법이다. 용해도 인자는 극성이 없고 서로 결합하지 않는 단순 액체의 혼합 엔탈피에 대한 이론을 극성 용매나 고분자에까지로 적용을 확장해 본 것으로 힐데브란드(Hildebrand)와 스코트(Scott)에 의하여 1950년에 제안되었다.

$$\Delta H_m = V[\sqrt{\frac{\Delta E_1}{V_1}} - \sqrt{\frac{\Delta E_2}{V_2}}\,]^2 \phi_1\phi_2 \tag{4.8}$$

V : 혼합물의 부피 　　ΔE_i : 각 성분의 기화 에너지(energy of vaporization)

V_i : 몰 부피(molar volume) 　　ϕ_i : 부피 분율(volume fraction)

용해도 인자는 원래 페인트 산업계에서 코팅 공정에서 적절한 용매를 선정하는 기준으로 고안된 것이다. 여기서 각 성분의 응집 에너지(cohesive energy) 밀도를 식 (4.9)에서처럼 기화 에너지와 관련이 있는 것으로 생각한다.

$$\delta_i = \sqrt{E_i^{coh}} = \sqrt{\frac{\Delta E_i^v}{V_i}} \quad (\frac{cal}{cm^3})^{1/2} \text{ or } (MPa)^{1/2} \tag{4.9}$$

E_i^{coh} : 응집 에너지 밀도

ΔE_i^v : 순수 액체의 몰 당 기화 에너지

고분자는 직접 기화시키는 것은 불가능하므로 용해도 지수를 예측하기 위하여 표 4.1에 제시된 몰 흡인 상수(molar attraction constants) F를 이용할 수 있다. 식 (4.10)처럼 각 구성 성분의 몰 흡인 상수의 기여도를 합하여 추정해 볼 수 있는 것이다. 혹은 실제 여러 용매와의 팽윤 실험을 통하여 고분자를 여러 종류의 용매에 녹여 보아서 최대의 팽윤을 보이는 용매의 용해도 인자를 고분자의 용해도 인자라 생각할 수도 있다.

$$\delta = \frac{\sum_{i=1} F_i}{V} \tag{4.10}$$

표 4.1 몰 흡인 상수(Molar Attraction Constant)

그룹	몰 흡인 상수, F ((MPa)$^{1/2}$ cm^3 mol^{-1})		
	Small	Hoy	Van Krevelen
$-CH_3$	438	303	420
$-CH_2-$	272	269	280
$>CH-$	57	176	140
$>CH<$	−190	65.5	0
$-CH(CH_3)-$	495	(479)	560
$-C(CH_3)_2-$	686	(672)	840
$-CH{=}CH-$	454	497	444
$>C{=}CH-$	266	422	304
phenyl	1504	1398	1517
p-phenylene	1346	1442	1377

−O− (ether)	143	235	256
−OH	−	462	754
−CO− (ketone)	563	538	685
−COO− (ester)	634	668	512
−OCOO− (carbonate)	−	(904)	767
−CN	839	726	982
−N=C=O	−	734	−
−NH−	−	368	−
−S− (sulfide)	460	428	460
−F	(250)	84.5	164
−Cl (primary)	552	420	471
−Br (primary)	696	528	614
$-CF_3$ (n-fluorocarbon)	561	−	−
−Si−	−77	−	−

표 4.2 고분자와 용매의 용해도 인자

용매 용해도 인자	$\sqrt{J/cm^3}$	고분자 용해도 인자	$\sqrt{J/cm^3}$
Acetone	20.3	Polyethylene	16.4
Carbon tetrachloride	17.6	Polyisobutylene	15.5
Chlorobenzene	19.6	PMMA	19.0
Chloroforum	19.0	PP	17.2
Benzene	18.6	Polyacrylonitrile	25.3
Toluene	18.2	Polysulfone	20.3
n-Hexane	14.9	Polystyrene	18.5
Tetrahydrofuran	19.4	Poly(vinylacetate)	25.7
1,4 Dioxane	20.5	Poly(vinylchloride)	20.0
Methylenechloride	20.3	Cellulose acetate	25.1
DMF	24.8		
Methanol	29.7		
Water	47.9		
Cyclohexane	16.8		
Xylene	18.0		

고분자의 응집에너지 수준 용해도 인자를 예측하는 다른 방법으로 $V(P,T)$, 즉 고분자의 압력과 온도에 따른 부피 자료를 통해 열팽창 계수(thermal expansion coefficient, α)와 압축성 계수(compressibility coefficient, β)를 구하는 방법도 있다.

$$\alpha = \frac{1}{V}\left(\frac{\partial V}{\partial T}\right)_P \tag{4.11}$$

$$\beta = -\frac{1}{V}\left(\frac{\partial V}{\partial P}\right)_T \tag{4.12}$$

용해도 인자는 구해진 α, β에 의해 다음 식으로 구할 수 있다.

$$\delta \cong \sqrt{\frac{T\alpha}{\beta}} \tag{4.13}$$

사실 $\delta \rightarrow \Delta H_m$ 이므로, 이 값을 활용해서 (4.14)의 힐데브란드 식과 같이 혼합 열을 추정할 수 있다.

$$\Delta H_m = V(\delta_1 - \delta_2)^2 \phi_1 \phi_2 \tag{4.14}$$

따라서 상호 작용 계수는

$$\chi_{12} = \frac{V_1}{RT}(\delta_1 - \delta_2)^2 \tag{4.15}$$

가 되는데 이 관계식은 $\Delta H_m \geq 0$인 경우에만 적용이 가능하다.

수소 결합이 있는 경우에는 한센(Hansen)에 의해 다음 식으로 용해도 인자를 계산할 수 있다.

$$\delta = \sqrt{\delta_d^2 + \delta_p^2 + \delta_h^2} \tag{4.16}$$

δ_d : 반 데르 발스(van der Waals) 분산 상호 작용

δ_p : 극성(polarity)

δ_h : 수소 결합의 세 가지 기여도

이미 앞 장에서 설명한 바와 같이 활동도 계수는 식 (3.30)에서 주어진 것처럼 플로리 상호 작용 계수로부터 계산할 수 있다. 여기에 화학 성분의 기여도를 합하는 방식으로 식 (4.10)과 같이 용해도 인자를 예측할 수 있다면 이를 식 (4.15)에 적용하여 플로리 상호 작용 계수도 예측할 수 있게 된다.

참고문헌

1. J. R. Fried, "Polymer Science and Technology", 3rd ed., 2014, Prentice Hall, Ch 3, Ch 13.
2. R.J. Young and R.A. Lovell, "Introduction to Polymers", 3rd ed., 2011 CRC Press, Ch 14.
3. D.H. Everett, Trans. Faraday Soc. 61, 1637(1965).

연습문제

4-1 일반적인 기준에 따르면 메틸 에틸 케톤, 아세톤, 벤젠, 클로로폼은 모두 폴리(바이닐 클로라이드)(PVC)를 용해시키는 용매이다. 벤젠과 클로로폼은 PVC를 팽창하게 하지만, 좋은 용매는 아니다. 이 현상을 아래 표의 데이터를 통해 설명하시오.

Component	δ	δ_d	δ_p	δ_h
MEK	9.27	7.49	5.0	2.0
Acetone	9.77	7.58	4.4	2.5
Benzene	9.15	8.95	0.5	1.0
Chloroform	9.23	8.65	1.2	5.0
PVC	9.54	8.16	5.5	5.5

4-2 고분자 용액이 상분리가 일어날 때까지 매우 느리게 냉각되어 평형 상태에서 두 개의 상으로 존재한다. 이어서 이 상들을 분석하니 각각의 상들에 해당하는 고분자의 부피 분율은 $\phi_2'' = 0.89$와 $\phi_2' = 0.01$이었다. 평형 조건인 $\Delta G_1'' = \Delta G_1'$을 고려하고, 연습문제 3-4에서 주어진 ΔG_1에 대한 식을 이용하여 상분리 조건에 대한 Flory-Huggins의 고분자 용액 상관 변수의 추정값을 계산하시오.

4-3 다음 식을 유도하시오.

$$\chi_{12} = \left(\ln \frac{273.16\, R\nu_2}{V_g P_1^0\, V_1}\right) - \frac{P_1^0(\beta_{11} - V_1)}{RT} - 1 \qquad \text{(식 (4.6))}$$

4-4 Flory-Huggins 상호 작용 계수와 고분자와 용매의 용해도 상수 사이의 관계식인 식 (4.15)가 어떻게 유도되었는지 증명하시오.

5

고분자를 가열하면?

앞서 설명한 바와 같이 고분자를 우리가 원하는 모양으로 가공하기 위하여 먼저 고분자 용액을 만들거나 고분자를 가열해서 고분자 용융체를 만들게 된다. 이 두 가지 경우를 합하여 고분자 유체라 할 수 있다. 고분자 용액의 이론은 앞 장에서 다루었고 여기서는 고분자 용융체에 대하여 논의하고자 한다. 열경화성 고분자는 한번 경화되면 유동성을 부여할 수 없지만, 열가소성 고분자는 가열 냉각함에 따라 가역적으로 그 상태가 변화하기에 가공하기 아주 쉬운 소재라고 할 수 있다.

5.1 | 고분자 용융체 열역학

일반적으로 어떤 물질의 깁스 자유 에너지는 온도, 압력에 따라 변하는 값으로, 깁스 자유 에너지($G(T,P)$)의 온도에 대한 1차 미분 함숫값이 불연속적이면 **1차 전이(first order transition)**가 일어난다고 말한다. 가역적 폐쇄계에서 열역학 제1법칙을 적용하게 되면 다음과 같다.

$$dG = -SdT + VdP \tag{5.1}$$

$$\left(\frac{\partial G}{\partial T}\right)_P = -S, \ \left(\frac{\partial G}{\partial P}\right)_T = V \tag{5.2}$$

식 (5.1)에서 식 (5.2)가 자연스럽게 유도되므로 식 (5.2)에 나타난 바와 같이 깁스 자유 에너지의 온도에 대한 1차 미분 함수는 엔트로피로, 압력에 대한 1차 함수는 부피로 표현된다. 따라서 만일 어떤 변화가 1차 전이 현상이라면 엔트로피의 불연속적 변화 또는 부피의 불연속적 변화를 보일 것이다. 엔트로피는 직접 측정할 수 없으므로 측정이 가능한 부피 변화를 온도에 따라 측정하면 1차 전이 현상 여부를 판단할 수 있는 것이다. 그림 5.1은 고분자의 온도 변화에 따른 가상적인 부피 변화를 나타낸다.

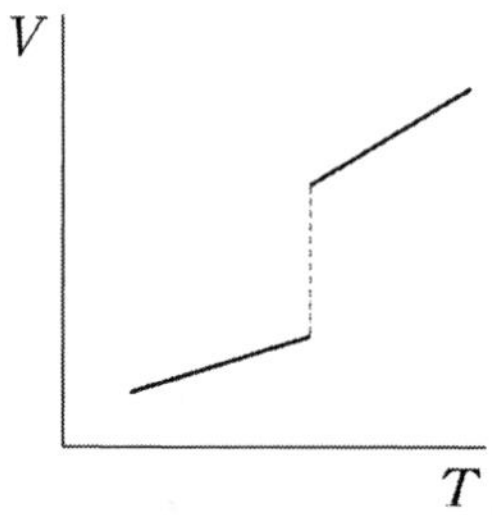

그림 5.1 온도에 따른 부피의 변화

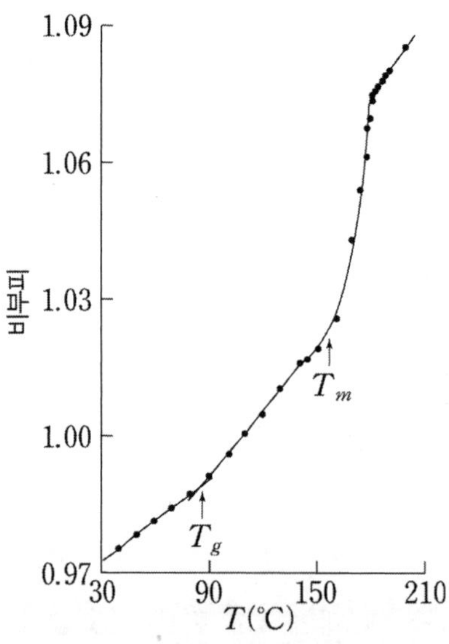

그림 5.2 반결정성 고분자의 온도에 따른 부피 변화

나중에 자세히 설명할 팽창법(dilatometry)을 이용하여 고분자의 부피를 온도의 함수로 측정하게 되면 반결정성 고분자의 경우 그림 5.2에서 보는 것과 같이 유리 전이 온도(T_g)와 용융 온도(T_m)라고 하는 고분자의 고유 물성을 알아낼 수 있다.

어떤 경우에는 다음과 같은 깁스 자유 에너지의 2차 미분에서 비로소 불연속성이 발견되기도 한다.

$$-\left(\frac{\partial^2 G}{\partial T^2}\right)_P = \left(\frac{\partial S}{\partial T}\right)_P \tag{5.3a}$$

$$\left(\frac{\partial^2 G}{\partial P^2}\right) = \left(\frac{\partial V}{\partial P}\right)_T \tag{5.3b}$$

$$\left[\frac{\partial}{\partial T}\left(\frac{\partial G}{\partial P}\right)_T\right]_P = \left(\frac{\partial V}{\partial T}\right)_P \tag{5.3c}$$

가역적 폐쇄계에서 열역학 제1법칙을 엔탈피에 적용하게 되면 다음과 같다.

$$dH = TdS + VdP \tag{5.4}$$

따라서

$$C_P = \left(\frac{\partial H}{\partial T}\right)_P = T\left(\frac{\partial S}{\partial T}\right)_P \tag{5.5}$$

가 됨을 알 수 있다.

식 (5.3a)에서 엔트로피는 직접 측정할 수 없고 다만 실측 가능한 열용량 C_p가 식 (5.5)처럼 주어진다. 따라서 그림 5.3에서 보는 바와 같이 열용량의 온도에 따른 변화를

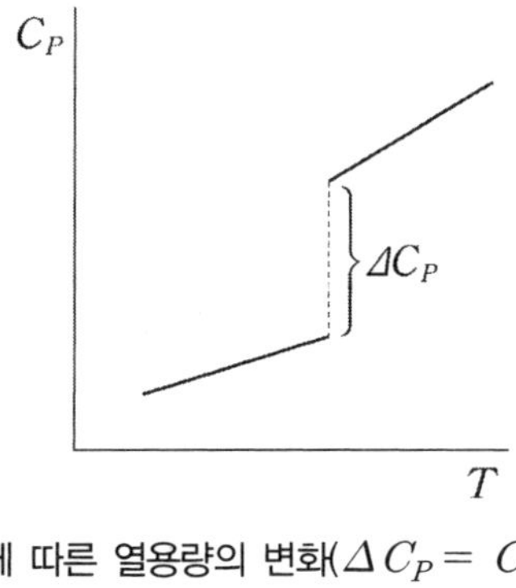

그림 5.3 온도에 따른 열용량의 변화($\Delta C_P = C_{P,1} - C_{P,2}$)

보면 유리 전이 온도 근처에서 불연속성을 보일 것이므로 이를 **2차 전이(second order transition)** 현상이라 할 수 있다.

깁스 자유 에너지의 2차 미분과 관련된 두 가지 물성 중에서 식 (5.3b)는 압축성 계수 β와 연관되어 다음과 같이 정의될 수 있다.

$$\beta = -\left(\frac{1}{V}\right)\left(\frac{\partial V}{\partial P}\right)_T \tag{5.6}$$

또 식 (5.3c)는 열팽창 계수 α와 다음과 같이 연결된다.

$$\alpha = \frac{1}{V}\left(\frac{\partial V}{\partial T}\right)_P \tag{5.7}$$

따라서 이 두 가지 물성의 온도에 따른 변화에서 (α, β) 불연속성을 보이면 2차 전이 현상임을 알 수 있다.

유리 전이(glass transition) 현상은 엄밀히 따져서 2차 전이 현상이라기보다는 준 2차 전이(pseudo 2nd order)라고 할 수 있는데, 가열 속도나 냉각 속도에 따라 유리 전이 메커니즘이 달라질 수 있으므로 진정한 2차 전이 현상은 아니기 때문이다.

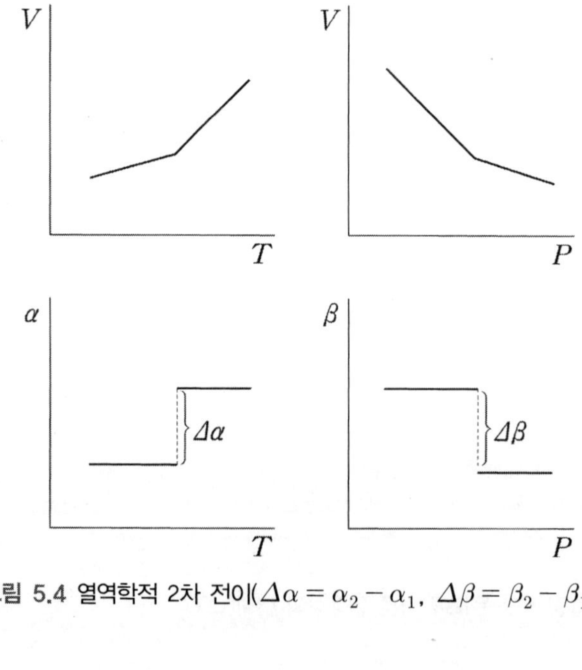

그림 5.4 열역학적 2차 전이($\Delta\alpha = \alpha_2 - \alpha_1$, $\Delta\beta = \beta_2 - \beta_1$)

5.2 | 열적 물성 측정 방법(measurement technique)

온도에 따른 열적 물성에서 전이 현상인 용융 온도나 유리 전이 온도를 알아보는 실험 방법은 다양하다. 제일 일반적인 방법으로는 팽창법(dilatometry)으로 온도를 변화시키면서 부피의 변화를 측정하거나, 시차 열량법(differential scanning calorimetry; DSC)으로 온도 변화에 따른 열량 변화를 측정하는 것이다. 굴절률 측정, 핵자기 공명(NMR) 선폭(line width) 관찰, 복굴절 현상(birefringence) 등을 온도의 함수로 측정할 수도 있다.

이외에도 동적 기계법(dynamic mechanical analysis; DMA, 16장 참고)이나 절연 특성 분석법(dielectric spectroscopy; DES, 26장 참고)과 같이 넓은 범위의 온도에서 측정이 가능한 방법도 있는데 특히 낮은 온도에서도 측정할 수 있다. 그래서 이 DMA, DES 방법으로 낮은 온도에서 관찰되는 2차 완화(secondary relaxation) 현상도 측정이 가능한 것이다. 이 외에도 연신법(tensile), 응력 완화법(stress relaxation) 등의 정적, 기계적 유변 물성 측정 방법으로도 열적 전이 현상을 쉽게 관찰할 수 있다.

팽창법(dilatometry)

온도에 따른 부피 변화를 측정하기 위하여 적은 양의 고분자 시료를 밀봉된 유리 벌브에 넣고 부피를 잘 아는 유리관에 부착한다. 열팽창 계수를 알고 있는 수은으로 벌브와 모세관 일부를 채운다. 열적 평형을 유지하기 위하여 1 ~ 2℃/min 정도로 천천히 가열하면서 부피 변화를 측정한다. 식 (5.7)에서 제시하였던 열팽창 계수 α는 표 5.1에서와 같이 유리 전이 온도에서 불연속적으로 측정된다.

표 5.1 고분자의 팽창 계수들

고분자	유리 전이 온도(K)	$\alpha_l(1/K)$	$\Delta\alpha(1/K)$
PDMS*	150	$8 \sim 12 \times 10^{-4}$	$5.4 \sim 9.3 \times 10^{-4}$
PVAC**	302	6.0	3.9
PVC	355	5.2	3.1
PS	373	5.5	3.0
PMMA	378	4.6~5.0	2.4~3.1

*polydimethylsiloxane **polyvinylacetate

$$\alpha = \frac{1}{V}(\frac{\partial V}{\partial T})_P \tag{5.7}$$

$$T > T_g \quad \alpha_l \tag{5.8a}$$

$$T < T_g \quad \alpha_g \tag{5.8b}$$

불연속적인 α 사이의 차이는 대략 $\sim 10^{-4}$ 정도이다.

$$\Delta\alpha = \alpha_l - \alpha_g \sim 10^{-4} \tag{5.8c}$$

심하(Simha)와 보이어(Boyer)에 의하면 대체적으로 팽창 계수는 유리 전이 온도와

$$\Delta\alpha \simeq 0.113/T_g(K) \tag{5.9}$$

의 상관관계가 있다고 보고되고 있다.

열량법(calorimetry)

10~30 mg의 시료를 팬에 담고 다른 한편의 알루미늄 팬은 비워둔 채 일정 속도(예를 들어 1~100℃/min)로 가열하면서 양쪽 온도를 평형으로 같게 만드는 데 필요한 에너지의 차이(differential power)를 온도의 함수로 기록한다. 얻어진 열 에너지의 흐름을 잘 알려져 있는 사파이어의 열용량(C_P)과 비교하여 고분자의 열용량 C_P을 얻을 수 있다.

일반적으로,

$$\Delta C_P \times T_g \simeq 115\ J/g = 27.5\ cal/g \tag{5.10}$$

의 관계가 경험적으로 여러 고분자에서 비슷하게 얻어짐을 알 수 있다.

실제로 같은 단량체를 사용하더라도 중합 조건이 다르면 중합된 고분자는 다른 열적 물성을 나타낸다. 예를 들어 두 가지 다른 촉매를 사용하고 다른 온도에서 SPS 중합을 한 다음 이들을 DSC로 측정해 보면 그림 5.5와 같이 얻어진다. 우선 300℃까지 가열한 뒤 냉각하게 되면 시료에 따라 253~270℃ 정도의 용융 온도가 관찰되고 132~155℃ 사이에서 결정화가 시작되는 것을 발열 피크(peak)로부터 알 수 있다. 또한 87~99℃ 정도에서 유리 전이 온도를 관찰할 수 있다.

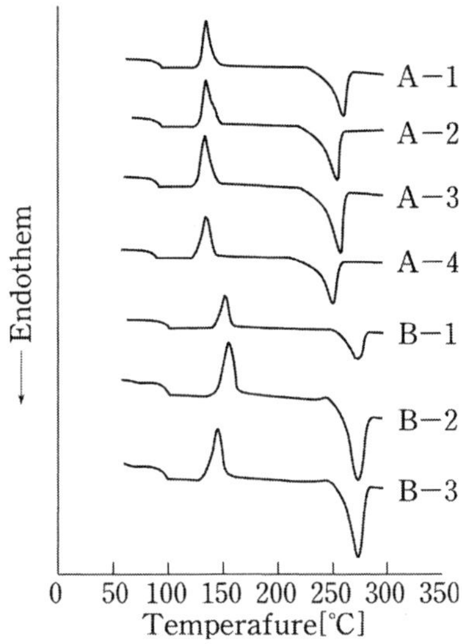

그림 5.5 DSC curves of SPS

이 열량의 비에서 다음 식으로 주어지는 결정화도(fractional crystallinity) ϕ를 계산할 수 있다. 여기서 ΔQ는 반결정성 고분자의 융해열이고, ΔH_f는 100% 결정성 고분자의 융해열이다.

$$\frac{\Delta Q}{\Delta H_f} = \phi \tag{5.11}$$

다른 방법으로는 유리 전이 온도 근처에서의 반결정성 고분자의 열용량 변화를 용융 온도 근처에서 급랭하였을 때 열용량의 차이, 즉 무정형 고분자의 열용량 차이와 비교해서 다음과 같이 구할 수 있다.

$$\phi = 1 - \frac{\Delta C_P}{(\Delta C_P)_{am}} \tag{5.12}$$

동적 열량법(dynamic calorimetry)으로서 시간에 따라 온도 변화를 주는 TMDSC (temperature modulated DSC)를 통해 가열과 주기적 온도 변화를 같이 가해주는 방식의 실험을 행할 수도 있다.

$$T = T_0 + q_0 t + A_T \sin(\omega t) \tag{5.13}$$

시간에 따른 미분을 취하면 가열 속도 q는 다음과 같다.

$$q = \frac{dT}{dt} = q_0 + A_T \omega \cos(\omega t) \tag{5.14}$$

결국 평균 열용량($< C_p >$)은 열량의 흐름($< HF >$)을 평균 가열 속도($< q >$)로 나누어 얻을 수 있다.

$$< C_p > = \frac{< HF >}{< q >} \tag{5.15}$$

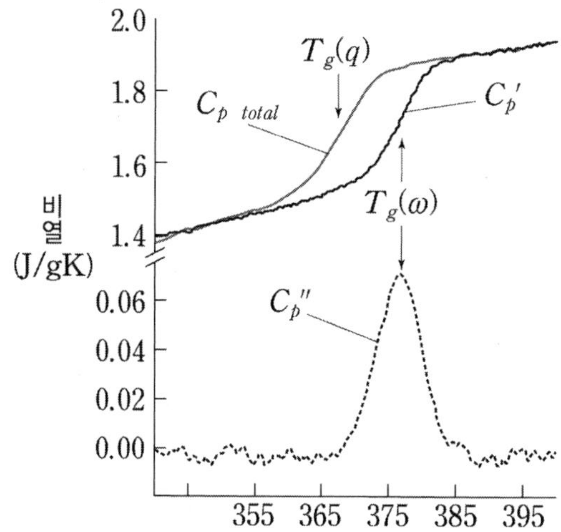

그림 5.6 Temperature Modulated DSC of PS

이때에도 그림 5.6에 도시된 바와 같이 동조 위상(in phase) 항과 이탈 위상(out of phase) 항으로 나누어 볼 수 있는데 16장에서 설명하는 동적 기계적 분석(DMA)이나 26장에서 설명할 동적 절연 분석(DES)과 마찬가지로 점탄성 거동을 보인다. 이런 데이터로부터 유리 전이 온도 등을 알아볼 수 있다.

고분자 소재의 실제 사용에 있어서는 유리 전이 온도나 용융 온도보다 더 현실적인 **열변형 온도(heat distortion temperature**; HDT)를 많이 활용한다. 이는 실용적으로 아주 중요한 물성으로 ASTM(American Society for Testing and Materials) D648에 의하여 측정된다.

표 5.2 고분자의 열 변형 온도 등

고분자	HDT(℃)	T_g(℃)	T_m(℃)
LDPE	88~100	−125~−33	137.5~138.5
HDPE	112~132	−120	135
PP	138~155	−13~−1	162~171
nylon6,6	62~261	49	265
PVC	60~76	87	−
PC	39~148	144~173	−
PS	63~112	89 to 109	−
PSF*	146~273	205	−
SPS	?	80~90	240~250
PET**	?	66~86	250~265
PTFE***	132	−73	335~345

* Poly(sulfone)

** Poly(ethylene terephtalate)

*** Poly(tetrafluoroethylene)

표 5.2에서 보다시피 결정성 고분자(crystalline polymer)의 경우에는 용융 온도 근처 또는 그보다 낮은 온도에서 열변형이 시작된다. 반면에 무정형 고분자(amorphous polymer)의 경우에는 보통 유리 전이 온도보다 10~20℃ 낮은 온도에서 변형이 시작된다. 이 열변형 온도는 실제 고분자 소재를 활용할 경우 변형이 시작되는 온도이므로 소재를 이용할 수 있는 한계 온도라 할 수 있다.

5.3 | 구조와 물성의 상관관계(Structure-Property Relationships)

고분자 소재의 열적 특성은 그 화학적 조성과 직결된다. 고분자 사슬의 화학적 조성이 달라서 고분자 사슬의 유연성이 감소하게 되면 일반적으로 유리 전이 온도와 용융 온도가 올라간다. 주사슬에 방향족 성분이 있는 경우나 회전이 어려운 이중 결합이 있는 경우가 여기에 해당한다(표 5.5).

표 5.3 무정형 고분자의 T_g

고분자명	T_g(℃)	비고
PDMS	−127	poly(oxydimethylsilylene)
PBD	−110∼−109	poly(1-butylene), poly(butadiene)
poly(isoprene)	−73	
PVAC	32	Poly(acetoxyethylene)
PVC	81∼98	
aPS*	89∼109	
aPMMA	105	
PC	144∼173	
PSF	205	
PPO**	220	

* Attactic polystyrene

** Poly(2,6-dimethyl-1,4-phenylene oxides)

표 5.4 반결정성 고분자의 T_m , T_g

고분자	T_g(℃)	T_m(℃)
LDPE	−125∼−33	137.5∼138.5
HDPE	−120	135
PP	−13∼−1	162∼171
PVF*	−50	225∼270
POM**	−82	174∼182.5
SPS	80∼90	240∼250
PVA ***	85	258
poly(caprolactone)	50∼57 (−60)	255(61)
poly(hexamethyleneadipamide)	50∼57	255
PET	60∼86	250∼265

* poly(vinylidene fluoride) ** Poly(oxymethylene) ***poly(vinylalcohol)

자료 polymer handbook V, VI

표 5.5 주사슬 성분의 영향에 따른 polyester의 T_m

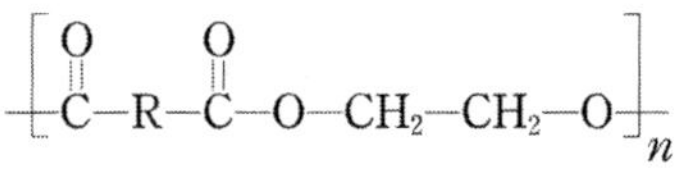

화합물	주사슬 단위, R	T_m(℃)
A	$-(CH_2)_4-$	50
B		270
C	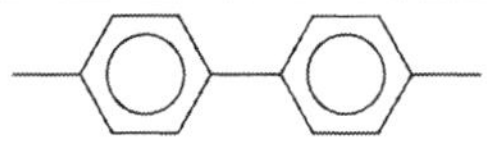	355
D	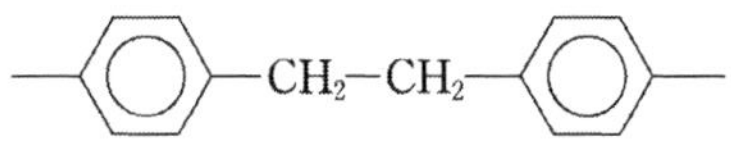	220
E	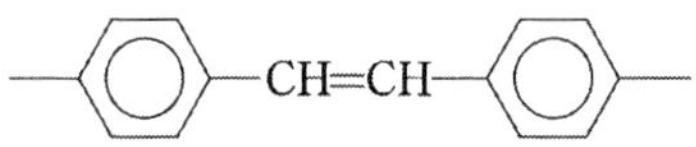	420

부사슬에 부피가 있는 그룹이 결합되는 경우도 주사슬 회전을 어렵게 만들 수 있으므로 유리 전이 온도가 상승하게 될 것이다. 비슷한 크기의 부사슬을 결합한다고 해도 만일 극성이 있거나 분자간 상호 작용이 있는 경우 유리 전이 온도는 더 상승하게 된다.

표 5.6 T_g에 대한 부사슬의 영향

고분자	치환제 그룹, R	T_g(℃)
폴리에틸렌	H	−125
폴리프로필렌(무규칙)	CH_3	−20
폴리(바이닐 클로라이드)	Cl	89
폴리아크릴로나이트릴	C≡N	100
폴리스타이렌	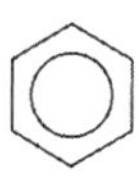	100
poly(α-vinylnaphthalene)	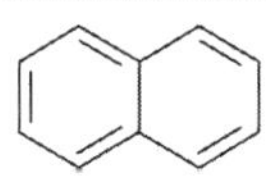	135

반대로 부사슬의 유연성이 증대되는 경우 유리 전이 온도를 낮추게 된다.

표 5.7 T_g에 대한 부사슬 크기의 영향

폴리메타크릴레이트	치환제 그룹, R	T_g(℃)
폴리(메틸 메타크릴레이트)	CH_3	105
폴리(에틸 메타크릴레이트)	CH_2CH_3	65
폴리(프로필 메타크릴레이트)	$CH_2CH_2CH_3$	35

같은 조성의 고분자라고 하더라도 입체규칙도가 다르면 유리 전이 온도가 차이가 난다. 예를 들어 PMMA의 경우 i-PMMA는 45℃, a-PMMA는 105℃, s-PMMA는 115℃의 유리 전이 온도를 가지는 등 상당한 차이를 보인다.

트랜스 이성질체의 유리 전이 온도가 시스 이성질체보다 다소 높다.

trans-polybutadiene	− 18℃	trans-polyisoprene	− 53℃
cis-polybutadiene	− 108℃	cis-polyisoprene	− 73℃

5.4 분자량, 조성, 압력의 영향

유리 전이 온도는 낮은 분자량 영역에서는 분자량에 따라 서서히 증가하다가 큰 분자량에 이르면 일정 수준으로 포화되어 더이상 증가하지 않는다. 이런 경향은 팍스-플로리 관계식에 의하여 잘 설명되는데 분자량이 증가할수록 자유 부피가 증가하므로 유리 전이 온도가 증가하는 것으로 이해할 수 있다.

$$T_g = T_{g,\infty} - \frac{K}{M_n} \quad \text{팍스-플로리 식} \qquad (5.16)$$

이런 분자량의 변화에 따른 포화-점근 관계는 용융 온도나 다른 기계적 물성에서도 마찬가지로 관찰된다. 결국 공통적으로 이들 모두 고분자 용융체 내에 있는 자유 부피와 관련되어 설명할 수 있는 것이다.

표 5.8 팍스-플로리 인자들

고분자	T_g^{∞} (K)	K(K)
폴리다이메틸실록세인	148	5.9×10^3
폴리(바이닐 클로라이드)	351	8.1×10^4
폴리스타이렌	373	1.2×10^5
폴리(메틸 메타크릴레이트)	387	2.1×10^5
폴리(α-메틸스타이렌)	446	3.6×10^5

조성의 영향(composition effect)

두 물질을 혼합하는 경우, 만일 서로 잘 혼합되지 못하면 두 개의 유리 전이 온도를 보일 것이다. 물론 서로의 영향으로 순수한 물질의 유리 전이 온도로 조금씩 근접하는 변화를 보일 수 있다. 만일 서로 잘 섞이는 혼합물의 경우에는, 즉 상용성이 있는 경우에는 질량 분율(w_i)에 따라 하나의 평균 유리 전이 온도를 보일 것이다. 제일 간단한 것이 단순 평균 방식으로 결정되는 경우이다.

$$T_g = w_1 T_{g,1} + w_2 T_{g,2} \tag{5.17}$$

이는 고분자-고분자 시스템에는 잘 맞을 수 있지만, 고분자에다 저분자 유기물(ester, phthalate)을 투입하여 유리 전이 온도를 낮추는 가소화 현상이 일어나는 경우에서는 너무 높게 예측되는 경향이 있다.

켈리-부쉐(Kelly-Bueche)는 열역학 이론에 비추어 유리 전이 온도가 자유 부피가 같은 정도에서 시삭된나고 생각하였다. 결과적으로 각각의 지유 부피의 합이 전체 자유 부피가 되는 관계로 표시해 보면 다음과 같다.

$$f = f_g + \alpha_1 (T - T_{g,1})\phi_1 + \alpha_2 (T - T_{g,2})\phi_2 \tag{5.18}$$

f : 전체 자유 부피 $\qquad$ f_g : T_g에서의 자유 부피 $\simeq$ 0.025

$\phi_1 + \phi_2 = 1$ $\quad$ (1 : 희석제(diluent), 2 : 고분자)

따라서 $T = T_g$일 때 $f = f_g$라고 생각하면 평균 유리 전이 온도 T_g는

$$T_g = \frac{\alpha_2 \phi_2 T_{g,2} + \alpha_1 (1-\phi_2) T_{g,1}}{\alpha_2 \phi_2 + \alpha_1 (1-\phi_2)} \tag{5.19}$$

로 주어지게 된다. 이를 켈리 부쉐식이라 부른다.

유리상(glass)의 자유도(entropy)가 액상의 자유도와 같다는 등엔트로피(isoentropy)의 열역학적 정보에서 보면

$$\ln \frac{T_g}{T_{g,1}} = w_2 \Delta C_{p,2} \ln \left(\frac{T_{g,2}}{T_{g,1}}\right) / (w_1 \Delta C_{p,1} + w_2 \Delta C_{p,2}) \tag{5.20}$$

로 표현된다. 만일 고분자 종류와 무관하게 $T_g \Delta C_p$를 상수라고 생각하면

$$\ln \left(\frac{T_g}{T_{g,1}}\right) = \frac{w_2 \ln \left(\frac{T_{g,2}}{T_{g,1}}\right)}{w_1 \ln \left(\frac{T_{g,2}}{T_{g,1}}\right) + w_2} \tag{5.21}$$

가 되고, $T_{g,1} \cong T_{g,2}$ 두 온도가 거의 유사하다면

$$\frac{1}{T_g} = \frac{w_1}{T_{g,1}} + \frac{w_2}{T_{g,2}} \tag{5.22}$$

이 된다. 이는 팍스(Fox)식이라고 부르며 수학적으로 볼 때 역 혼합 규칙(inverse rule of mixture)이 얻어진 셈이다.

경험적으로 볼 때는 다음과 같은 로그 혼합 규칙(logarithmic rule of mixture)이 더 잘 맞는 것으로 알려져 있다.

$$\log T_g = w_1 \log T_{g,1} + w_2 \log T_{g,2} \tag{5.23}$$

추가로 유리 전이 온도에 대한 압력의 영향은 그리 민감하지는 않은 편이다. 가열 속도에 따라서도 다음과 같이 다른 유리 전이 온도 값을 보이기도 한다.

$$T_g = a + b\ln q \tag{5.24}$$

열경화성 수지의 경우에는 가교 정도에 따라서는 아주 큰 변화를 보여 가교 반응이 지속되면서 유리 전이 온도가 급격히 상승하여서 결국 유동성이 크게 떨어지고 유리화(vitrification)라고 하는 고화 현상을 보이게 된다.

참고문헌

1. J. R. Fried, "Polymer Science and Technology", 3rd ed., 2014, Prentice Hall, Ch 4.
2. 박준용, 「메탈로센 촉매에 의해 중합된 SPS의 블렌드에 관한 연구」, KAIST 박사 학위 논문(1997), Fig II-4.

연습문제

5-1 고분자의 유리 전이 온도와 용융 온도에 대해 설명하시오. 이 두 온도를 실험적으로 어떻게 측정할 수 있는가?

5-2 그림 5.2의 poly(N,N'-sebacoyl piperazine)의 부피-온도 곡선에 대해 설명하시오.

5-3 폴리(에틸렌 테레프탈레이트) 시료는 20%의 결정성을 가지는 것으로 알려져 있다.

(a) 이 시료의 예상되는 밀도는 얼마인가?

(b) 이 반결정성 시료의 예상되는 비열 증가는 얼마인가?

(c) 이 시료의 예상되는 용융열은 얼마인가?

5-4 두 물질을 혼합하는 경우, 질량 분율에 따라 유리 전이 온도 T_g가 달라지며, 이는 아래 식과 같이 표현할 수 있다.

$$T_{g,mix} = \frac{w_1 T_{g,1} + kw_2 T_{g,2}}{w_1 + kw_2}$$

$[T_{g,1} - T_{g,mix}]\dfrac{w_1}{w_2} = \phi = kT_{g,mix} - kT_{g,2}$임을 증명하시오.

5-5 폴리(바이닐 클로라이드)(PVC)의 T_g를 30℃까지 낮추는 데 필요한 가소제의 무게 분율을 계산하시오. PVC의 T_g는 356 K이고, 가소제의 T_g는 188 K로 가정한다.

5-6 수 평균 중합도가 7인 스타이렌 올리고머의 20 wt%가 수 평균 분자량 100,000인 상업용 폴리스타이렌과 혼합되어 있다.

(a) 스타이렌 올리고머의 T_g는 얼마인가?

(b) 폴리스타이렌 혼합물의 T_g는 얼마인가?

2부

고분자 화학

6

고분자는 어떻게 만드는가?

단량체를 서로 연결 합성하여 고분자를 만드는 것을 중합(polymerization)이라고 한다. 자연에 존재하고 있는 생물 고분자(biopolymer)가 만들어지는 과정을 살펴보면 살아 있는 세포 속에서 생화학 반응이 아주 온화한(mild) 조건에서 매우 천천히 반응하면서 중합된다. 반면에 자연의 합성 방법을 모방하여 고안한 합성 고분자 중합의 경우에는 대부분 혹독한(severe) 반응 조건과 더불어 촉매(catalyst)가 관여하고, 두 단계 내지 세 단계 정도의 반응 단계를 거치기도 한다. 이것은 더 경제적으로 많은 양의 고분자를 한꺼번에 중합하기 위해서 설정된 것이다.

20세기 초 캐러더스(Wallace H. Carothers)가 중합 방법을 연구할 당시에는 축합 중합으로 저분자 물질이 빠져나오는 방법이 주를 이루어 이런 반응을 축합 중합이라고 불렀다. 현재는 저분자 물질이 나오지 않는 개환 중합으로 거의 같은 고분자를 합성하므로 축합 중합이라는 용어 대신 단계 성장 중합(step growth polymerization)이라는 용어를 선호한다. 반면에 7장에서 다룰 다른 방식의 중합 방법으로, 개시제(initiator)를 활용하여 라디칼을 만들어 중합을 시키는 경우는 사슬 성장 중합(chain growth polymerization)이라고 한다. 두 가지 방법은 여러 측면에서 상당한 차이점이 있다. 여기서는 우선 자연을 모방하여 고안된 단계 성장 중합에 대하여 알아보자.

월리스 흄 캐러더스

(Wallace Hume Carothers, 1896–1937, 아이오와 출생)

미국의 유기 화학자로, 1915년 타키오대학교, 1920년 일리노이대학교에서 공부하였다. 1924년에 촉매에 관한 연구로 박사 학위를 취득했다. 그는 유기 화학뿐 아니라 물리 화학과 수학에도 조예가 있었다. 이후 일리노이대학교와 하버드대학교에서 화학을 강의하기도 하였다. 1928년부터는 듀퐁 사의 유기 화학 연구소장으로 있으면서, 고분자 중합과 관련된 연구를 본격적으로 진행하였다. 1931년에는 네오프렌(클로로프렌 중합체) 합성에 기여하였으며, 1937년에는 폴리아마이드의 중합을 연구하면서 나일론을 발명하였다.

6.1 | 자연에서 모방한 단계 성장 중합

자연에서 일어나는 고분자 중합, 즉 단계 성장 중합의 예로서 카복실산 작용기를 가지는 분자와 알코올 작용기를 가진 분자 간의 반응을 보자. 이 반응에서는 R−COOH + R−OH ↔ R−COO−R + H_2O와 같이 두 개의 작용기가 결합하여 에스터 결합(ester)을 만들면서 작은 물 분자를 내보내는 평형 반응을 보인다. 간략히 이를 고분자에 적용해 보면, n 중합도를 가진 분자와 m 중합도를 가진 분자가 반응하여 $n+m$ 중합도를 가진 고분자가 되면서 작은 분자를 내보내는 반응을 상정해 볼 수 있다. 이를 간략히

$$P_n + P_m \leftrightarrow P_{n+m} + L \tag{6.1}$$

로 표기할 수 있다. 여기서 P는 고분자를, L은 저분자 부산물을 말한다.

이 반응은 기본적으로 가역 반응(reversible reaction)이다. 만일 두 개의 산 작용기를 가지는 물질과 두 개의 알코올 작용기를 가지는 화합물 사이의 반응이라면 선형으로 계속 반응이 지속될 가능성이 있다. 반응 후 생성되는 부산물을 효과적으로 제거해 준다면 정방향 반응이 계속될 수 있어 고분자량의 생성물이 얻어질 수 있다. 단량체는 반응 초기에 빨리 사라지지만, 상대적으로 큰 분자량의 중합체는 천천히 나타나게 된다. 예를

들면 중합도 50 정도가 되려면 이미 98%의 단량체가 소진되어야 하고 중합도 100일 때는 이미 99%의 단량체가 소진된 상태이다.

이런 특징을 가진 단계 성장에서의 고분자 주사슬 구조는 단량체가 가지는 작용기의 수에 따라 결정된다. 작용기가 두 개 있는 단량체끼리의 중합은 선형 구조 고분자를 만들지만 단량체의 작용기가 세 개(tri-functional)이면 가지(branched) 고분자를 만들게 되고 더 나아가 망상(network) 고분자 또는 가교(cross-linking) 구조를 만든다. 이는 고무 고분자를 황 분자가 서로 연결해 주는 가황 현상(vulcanization)과 아주 유사하다.

단계 성장으로 얻어지는 대표적인 고분자에는 저분자 물질을 배출하는 축합 중합의 경우와 저분자 물질을 배출하지 않는 경우로 나누어 볼 수 있다. 저분자 물질을 배출하는 경우가 많은데 대표적인 예에는 식 (6.2)처럼 다이산(diacid)과 다이올(diol)이 에스터화 반응에 의하여 폴리에스터(polyester)(예 PET)가 만들어지는 것이 있다. 식 (6.3)처럼 다이에스터와 다이올의 에스터 교환 반응을 통해 폴리에스터가 만들어지기도 한다. 식 (6.4)에서와 같이 다이산와 다이아민(diamine)이 중합하면 지방족 폴리아마이드(aliphatic polyamides, 예: nylon-6, nylon-6,6, nylon-6,10) 또는 방향족 폴리아마이드(aromatic polyamides, 예: Nomex, Kevlar)가 얻어진다. 비스페놀과 포스젠 사이에서는 폴리카보네이트(PC, 예: Lexan)가, 테트라카복실산과 다이아민 사이의 반응에서는 폴리이미드(polyimides, 예: Kapton)가 얻어진다. 비스페놀과 다이클로로페닐설폰으로는 폴리설폰(polysulfone, 예: Udel)이 만들어진다. 또한 다이클로로실레인과 물의 반응에 의하여 폴리실록세인이 만들어진다.

이들 중합 반응은 크게 AA/BB 형태 또는 AB 형태로 나누어 생각할 수 있다. AA/BB 형태의 대표적인 예로서 식 (6.2)의 테레프탈산(TPA)과 에틸렌 글라이콜(EG)의 에스터화 반응(esterification)이 있다.

$$\text{nTPA} + n\text{EG} \leftrightarrow \text{PET} + 2n\text{H}_2\text{O} \qquad (6.2)$$

다음 식 (6.3)의 디메틸테레프탈레이트(DMT)에스터와 EG의 에스터 교환반응(ester interchange)도 AA/BB 형태이며,

$$\text{nDMT} + n\text{EG} \leftrightarrow \text{PET} + 2n\text{CH}_2\text{OH} \qquad (6.3)$$

식 (6.4)의 산과 아민의 반응(amidation)도 여기에 포함된다.

$$아디프산(adipic\ acid) + 헥사메틸렌다이아민(hexamethylene\ diamine)$$
$$\leftrightarrow poly(hexamethylene\ adipamide) + H_2O \tag{6.4}$$

여기서 펩타이드 결합이 만들어진다.

AB 형태의 단량체는 자체적 축합 중합(self condensation)이 가능하다. 예를 들면 다음과 같은 ω−hydrocaproic acid는 자체 중합을 통해 고분자를 형성한다.

$$\omega-hydrocaproic\ acid \leftrightarrow poly(\omega-hydrocaproic\ acid) + H_2O \tag{6.5}$$

여기에서도 에스터 결합이 만들어진다.

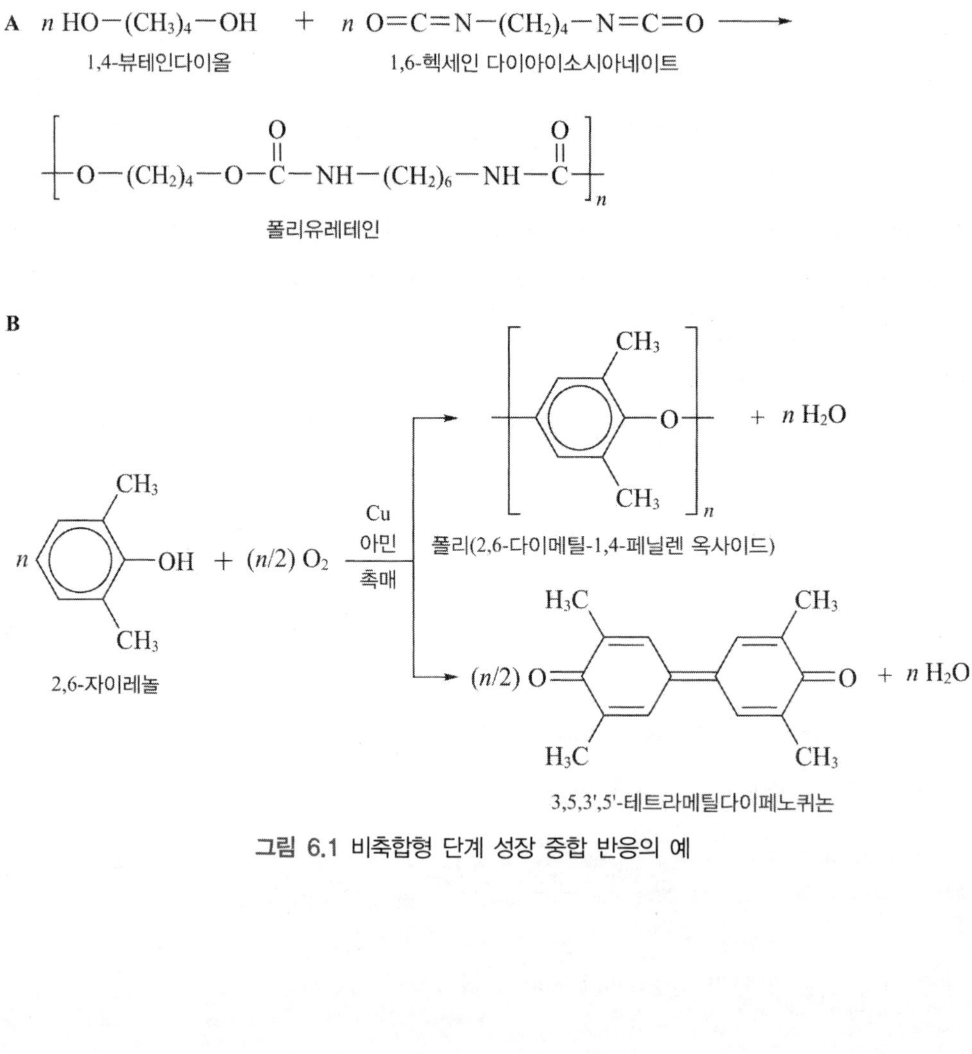

그림 6.1 비축합형 단계 성장 중합 반응의 예

비축합 형태는 저분자 물질이 배출되지 않는 경우로서 그림 6.1에 나타낸 것과 같이 뷰테인다이올(1,4-butanediol)과 헥세인 다이아이소시아네이트(1,6-hexane-diisocyanate) 간의 반응으로 폴리유레테인을 중합하는 경우와 페놀류의 물질과 산소의 반응으로 PPO[poly(2,6-dimethyl-1,4-phenylene oxide)]가 얻어지는 경우가 있다.

6.2 | 단계 성장 중합에서의 분자량

단계 성장 중합에서의 고분자 분자량 변화를 알아보기 위하여 먼저 반응기 사이의 반응을 고려해 보기로 하자. 예를 들어 DMT와 EG 사이의 반응을 통해 폴리에틸렌테레프탈레이트(PET)가 중합되는 경우를 보면 다음과 같이 저분자 물질이 축합되는 평형 반응을 상상할 수 있다.

$$\text{nDMT (AXA)} + n\text{EG (BYB)} \leftrightarrow \text{PET (XY)} + 2n\text{CH}_2\text{OH (AB)} \tag{6.6}$$

여기서 평형 상수(equilibrium constant, K)는 다음과 같이 제시된다.

$$K = \frac{[XY][AB]}{[A][B]} \tag{6.7}$$

이때 평형 상수의 값은 280℃에서 $K = 0.42$로 알려져 있다. 따라서 분자량을 증대시키기 위하여 정반응을 계속 진행시키려고 하면 [AB]를 계속 제거해서 그 농도를 낮출 필요가 있다. 보통 반응기에 진공을 걸어서 저분자 물질의 휘발을 돕게 된다. 이때 고분자의 중합도(degree of polymerization; DP)는 다음과 같이 정의된다.

$$\text{DP or } X_n = \frac{M_n}{M_0} \tag{6.8}$$

여기서 M_0는 단량체의 분자량이다. 이는 단량체의 전환율(fractional conversion) p와 연관된다. 이 값은 수 평균 중합도와 관계된다.

$$X_n = \frac{1}{1-p} \tag{6.9}$$

이를 **캐러더스 방정식**이라고 한다. 마찬가지로 중량 평균 중합도는 중량 평균 분자량을 단량체 분자량으로 나눈 값에 해당하는

$$X_w = \frac{1+p}{1-p} \tag{6.10}$$

로 얻어진다. 이는 나중에 설명하겠지만 **플로리의 등반응성 조건(equal reactivity principle)**을 가정하여 얻어진 결과이다. 고분자가 성장하면 그 이동도(mobility)가 차이가 날 수 있지만, 이를 무시하고 같은 반응성을 가진다고 가정하는 것이다.

식 (6.9)를 보면 이미 언급한 바와 같이 $X_n = 50(p=0.98)$에서 $X_n = 100(p=0.99)$로 중합도를 높이려면 전환율 p가 0.98에서 0.99로 증가하여야 한다는 사실을 알 수 있다. 따라서 높은 수율과 높은 수준의 단량체 순도가 효과적 중합을 위한 필수 조건이 셈이다. 고분자가 성장하면서 같은 반응이 계속 일어나지만, 고분자 사슬 크기가 계속 커지므로 상대적 이동도가 감소하여 반응 상수가 감소할 여지가 있다. 하지만 편의상 기본적 이상적 모델로서, 모든 크기의 고분자 사슬의 반응성은 같다고 하는 **플로리의 등반응성 조건**을 가정하면 식 (6.6)과 같은 중합에서는

$$-\frac{d[AA]}{dt} = k[AA][BB] \tag{6.11}$$

이 된다. 여기서 k는 반응 속도 상수이다. 또한 두 가지 반응기의 초기 농도가 같다(stoichiometric balance)고 가정하면 다음과 같이 시간에 따른 분자량의 증가 추이를 예측할 수 있다.

$$-\frac{d[AA]}{dt} = k[AA]^2 \tag{6.12}$$

$$\frac{1}{[AA]} - \frac{1}{[AA]_0} = kt \tag{6.13}$$

$$[AA] = (1-p)[AA]_0, \text{ 즉 } X_n = \frac{[AA]_0}{[AA]} = 1 + [AA]_0 kt \tag{6.14}$$

이 식은 분자량이 초기 농도($[AA_0]$)와 시간(t)에 의존함을 보여주고 있다.

반응물이 혹시 자체 촉매 작용(self-catalyzed)을 할 수 있는 경우에는 다른 거동을 보일 것이다. 예를 들어 폴리에스터 중합에서는 카복실산이 반응물일 뿐만 아니라 촉매로도 작용할 수 있으므로 다음과 같은 식이 얻어진다.

$$-\frac{d[AA]}{dt} = k[AA][BB] \tag{6.15}$$

$$[AA] = [BB] \text{이면 } \frac{1}{[AA]^2} - \frac{1}{[AA]_0^2} = 2kt \tag{6.16}$$

$$\frac{1}{(1-p)^2} = X_n^2 = 1 + 2k[AA]_0^2 t \tag{6.17}$$

이는 고분자 분자량의 증가 추이가 다른 시간적 변화를 나타내는 것이다.

만일 고분자 사슬 간의 반응성이 플로리의 등반응성 조건에 따르지 않고 사슬 크기에 따라 의존한다고 하면 두 가지 특별한 경우를 생각해 볼 수 있다. 하나는 굽타 모델(Gupta model)로서 단량체의 반응성이 나머지 고분자의 반응성과 차이가 있다고 가정하는 경우이다. 다른 하나는 박의 모델(Park's model)로 일반적으로 고분자 사슬의 크기에 따라 반응성이 순차적으로 변한다고 가정하는 것이다. 두 경우 모두 해석적 해가 존재함을 문헌에 보고한 바 있다.

Park's Model의 경우에 대해 간략히 정리해 보자.

$$P_m + P_n \xrightarrow[k_{m,n}]{} P_{m+n}, \quad m,n = 1,2,3.... \tag{6.18}$$

$$k_{m,n} = \frac{k}{2} \quad \text{if} \quad m = n \tag{6.19a}$$

$$k_{m,n} = k \quad \text{if} \quad m \neq n \tag{6.19b}$$

이는 고분자 사슬의 크기에 따라 반응 상수가 달라진다고 가정하는 것이다. 좀 더 자세히 언급히면

$$P_1 + P_1 \xrightarrow[k_{11}]{} P_2 \tag{6.20a}$$

$$P_1 + P_2 \xrightarrow[k_{12}]{} P_3 \tag{6.20b}$$

$$P_1 + P_3 \xrightarrow[k_{13}]{} P_4 \tag{6.20c}$$

$$P_2 + P_2 \xrightarrow[k_{22}]{} P_4 \tag{6.20d}$$

$$P_2 + P_3 \xrightarrow[k_{23}]{} P_5 \tag{6.20e}$$

$$P_n + P_n \xrightarrow[k_{nn}]{} P_{2n} \tag{6.20f}$$

$$P_n + P_{n+1} \xrightarrow[k_{n,\, n+1}]{} P_{2n+1} \tag{6.20g}$$

이 되므로 각각 크기의 고분자의 생성 소멸 방정식을 모아 보면

$$\frac{dP_1}{dt} = -P_1 \sum_{n=1}^{\infty} k_{1n} P_n - k_{11} P_1^2 \tag{6.21a}$$

$$\frac{dP_2}{dt} = -P_2 \sum_{n=1}^{\infty} k_{2n} P_n - k_{22} P_2^2 + k_{11} P_1^2 \tag{6.21b}$$

$$\frac{dP_m}{dt} = -P_m \sum_{n=1}^{\infty} k_{mn} P_n - k_{mm} P_m^2 + \sum_{n=1}^{m^*} k_{n,m-n} P_n P_{m-n} \tag{6.21c}$$

가 된다(m^* 는 $\frac{m}{2}$의 정수 부분을 의미한다). Q_0와 Q_i를 각각 다음과 같이

$$Q_0 = \sum_{n=1}^{\infty} P_n \ , \ Q_i = \sum_{n=1}^{\infty} n^i P_n \tag{6.22}$$

라고 정의하고 초기 조건을

$$t = 0,\ P_1 = N_0\ ,\ P_n = 0 \text{ for } n \geq 2 \tag{6.23}$$

로 적용하면서 일반적으로 반응 상수가 다른 경우를 상정할 수 있으나 여기에서는 우선

간단한 경우로서 다음과 같이 등반응성을 먼저 고려한다.

$$\tau = kM_0 t/2 \tag{6.24}$$

$$P_n' = P_n / M_0 \tag{6.25}$$

편의상 prime을 생략하기로 하자.

$$\frac{dP_1}{d\tau} = -2P_1 Q_0 \ , \ \frac{dP_2}{d\tau} = -2P_2 Q_0 + P_1^2 \tag{6.26a}$$

$$\frac{dP_m}{d\tau} = -2P_m Q_0 + \sum_{n=1}^{m-1} P_n P_{m-n} \tag{6.26b}$$

모멘트 방정식을 모아 보면 다음과 같다.

$$\frac{dQ_0}{d\tau} = -Q_0^2 \quad at\ \tau = 0\ \ Q_0 = 1 \qquad Q_0 = \frac{1}{1+\tau} \tag{6.27a}$$

$$\frac{dQ_1}{d\tau} = 0 \quad at\ \tau = 0\ \ Q_1 = 1 \qquad Q_1 = 1 \tag{6.27b}$$

$$\frac{dQ_2}{d\tau} = -2Q_1^2 \quad at\ \tau = 0\ \ Q_2 = 1 \qquad Q_2 = 1 + 2\tau \tag{6.27c}$$

이제 (6.26a)를 풀면 다음과 같다.

$$P_1 = \frac{1}{(1+\tau)^2} \tag{6.28}$$

$$X_n = \frac{Q_1}{Q_0} = 1 + \tau \tag{6.29}$$

$$X_w = \frac{Q_2}{Q_1} = 1 + 2\tau \qquad PDI = \frac{1+2\tau}{1+\tau} \qquad (6.30a) \quad (6.30b)$$

전환율 $p = 1 - Q_0$의 관계를 생각하면

$$1-p=\frac{1}{1+\tau} \quad \text{or } \tau=\frac{p}{1-p} \tag{6.31}$$

로 표현할 수 있고, 그러면

$$X_n=\frac{1}{1-p},\ X_w=\frac{1+p}{1-p}\ \text{따라서}\ PDI=1+p \tag{6.32}$$

와 같은 결과가 얻어진다. 이는 플로리의 등반응성의 경우와 동일한 결과를 보여주는 것이다. 좀 더 자세한 것은 O Park, Macromolecules, 1988, 21, 732을 참고하기 바란다.

AA + BB type에 있어서 두 단량체가 다른 비율(stoichiometric imbalance)로 반응을 시작하게 되면 단량체 비율을 정확하게 투입한 경우에 얻어지는 캐러더스 식과 다른 결과를 보여줄 것이다.

반응물 비율을 $r=\frac{N_A}{N_B}$이라고 가정하면, 총 분자 수는 $N_T=\frac{N_A+N_B}{2}=\frac{N_A(1+1/r)}{2}$로 표현할 수 있다. A를 기준으로 본 전환율을 p라고 하면 미반응 A의 수는 다음과 같다.

$$N_A-N_Ap=N_A(1-p)=rN_B(1-p) \tag{6.33}$$

미반응 B의 수는 $N_B-pN_A=N_B(1-rp)$가 되므로 수 평균 중합도는

$$X_n=\frac{N_A(1+\frac{1}{r})/2}{[N_A(1-p)+N_B(1-rp)]/2}=\frac{1+r}{1+r-2rp} \tag{6.34}$$

가 될 것이다.

$r=1$ 경우를 고려하면 정확하게 캐러더스 식이 얻어지게 됨을 알 수 있다. 전환율이 1에 가까워지는 경우 얻을 수 있는 최대의 수 평균 분자량을 $p\to1$, $X_n\to\frac{1+r}{1-r}$에서 알 수 있으나 불행하게도 이 방법으로는 X_w은 예측할 수 없다(참고문헌 4를 보라).

6.3 | 플로리의 통계적 방법

우선 $P(x)$를 x개의 단량체가 연결되어 만들어진 고분자의 확률이라고 두면 고분자 전체의 확률은 합해서 1이 된다. 즉,

$$\int_1^{\infty} P(x)dx = 1 \tag{6.35}$$

전환율을 p라고 두면 $P(x) = p^{x-1}(1-p)$, $N = N_0(1-p)$가 얻어진다. 여기에서 N_0는 초기 시간에서의 분자 수이며, N는 임의의 시간에서의 분자 수이다. 따라서 $N_x/N = P(x)$, $N_x = N_0(1-p)^2 p^{x-1}$가 된다. 결국 x-mer의 중량 분율은 $w_x = \dfrac{xP(x)}{N_0}$ $= x(1-p)^2 p^{x-1}$가 되며 이를 가장 보편적인 플로리-슐츠(Flory-Schulz) 분포라고 부른다. 이 식으로부터 수 평균, 중량 평균 중합도와 분산 지수를 구할 수 있다.

$$M_n = \sum P(x)M_x = \sum P(x)xM_0 = \frac{M_0}{1-p} \text{ or } X_n = \frac{1}{1-p} \tag{6.36}$$

$$M_w = w_x M_x = M_0(1-p)^2 \sum x^2 p^{x-1} \tag{6.37}$$

$$\sum_{x=1}^{\infty} xp^{x-1} = \frac{1}{(1-p)^2}, \quad \sum_{x=1}^{\infty} x^2 p^{x-1} = \frac{1+p}{(1-p)^3} \tag{6.38}$$

$$M_w = M_0 \frac{1+p}{1-p} \text{ or } X_w = \frac{1+p}{1-p}, \quad PDI = 1+p \tag{6.39}$$

이 식들은 이미 (6.9) 및 (6.10)에서 경험한 식과 동일한 것임을 알 수 있다.

6.4 | 비선형 단계 성장

단량체가 가지고 있는 작용기가 2개 이상이면 자연스럽게 가지형 고분자를 만들게

된다. 특히 다이카복실산 단량체와 세 개의 알코올기를 가진 단량체가 만나면 젤화 현상이 일어난다.

폼알데하이드(formaldehyde) 기반의 여러 고분자들을 생각해 보자. 작용기 3개를 가진 페놀과 폼알데하이드의 반응에서 폼알데하이드를 과량으로 넣게 되면 레졸(resoles)이 되고 페놀을 과량으로 넣게 되면 노보락(novolaks)이 된다. 작용기가 네 개인 유레아(urea)와 폼알데하이드 사이의 반응은 물론 작용기 여섯 개인 멜라민(melamine)과 폼알데하이드 사이의 반응을 활용하여 멜라민 수지라고 부르는 열경화성 수지를 만들 수 있다.

또 다른 열경화성 수지인 에폭시 수지(epoxy resins)는 에피클로로하이드린(epichlorohydrin)과 비스페놀 A(bisphenol A) 사이의 반응을 이용한 것으로 다이아민을 사용해서 가교시키게 된다. 망상 폴리우레탄도 이런 방식으로 얻어진 고분자이다.

젤화 이론은 캐러더스 이론의 연장선상에서 검토할 수 있는데 N_i을 '반응기를 f_i개 가지고 있는 단량체의 수'라고 하면 평균 반응기 개수 및 총 분자 수는 각각

$$f_{avg} = \frac{\sum N_i f_i}{\sum N_i}, \quad N_0 = \sum N_i \tag{6.40}$$

로 주어진다. 초기 반응기 수는 $N_0 f_{avg}$이고 시간 t에서의 총 분자 수가 N이라고 하면 다음과 같다.

$$p = \frac{2(N_0 - N)}{N_0 f_{avg}} = \frac{2}{f_{avg}}(1 - \frac{1}{X_n}) \text{ or } X_n = \frac{2}{2 - p f_{avg}} \tag{6.41}$$

평균 작용기 수가 2에 가까워지면

$$f_{acg} \to 2, \quad X_n \to \frac{1}{1 - p} \tag{6.42}$$

가 되는 것으로 이미 공부한 캐러더스의 경우와 같은 결과를 보여준다. 만일 $f_{avg} > 2$일 때만 중합도(X_n)는 증가할 수 있고 $p \to \frac{2}{f_{avg}}$으로 가까워지면 당연히 중합도가 아주 크게 증가하게 되어($X_n \to \infty$) 젤화 현상(gelation)이 일어나게 되는 셈이다. 이리하여 가열하여도 더는 녹지 않는 비가역적 열경화성 수지를 만들게 되는 것이다.

참고문헌

1. J. R. Fried, "Polymer Science and Technology", 3rd ed., 2014, Prentice Hall, Ch 2.
2. O Park, Macromolecules, 1988, 21, 732
3. Odian, "Principles of Polymerization", 2nd ed., 1981, John Wiley & Sons, Ch 2.6.
4. Odian, "Principles of Polymerization", 2nd ed., 1981, John Wiley & Sons, Ch 2.7.

연습문제

6-1 플로리의 등반응성 원리에 대해 서술하시오.

6-2 단계 중합과 연쇄 중합을 비교 검토하시오. 단계 중합과 연쇄 중합으로 얻을 수 있는 대표적인 고분자를 각각 3종씩 적어보시오.

6-3 아디프산(adipic acid)과 헥사메틸렌다이아민(hexamethylne diamine)이 같은 당량비로 단계 중합된다. 전환율이 (a) 0.500, (b) 0.800, (c) 0.900, (d) 0.950, (e) 0.970, (f) 0.980, (g) 0.990, (h) 0.995일 때의 수 평균 분자량을 각각 계산하시오.

6-4 내열성 고분자의 한 종류인 노멕스(Nomex) 섬유는 24,116의 수 평균 분자량을 가진다. 이 고분자가 가수분해되면 39.31%의 p-aminoaniline, 59.81%의 terephthalic acid, 0.88%의 benzoic acid를 생성한다.

(a) 이 노멕스 섬유의 화학 구조식을 그리시오.

(b) 고분자의 중합도와 전환율을 계산하시오.

(c) Benzoic acid가 두 배 많아졌을 때의 중합도를 계산하시오.

6-5 산 촉매 작용으로부터 단계 중합되는 폴리에스터의 속도 식은 다음과 같이 표현할 수 있다.

$$-\frac{d[COOH]}{dt} = k[COOH][OH]$$

$[COOH]$는 카복실산(carboxylic acid) 그룹의 농도, $[OH]$는 하이드록실(hydroxyl) 그룹의 농도를 말한다.

(a) $[COOH] = [OH] = C$라고 가정하고, $C = C_0(1-p)$ 식을 사용하여 아래 식이 성립함을 증명하시오(C_0: 작용기의 초기 농도, p: 전환율).

$$C_0 kt = \frac{1}{1-p} + Constant$$

(b) 수 평균 중합도는 $X_n = \frac{C_0}{C}$와 같다. (a)의 결과를 이용하여 수 평균 중합도가 시간에 대한 일차 함수임을 증명하시오.

(c) 다이에틸렌글리콜(diethylene glycol)과 아디프산(adipic acid)이 0.4 mol의 p-toluene-sulfonic acid 촉매를 사용하여 단계 중합되었다. 아래 결과는 시간에 따른 수 평균 분자량을 나타낸다. 고분자가 분자량 15,000(수 평균 중합도 $X_n \cong 90$)까지 자라는 데 걸리는 시간을 계산하시오.

시간(분)	X_n
200	20
325	37
400	46

6-6 Aminoheptanoic acid($H_2N(CH_2)_5COOH$)를 m−cresol에 녹여서 polyamide를 중합하고자 한다. 이 중합 반응은 아미노산의 농도에 대하여 2차 반응이며, 반응 상수는 180℃에서 $k = 2.74 \times 10^{-2}$ kg/mol • min이다.

(a) 어떤 방식으로 중합이 일어나는지 설명하고 중량 평균 분자량이 2.72×10^4 g/mole이 되기 위한 전환율을 계산하시오.

(b) 3.3 mol/kg의 농도로 단량체를 녹여 180℃에서 중합한다면 수 평균 분자량은 어떻게 되는지 시간의 함수로 구하시오.

7 사람이 고안한 고분자 중합 방식

이미 6장에서 검토한 바와 같이, 자연에 존재하는 생물 고분자(biopolymer)는 살아 있는 세포 속에서 아주 온화한 조건에서 천천히 중합되어 형성된다. 반면에 자연의 합성 방법을 모방한 합성 고분자 중합의 경우에는 혹독한 반응 조건과 더불어 촉매가 관여하기도 한다. 이는 보다 적은 시간과 비용으로 생산성을 높이고자 하는 노력에서 비롯되었다.

7.1 | 사슬 성장 중합

자연에서 일어나는 축합 중합 방식과는 달리 사람들이 고안해낸 사슬 성장 방식(chain growth polymerization)의 고분자 중합의 경우에는 반응을 시작하는 분자로써 라디칼이나 음이온, 또는 양이온이 필요하다. 보통 **개시(initiation)**, **전파(propagation)**, **정지(termination)** 세 단계로 중합이 이루어진다. 개시 반응으로 만들어지는 자유 라디칼은 채워지지 않은 전자(unpaired electron)를 가지고 있어 반응성이 매우 높으나 그 수명이 짧은 편이다. 탄소−탄소 결합에 기반한 자유 라디칼은 오비탈 면에서 sp^2 혼성 구조를 가지며 보통 이중 결합을 가진 불포화 탄소−탄소 결합(C＝C bond)에서 볼 수 있다.

페닐 그룹(⌬ −)처럼 전자를 끌어당기는 그룹을 가진 단량체는 음이온 중합 방식을 택하게 되고 메틸 그룹(CH_3−)과 같이 전자를 내놓으려는 성향의 단량체는 양이온 중합 방식을 택하게 된다.

메틸 메타−아크릴레이트(methyl meta-acrylate)나 스타이렌(styrene)은 자유 라디칼 중합이나 음이온 중합을 통해 고분자를 만들 수 있다. 이런 방식의 **사슬 성장(chain growth) 중합**은 간단히 $P_n + M \rightarrow P_{n+1}$ 와 같은 반응식으로 표현할 수 있다. 이중이나 삼중 결합을 가진 단량체가 원자 재배열에 의해 성장하는 것이므로 부산물은 생성되지 않는다. 자유 라디칼이나 이온 같은 활성 센터에서 개시 반응이 시작되므로 과산화물 같은 개시제를 활용하거나 열, 빛, 방사선과 같은 에너지를 투입해야만 반응을 시작할 수 있다. 단량체가 계속 하나씩 빠른 속도로 보태지면서 고분자 사슬이 연쇄적으로 성장하게 되며 고분자의 성장이 멈추기 위해서는 결국 중합 억제제가 필요하다. 결합 또는 불균등화에 의해 정지 반응이 일어나면 고분자의 성장이 멈춘다.

이런 중합 반응에서는 반응 초기부터 고분자량의 고분자가 얻어질 수 있으며 단량체도 시간이 지남에 따라 서서히 감소하게 되어 단량체가 일찍 소비되는 단계 중합과는 상당한 차이점을 보인다.

7.2 | 자유 라디칼 중합

7.2.1 자유 라디칼 중합 단계

자유 라디칼 중합(free radical polymerization)의 **개시** 반응에서는 개시제가 분해되어 단량체와의 결합을 시작하게 된다. 처음 단계에서는 개시제가 다음과 같이 개시제 라디칼로 분해된다.

$$I_2 \rightarrow 2I \bullet \qquad k_d = A\exp[-E_a/RT] \tag{7.1}$$

k_d : 분해 속도 상수

E_a : 활성화 에너지

개시제로는 아조(azo, $-N\equiv N-$), 다이설파이드(disulfide, $-S-S-$) 또는 과산화(peroxide, $-O-O-$)가 주로 사용된다. 과산화 벤조일이나 2,2'-azobis(2-methylpropionitrile)이 대표적인 개시제이다.

표 7.1 개시제의 활성화 에너지

개시제	용매	온도(℃)	k_d (s^{-1})	E_a (kJ/mol)
AIBN	벤젠	37	5.44×10^{-7}	128.9
		50	2.2×10^{-6}	
		70	3.17×10^{-5}	
benzoyl	벤젠	30	4.8×10^{-8}	116.3
peroxide	톨루엔	60	2.0×10^{-6}	124.3
		30	4.94×10^{-8}	120.5
		49	2.83×10^{-6}	
potassium	0.1m NaOH	50	9.5×10^{-7}	140.2
persulfate		70	2.33×10^{-5}	

예1) 과산화 벤조일(benzoyl peroxide)

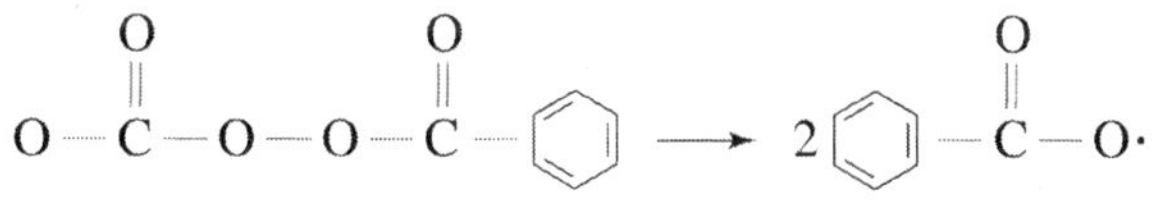

(7.2)

예2) AIBN

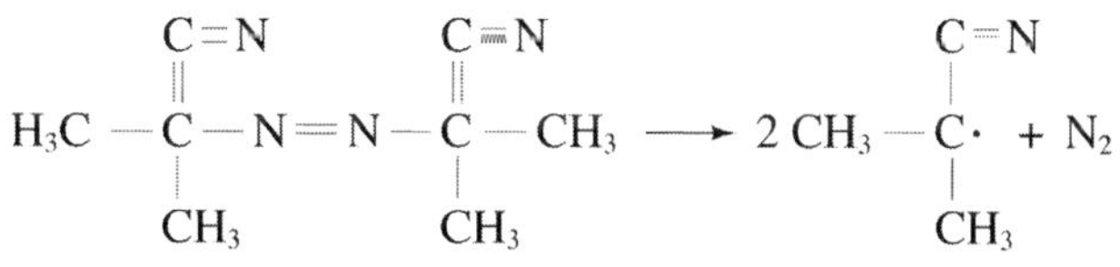

(7.3)

이후 개시제의 라디칼과 단량체가 합하여 단량체 라디칼이 만들어진다.

$$I\bullet \quad + \quad M \xrightarrow[k_a]{} IM\bullet \tag{7.4}$$

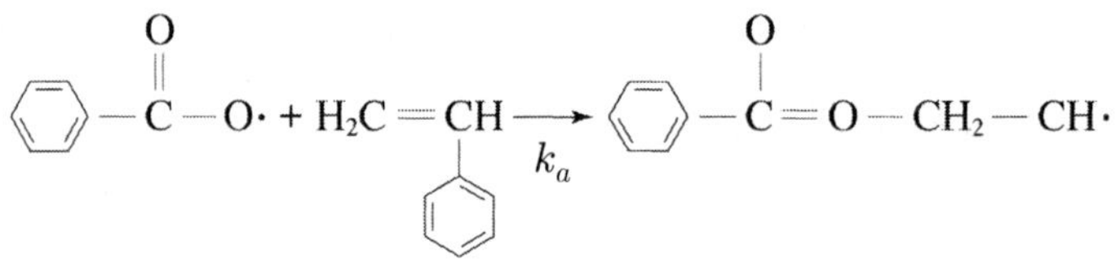

(7.5)

전파 반응에서는 단량체 라디칼에 단량체들이 계속되는 연쇄 반응으로 결합하여 활성을 가진 고분자 라디칼로 지속적으로 성장한다.

$$IM \bullet \; + \; M \xrightarrow[k_p]{} IMM \bullet \tag{7.6}$$

$$IM_x \bullet \; + M \xrightarrow[k_p]{} IM_{x+1} \bullet \tag{7.7}$$

활성점으로 작용하는 자유 라디칼이 살아 있는 분자이므로 단량체 분자가 하나씩 계속 결합하게 되어 점점 분자가 커지는 연쇄 반응이 일어나는 것이다. 전파 단계는 상대적으로 매우 빠른 진행을 보인다.

정지 반응에서는 결합 방식의 정지와 불균등 방식의 정지 반응의 두 가지 방법이 있다.

결합 정지(combination)

$$IM_x \bullet \; + \; \bullet \; M_y I \xrightarrow[k_{tc}]{} IM_{x+y} I \tag{7.8}$$

불균등화 정지(disproportionation)

$$IM_x \bullet \; + \; \bullet \; M_y I \xrightarrow[k_{td}]{} IM_x + IM_y \tag{7.9}$$

자유 라디칼이 다른 자유 라디칼과 만나면 그 활성이 소멸될 수 있는데 두 가지 방법이 존재한다. 하나는 두 자유 라디칼을 가진 고분자가 서로 결합하는 경우이고 다른 하나는 서로 결합하지 않고 따로따로 활성을 잃게 되는 경우이다. 전자의 경우 얻어지는 고분자의 분자량은 상당히 큰 편이나 후자의 경우 분자량이 전자의 절반 수준에 머문다. 활성이 끝난 정지된 사슬에는 불포화된 탄소 그룹이 존재할 수 있다.

7.2.2 사슬 이동

사슬 이동(chain transfer)이라 하여 성장하는 고분자 라디칼의 활성이 제 삼의 화합물로 이동하는 다음과 같은 경우도 생각할 수 있다.

$$IM_x \bullet \ + SH \xrightarrow[k_{tr}]{} IM_xH + S \bullet \tag{7.10}$$

이는 정지 반응과 유사하게 성장하던 고분자가 활성을 잃게 되는 다른 경로로서 다른 분자에게서 수소를 받아들여 활성을 잃고 대신 그 분자에게 활성을 주게 되는 경우이다. 식 (7.10)에 제시된 바와 같이 이런 반응은 용매, 단량체, 활성이 없는 고분자 또는 개시제 분자처럼 수소 원자를 떼어낼 수 있는 여러 종류의 분자에게로 일어날 수 있다.

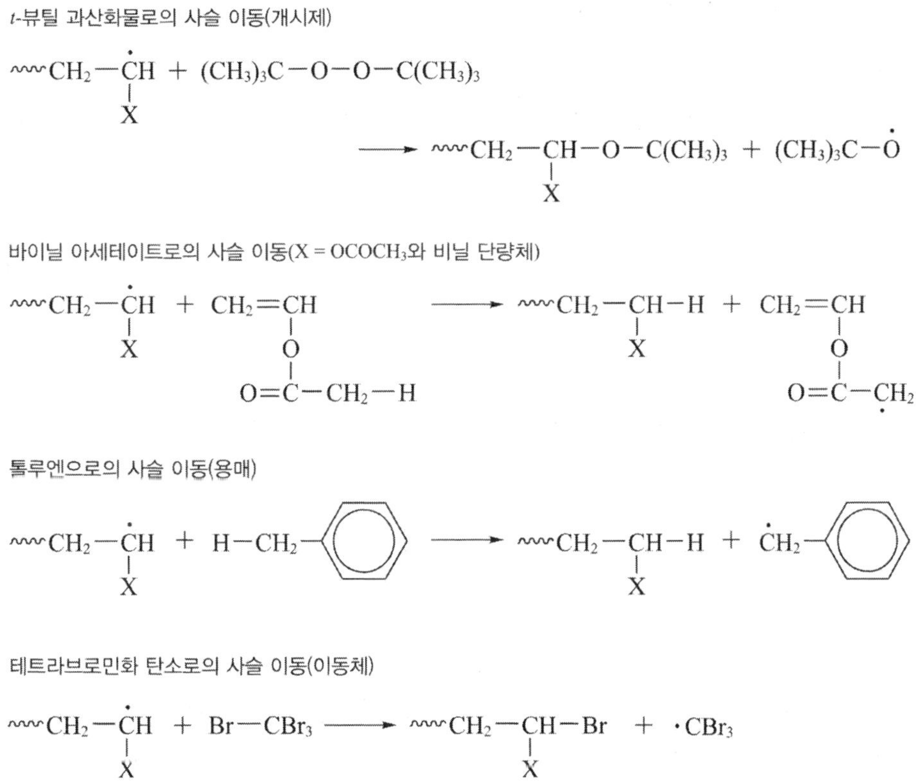

그림 7.1 여러 가지 사슬 이동의 경로들

표 7.2 여러 단량체의 k_p(전파 속도 상수) and k_t(정지 속도 상수)

단량체	온도(℃)	k_p(L/mol.s)	k_t(L/mol.s $\times 10^{-6}$)	
뷰타다이엔	10	8.4	–	
에틸렌	83	470	1050	벤젠
아크릴로나이트릴	25	51	1.8	DMF
염화 바이닐	25	6200	1100	
바이닐 아세테이트	25	1012	58.8	
염화 바이닐리덴	25	8.6	0.175	
스타이렌	25	44	47.5	
	30	55	50.5	

7.2.3 반응 속도론적 고려

자유 라디칼 중합 속도(free-radical polymerization kinetics)는 반응성이 사슬 길이에 관계 없이 같다고 하는 플로리의 등반응성 조건을 활용하여 다음과 같이 표현되며, 아주 빠른 편이다.

$$R_p = k_p[IM_x \bullet][M] \tag{7.11}$$

어느 정도 시간이 지나 라디칼의 생성과 정지에 의한 소모가 대략 비슷해지면 **준 정상 상태 가정(quasi steady state approximation)**이 가능할 것이므로

$$R_i = R_t \tag{7.12}$$

$$R_i = \frac{d[I \bullet]}{dt} = 2k_d f[I] \tag{7.13}$$

가 얻어지게 된다. 어떤 경우에는 개시제로부터 만들어진 라디칼이 금방 다른 라디칼과 재결합하여 활성을 잃거나 가끔 비활성 라디칼이 만들어질 수도 있을 것이므로 그 정도를 적절히 감안해서 f를 0.3~0.8 정도로 고려한다(예를 들면 f of AIBN = 0.6).

한편 정지 반응은

$$R_t = -\frac{d[IM_x \bullet]}{dt} = 2(k_{tc} + k_{td})[IM_x \bullet]^2 \tag{7.14}$$

k_{tc} : 결합 정지에서의 반응 속도 상수

k_{td} : 불균등화 정지에서의 반응 속도 상수

로 주어지므로 식 (7.13)과 식 (7.14)로부터 다음 식을 얻어낼 수 있다.

$$[IM_x \bullet] = \sqrt{f\frac{k_d}{k_t}}\sqrt{[I]} \tag{7.15}$$

이 식을 중합 속도식 (7.11)에 대입하면 다음 식을 얻어낼 수 있다.

$$R_p = k_p\sqrt{f\frac{k_d}{k_t}}\sqrt{[I]}[M] \tag{7.16}$$

따라서 결합 정지가 일어나지 않고 불균등화 정지가 주로 일어난다면 수 평균 중합도는 다음과 같다.

$$X_n = \frac{R_p}{R_t} = \frac{k_p[M]}{2\sqrt{k_t f k_d [I]}} \tag{7.17}$$

만일 결합 정지가 많이 일어나면 그만큼 분자량이 커진다.

이를 설명하기 위하여 q지수를 정의한다. 결합 정지가 전혀 일어나지 않는다면 $q=1$이 될 것이므로 식 (7.17)과 같은 결과이다. 반대로 불균등 정지가 일어나지 않고 결합 정지만 일어나면 $q=0$이 되므로 식 (7.17)의 예측의 2배의 중합도가 될 것이다.

$$X_n = \frac{R_p}{R_t} = \frac{k_p[M]}{(1+q)\sqrt{k_t f k_d [I]}}, \quad q = \frac{k_{td}}{k_{tc} + k_{td}} \tag{7.18}$$

따라서 정지 반응의 방식에 따라 다른 결과를 보이는 것이 분명하다.

반응 속도론적 사슬 길이(kinetic chain length, ν**)**는 자유 라디칼 중합 속도와 비슷하

지만 약간 다르다. ν는 생성된 라디칼마다 평균적으로 소비한 단량체의 수로 정의하는데 결국 생성 속도, 즉 중합 속도를 개시 반응 속도로 나눈 것이 된다.

$$\nu = \frac{R_p}{R_i} \tag{7.19}$$

불균등화 정지의 경우에는 수 평균 분자량이 이 반응 속도론적 사슬 길이와 같게 되나 결합 정지 반응의 경우에는 수 평균 분자량이 동역학적 사슬 길이의 두 배가 된다. 만약 사슬 이동제를 투입하게 되면 라디칼의 일부가 연쇄 이동제로 옮겨가게 되고 이것이 결국 고분자로의 성장을 방해하게 되어 최종 분자량이 다소 감소하게 된다. 즉,

$$R_{tr} = k_{tr}[IM_x \bullet][SH] \tag{7.20}$$

을 포함하게 되면 수 평균 중합도를 다음과 같이 얻어낼 수 있다.

$$X_n = \frac{R_p}{R_t + R_{tr}} \text{ or } \frac{1}{X_n} = \frac{R_t}{R_p} + \frac{R_{tr}}{R_p} = \frac{1}{X_{n,0}} + C\frac{[SH]}{[M]} \tag{7.21}$$

여기서 $C = k_{tr}/k_p$는 사슬 이동 계수(chain transfer coefficient)이다. 사실 자세히 고려하면 개시제 농도나 단량체 농도도 시간에 따른 변화를 보이게 된다. 이 방법으로 생성되는 고분자의 분자량을 효과적으로 제어할 수 있는 셈이다.

위 식에서 주어진 개시제와 단량체의 농도는 어느 일정 시간 뒤의 농도로서 이들 농도는 시간에 따라 초기 농도에서 지수함수적으로 감소하게 되며 그 추이는 다음과 같이 주어질 수 있다.

$$-\frac{d[I]}{dt} = k_d[I],\ [I] = [I]_0 \exp(-k_d t) \tag{7.22}$$

$$-\frac{d[M]}{dt} = k_p[IM_x \bullet][M],\ [M] = [M]_0 \exp(-k_p[IM_x \bullet]t) \tag{7.23}$$

표 7.3 사슬 이동 계수

단량체	사슬 이동제	온도(℃)	사슬 이동 계수($\times 10^4$)
에틸렌	에틸렌	130	1.6~11.2
	폴리에틸렌	174.8	108.4
	1-부텐	130	330
	디메틸아조에탄	83	0.5
MMA*	MMA	30	0.117
	MMA	70	0.2~0.45
	PMMA	50	0.22
	톨루엔	80	0.292
	벤젠	50	0.036
	아세톤	60	0.195
	benzoyl peroxide	50	0.01
Styrene	Styrene	25	0.279
	Styrene	50	0.35~0.78
	PS	50	0.75
	톨루엔	60	0.125
	벤젠	40	5.8
	아세톤	60	4.1
	benzoyl peroxide	50	0.13

* methylmethacrylate

7.2.1 열역학적 고려

중합 반응은 열역학적으로 가역 반응이라 가정할 수 있으며 가역 반응에서의 깁스 자유 에너지 변화는 엔탈피 항과 엔트로피 항으로 구성된다.

$$\Delta G_p = \Delta H_p - T\Delta S_p \tag{7.24}$$

중합이 효과적으로 진행되기 위하여 이 자유 에너지 변화가 음수여야 한다. ΔH_p는 중합열(heat of polymerization)에 해당되는 것으로

표 7.4 중합열과 중합 천정 온도

단량체	중합열 (KJ/mol)	천정 온도 (℃)
α-methylstyrene	−35	61
methylmethacrylate	−55	220
propylene	−86.5	300
styrene	−74.5	150∼310
ethylene	−93.5	400
tetrafluoroethylene	−192	560

$$\Delta H_p = E_{dp} - E_p \tag{7.25}$$

이므로 중합 및 해중합(depolymerization)의 활성화 에너지 차이와 관련된다. 알켄의 경우, 이중 결합인 파이 결합이 단일 결합인 시그마 결합으로 변화되는 것이므로 음수의 값을 가지는 발열 반응이 된다. ΔS_p는 중합 엔트로피(polymerization entropy)로서 중합에 의하여 불규칙성, 즉 자유도가 감소하므로 음수 값을 가진다.

보통 낮은 온도에서는 $\Delta G_p < 0$가 되어 중합이 잘 일어나고 높은 온도에서는 $\Delta G_p > 0$가 되어 해중합이 일어난다. 따라서 중간 지점의 특수한 온도에서는 $\Delta G_p = 0$가 되어 중합과 해중합이 평형을 이루게 된다. 이 온도가 중합을 일으킬 수 있는 최고 온도에 해당한다. 이러한 천정 온도(ceiling temperature, T_c)는

$$T_c = \frac{\Delta H_p}{\Delta S_p} \tag{7.26}$$

로 주어지게 된다.

7.3 | 자유 라디칼 공중합 반응

만일 두 가지 단량체로 공중합 반응을 일으킨다면 각각의 종류의 단량체로 끝나는 두

가지 종류의 라디칼에 두 가지 단량체가 반응하여 성장하는 네 가지 전파 반응을 고려해야 한다. 각각의 경우에 대한 네 가지 전파 반응 계수가 필요하다(k_{ij}, i=1,2, j=1,2).

$$\sim M_1\cdot + M_1 \xrightarrow[k_{11}]{} \sim M_1\cdot \tag{7.27a}$$

$$\sim M_1\cdot + M_2 \xrightarrow[k_{12}]{} \sim M_2\cdot \tag{7.27b}$$

$$\sim M_2\cdot + M_1 \xrightarrow[k_{21}]{} \sim M_1\cdot \tag{7.27c}$$

$$\sim M_2\cdot + M_2 \xrightarrow[k_{22}]{} \sim M_2\cdot \tag{7.27d}$$

$$-\frac{d[M_1]}{dt} = k_{11}[-M_1\cdot][M_1] + k_{21}[-M_2\cdot][M_1] \tag{7.28a}$$

$$-\frac{d[M_2]}{dt} = k_{12}[-M_1\cdot][M_2] + k_{22}[-M_2\cdot][M_2] \tag{7.28b}$$

식 (7.28a), (7.28b)에서 보듯이 각각의 단량체의 감소 속도는 각각의 전파 반응 계수와 단량체 농도 그리고 라디칼 농도에 따르게 된다. 각 시간에서의 공중합 속도의 비는 다음과 같고,

$$\frac{d[M_1]}{d[M_2]} = \frac{[M_1]}{[M_2]}\frac{k_{11}[-M_1\cdot] + k_{21}[-M_2\cdot]}{k_{12}[-M_1\cdot] + k_{22}[-M_2\cdot]} \tag{7.29}$$

반응 속도 계수의 비

$$r_1 = \frac{k_{11}}{k_{12}},\quad r_2 = \frac{k_{22}}{k_{21}} \qquad (7.30a),\ (7.30b)$$

에 따라 다른 양상의 공중합체를 만들게 된다. 한편 각 라디칼의 시간적 변화는 다음과 같이 주어진다.

$$\frac{d[\sim M_1\cdot]}{dt} = -k_{12}[\sim M_1\cdot][M_2] + k_{21}[\sim M_2\cdot][M_1] \tag{7.31a}$$

$$\frac{d[\sim M_2\cdot]}{dt} = -k_{21}[\sim M_2\cdot][M_1] + k_{12}[\sim M_1\cdot][M_2] \tag{7.31b}$$

준 평형 상태여서 이들의 시간적 변화가 없다고 가정하면

$$-\frac{d[-M_1\cdot]}{dt} = 0, \quad -\frac{d[-M_2\cdot]}{dt} = 0 \qquad (7.32a),\ (7.32b)$$

이다. 그렇다면

$$\frac{[-M_1\cdot]}{[-M_2\cdot]} = \frac{[M_1]}{[M_2]}\frac{k_{21}}{k_{12}} \tag{7.33}$$

이 되고, 따라서

$$\frac{d[M_1]}{d[M_2]} = \frac{[M_1]}{[M_2]}\frac{(r_1[M_1]+[M_2])}{([M_1]+r_2[M_2])} \tag{7.34}$$

이 되어 순간적으로 공중합체에 더해지는 조성을 결정할 수 있다.

단량체 1의 몰분율을 f_1이라고 하자. 즉,

$$f_1 = \frac{[M_1]}{([M_1]+[M_2])} \qquad f_1 + f_2 = 1 \tag{7.35}$$

이후 공중합체 속에 있는 단량체 1의 몰분율은

$$F_1 = \frac{d[M_1]}{(d[M_1]+d[M_2])} = \frac{(r_1 f_1^2 + f_1 f_2)}{(r_1 f_1^2 + 2f_1 f_2 + r_2 f_2^2)} \tag{7.36}$$

로 더해진다. r_1과 r_2에 따라 공중합체의 입체 배열이 다음과 같이 7가지 경우로 주어질 수 있다.

경우 1. $r_1 = r_2 = 1$이면 어느 하나의 단량체로의 선호도가 전혀 없는 경우이므로 결국 불규칙 공중합체(random copolymer)를 만들게 된다. 그 예로서 스타이렌과 4-chloro-styrene의 중합을 들 수 있다. $F_1 = f_1$이 될 것이다. (그림 7.2의 점선)

경우 2. 이상적으로 $r_1 = \dfrac{1}{r_2}$이면 $F_1 = \dfrac{r_1 f_1}{r_1 f_1 + f_2}$이 된다.

경우 3. $r_1 = 0$, $r_2 = 0$이면 상대편 단량체를 각각 선호하므로 정확히 교대 공중합체(alternating copolymer)를 만들게 된다. 따라서 $F_1 = 0.5$가 되며 단량체 농도와 무관하다. 에틸렌과 일산화탄소 또는 염화 바이닐리덴의 경우에 해당된다.

경우 4. $r_1 \gg 1$, $r_2 \gg 1$이면 자신과 같은 단량체를 선호하므로 블록 공중합체(block copolymer)를 만들게 된다.

경우 5. $r_1 \gg 1$, $r_2 \ll 1$. 스타이렌과 바이닐 아세테이트의 경우, 단량체 1만 반복되는 블록이 형성된 뒤 단량체 2가 붙게 된다.

경우 6. $r_1 = 0.585$, $r_2 = 0.478$. 교대 공중합체와 유사. 스타이렌과 MMA의 공중합체가 이 경우에 속한다.

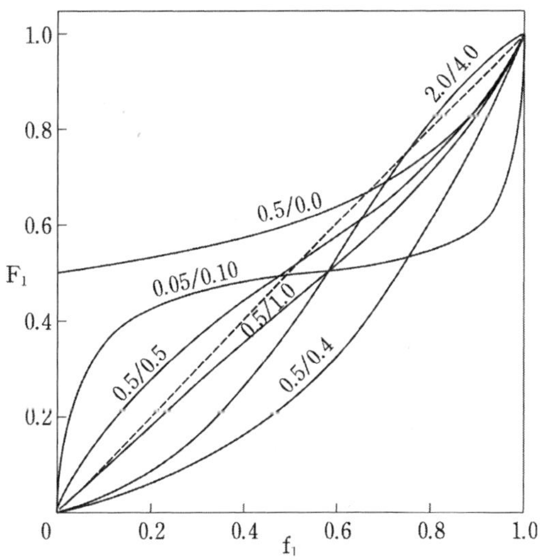

그림 7.2 공중합체의 조성

경우 7. $r_1 < 1$, $r_2 < 1$인 경우에서 만일 공비 조성(azeotropic composition)이 있다면, 즉 단량체 조성과 공중합체 조성이 같아지는 경우가 있다면

$$F_1 = f_1 = \frac{1 - r_2}{2 - r_1 - r_2} \tag{7.37}$$

이 될 것이다. 이러한 경우를 **공비 공중합(azeotropic co-polymerization)**이라고 한다. 반응 속도 계수에 대한 데이터는 Polymer handbook(J. Brandrup, E.H. Immergut, 1989, 3rd ed., John Wiley & Sons)을 참고하여 구할 수 있다.

표 7.5 상대 반응 속도 계수의 비

단량체 1	단량체 2	r_1	r_2
에틸렌	일산화탄소	0.025	0.004
	프로필렌	3.20	0.62
	스타이렌	0.050	14.8
	tetrafluoroethylene	0.380	0.100
	vinyl acetate	0.670	3.740
	vinyl chloride	0.340	4.380
	vinylidene chloride	0.018	15.71
MMA	AN*	1.332	0.138
	maleic anhydride	3.400	0.010
	methacrylic acid	0.77	1.84
Styrene	AN	0.29	0.02
	butadiene	0.82	1.38
	p-divinylbenzene	0.26	1.18
	maleic anhydride	0.97	0.001
	methacrylonitrile	0.38	0.42
	MMA	0.585	0.478
	p-chlorostyrene	0.816	1.062
	vinyl acetate	60	0.16
	vinyl chloride	25	0.005
	vinylidene chloride	1.7	0.110
vinylchloride	vinylidene chloride	0.205	3.068
	MMA	8.990	0.070

* Acrylonitrile

만일 반응 속도 계수가 주어져 있지 않은 경우는 식 (7.38)~식 (7.39)에 제시된 알프레이(Alfrey)와 프라이스(Price)의 Q-e 방법으로 단량체마다 주어진 값으로부터 상대적 반응 속도 계수를 추정할 수 있다.

$$k_{ij} = P_i Q_j \exp(-e_i e_j) \tag{7.38}$$

P_i : 비례 상수

Q_j : 단량체 반응 상수

e_i : 라디칼 M_i• 의 극성

$$r_1 = \frac{k_{11}}{k_{12}} = \frac{Q_1}{Q_2} \exp[-e_1(e_1 - e_2)] \tag{7.39a}$$

$$r_2 = \frac{k_{22}}{k_{21}} = \frac{Q_2}{Q_1} \exp[-e_2(e_2 - e_1)] \tag{7.39b}$$

표 7.6 단량체의 Q, e 값

단량체	Q	e
ethylene	0.016	0.05
propylene	0.009	−1.69
styrene	1.0	−0.8
tetrafluoroethylene	0.032	1.63
vinyl acetate	0.026	−0.88
vinyl chloride	0.056	0.16
vinylidene chloride	0.31	0.34
MMA	0.78	0.40
maleic anhydride	0.86	3.69
methacrylic acid	0.987	0.62
AN	0.48	1.23
butadiene	1.70	−0.50
methacrylonitrile	0.86	0.68
p-chlorostyrene	1.33	−0.64
isoprene	1.99	−0.55
isobutylene	0.023	−1.2
acrylamide	0.23	0.54

7.4 | 이온 중합과 공중합

이온 중합(ionic polymerization)은 자유 라디칼 중합 방식과 아주 유사하다. 다만 활성 센터가 다를 뿐이다. 양이온 중합에서의 활성 센터는 양전하를 띠고 있는데, 단량체 $CH_2-C^{+}HX$에서 X가 전자를 줄 수 있는 경우에 해당한다. 음이온 중합은 반대로 활성 센터가 음전하를 띠게 되는데 단량체 $CH_2-C^{-}HX$에서 X가 전자를 끄는 경향이 있는 경우이다. 여기서 $C^{(-)}$는 탄소 음이온, 그리고 $C^{(+)}$는 탄소 양이온이라 부르는 것으로 각각 개시 단계에서 생성된다. 다시 말하면 단량체에 따라 다른 반응 경로를 가지는 셈이다. 활성 센터의 반응성은 매우 높아 라디칼 중합보다 무척 빠르게 중합이 일어난다 ($10^4 \sim 10^6$ 배). 반대 전하를 가진 반대 이온(counter ion)이 항상 같이 관여하므로 용매의 극성이 아주 중요한 역할을 한다.

7.4.1 음이온 중합(anionic polymerization)

페닐(phenyl)기와 같이 전자를 끄는 성질을 가진 그룹을 가진 바이닐 단량체는 음이온 중합 경로에 따라 중합된다. 반면에 메틸(methyl)기와 같이 전자를 주는 경향이 있는 그룹을 가진 바이닐 단량체는 양이온 중합 경로를 따른다.

개시 반응

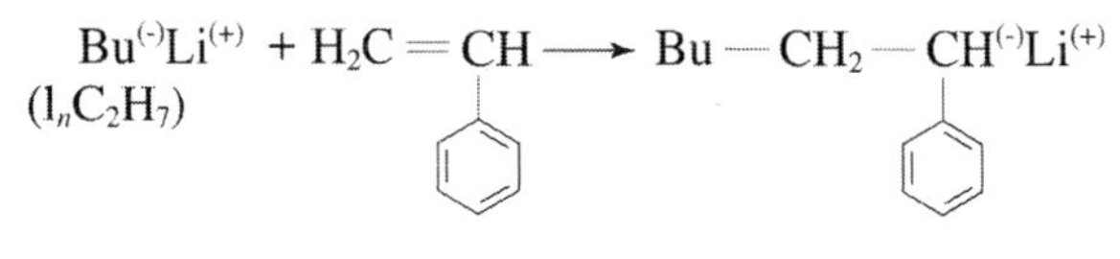

(7.40)

개시제로는 그리냐르 시약(Grignard reagent)을 포함해서 강한 친핵제(nucleophile)가 사용된다. 마그네슘을 함유하는 유기 금속 화합물인 그리냐르 시약은 RMgX 형태로서 R은 알킬, 아릴, 유기 그룹 등이 가능하고 X는 Cl, Br, I 등의 할로젠 원소가 가능하다. 다른 유기 금속 화합물(organometallic compound)도 가능한데 뷰틸 리튬($Bu^{(-)}$ $Li^{(+)}$)이 대표적으로 사용된다.

전파 반응

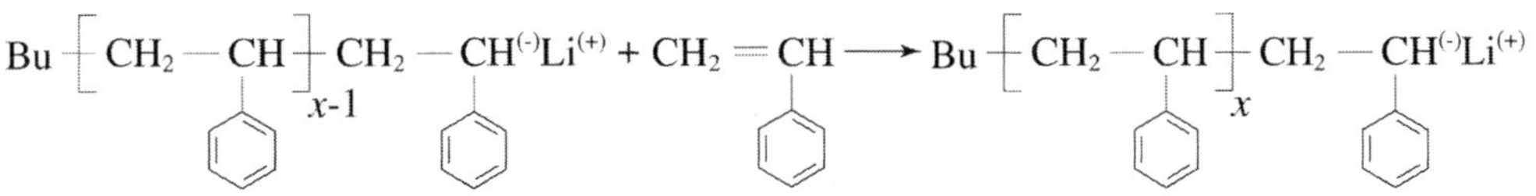

(7.41)

이 경우 $Bu^{(-)}\ Li^{(+)}$는 결과적으로 고분자 양단에 남아 있게 되므로 촉매가 아니고 개시제라고 하여야 옳다. 산소와 물이 없는 반응조건에서는 단량체가 다 소진될 때까지 계속 반응이 진행되므로 **리빙 중합(living plymerization)**이라 부른다.

정지 반응

O_2, CO_2, CH_3OH, H_2O 등의 화합물이 존재하면 정지 반응을 유도할 수 있다.

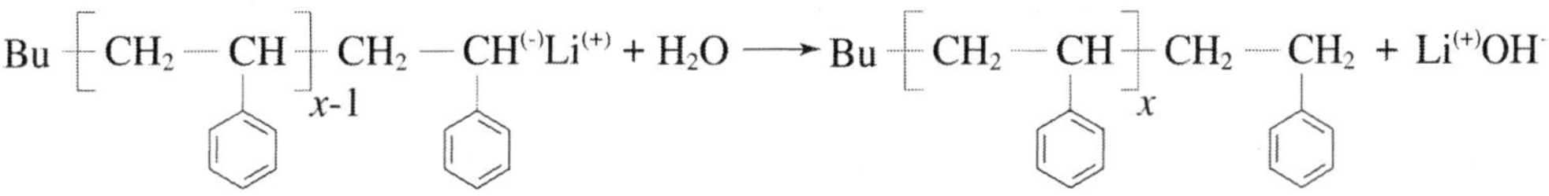

(7.42)

만일 정지 반응이 없으면 모든 분자들이 같은 시간에 개시되어 반응성이 거의 같을 것이므로 분산지수(PDI)가 1에 아주 가까운 단분산(monodisperse) 고분자를 만들게 될 것이다.

$$X_n = \frac{[M]_0}{[I]_0} \qquad \text{좁은 PDI} \simeq \sim 1.0 \qquad (7.43)$$

7.4.2 양이온 중합(cationic polymerization)

메틸기와 같이 전자를 주는 성질을 가진 부사슬을 가지는 바이닐 단량체는 양이온 중합 경로를 따르게 된다. 이 경우에는 마지막 고분자에 처음 반응을 시작하였던 한쪽 끝이 더는 남아 있지 않기에 개시제라기 보나 촉매라 부르는 것이 옳다. −100～−80℃ 같은 아주 낮은 온도의 용액상에서 중합하며 BF_3(boron trifluoride) 같은 강한 루이스 산이 촉매로 사용된다. 조촉매(co-catalyst)로는 물과 같이 양성자(proton)를 제공해줄 물질이 필요하다.

개시 반응

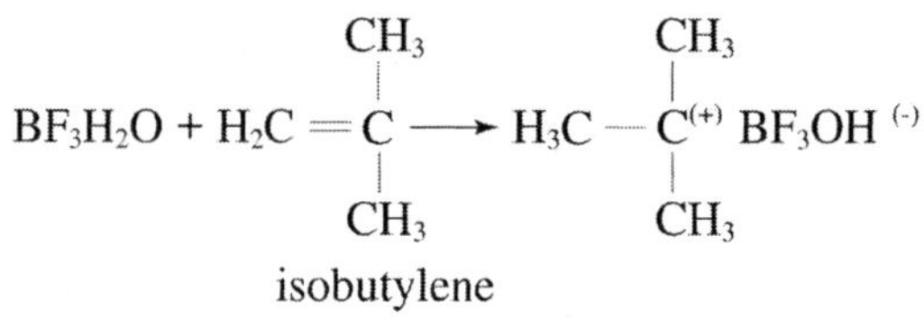

(7.44)

전파 반응

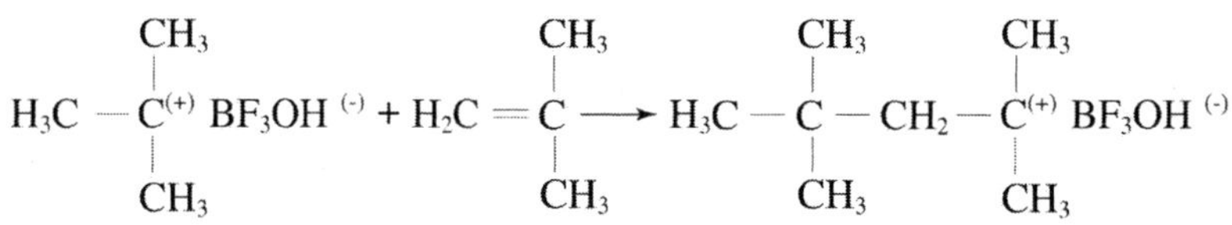

(7.45)

정지 반응

이런 활성 센터는 라디칼과는 달리 결합에 의한 정지 반응은 일어나지 않는다. 따라서 리빙 양이온 중합(living cationic polymerization)이라 부르며 단량체나 고분자 또는 용매나 반대 이온 쪽으로 사슬 이동(chain transfer)은 가능하다.

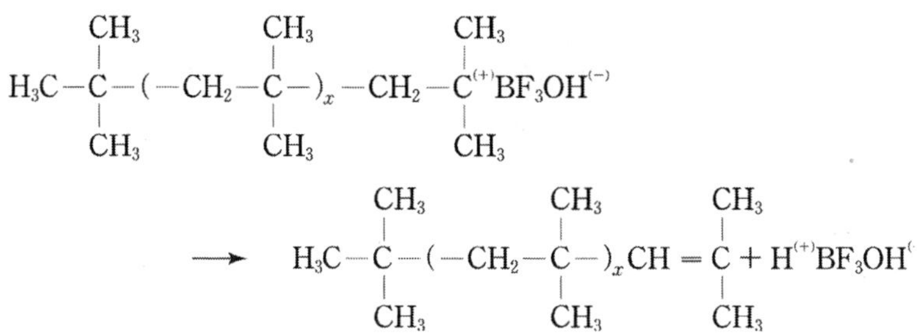

(7.46)

정지 반응을 무시하기 위하여서는 O_2, H_2O가 없는 상태에서 반응을 유도하여야 한다. 용매에 따라서 양이온과 반대 이온(counter ion) 사이의 결합이 달라지므로 그 선택에 유의하여야 한다.

용매의 유전 내력(dielectric strength)이 증가하면 고분자의 사슬 길이가 선형적으로 증가하고 중합 속도는 지수함수적(exponentially)으로 증가한다. 터미널 탄소 원자와 관련된 전하량을 최소화함으로써 전파 반응 속도는 계속 유지하면서 사슬 이동을 억제하게 된다.

7.4.3 이온 공중합(Ionic Copolymerization)

뷰틸 고무(butyl rubber)라고 부르는 폴리아이소뷰틸렌(polyisobutylene)은 아이소뷰틸렌과 0.5~2%의 아이소프렌을 양이온 중합하여 만든다. 아이소프렌을 소량 첨가하여 공중합시키는 것은 나중에 가황 공정을 위한 불포화 결합 사이트를 확보하기 위함이다.

Styrene-butadiene-styrene 삼중 블록 공중합체(이하 SBS)는 스타이렌 블록, 뷰타다이엔 블록 그리고 다시 스타이렌 블록으로 이루어지며 이온 공중합으로 중합되어 열가소성 탄성체(thermoplastic elastomer)로 기능할 수 있다(23장 참고).

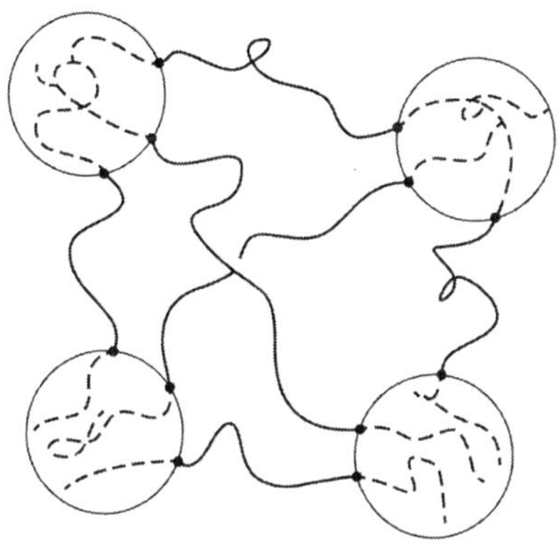

그림 7.3 열가소성 탄성체

참고문헌

1. R.J. Young and R.A. Lovell, "Introduction to Polymers", 3rd ed., 2011, CRC Press., Ch 4.
2. Paul J. Flory, "Principles of Polymer Chemistry", 1953, Cornell University Press, Ch V.
3. J. Brandrup, E.H. Immergut, "Polymer handbook", 1989, 3rd ed., John Wiley & Sons, II/153, free radical copolymerization reactivity ratios.
4. J. R. Fried, "Polymer Science and Technology", 3rd ed., 2014, Prentice Hall, Ch 9.
5. J. Brandrup, E.H. Immergut, "Polymer Handbook", 1989, 3rd ed., John Wiley & Sons, II/267, Q and e values.

연습문제

7-1 자유 라디칼 메커니즘으로 스타이렌을 용액에서 중합한다. 초기 단량체와 개시제의 농도는 각각 1 M 및 0.001 M이다. 60℃의 중합 온도에서 개시제 효율은 0.30이다. 이 온도에서 속도 상수는 다음과 같다:

$$k_d = 1.2 \times 10^{-5}\ \mathrm{s^{-1}}$$
$$k_p = 176\ \mathrm{M^{-1}s^{-1}}$$
$$k_t = 7.2 \times 10^{7}\ \mathrm{M^{-1}s^{-1}}$$

이들을 이용하여 다음을 계산하시오.

(a) 1분 및 16.6시간에서의 개시 속도

(b) 1분에서의 정상 상태 자유 라디칼의 농도

(c) 1분에서의 중합 속도

(d) 1분에서의 평균 자유 라디칼 수명 τ. 여기에서 τ는 라디칼 농도를 정지 속도로 나눈 값으로 정의한다.

(e) 1분에서의 수 평균 중합도

7-2 아래의 자료를 이용하여 분자량이 15,000인 폴리(비닐아세테이트)[poly(vinyl acetate)]를 중합하기 위한 개시제와 사슬 이동제의 농도를 결정하시오. 중합은 60℃에서 진행되었으며, 8분 후 50%의 전환율에 도달한다.

단량체 [바이닐아세테이트 (vinyl acetate)] 분자량: 86.09
단량체의 초기 농도: 500 g/L
개시제 (아조비스아이소뷰티로나이트릴) 분자량: 332
사슬 이동제 (benzyl mercaptan) 분자량: 124.21
용매: 메탄올
$k_i = fk_d = 3.78 \times 10^{-4}$ s, $k_p = 15 \times 10^3\ l/\mathrm{mol\ s}$, $k_t = 600 \times 10^6\ l/\mathrm{mol\ s}$,
사슬 이동도 $C = 0.885$

7-3 폴리아크릴아마이드(polyacrylamide)는 isobutyryl peroxide를 개시제로 하여 중합되며, 그 반감기는 20시간이다. 이 온도에서의 전파 속도 상수와 정지 속도 상수 및 초기 단량체와 개시제의 농도는 다음과 같다.

$$k_p = 18 \times 10^3 \ \ l/\text{gmol} \cdot \text{s}, \ \ k_t = 14.5 \times 10^6 \ \ l/\text{gmol} \cdot \text{s},$$

$$M_0 = 1 \ \ \text{gmol}/l, \ \ I_0 = 10^{-4} \ \ \text{gmol}/l$$

(a) 개시제 해리 상수 k_d가 개시제의 반감기에 반비례함을 보이시오(또는, $k_d = \dfrac{\ln 2}{t_{1/2}}$ 임을 보이시오). 개시제는 두 개의 라디칼로 분해되며, 정지는 결합에 의해 일어난다.

(b) $t = 0$일 때 중합 속도를 계산하시오.

(c) 전환율이 90%일 때의 수 평균 중합도를 계산하시오.

7-4 Sodium naphthalenide를 tetrahydrofuran에 녹인 용액에 스타이렌을 투입하여 중합을 시도하였다. 스타이렌과 sodium naphthalenide의 초기 농도는 각각 0.2 M과 0.001 M이였다.

(a) 25℃에서 5초 후의 스타이렌 농도가 1.73×10^{-3}으로 떨어졌다. 어떤 방식으로 중합이 되는가?

(b) k_p, 즉 rate constant of propagation of polymerization을 구하시오.

(c) 초기 중합 속도를 구하시오.

(d) 10초 후 수 평균 분자량을 구하시오.

7-5 공급 조성이 다음과 같이 주어질 때 공비 공중합이 일어남을 보이시오.

$$f_1 = \frac{1 - r_2}{2 - r_1 - r_2}$$

7-6 축합 중합, 자유 라디칼 중합, 이온 중합의 세 중합법에 의해 만들어진 고분자의 분자량과 PDI를 비교, 검토하시오.

7-7 다음 표에서 스타이렌과 4-클로로스타이렌(4-chlorostyrene)의 반응성 비를 보자.

단량체 1	단량체 2	r_1	r_2
에틸렌	바이닐 아세테이트	0.13	1.23
	일산화 탄소	0.025	0.004
	프로필렌	3.2	0.62
	테트라플루오로에틸렌	0.575	0.065
	바이닐리덴 클로라이드	0.018	0.005
스타이렌	아크릴로나이트릴	0.29	0.02
	뷰타다이엔	0.82	1.38
	p-다이바이닐벤젠	0.26	1.18
	메틸 아크릴레이트	0.53	0.46
	말레산 무수물	0.97	0.001
	메타크릴로나이트릴	0.38	0.42
	메틸 메타크릴레이트	0.585	0.478
	4-클로로스타이렌	0.816	1.062
	바이닐 아세테이트	60	0.16
	바이닐리덴 클로라이드	1.7	0.11
바이닐 클로라이드	바이닐리덴 클로라이드	0.205	3.068
메틸 메타크릴레이트	메타크릴산	0.77	1.84
	말레산 무수물	3.85	0.01

(a) 이 값들을 이용하여 공중합체 혼합물에서 poly(styrene-co-4-chlorostyrene)의 순간 공중합 비를 공단량체 농도의 함수로 나타내시오.

(b) 생성되는 공중합체의 예상되는 단량체 배열 분포에 대하여 논하시오.

7-8 문제 7-7의 표에 자유 라디칼 공중합에서 스타이렌과 (i) 뷰타다이엔, (ii) 메틸 메타크릴레이트, (iii) 메틸 아크릴레이트, (iv) 아크릴로나이트릴, (v) 무수 말레산, (vi) 비닐 클로라이드, (vii) 바이닐 아세테이트와의 반응성 비가 주어져 있다. 각 공중합에서 말단 모델 공중합체 조성식을 이용하여 다음을 계산하시오.

(a) 같은 몰의 두 단량체 혼합물의 낮은 전환율일 때 공중합체 조성

(b) 스타이렌 반복 단위가 50 mol%인 공중합체를 만들 때 필요한 공단량체 조성, 공비 공중합일 때 공비 조성

8
고분자 중합 기술

실제 고분자를 상업적으로 대량으로 제조하기 위하여 여러 가지 방법이 동원되고 있다. 가장 먼저 고려해야 할 사항은 안정적 단량체의 확보이다. 실험실에서 연구용으로 사용되는 중합과는 사뭇 다르게 큰 용량으로 스케일 업(Scale-up)해야 하며 이 과정에서 온도, 압력, 조성 등 여러 공정 조건의 제어가 원활하도록 설계되어야 한다. 또 품질 관리에 초점을 두되 제조 원가를 낮출 수 있는 수단을 마련해야 한다.

8.1 | 벌크 중합

벌크 중합(bulk polymerization)은 가장 간단한 중합 방법으로써 순도가 높은 고분자를 만들 수 있는 좋은 방법이다. 단량체, 단량체에 녹는 개시제, 분자량 조절을 위한 사슬 이동제로만 중합을 시행하는 경우에는 중합 속도 및 분자량의 크기를 다음과 같이 예측할 수 있다.

$$R_p \propto [M]\sqrt{[I]} \quad \text{and } X_n \propto \frac{[M]}{\sqrt{[I]}} \tag{8.1}$$

여기서 R_p는 전파 반응(propagation reaction)에 대한 속도 식, X_n은 수 평균 중합도를 의미한다. 높은 분자량의 고분자를 빠른 속도로 얻기 위해서는 단량체 농도가 높아야 함을 알 수 있다.

벌크 중합은 반응기 부피당 수율이 상대적으로 높고 반응 후 고분자의 회수가 쉽다. 또 고분자 생성물을 따로 분리 정제하지 않고 직접 성형하는 주형 중합(cast polymerization)도 가능하다. 반면에 반응이 끝난 뒤 반응하지 않은 단량체를 제거하기 어렵고, 고분자 물질의 낮은 비열과 열전도성(표 8.1 참고)으로 인하여 중합할 때 발생하는 높은 중합 반응열(35~192 kJ/mol, 표 8.2 참고)을 제거하기가 어렵다는 단점이 있다.

표 8.1 상온 열용량과 열전도계수

물질	밀도 ρ(g/cm³)	열용량 C_p(kJ/kg · K)	열 전도도 계수 k(W/m · K)	열 확산 계수 α(m²/s)
물	1.0	4.2	0.607	1.45×10^{-3}
벤젠	0.8765	10.6	0.141	1.52
톨루엔	0.87	14.4	0.131	1.5
스타이렌	0.909	11.1	0.137	1.36
ABS*	1.03~1.07	1.470	0.3	0.200
nylon6,6	1.13~1.16	1.670	0.24	0.126
PC	1.20~1.24	1.260	0.2	0.133
HDPE	0.94~0.96	2.300	0.63	0.293
LDPE	0.914~0.928	2.300	0.33	0.165
PMMA	1.15~1.19	1.470	0.2	0.118
PP	0.90~0.91	1.930	0.24	0.138
PS	1.05	1.300	0.18	0.13
SAN**	1.08	1.300	0.18	0.128
PVC-R	1.380~1.55	0.85~0.9	0.14~0.17	0.12
PTFE	2.20	1.0	0.25	0.114

*Acronitrile Butadiene Styrene

**styrene acronitrile

표 8.2 중합 반응열과 중합 천정 온도 (표 7.4와 동일)

단량체	중합열(KJ/mol)	천정 온도(℃)
α methyl styrene	−35	61
methyl methacrylate	−55	220
propylene	−86.5	300
styrene	−74.5	150~310
ethylene	−93.5	400
tetrafluoroethylene	−192	560

고분자 중합을 계속 진행하면 반응열이 많이 발생하게 되고 결국 온도가 올라가면서 중합 속도가 더 빨라진다. 그 결과로 반응열의 발생도 더 증가한다. 반면에 고분자량의 고분자가 형성됨에 따라 고분자 사슬 길이도 증가하고, 용융 점도가 많이 증가하게 되어 긴 사슬을 가진 고분자 라디칼의 확산에 의한 움직임이 점점 느려진다. 결국 두 라디칼이 만나기 힘들게 되므로 고분자의 성장을 멈추게 하는 정지 반응(termination)이 점점 더 어렵게 된다. 그러나 저분자인 단량체의 확산은 비교적 빠르므로 중합 속도는 더욱 빨라지게 되어 **트롬스도르프(젤) 효과(Trommsdorff(gel) effect)**라고 하는 **자체 촉진 현상(auto-acceleration process)**이 생겨 잘못하면 폭발과 같은 큰 안전문제를 야기할 수도 있다. 열전달을 용이하게 만들어 열 제거를 원활하게 하기 위한 칸막이의 도입이나, PMMA의 중합 공정에서 같이 2단계 중합 공정의 도입 등의 보완 조치가 필요하게 된다.

벌크 중합(bulk polymerization)으로 많은 자유 라디칼 중합이 가능하며 몇몇 단계 중합 고분자의 경우에도 그 적용이 가능하다. 이렇게 제조되는 고분자의 예로는 PS, PMMA, LDPE 등을 들 수 있다.

8.2 | 용액 중합

용액 중합(solution polymerization)은 이름 그대로 용액 상태에서 고분자를 중합하는 것이므로 용매의 선정이 제일 중요하다. 용매에는 단량체와 개시제, 중합 후 만들어지는 고분자까지도 잘 녹일 수 있는 특성이 요구된다. 유기 용매나 수용액을 사용하게 되면 중합열의 제거가 쉬워진다. 물의 열전도도 및 비열이 유기 용매에 비하여 높으므로 열 제거 면에서는 다소 유리하다. 이렇게 되면 벌크 중합에서 발생할지 모르는 중합 반응의 자체 촉진 현상을 미리 예방할 수도 있다.

용매 선정에 있어서 용매가 가질 수 있는 연쇄 사슬 이동제로서의 특성을 활용할 수 있도록 고려해야 한다. 그와 동시에 반응이 끝난 뒤에는 결국 용매를 제거해야 한다는 사실을 생각해서 용매의 안전성, 특히 인화점(flash point), 비용, 독성 등도 신중히 고려하여야 한다. 선택할 수 있는 용매에는 지방족 탄화수소, 방향족 탄화수소, 에스터, 에터, 알코올, 클로로폼, 사브로민화 탄소(carbon tetrabromide), 도데실 머캡톤 등을 들 수 있다. 용액 중합의 단점으로는 용매를 사용하므로 상대적으로 부피가 큰 반응기를 사용하게 되어 단위 부피당 수율이 낮고, 용액 회수 공정이 필요하여 제조 비용이 증가하는 것이 있다. 반면에 많은 종류의 자유 라디칼 중합이나 이온 중합을 할 수 있다는 장점이 있다.

Poly(acrylic acid), poly(acrylamide), poly(N-vinylpyrrolidinone) 같은 몇몇 수용성 고분자를 수용액 중합으로 만들 수 있고 PMMA, PS, PB, PVC, poly(vinylidene fluoride)는 유기 용매에서 중합할 수 있다.

8.3 | 현탁 중합

벌크 중합에서 발생할 수 있는 열 제거를 위하여 용액 중합이나 현탁 중합(suspension polymerization) 또는 유화 중합(emulsion polymerization)을 사용할 수 있다. 현탁 중합은 다른 이름으로는 "구슬 중합", "진주 중합"이라고도 한다.

보통 교반 장치가 붙은 회분식(batch) 반응기를 사용하며 약간 가열된 70～90℃ 정도의 온도에서 중합 반응을 일으킨다. 물에 녹지 않는 단량체와 개시제를 사용하며 중합된 고분자도 물에 녹지 않는다. 분자량 조절을 위하여 사슬 이동제를 활용하게 된다.

반응기 내에서 떠다니는 50～200 μm 정도의 "유체 방울(droplet)" 속에 단량체, 개시제 그리고 사슬 이동제가 포함되어 있다. 이 유체 방울이 물 용액에 분산되어있는 아주 작은 반응기 구실을 하게 되는 것이다. 이런 유체 방울들의 뭉침은 PVA와 같은 보호 콜로이드(protective colloid)로 보호되면서 계속되는 교반에 의하여 뭉치지 않은 상태를 유지하게 된다. 중합이 끝날 무렵이면 이 유체 방울은 딱딱해지고 여과 등의 방법으로 분리한 후 세척하게 된다. 용액 중합에 비해 용매 비용은 적지만 여러 가지 종류의 안정제들을 사용하기 때문에 고분자 순도가 나쁜 편이며 반응기 비용도 높은 편이다.

스타이렌계의 이온 교환 수지, 압출이나 사출 그레이드 PVC, SAN poly(styrene-co-acrylonitrile) 등을 이 방법으로 제조할 수 있다.

8.4 | 유화 중합

유화 중합(emulsion polymerization)의 경우에는 물에 녹지 않는 단량체가 큰 크기인 0.5~10 μm로, 계면활성제로 둘러싸여 있게 되며 개시제나 사슬 이동제는 물에 녹은 상태로 존재한다. 계면활성제로는 주로 긴 사슬의 지방산의 염을 사용한다.

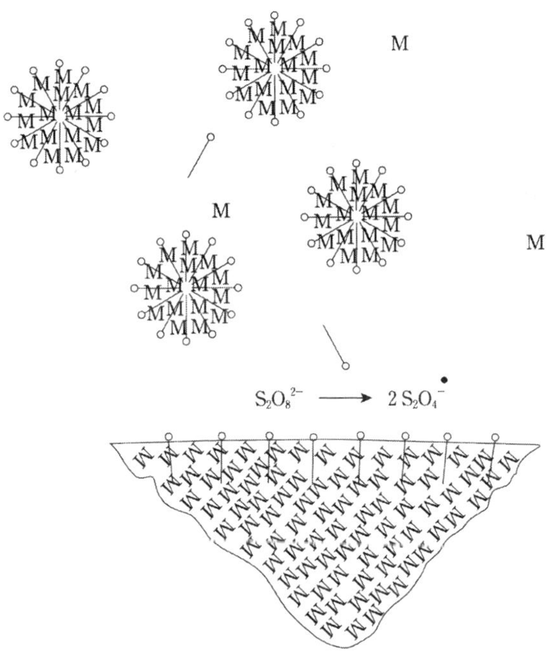

CMC 이상에서 계면활성제와 함께 유화 중합의 시작에서 존재하는 세 가지 상을 보여 주는 모식도: (Ⅰ) 수용액상은 소량의 용해되지 않는 단량체, 계면활성제 그리고 개시제를 지니고 있다. (Ⅱ) 단량체-팽윤 계면활성제 마셀. (Ⅲ) 흡착된 계면활성제와 교반에 의해 안정화된 단량체의 커다란 방울.

그림 8.1 유화 중합 반응기 내부 가상도

계면활성제 대부분은 단량체 방울을 둘러싸고, 남는 것은 마이셀(micelle)이라 하여 둥근 모양이나 긴 막대형으로 50 Å 정도 크기의 50~100분자 덩어리들을 형성하게 된다. 사용되는 개시제의 한 예로서 산화-환원 가능한 과황산 철(persulfate-ferrous)을 들 수 있다.

$$S_2O_8^{2-} + Fe^{2+} \rightarrow Fe^{3+} + SO_4^{2-} + SO_4^{-} \cdot \tag{8.2}$$

단량체는 물에 많이 녹지는 않지만, 어느 정도의 용해도가 있어 큰 단량체 방울에서 물(medium)을 통해 마이셀 쪽으로의 이동이 가능하다. 중합은 물에 녹아 있는 개시제 라디칼이 소량의 단량체를 포함하고 있는 마이셀 속으로 침투하게 됨에 따라 시작된다. 보통 마이셀의 농도는 10^{18}/ml, 단량체 입자의 농도는 10^{10-11}/ml 정도로서 하나하나의 마이셀이 작은 반응기가 되는 셈이다.

50~80% 정도의 단량체가 전환될 즈음에는 단량체 입자는 사라지고 마이셀은 점점 팽윤되어 고분자 입자인 0.05~0.2 μm의 크기까지 점차 자라게 된다. 결국 물이라는 분산매에 잘 분산되어있는 고분자 입자 형태가 되어 안정된 라텍스 형태가 되는 셈이다. 이렇게 제조된 고분자 라텍스는 그대로 라텍스 페인트(latex paint)로 사용되기도 하고 산 용액이나 염을 이용해서 응고(coagulation)한 뒤 활용하기도 한다.

1948년 스미스(Smith)와 에워트(Ewart)는 아주 간단한 유화 중합 이론을 개발하였다. 먼저 각각의 작은 마이셀은 하나의 전파 성장 반응이 가능한 라디칼을 포함하고 있거나, 아니면 정지 반응으로 더는 전파 성장 반응이 일어나지 않는 상태라고 가정된다. 따라서 마이셀의 절반은 라디칼의 농도라고 가정할 수 있다.

$$[IM_x \cdot] = \frac{N}{2} \tag{8.3}$$

여기서 N은 마이셀(micelle)의 수로서 다음과 같이 계면활성제나 개시제 농도에 따라 결정된다.

$$N = k_i \left(\frac{R_i}{\mu}\right)^{\frac{2}{5}} (a_s S)^{\frac{3}{5}} \tag{8.4}$$

여기서 S는 계면활성제의 농도, μ는 입자의 부피 증가 속도, a_s는 수용액 내에서의 입자의 표면적을 계면활성제 농도로 나눈 값이다. 고분자 중합 반응 속도는

$$R_p = k_p \frac{N}{2} [M] \tag{8.5}$$

가 될 것이다.

만일 단량체가 수용성이라면 물에 녹아 있는 단량체가 유기 용매에 분산된다. 이때에는 W/O(water-in-oil)형 유화제(emulsifier)가 필요하다. 개시제는 물에 녹는 경우나 유기 용매에 녹는 경우 모두 가능하며 종종 역 유화 공정(inverse emulsion process)이라 부른다. 고분자 중합이 끝날 때쯤이면 최종 생성물인 고분자가 물에 의하여 팽윤된 콜로이드 형태로 만들어진다.

8.5 | 기체상 중합, 고상 중합, 플라즈마 중합

8.5.1 기체상 중합(gas-phase polymerization)

일반적인 폴리에틸렌 중합 반응기와는 달리 유동층 반응기에서 폴리에틸렌을 중합하는 공정이 Unipol 공정이라는 이름으로 개발되었다.

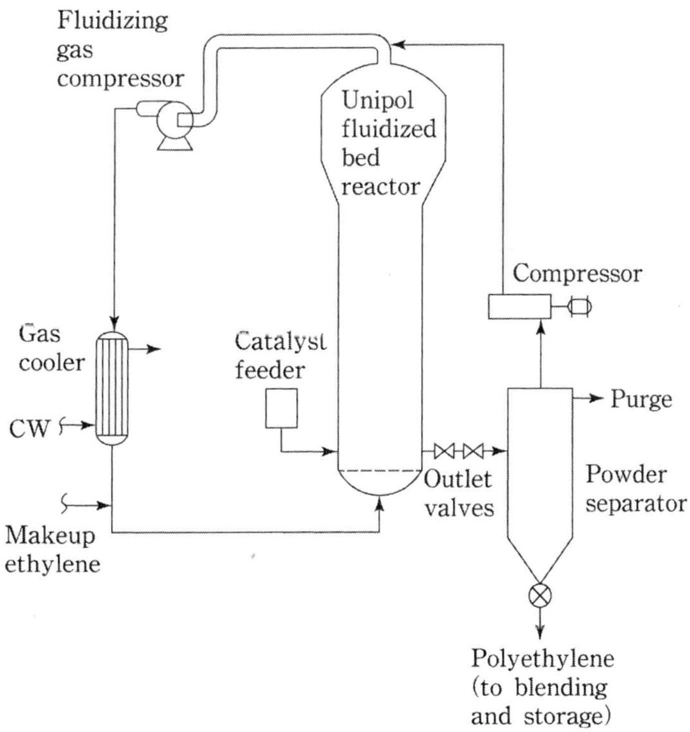

그림 8.2 Unipol Process

이 공정은 기체 상태의 에틸렌을 고체상 촉매와 함께 연속 유동층 반응기에서 중합시키는 것으로 반응열 제거가 용이하며 에틸렌 중합은 물론 프로필렌 중합, 에틸렌-프로필렌 공중합도 가능한 공정이다.

Unipol II 공정은 필름용으로 사용되는 선형 저밀도폴리에틸렌(linear low density polyethylene 이하 LLDPE)을 제조하는 공정이다.

8.5.2 고상 중합(solid-state polymerization)

고분자는 항상 반응성을 가진다고 생각되나 문제는 유동성의 한계로 어떤 경우에는 분자량을 높이는 데 어려움이 있다. 또한 유기물로서 열적 안정성이 약한 관계로 온도를 많이 높이지 않고 천천히 중합을 도모할 수 있다. 어떤 경우에는 결정 상태의 단량체가 여러 종류의 전자파 쪼임(irradiation; 가시광선, UV, x-ray 또는 $\gamma-$radiation)에 의하여 중합되어 결정 방향으로 사슬이 성장하게 되고 광학적 성질이 특이한 물질로 얻어지게 된다.

8.5.3 플라즈마 중합(plasma polymerization)

플라즈마는 낮은 압력의 glow discharge로서 양전하 및 음전하를 성분이나 전자 또는 들뜬 상태의 성분이나 중립적 성분과 전자기파 등으로 구성된 것이다. 플라즈마는 금속 표면이나 다른 재질에 공중합체를 코팅하거나 아니면 그래프트 공중합체를 제조할 때 사용할 수 있다. 예를 들면 실리콘 웨이퍼(silicon wafer) 위의 포토레지스트(photoresist) 코팅, 금속의 내부식성(corrosion-resistant) 코팅 등에 활용된다. 고분자를 코팅함으로써, 젖음성(wettability), 접착(adhesion), 생체적합성(biocompatibility) 등 표면 성질에 변화를 줄 수 있다. 표면 처리 후의 화학적 변화는 화학 분석용 전자 분석법(ESCA)나 이차 이온 질량 분석법(SIMS)으로 알아볼 수 있다.

8.6 | 초임계 중합

표 8.3에 주어진 것처럼 물질은 기체, 고체, 액체 이외에도 임계 온도(T_c)나 임계 압력(P_c) 이상에서는 초임계 유체라는 물성도 나타난다. 이들은 기체나 액체의 물성을 띠기도 하고 확산 계수가 아주 높으며 점도도 예상보다 아주 낮은 편이다, 액체와 같은 용해성을 보이기도 하여 분리 공정으로 적용이 가능하다.

표 8.3 초임계 유체의 임계 물성

물질	임계 온도(℃)	임계 압력(atm)	임계 밀도(g/cm³)
에틸렌	9.7	50.5	0.22
프로필렌	92.3	45.0	0.233
에탄	32.1	48.8	0.21
메탄	−82.5	45.8	0.162
이산화탄소	31.1	73.0	0.460
프로판	96.8	42.0	0.220
n-부탄	153	36.0	
톨루엔	320.6	41.6	0.292
벤젠	288.5	47.7	0.304
물	374.15	218.4	0.323

초임계 이산화 탄소에서는 플루오린 고분자(fluoropolymers)의 중합이 가능하다. 이외에도 스타이렌, 바이닐 아세테이트, AN, MMA를 사용해서 높은 압력에서 빠른 중합 속도를 가지면서 높은 고분자량을 만들어 낼 수 있다.

참고문헌

1. R.J. Young and R.A. Lovell, "Introduction to Polymers", 3rd ed., 2011 CRC Press Ch 4
2. J. R. Fried, "Polymer Science and Technology", 3rd ed., 2014, Prentice Hall1. Ch 2
3. Bbert H. Perry, "Perry's Chemical Engineers' Handbook", pp3~104.

연습문제

8-1 중량비로 20%의 acrylamide가 물에 녹아 있는 수용액 1 kg이 있다. 개시제를 이용하여 30℃에서 단열적으로 중합이 일어나도록 하니 80℃로 온도가 증가하였다. 중합열(molar heat of polymerization)을 계산하시오. 이때 단량체의 분자량은 71, 단량체와 고분자의 열용량(heat capacity)은 0.5 cal/g℃, 물의 열용량은 1 cal/g℃, 그리고 반응기의 열용량은 100 cal/℃이다.

8-2 벌크 중합(bulk polymerization)과 유화 중합(emulsion polymerization)을 비교 및 검토하시오.

8-3 현탁 중합(suspension polymerization)과 유화 중합(emulsion polymerization)의 유사성 및 차이점, 그리고 장단점에 대하여 논하시오.

8-4 젤 효과(Trommsdorff 혹은 Norris-Smith 효과)의 원인 및 분류에 대해 요약하시오.

8-5 다음의 고분자들을 합성하기 위해 사용할 라디칼 중합의 방법을 제시하고, 그 이유를 설명하시오.

(a) 수용성 접착제를 만드는 데 사용하기 위한 폴리(바이닐 아세테이트)

(b) 10 kg/mol의 수 평균 몰질량과 낮은 몰질량 분산도를 갖는 폴리(메타크릴산)

(c) 아크릴 섬유의 생산에 사용하기 위한 폴리아크릴로나이트릴

(d) 광학 분야에 사용하는 폴리(메틸 메타크릴레이트)

(e) 말단 C=C 결합을 갖는 낮은 몰질량의 폴리(t-뷰틸 메타크릴레이트)

(f) 유성 접착제 사용을 위한 폴리스타이렌

(g) 골화 시멘트(bone cement) 제조에 사용하는 폴리(메틸 메타크릴레이트) 비드(bead)

9

고분자를 만드는 새로운 방법들

이미 앞서 설명한 작용기(functional group) 간의 결합에 의한 단계 중합이나, 자유 라디칼 혹은 이온에 의한 사슬 성장 중합과는 사뭇 다른 중합 반응 메커니즘들이 유능한 고분자 화학자들에 의해 여럿 고안되었다. 이 장에서는 배위 중합, 상호 교환 반응(metathesis), 메탈로센 중합, 기 이동 중합(group transfer polymerization), 거대단량체(macromers) 연구, 원자 이동 라디칼 중합(atom transfer radical polymerization; ATRP), 유전 공학적 합성(genetic engineering)에 대해서 소개할 것이다. 새로운 방법으로 합성되며 특수 고분자로도 분류되는 덴드리머형 고분자에 대하여는 24.3에서 따로 설명할 것이다.

9.1 | 배위 중합

이미 고분자의 역사에서 다룬 바와 같이 1939년 영국의 ICI 사에서 우연한 기회에 **저밀도폴리에틸렌(LDPE)**을 높은 압력에서 자유 라디칼 중합으로 제조하여 전선 코팅용으로 사용하였다. 이 경우 자연스럽게 짧은 가지나 긴 가지를 일부 가지는 폴리에틸렌이

카를 치글러(Karl Ziegler, 1898–1973, 카셀 출생)

독일의 응용화학자로, 1920년 마르부르크대학교에서 박사 학위를 취득하였다. 이후 마르부르크대학교, 하이델부르크대학교, 할레대학교 등에서 강의하였다. 1945년부터는 카이저 빌헬름 연구소(現 막스 플랑크 연구소)에서 석탄화학 분야의 유기 금속 화합물에 대한 연구 활동을 이어나갔다. 1953년에 triethylaluminium과 titanium tetrachloride의 촉매작용을 통해 통상적인 온도와 압력하에서 빠른 속도로 에틸렌을 중합할 수 있다는 것을 밝혀내었다. 이를 치글러-나타 촉매라고 한다. 1963년에 이 연구로 G. 나타와 함께 노벨 화학상을 받았다.

합성되어 밀도가 상대적으로 낮은 편이었다. 하지만 같은 공정 방식으로는 폴리프로필렌이나 고밀도폴리에틸렌을 생산할 수는 없었다. 1954년 독일의 치글러(Karl Zieglar)와 이탈리아의 나타(Giulio Natta)는 각각 독자적으로 새로운 촉매를 연구하였는데 나타는 입체 규칙적 화학 공정을 이용하여 결정성이 우수하고 동일 배열성이 우수한 폴리프로필렌(i-PP)을, 치글러는 저온 저압에서 반응시켜 가지 형성을 억제하면서 결정성이 우수한 고밀도폴리에틸렌(HDPE)을 성공적으로 중합하였다. 이때 사용된 촉매는 모두 전이금속-유기물 착화합물(transition metal-organic complex)인 $Al(C_2H_5)_3$나 $TiCl_4$로, 이런 공로로 치글러와 나타는 1963년 노벨 화학상을 공동 수상하였다.

이렇게 치글러-나타 촉매를 활용한 고분자 중합에는 배위 결합이나 삽입 반응 메커니즘이 이용되는데 에틸렌, 프로필렌뿐 아니라 뷰텐(1-butene) 같은 알파 올레핀(alpha olefins)이나 아이소프렌(isoprene) 같은 다이올레핀(diolefin) 또는 삼중 결합을 가진 아세틸렌(acetylene)의 중합도 가능하다. 이 중합은 물, H_2, 방향족 알코올(aromatic alcohol), 금속(metals)과 만나면 정지한다.

줄리오 나타(Giulio Natta, 1903–1979, 임페리아 출생)

이탈리아의 화학자로, 1924년 밀라노공과대학교를 졸업하였다. 파비아대학교와 로마대학교에서 교수로 강의하다가 1938년부터는 밀라노공과대학교 화학공학과장을 역임하였다. X선에 의한 결정 구조와 합성 고분자를 주로 연구하였으며, 합성 섬유나 합성 고무의 제조법에도 많은 연구를 진행하였다. 고분자에서의 입체규칙도 개념을 확립시켜 동일 배열, 교대 배열 및 무규칙 배열에 따른 고분자의 성질을 구별하여 정립하였다. 1963년에 독일의 치글러와 함께 노벨 화학상을 받았다.

9.2 | 상호 교환 반응

사이클로뷰텐(cyclobutene), 사이클로펜텐(cyclopentene) 같이 고리형 구조를 가지는 올레핀 계통의 단량체인 사이클로올레핀(cycloolefins)은 개환 중합(ring opening polymerization)이 가능하다. 그 반응 메커니즘은 상호 교환 반응(metathesis)으로 알려져 있으며 이미 1960년대 후반에 제안되었다. 이런 방식으로 사이클로옥텐(cyclooctene)이나 노보넨(norbornene)을 중합하게 되면 탄성 고분자(elastomers)인 polyalkenomers가 얻어진다.

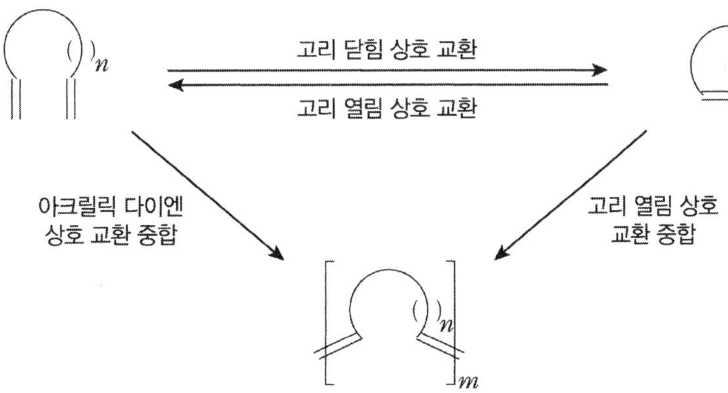

그림 9.1 상호 교환 반응

이때 사용되는 촉매로는 Ziegler type인 $WCl_6/(C_2H_5)_3Al$, $TiCl_4/LiAlR$, MoO_3/Al_2O_3 등이 있다. 중합 뒤에도 남아 있는 polypentenamer의 불포화 사이트는 추가적인 기능화 반응을 도입할 수 있게 한다.

상호 교환 반응 메커니즘은 전형적인 배위 결합으로 이루어지며 metallacyclobutene 중간체를 거치는 metal-carbene 화합물의 전파 반응을 통하여 진행된다.

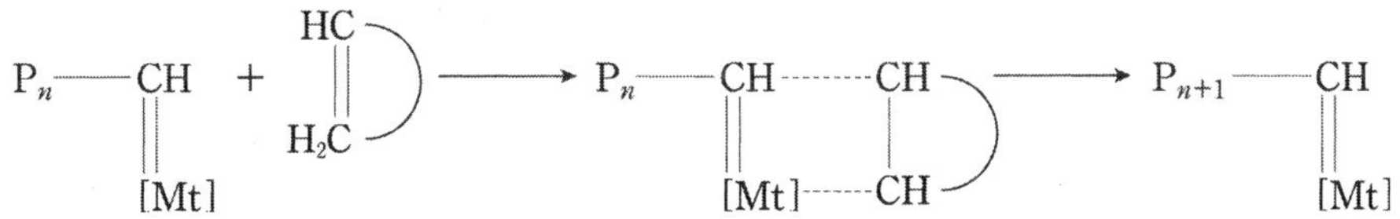

그림 9.2 상호 교환 반응에서의 전파 반응

9.3 | 메탈로센 중합

1980년 신(Hansjörg Sinn)과 카민스키(Walter Kaminsky) 교수팀은 입체 규칙성 균일 중합 방법을 새롭게 고안하여 에틸렌, 프로필렌, 알파 올레핀, MMA, 스타이렌 등의 단량체를 효과적으로 중합시킬 수 있음을 보여주었다. 지르코늄 기반의 단일상 촉매와 조촉매로 메틸알루미노옥세인(MAO)을 같이 사용하면 아주 좁은 분자량 분포를 가지면서 높은 분자량을 가지는 고분자를 중합할 수 있었다. 이를 메탈로센 중합(metallocene polymerization)이라고 한다.

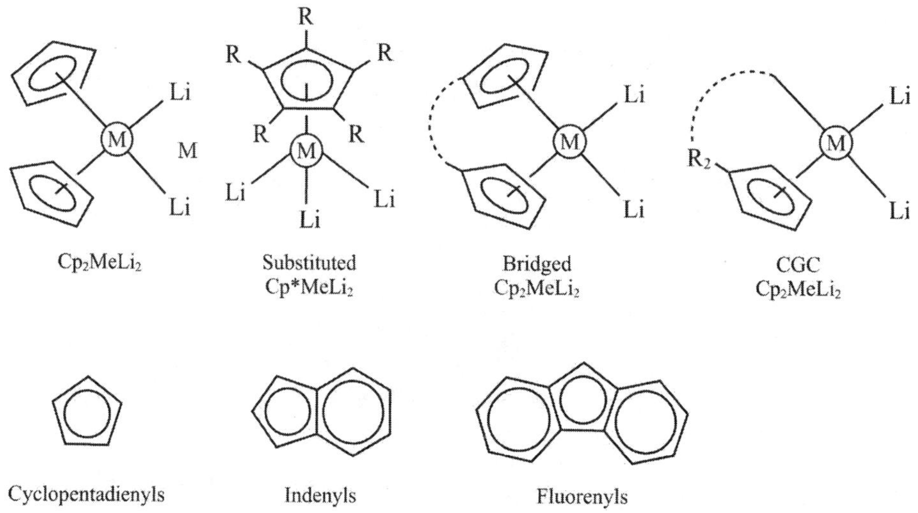

(a) Metallocene catalyst(Ⓜ : Metal, Li : Ligand, R : Substituent)

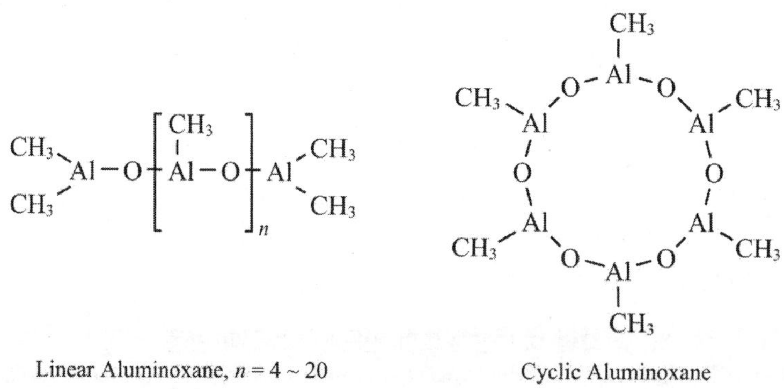

(b) Structure of MAO

그림 9.3 메탈로센 촉매와 MAO

이 방법으로 지금까지 주로 무정형, 무규칙 배열 폴리스타이렌(a-PS)으로만 중합되는 것으로 알려졌던 폴리스타이렌을 결정성이 높은 새로운 교대 배열 폴리스타이렌(SPS)으로 중합할 수 있었다(참고문헌 3). 이 외에도 폴리에틸렌을 새로운 그레이드로 생산하게 되었고 폴리프로필렌도 동일 배열성이 높고 분자량 분포가 좁은 그레이드의 생산이 가능하게 되었다. 최근에는 무규칙 배열 폴리프로필렌도 고분자량으로 중합하게 되어 각종 첨가제로의 활용이 가능하게 되었다.

9.4 | 기 이동 중합

기 이동 중합(group transfer polymerization)은 1983 듀폰사의 웹스터(Owen Webster) 등에 의하여 고안된 것으로 불포화 에스터, 케톤, 나이트릴, 아마이드의 리빙 중합의 반응 메커니즘이다. 아크릴레이트(acrylates), 메틸 메타아크릴레이트(methyl methacrylates)의 중합에 활용되며 친핵성 촉매와 함께 개시제를 사용한다.

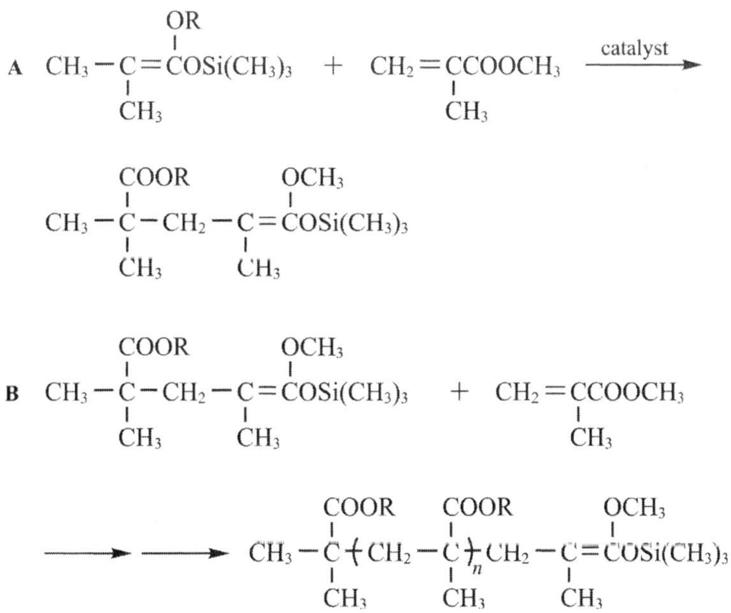

그림 9.4 Group Transfer Polymerization

톨루엔, THF 등의 용매, 0~50℃의 온도에서 중합이 일어나고 물이 없는 경우는 정지 반응이 없어 단량체가 다 떨어질 때까지 계속 중합 반응을 진행할 수 있다.

9.5 | 거대 단량체

Macromer, macro-monomer, macromolecular monomer이라고 불리는 새로운 형태의 분자는 상당한 분자량을 가진 고분자이면서 아직 더 반응을 진행할 수 있게 반응기를 가지고 있는 분자이다. 비교적 적은 분자량의 올리고머나 고분자가 사슬 끝에 반응기를 가지고 있는 경우이다.

다이카복실산, 다이올, 다이아민과 같은 이작용기가 있거나 바이닐이면 접목 중합이 가능해서 표면 처리제(surface modifying agents)로 활용할 수 있다. 종종 고분자 블렌드의 상용화제 구실을 하기도 한다.

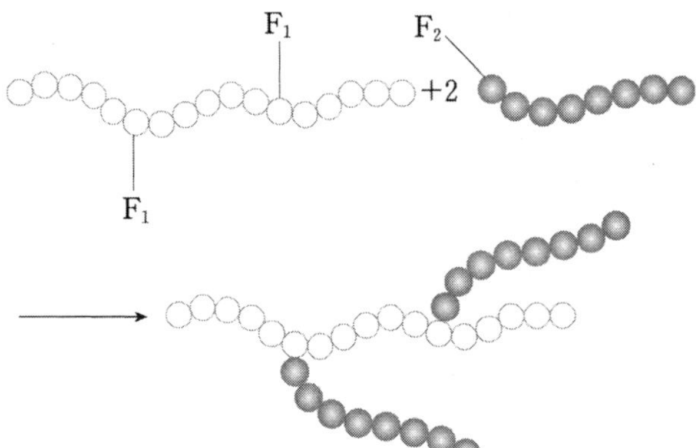

그림 9.5 그래프트 중합

9.6 | 원자 이동 라디칼 중합

라디칼 중합을 정교하게 제어하기 위하여 원자 이동 라디칼 중합(ATRP)이라고 하는 탄소-탄소 결합을 만드는 새로운 유기 합성 방법을 이용한다. 1995년 마티자스제스키(Krzysztof Kris Matyjaszewski)와 공동 연구자들에 의하여 고안된 새로운 고분자 중합 방법으로서 음이온 중합과 자유 라디칼 중합을 결합한 형태라 할 수 있다. 스타이렌 중합이나 아크릴레이트 중합에 활용하고, 100,000 이상의 고분자량으로 생성물이 얻어지며 분산도는 1.1~1.3 정도로 상대적으로 낮은 편이다.

9.7 | 유전 공학적 합성

자연에 존재하는 고분자인 콜라젠, 실크, 엘라스틴 등은 여러 종류의 짧은 아미노산을 반복적으로 함유하고 있다. 주어진 순서대로 아미노산을 결합하기 위하여 이중 가닥 DNA에서의 상보적 분절의 결합 순서를 이용하게 된다.

대장균의 DNA에서 얻은 플라스미드에 합성 유전자(synthetic gene)를 결합시키면, 이에 상응하는 아미노산이 순차적으로 결합하게 되어 새로운 단백질과 유사한 생물 고분자를 합성할 수 있다.

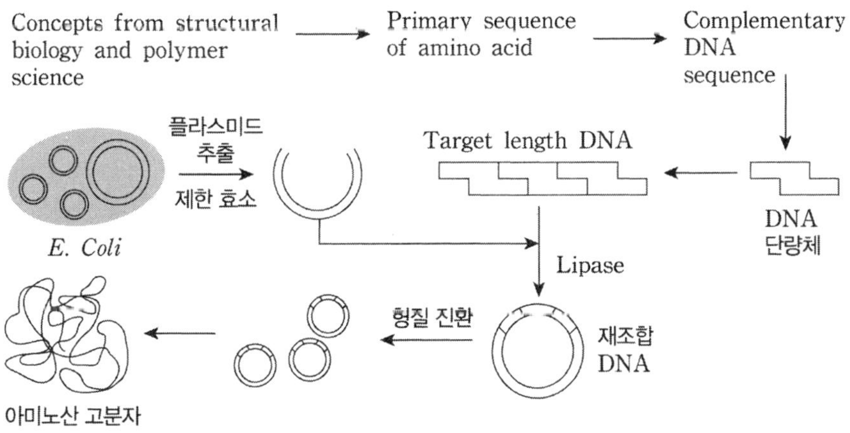

그림 9.6 새로운 단백질의 유전공학적 합성

참고문헌

1. J. R. Fried, "Polymer Science and Technology", 3rd ed., 2014, Prentice Hall, Ch 2.
2. Roystons M. Roberts, "Serendipity, Accidental Discoveries in Science", 1989, Wiley(S), 26. Polyethylene: Thanks to Leaky and Dirty Equipment
3. 박준용, 「메탈로센 촉매에 의해 중합된 SPS의 블렌드에 관한 연구」, KAIST 박사학위 논문, 1997
4. R.J. Young and R.A. Lovell, “Introduction to Polymers”, 3rd ed., 2011 CRC Press Ch 3

연습문제

9-1 다음의 고분자를 만들기 위하여 사용되는 단일 중합법의 조건을 요약하시오. 그러한 선택에 대한 이유를 밝히시오.

(a) 동일 배열(isotactic) 폴리(1-뷰텐) [poly(but-1-ene)]

(b) 동일 배열 폴리(메틸 메타크릴레이트)

(c) 가끔씩 메틸 곁작용기를 갖는 폴리에틸렌

9-2 자유 라디칼, 양이온, 음이온, 기 이동 또는 배위 중합의 조건하에서 다음의 단량체를 고분자량의 고분자로 중합시킬 수 있는 가능성을 표로 작성하시오: methyl acrylate, 1-pentene, methacrylonitrile, ethylene, propylene, vinylacetate, isoprene, 1-propyl vinyl ether, 1,1-dichloroethylene. (표에서 구조에 따라 단량체 목록을 작성하시오.)

9-3 일반적인 ABA 블록 공중합 탄성체와 비교하여 메탈로센 촉매로 제조된 폴리프로필렌 탄성체가 가지는 장점은 무엇인가?

9-4 일반적인 자유 라디칼 중합과는 달리, 중합 속도를 조절하면 원하는 분자량 및 낮은 PDI를 얻을 수 있는 controlled free-radical polymerization을 할 수 있게 된다(가장 대표적인 방법은 9.6절에서 소개된 ATRP나 RAFT이다). 자유 라디칼 중합에서 원하는 분자량과 낮은 PDI를 얻기 위해 필요한 조건을 서술하시오(개시, 전파, 정지 단계의 관계가 중요하다).

10

고분자의 화학적 개질

고분자의 경우 일반적으로 중합 공정 한 번만으로 얻고자 하는 물성을 모두 만족스럽게 달성하기는 힘들다. 17장에서도 자세히 설명하겠지만 고분자 소재의 부족한 물성을 보충하기 위하여 제일 쉽게 생각할 수 있는 것은 여러 가지 첨가제들을 양념처럼 투입하는 것이다. 고분자 성능을 개선하는 또 다른 방법으로 두 가지 이상의 단량체를 사용하는 공중합이라고 하는 화학적 방법이 이용되기도 한다. 이렇게 함으로써 여러 물성의 시너지 효과를 거둘 수 있거니와 어떤 때에는 획기적인 특성을 달성하기도 한다. 이런 공중합 방법에 대하여는 7장에서 그 중합 방법과 5장의 열적 물성에서 이미 언급한 바 있다. 세 번째로 생각할 수 있는 것은 두 가지 고분자를 물리적으로 조합하는 것이다. 이런 고분자 블렌드는 어느 정도 상용성이 있는 경우에만 해당되며, 상용성은 없지만 서로 잘 어울리는 고분자 복합체 시스템을 구성하는 것은 18장에서 공부하게 될 것이다.

이보다 더 쉬운 간단한 방법으로 여러 물성의 변화를 모색하기 위하여 기존 고분자 소재의 화학적 개질을 시도할 수 있다. 여기에서는 고분자에 특정 성질을 부여하기 위하여 특정한 작용기를 도입하게 된다. 이렇게 하면 생체적합성(bio-compatibility), 난연성(fire retardancy), 접착성(adhesion) 또는 이온 교환 능력 등을 간편하게 향상시킬 수 있다.

일반적으로 난연성 증가를 위하여 브로민 계통의 화합물을 단순 첨가하기도 하고 어떤 경우에는 브로민화 반응을 유도하기도 한다. PVC의 경우 염소화 반응(chlorination)으로 연화 온도를 높이고 다른 고분자와의 혼화성, 상용성(miscibility)을 증가시켜 줄 수 있다. 이는 가소화제를 물리적으로 혼합하는 대신 화학 반응으로 소기의 목적을 얻고자 하는 시도라 할 수 있다. 이 장에서는 고분자의 화학적 개질 방법에 대하여 알아볼 것이다.

10.1 | 합성 고분자의 반응

식 (10.1)은 PS의 클로로메틸화(chloromethylation) 반응식을 표현하고 있다.

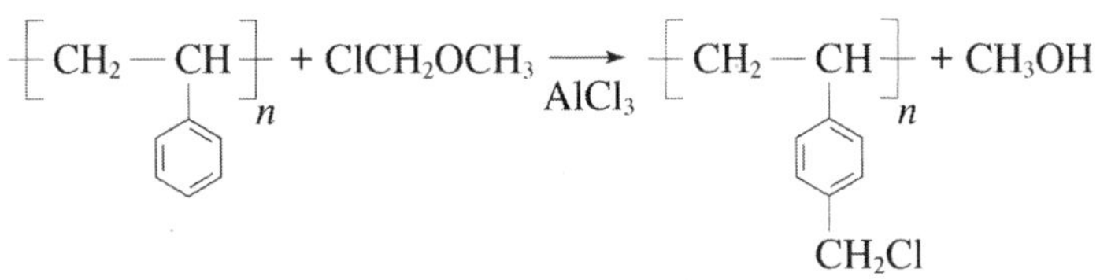

(10.1)

이것은 고분자의 화학적 개질(chemical modification) 반응의 대표적인 예로서 $AlCl_3$ 같은 프리델-크래프트 촉매에 의하여 클로로메틸에터(chloromethylether)를 폴리스타이렌과 반응시켜 추후 아미노산을 붙일 수 있는 앵커 사이트를 확보하는 클로로메틸화 반응이다. 이는 고분자 전체를 모두 처리 활용해야 할 때 사용하는 **벌크 개질(bulk modification)** 방법이라 할 수 있다.

반면에 **표면 개질(surface modification)**의 예로서 효소를 고정화(immobilization)하는 장소를 마련하기 위하여 고분자 표면만 처리하는 경우가 있다. 이렇게 하여 용매 저항성을 향상시킴과 동시에 시키면서 동시에 생체적합성을 높일 수도 있다. 폴리에틸렌이나 폴리프로필렌을 질소에 넣은 뒤, 5~10% 플루오린 기체를 사용하여 1~15분 정도 플루오린화시켜주면 소수성(hydrophobicity)도 증가하고 산화 저항성(oxidation resistance), 용매 저항성(solvent resistance) 등이 향상되어 플라스틱 연료통이나 고무장갑에 활용할 수 있다. 화학적 개질은 산화 반응(oxidation), 질화 반응(nitration), 설폰화 반응(sulfonation)을 생각할 수 있다. 꼭 필요한 경우에는 전체 고분자를 개질하는 벌크 개질이 필요하지만, 그렇지 않을 때는 표면 개질로도 목적을 달성할 수 있다.

이온 교환 수지(ion-exchange resins)를 만드는 공정도 대표적인 화학 개질 반응을 활용하는 것이다. 양이온 교환 수지는 자체에 음전하를 띠고 이를 통하여 양이온 Ca^{2+}, Na^{+}, H^{+} 등을 교환하는 것이며 음이온 교환 수지는 자체에 양이온을 띠고 음이온 HCO_3^{-}, SO_4^{-}, OH^{-} 등을 교환하는 수지이다(그림 10.1 참고).

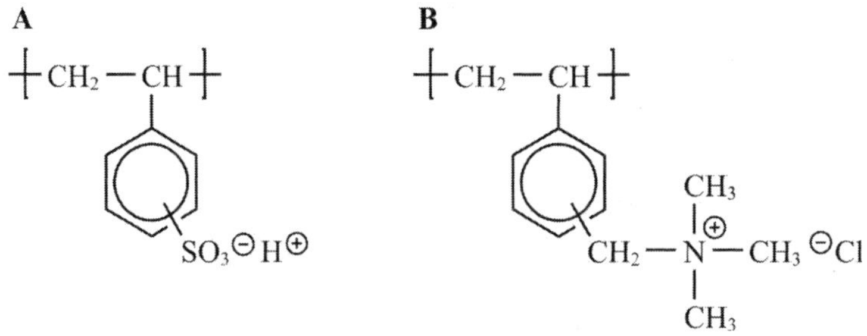

그림 10.1 양이온 교환 수지와 음이온 교환 수지

스타이렌 단량체의 현탁 중합으로 폴리스타이렌 고분자 입자를 만들 때 약간의 다이바이닐벤젠을 사용하여 가교시켜주면 미세 다공(micro pore)을 가진 고분자 입자를 만들 수 있다. 그 이후에 설폰화 반응, 인산화 반응(phosphonation), 클로로메틸화 반응, 아미노메틸화 반응(amino-methylation), 아미노산분해(aminolysis), 가수분해(hydrolysis) 등의 화학 반응을 통하여 그림 10.1에 있는 것과 같은 이온 교환 수지를 만들 수 있다.

또 다른 고분자의 화학적 개질의 대표적인 예로서 셀룰로스의 경우를 들 수 있다. 셀룰로스는 흔하게 볼 수 있는 생물 고분자로서 목재 펄프의 주성분이며 또한 목화에서 얻어진 면 부스러기도 셀룰로스 성분으로 이루어져 있다. 그 자체만으로는 불용성으로, 온도를 가해서 녹일 수도 없고 적절한 용매도 없어 그 활용이 매우 어렵다. 따라서 셀룰로스의 유도체를 만들어 활용하는 방법이 사용된다. 셀룰로스는 2000~6000개의 무수글루코스(anhydro-glucose) 반복 단위의 결합으로 분자량은 30만~100만에 이른다. 그림 10.2에서 보다시피 한 반복 단위마다 3개의 수산화기(OH)를 가지고 있고 이들은 아세탈결합(acetal bridge)으로 연결되어 있다.

셀룰로스는 전체적으로 경직된 사슬 구조를 가지며 분자 간에 강한 수소 결합으로 연결되고 또한 높은 결정성을 보여 어떤 용매에도 녹지 않는다. 게다가 온도를 올려도 용융되지 않고 먼저 열분해가 일어나기 때문에 사실상 가공이 불가능하다. 따라서 그냥 아무런 처리 없이 가공해서는 필름 모양이나 섬유 등을 만들 수 없다. 이런 점 때문에 비스코스 공정(viscose process)이 고안되었다. 우선 셀룰로스 펄프(cellulose pulp)를 CS_2

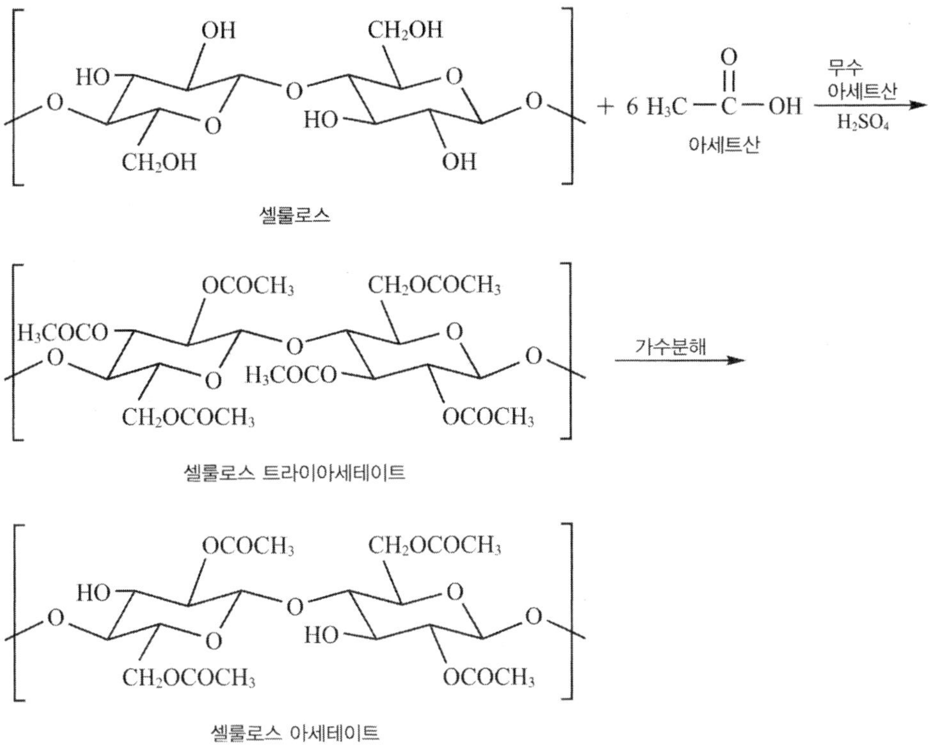

그림 10.2 셀룰로스 유도체

와 반응시켜 셀룰로스 크산테이트(cellulose xanthate)를 만든 뒤 이를 가성 소다(caustic solution)에 녹여 고분자 용액을 만든 다음 가공하는 것이다. 일단 성형 가공이 되고 나면 황산 수용액으로 다시 처리해서 셀룰로스 섬유, 즉 레이온(rayon)이나 셀룰로스 필름, 즉 셀로판(cellophane)으로 재생해낸다. 하지만 전처리 및 재생 과정에서 독한 산을 이용해야 하므로 환경에 그리 좋은 공정이 아니어서 대체 공정이 개발되어야 하는 필요성이 매우 크다.

셀룰로스를 초산과 반응시켜 셀룰로스 트리아세테이트나 셀룰로스 아세테이트를 제조하는 방법도 있는데, 이렇게 되면 아세톤 등의 유기 용매에 용해성이 생겨 용액 방사 방법을 이용하여 실로 가공할 수도 있다.

10.2 | 화학 구조의 결정

고분자를 주어진 단량체로부터 중합하고 나면 실제 만들어진 고분자가 제대로 만들어졌는지, 분자량은 얼마나 되는지 등등을 알아볼 필요가 있다. 특히 공중합체의 경우 각각의 고분자의 조성, 결합 순서, 입체규칙도(tacticity), 가지화 정도(branching), 결정성(crystallinity), 배향성(orientation), 산화 반응 사이트(oxidation sites) 유무, 첨가제(additives), 안정제(stabilizers), 윤활제(lubricating agents) 존재 여부 등을 알아보는 것이 필요하다. 이를 위하여 푸리에 변환 적외선 분광법(FTIR), 핵자기 공명법(NMR), 라만 분광법(Raman spectroscopy) 등의 분광학적 기법을 사용한다. 이를 고분자의 특성화(polymer characterization) 라고 부른다.

10.2.1 진동 분광학(vibrational spectroscopy)

고분자의 화학 구조를 알아보는 방법의 대표적인 것은 푸리에 변환 적외선 분광법(FTIR)으로서 보통 얇은 필름 형태나 용액 형태의 고분자를 대상으로 실험한다. 적외선을 투과하는 브로민화 포타슘 분말과 혼합해서 고체 입자 형태로 실험하기도 한다. 벌크 샘플의 경우 반사(reflection), 즉 감쇠 전반사(attenuated total reflection; ATR)를 측정하게 된다. 적외선 스펙트럼은 고분자마다 특정적인 모양을 가지고 있어 스펙트럼 사전의 데이터와 비교하면 무슨 고분자인지 쉽게 알 수 있다.

$-CH$, $-CO$, $-CH_3$ 원자 결합은 하나의 흡수 밴드(single absorption band)를 가진다. 예를 들어 $-CH-$의 신축 진동 방식(stretching mode)은 2880~2900 cm^{-1}에서 관찰된다. 각각의 고분자 성분들의 분자 내 상대적 위치나 분자와 분자 간의 상대적 위치에 따라 조금씩 위치가 변화하기도 한다. 예를 들면 수소 결합이 있는 경우와 없는 경우는 많은 차이가 있다. 카보닐기 같은 경우는 주위 환경에 따라 1700~1900 cm^{-1} 사이의 넓은 영역에서 흡수 밴드를 보인다.

입체규칙도나 기하학적 이성질체의 존재 여부도 새로운 흡수 주파수(absorption frequencies), 절대 주파수(absolute frequencies)의 이동, 스펙트럼 폭의 확대(band broadening) 등을 보고 알아내기도 한다.

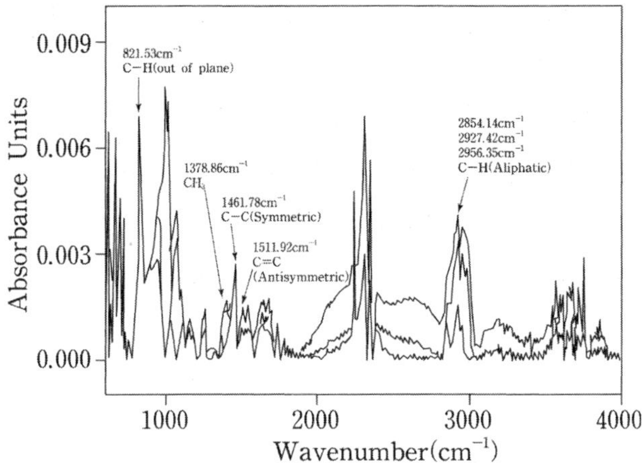

그림 10.3 FTIR of P3HT/PCBM

예를 들어 그림 10.3은 고분자 태양 전지에 사용되는 P3HT/PCBM 시스템의 FTIR 흡수 밴드를 보여주고 있다. C−H 결합의 경우 out of plane 흡수 밴드는 821.5 cm^{-1}에, 지방족 C−H기의 흡수 밴드는 2854~2956 cm^{-1}에 보인다. 또 1378.8 cm^{-1}의 밴드는 CH_3의 흡수 밴드로 생각된다. 1461 cm^{-1}는 주사슬에 있는 탄소−탄소 단일 결합의 대칭 신축 진동에 의한 밴드이고, 1511 cm^{-1}는 탄소−탄소 이중 결합의 비대칭 신축 진동에 의한 밴드이다. 탄소−탄소 단일 결합의 대칭 신축 진동에 의한 밴드와 이중 결합의 비대칭 신충 진동에 의한 밴드의 비율 변화를 통해 불량 용매 처리나 열처리에 따른 P3HT의 conjugation chain length의 변화를 알아낼 수 있게 된다.

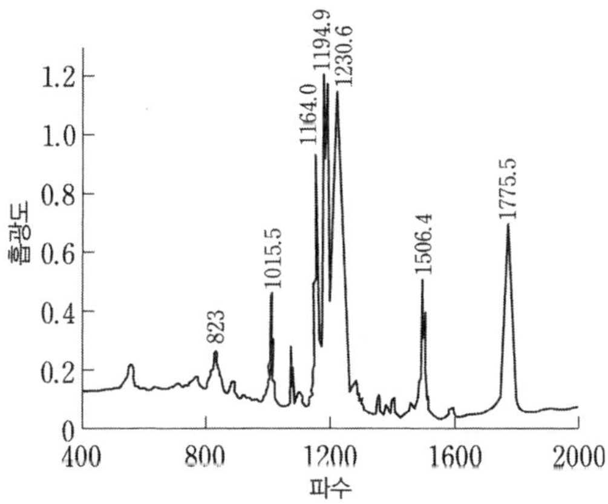

그림 10.4 FTIR of Polycarbonate film(823 cm^{-1} : ring CH bending 1164, 1231 cm^{-1} : CO stretching 1506 cm^{-1} : skeletal ring vibration, 1776 cm^{-1} : C=O stretching)

그림 10.4는 polycarbonate film의 FTIR을 보여주고 있다. 이렇게 FTIR은 어떤 고분자의 화학적 구조를 알아보는 데 아주 요긴한 방법이다.

결정 구조 속에 있는 화학기와 무정형 구조 속에 있는 화학기는 흡수 밴드가 분명히 다르다. 이를 이용하면 결정화도 계산도 가능하다. 예를 들어 PVC를 FTIR로 분석한다고 하자. 결정 구조 속의 C−Cl 신축 진동은 635 cm^{-1}에서, 무정형 구조 속의 C−Cl 신축 진동은 615 cm^{-1}에서 피크를 나타낸다. 그림 10.5에서는 이 두 피크의 크기 비율과 결정화도와의 상관관계가 나타나 있다.

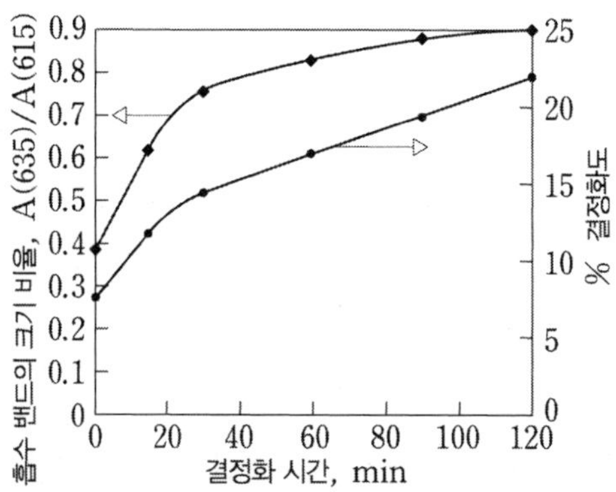

그림 10.5 PVC의 경우 A(635)/A(615)

PP의 경우에 970 cm^{-1}, 1460 cm^{-1}에는 입체규칙도와 무관한 피크가 나타나지만, 840 cm^{-1}와 1000 cm^{-1}, 1170 cm^{-1}에는 동일 배열 구조의 흡수 피크가 나타난다. 그리고 870 cm^{-1}은 교대 배열 구조의 흡수 피크다. 이런 점을 이용하면 FTIR 자료로부터 입체규칙도를 판단할 수도 있다.

10.2.2 라만 분광법(Raman spectroscopy)

라만 산란(Raman scattering)은 적외선 분광과는 달리 특정 빛을 흡수한 뒤에 유도 쌍극자 모멘트나 유도 분극에서의 변화를 측정하는 것으로 일반적인 레일리 산란법과 비교될 수 있다.

레일리 산란(Rayleigh scattering)이라고 부르는 일반적인 광산란에서는 입사광과 산란광 사이에 에너지 변화가 없는 같은 주파수($\nu_R = \nu_0$)로 빛을 산란한다. 반면에 라만 산란의 경우에는 분자가 빛을 흡수 산란하면서 에너지 준위가 비탄성적으로 바뀌게 되고 다음과 같이 다른 주파수의 빛을 낸다.

$$\nu_R = \nu_0 + \Delta\nu \tag{10.2}$$

이런 변화를 측정하여 고분자를 특성화할 수 있을 것이다. 특별한 시료의 준비가 필요 없고 액체상이나 고체상 그대로 실험할 수 있으므로 고분자의 형태학(morphology), 결정 구조(crystalline structure), 배향(orientation) 영향 등을 알아보는 데 아주 유용한 방법이다.

PP의 염색성을 확보하기 위하여 여러 가지 방법으로 개질을 할 수 있는데 그림 10.6은 PP를 염소화(chlorinated) PP, 싸이올로(thiolated) PP를 거처 황화(sulfonated) PP로 개질하는 동안 이들 각각에 대하여 라만 스펙트럼을 비교한 것이다. 먼저 C-Cl의 신축 진동 피크가 727 cm^{-1}, 707 cm^{-1}, 687 cm^{-1}에 나타나며, Cl 부분이 thio-로 치환되면서 727 cm^{-1}, 687 cm^{-1}의 피크가 사라지고 707 cm^{-1}의 피크도 감소한다. 대신 S-H 신축 진동 피크가 2584 cm^{-1}에 형성된다. 싸이올로 PP의 피크 중에서는 1458 cm^{-1}, 1380 cm^{-1}, 975 cm^{-1}가 PP에서 유래한 것이고 1154 cm^{-1}, 807 cm^{-1}은 염소화 PP에서 유래한 것으로 이해된다. 이처럼 PP의 개질을 위하여 염소화 반응, 싸이올로 치환 및 설폰화 반응들을 라만 분광법으로 알아볼 수 있는 것이다.

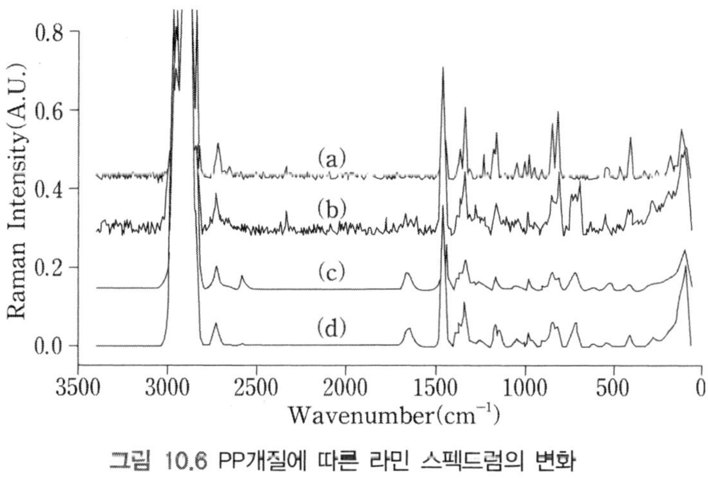

그림 10.6 PP개질에 따른 라민 스펙드럼의 변화

10.2.3. 핵자기 공명(NMR)

고분자 특성화 방법 중에서 입체규칙도, 가지화, 구조적 결함, 공단량체의 배열 및 산화된 장소와 같은 화학적 변화 등을 알아보기 위하여 핵자기 공명(Nuclear Magnetic Resonance; NMR) 방법을 사용하여야 한다.

NMR은 원자 핵의 자성 성질을 이용하는 것으로 외부 자기장에 의하여 상호 작용을 보이는 핵자기 모멘트를 측정하는 것이다. 원자핵의 자기 에너지는 특정 값 E_i를 가지게 되는데 외부 자기장에 의하여 변화된 $E_1 \rightarrow E_2$, $\Delta E = h\nu$를 측정하는 것이다. 여러 주파수에 따라 공명하는 신호를 측정하는 것으로, 이런 에너지 흡수는 스펙트럼 형태로 검출되고 증폭되고 기록되는데 공명 신호(resonance signal)라 부른다. 다음은 고분자의 종류에 따라 사용되는 NMR의 종류를 나열한 것이다.

^{13}C NMR,(1.1%) ^{1}H, ^{17}O, ^{19}F, ^{15}N

^{29}Si NMR for polysiloxanes

^{19}F NMR for fluoro polymers

^{15}N NMR for polyamides

^{31}P NMR for polyphosphazenes

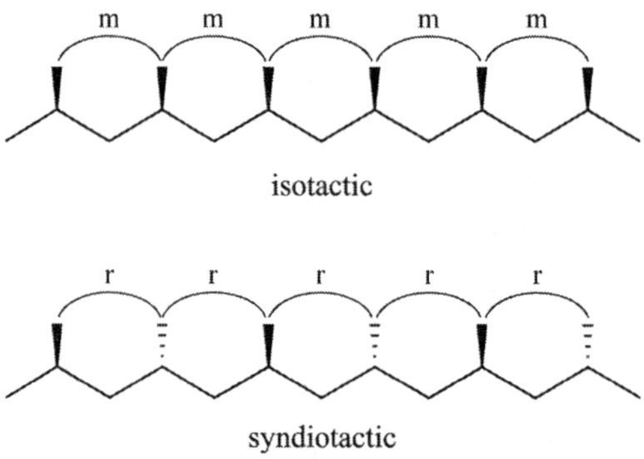

그림 10.7 입체규칙도에 따른 단량체 짝의 배열. 동일 배열(isotactic)인 경우에는 모든 배열이 메소 형태(m)이고, 교대 배열(syndiotactic)인 경우에는 모든 배열이 라셈 형태(r)이다.

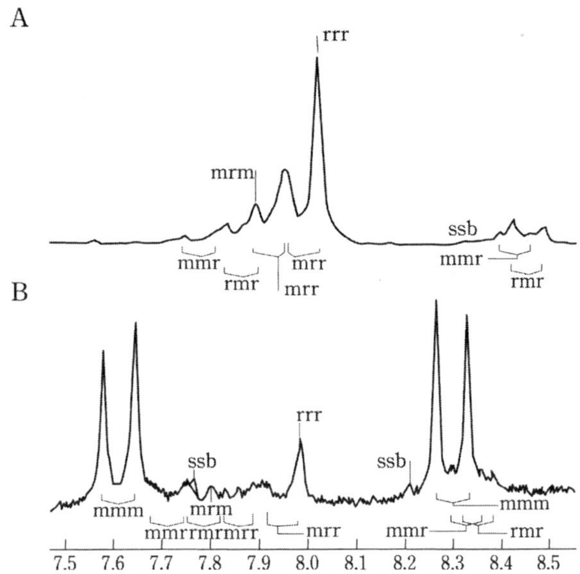

그림 10.8 교대 배열 PMMA, 동일 배열 PMMA의 NMR 스펙트럼

^{12}C, ^{14}N와 같이 짝수의 원자를 가진 경우는 자기 모멘트(magnetic moment)를 갖지 못하므로 이 용도로 사용할 수 없고 홀수의 원자를 가진 경우에만 활용할 수 있다.

양성자 완화(proton relaxation) 현상을 이용한 넓은 선 핵자기 공명법(broad line NMR)으로는 무정형 영역의 비율이나 결정성 영역의 배향성 등을 알아볼 수 있다. 또 고분해성 자기 분광 측정(high resolution NMR)을 통하여 고분자 사슬의 반복 단위의 상대적 배열이나 입체규칙도, 공단량체 분포 등을 알아낼 수 있다.

핵자기 공명법으로 알아볼 수 있는 구조로서 입체규칙도를 생각해 보자(그림 10.7). 동일 배열 구조인 경우 모든 알킬 그룹이 한쪽으로 치우쳐 있기에 5개의 단량체가 연결된 경우 4개의 단량체 짝(diad)의 배열이 메소(meso, m)형태이고 전체적으로 mmmm이 된다. 반면에 교대 배열 구조에서는 메소 대신 라셈(racemic, r) 배열이 되고, 5개 단량체가 제대로 연결되면 rrrr이 된다. 물론 가운데 약간의 결함이 있을 수 있으니 5분체(mmmm 또는 rrrr)대신 4분체(mmm 또는 rrr), 3분체(mm 또는 rr)의 배열을 볼 수도 있다.

고체상 핵자기 공명(solid state NMR)

고체상 시료를 사용하면 용액상일 경우 보다 스펙트럼의 선폭이 상당히 넓어지게 되는데(0.2～5.0 Hz) 이는 고체상에서의 유동성이 상대적으로 매우 낮기 때문이다.

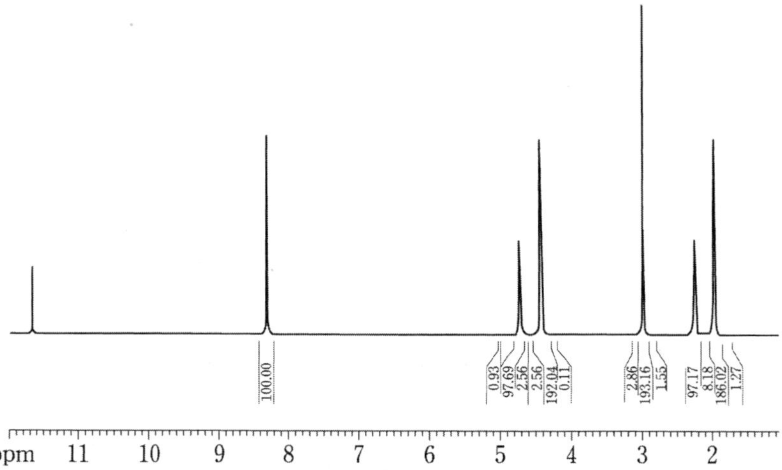

그림 10.9 PBS/PBT 블렌드의 NMR

MAS(magic angle spinning NMR)

54.7°에서 빠른 속도로 회전(2k Hz 이상)하게 되면 선폭이 1 ppm 정도로 액상처럼 작아진다. 따라서 고분자 사슬의 유동성이나 고분자 내에서의 저분자 확산, 고분자의 열처리에 의한 구조적 변화, 고분자의 노화 등을 연구하는 데 유용하다.

그림 10.9의 PBS/PBT(7/3) 블렌드의 H-NMR spectrum을 보면 6개의 확실한 피크를 관찰할 수 있다. 1.95 ppm, 2.95 ppm 및 44.4 ppm 피크는 PBS에서 관찰되는 것으로 각각 뷰테인다이올의 CH_2 기여분 두 개와 succinyl acid의 기여분으로 해석된다. 4.71 ppm, 2.23 ppm의 경우는 PBT의 뷰테인다이올의 CH_2 기여분, 그리고 8.30 ppm의 경우는 PBT의 terephthalic acid의 기여분으로 해석된다. 만일 블렌딩 과정에서 교차 에스터화 반응이 일어났다면 2.08 ppm에서 새로운 피크가 보일 수도 있다.

10.2.4 질량분석법(mass spectroscopy)

질량분석법은 외부의 자극을 통해 시료를 빠른 속도로 기화된 분자 이온으로 전환시킨 뒤 질량/전하 비율(m/z)을 측정하여 물질의 내용을 알아보는 방법이다. 특히 단백질과 같은 생물 고분자의 경우 전자 분무 이온화(ESI)를 사용하며 합성 고분자에 대하여 매트릭스 보조 레이저 탈착 이온화(matrix-assisted laser desorption/ionization; MALDI) 질량 분석계(mass spectroscopy)를 활용하기도 한다.

참고문헌

1. J. R. Fried, "Polymer Science and Technology", 3rd ed., 2014, Prentice Hall Ch 2
2. J.H. Jeon, H.K. Lee, D.H. Wang, J.H. Park, OO. Park, *The role of non-solvent swelling in bulk heterojunction solar cells*, Solar Energy Materials and Solar Cells, Vol.102, P.196, 2012

3 전지혜, 「제어된 나노구조를 가진 고효율 고분자태양전지에 대한 연구」, KAIST 박사논문, 2013, Fig 4.5

4 최연범, 「술폰화 PP의 제조 및 염색성에 관한 연구」, KAIST 박사학위 논문, 2008, 그림 2-4은 PP를 chloninated PP, Thiolated PP를 거처 Sulfonated PP로 개질하는 동안 이들 각각에 대하여 라만 스펙트럼을 비교한 것

5 김영진, 「PBS와 PBT 블렌드의 혼화성, 생분해성 및 유변학적 물성에 대한 연구」, KAIST 박사논문, 1999, 그림 2-11의 PBS/PBT(7/3) 블렌드의 H-NMR spectrum.

연습문제

10-1 폴리(메틸 메타크릴레이트)의 두 가지 시료의 HLSUP1-decoupled CLSUP13 NMR 스펙트럼이 다음과 같이 정량적인 조건하에서 기록되었다. $15 < \delta < 25$ 범위에서 α-메틸 탄소 공명은 mm, mr, rr의 세 가지로 명확한 분리를 나타내었다. 여기서 α-메틸 탄소 공명의 mm, mr, rr 3가 배열에 대한 피크 적분 값은 다음 표에 주어졌다.

폴리(메틸 메타크릴레이트)	3가 α-메틸 탄소 공명에 대한 피크 적분 값		
	mm	mr	rr
A	7.8	64.5	123.2
B	218.2	9.2	2.3

각 시료에 대해서:

(a) 각각의 3가 배열의 몰분율을 계산하시오.

(b) 메조 배치에 대한 Bernoullian 확률 P_m을 결정하시오.

(c) 자료가 Bernoullian 통계학과 일치하는지를 테스트하시오.

(d) 고분자의 입체규칙성에 대해 논해보고, 시료의 합성을 위해 사용되었을 중합 방법을 추론하시오.

10-2 아래 그림의 고분자와 모델 화합물 사이에서 700–900 cm^{-1} 영역에서의 스펙트럼 차이를 설명하시오.

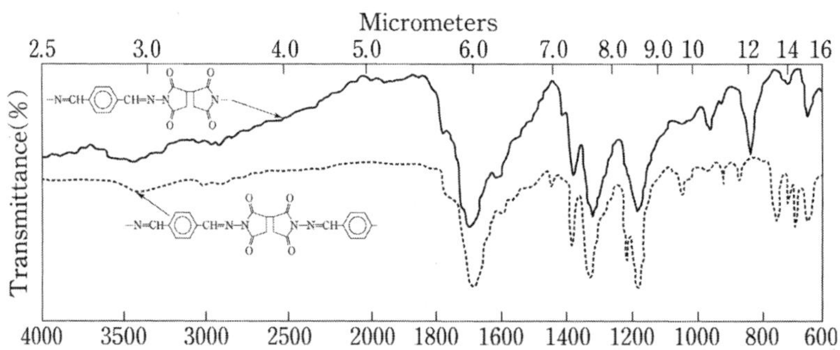

10-3 두 가지 종류의 선상 polybenzyls가 발표되었다. 이 중 후자는 1986년 Lim과 Choi에 의한 것이다. 분광학적으로 이 둘을 어떻게 구별할 수 있는가? IR 및 NMR 분광법을 고려하시오.

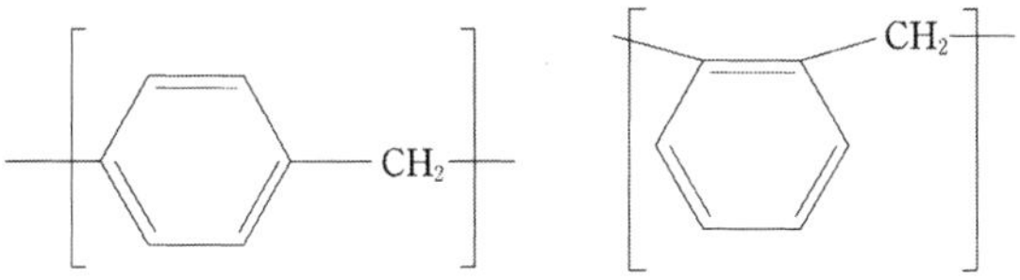

10-4 현대 사회에서 고분자의 분자량을 측정하고, 고분자가 기능화 되었는지 살펴보는 가장 중요한 방법 중 하나가 10.2.4에 소개된 MALDI이다. MALDI를 이용하면 고분자의 수 평균 분자량과 중량 평균 분자량의 절댓값을 구할 수 있는 장점이 있는 반면에(뒤의 Chap. 11에서 소개되는 gel permeation chromatography(GPC)는 상대 분자량을 구하게 된다.), GPC에 비해서 상대적으로 낮은 분자량만 측정할 수 있다. 이유를 서술하시오.

3부

고분자 물리

11

고분자의 크기는 어떻게 측정하는가?

고분자와 다른 소재 혹은 화합물 사이의 많은 차이점은 분자량이 아주 크다는 것과, 넓은 분포를 가진다는 데에서 기인한다. 보통 일반적인 물성은 분자량의 크기에 따라 달라진다. 그림 11.1에 개략적으로 표현된 것과 같이 기계적 물성의 경우 낮은 분자량에서는 변화가 크다가 점점 분자량이 커지면 그 차이가 줄어든다. 그런데 가공에서의 필수적인 고려 사항인 점도의 경우 낮은 분자량에서는 큰 변화가 없다가 분자량이 일정 수준보다 커지면 급격히 증가하여(12장 2절 사슬 엉킴 현상 참고) 가공에 어려움을 준다. 따라서 적절한 분자량만을 가지도록 중합할 필요가 있다.

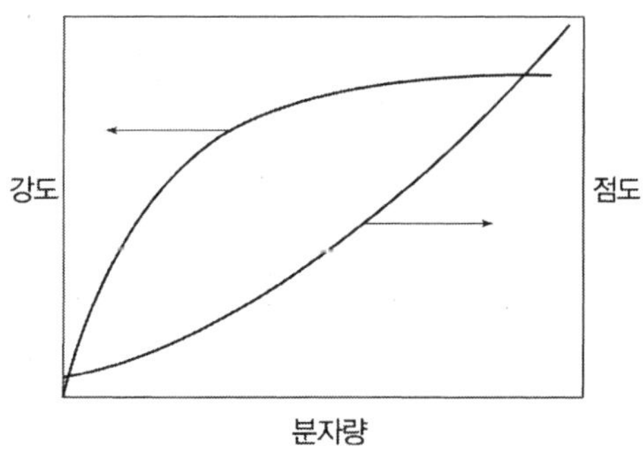

그림 11.1 분자량과 물성의 일반적인 상관관계

그러면 분자량은 어떻게 알아볼 수 있는가? 일차적인 방법, 즉 직접적인 방법으로는 삼투압법(osmometry), 광산란법(light scattering), 침전법(sedimentation) 등이 있다. 각각을 통하여 수 평균 분자량 (M_n), 중량 평균 분자량(M_w), Z 평균 분자량(M_z)을 측정할 수 있다. 이런 직접적인 방법은 분자량을 상당히 정확하게 측정할 수 있으나 시간과 비용이 많이 소요되는 단점을 가지고 있다.

직접 분자량을 측정하는 것이 아니라 표준 시료와 비교를 통하여 분자량을 알아볼 수 있는 이차적인 방법으로는 젤 투과 크로마토그래피법(Gel Permeation Chromatography; GPC)과 크기 배제 크로미토그래피(Size Exclusion Chromatography; SEC) 그리고 고유 점도(intrinsic viscosity)를 측정하는 방법이 있다. 고유 점도 측정으로 얻어지는 분자량은 점도 평균 분자량(M_ν)이라고 부르며 이는 중량 평균 분자량과 유사한 측면이 있다. 각각의 분자량의 크기는 $M_n < M_\nu < M_w$의 순서로 구해지는 경향을 띤다. 또한 10장 후반부에 소개된 매트릭스 보조 레이저 탈착이온화(MALDI) 질량 분석을 통해 고분자의 절대 질량을 측정할 수 있다.

11.1 | 삼투압법(osmometry)

작은 용매 분자는 반투과 고분자막을 쉽게 투과되지만 큰 분자인 고분자는 투과하지 못한다. 그래서 용액과 순수 용매 사이에 반투과 고분자 막을 두면 양쪽에 압력차가 형

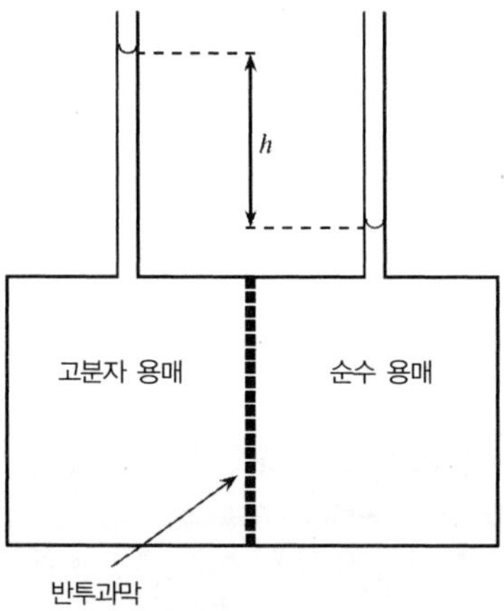

그림 11.2 막 삼투 장치(membrane osmometer)

성되게 된다. 이를 삼투 현상(osmosis)이라고 한다.

삼투압은 고분자의 농도 및 용액의 높이 차이에 의해 다음과 같이 나타낼 수 있다.

$$\Pi = \rho g h \tag{11.1}$$

Π : 삼투압

ρ : 고분자의 농도

g : 중력 가속도

h : 용액의 높이 차

이는 고분자 용액의 화학 퍼텐셜 μ_1과 다음과 같이 연관된다.

$$\Delta \mu_1 = RT\ln a_1 = -\Pi V_1 \tag{11.2}$$

V_1 : 용매의 몰부피

플로리 허긴스 이론에 의하면 삼투압은 결국 용질의 부피 분율(ϕ)과 플로리 상호 계수(χ_{12})에 의하여 표현된다(3장 식 (3.29), (3.33) 참고).

$$\Pi = -\frac{RT}{V_1}[\ln(1-\phi_2) + \phi_2 + \chi_{12}\phi_2^2] \tag{11.3}$$

이 식은 고분자의 부피 분율이 작을 때 비교적 잘 적용된다. ϕ_2는 고분자 농도 c와 고분자의 비부피 ν의 곱으로 표현된다($\phi_2 = c\nu$).

식 (11.3)의 로그 항을 테일러 시리즈로 풀어 보면 x가 1보다 많이 작은 값일 때 $\ln(1-x) = -x - \frac{x^2}{2} - \frac{x^3}{3} - \ldots$ 이 되므로 결과적으로 다음 식으로 정리될 수 있다.

$$\frac{\Pi}{c} = \frac{RT}{M}[1 + \frac{M\nu^2}{V_1}(\frac{1}{2} - \chi_{12})c + \frac{1}{3}(\frac{M\nu^3}{V_1})c^2 + \ldots] \tag{11.4}$$

이 식에서 가장 큰 첫째항은 전통적인 반트 호프 식(van't Hoff equation)으로서 저분자 물질의 이상적인 희석 용액에 해당한다. 고분자가 용해된 경우는 분자량에 의존하는 둘째 항, 그리고 용질 간의 상호 작용까지 고려된 셋째 항도 포함하고 있다. 만일 상호 작용 계수가 1/2이고 더 큰 농도 의존 항이 무시된다면 반트 호프 식이 재현된다. 여기서 나타나는 분자량은 여러 분자량을 가진 경우를 가정한 것이다. 각 분자량의 삼투압에 대한 기여도를 합하여 전체 삼투압으로 표현하여(편의상 둘째 항까지만 고려) $M \rightarrow M_n$ 이 되면 똑같은 형태의 식을 사용할 수 있음을 알 수 있다. 결국 다분산성(polydispersity)을 가진 고분자 용액의 경우 이런 방식으로 하면 수 평균 분자량을 측정할 수 있다는 이야기이다. 즉,

$$\frac{\Pi_i}{c_i} = \frac{RT}{M_i} \tag{11.5}$$

을 이용해서 크기가 다른 고분자의 기여도를 모두 합하게 되면 다음과 같은 간편한 관계식을 얻게 된다.

$$\Pi = RTc\left[\frac{1}{M_n} + A_2 c + A_3 c^2 + \ldots\right] \tag{11.6}$$

$$A_2 = \frac{\nu^2}{V_1}\left(\frac{1}{2} - \chi_{12}\right), \quad A_3 = \frac{1}{3}\left(\frac{\nu^3}{V_1}\right) \qquad (11.7a), (11.7b)$$

$\frac{\Pi}{RTc}$ *vs* c를 그래프로 그리면 y 절편은 $\frac{1}{M_n}$, 기울기가 A_2가 된다(그림 11.3).

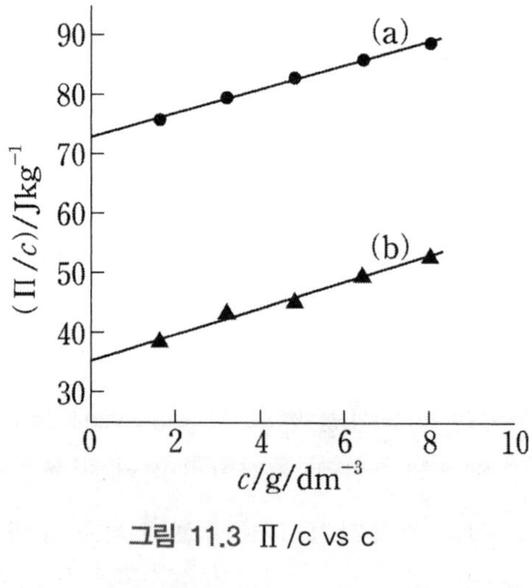

그림 11.3 Ⅱ/c vs c

좋은 용매는 A_2가 큰 값을 가지게 되는데 이는 $\chi_{12} < 0.5$가 된다는 의미이다. 세타 용매는 $A_2 = 0$, $\chi_{12} = 0.5$가 되는 경우를 말한다.

이 방법으로 보통 수 평균 분자량을 2만~50만 정도까지 측정할 수 있다. 정상 상태에서 30~60분 안에 실험하기 위하여는 보통 적은 부피(0.3~2 cm^3)에서 실험 온도 변화를 0.01℃ 정도까지 유지하여야 한다. 분자량이 2만보다 작은 경우에는 증기압 삼투법(vapor pressure osmometry)을 사용하는 것이 유리하다. 고분자가 용매에 들어가면, 용매의 활동도가 감소하게 된다. 따라서 고분자가 들어간 용매의 증기압은 순수한 용매의 경우보다 낮아진다. 이 때 용매와 용액의 증기압 차이 $\Delta p (= p_1 - p_1^0)$와 고분자의 수평균 분자량 $\overline{M_n}$은 아래 식 (11.8)과 같은 관계로 주어진다.

$$\lim_{c \to 0} \left(\frac{\Delta p}{c} \right) = - \frac{p_1^0 V_1^0}{M_n} \tag{11.8}$$

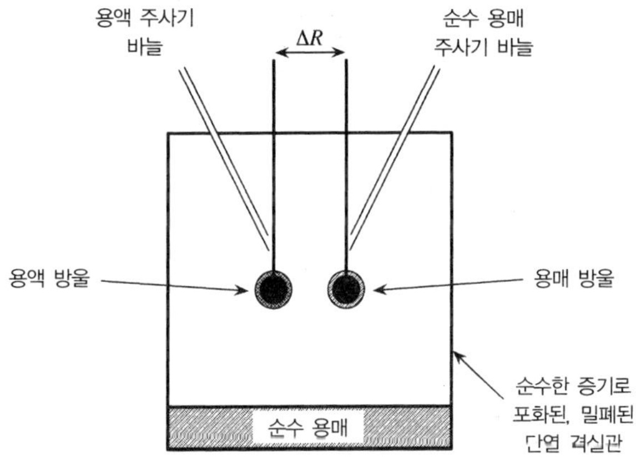

그림 11.4 증기압 삼투압법

용매에 용질이 녹아 있는 용액의 경우, 용액의 물성이 용질의 분자 개수에 따라 변화하는 물리량은 삼투압뿐 아니라 증기압, 끓는점, 어는점을 들 수 있다.

11.2 | 광산란법(light scattering)

빛과 물질 간의 상호 작용은 흡수, 회절 및 산란 현상으로 구분할 수 있다. 흡수(absorption)는 물질을 이루는 화학 성분이나 구조에 따라 특정 파장의 빛을 흡수하므로 고분자의 종류를 알아보는 방법으로 사용될 수 있다. 회절(diffraction)은 특정 격자간 거리(lattice spacings)를 가진 결정성 화합물의 경우 브래그(Bragg) 회절 현상을 보이므로 화합물 구조를 알아보는 결정학의 도구로 사용된다. 마지막으로 산란(scattering) 현상은 물질의 크기와 모양에 따라 달라지므로 분자의 크기, 즉 분자량을 결정할 수 있는 것이다. 이때 분자량 분포를 가진 희석 용액의 경우로 이론을 확대 적용해보면 결국 산란과 중량 평균 분자량($\overline{M_w}$)이 연관됨을 알 수 있다. 일반적으로 그림 11.5와 같은 광산란 실험 장치에서 얻어지는 식 (11.9)를 사용한다.

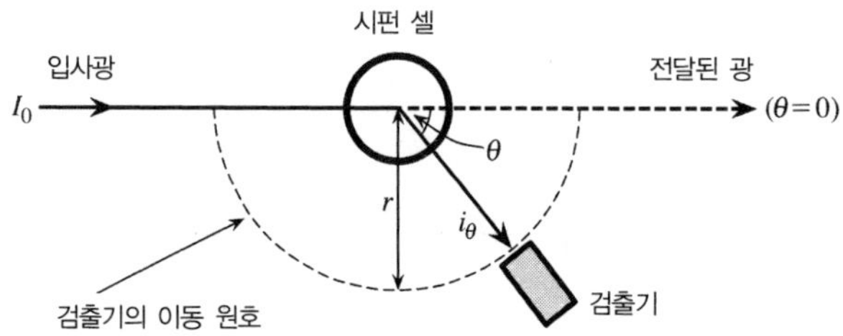

그림 11.5 광산란 실험 장치

$$\frac{Kc}{R(\theta)} = \frac{1}{\overline{M_w}P(\theta)} + 2A_2c + \ldots \tag{11.9}$$

식 (11.9)에서 K는

$$K = \frac{2\pi^2 n_0^2}{N_A \lambda^4}\left(\frac{dn}{dc}\right)^2 \tag{11.10}$$

n_0 : 순수 용매의 굴절률

$\frac{dn}{dc}$: 농도에 따른 굴절률의 증가율

N_A : 아보가드로 수, 6.023*10^{23} /mol

λ : 빛의 파장

로 계산되는 상수이다. 또 $R(\theta)$는 레일리 비로서 다음과 같이 계산된다.

$$R(\theta) = \frac{I(\theta)\, r^2}{I_0\, V} \tag{11.11}$$

레일리 비는 측정된 빛의 세기와 관련된 값이므로 검출기의 방향에 의존한다.

입자의 크기가 작은 경우에는 입자의 크기와 형상에 대한 의존성은 무시되지만, 빛의 파장에 비하여 상당한 크기의 고분자인 경우에는 그 크기 의존성을 고려하여야 한다. 큰 입자의 경우 $P(\theta)$라고 하는 입자 산란 함수(particle scattering function)로 각도 의존성을 구하면

$$P(\theta) = \frac{2}{v^2}[e^{-v} - (1-v)] \tag{11.12}$$

로 표현된다. 이것은 디바이 산란(Debye scattering) 이론에서 얻어진 것이다.

v는 분자의 대체적 크기와 관련되는 매개 변수로서 다음과 같이 주어진다.

$$v = 16\left(\frac{\pi n}{\lambda}\right)^2 < s^2 > \sin^2\left(\frac{\theta}{2}\right) = q^2 < s^2 >, \quad < s^2 > \; = \frac{< r^2 >}{6} \tag{11.13}$$

여기서 $< s^2 >$은 고분자 코일의 평균 제곱 회전 반지름, $< r^2 >$은 평균 제곱 끝점 간 거리, q는 다음과 같은 산란 벡터이다.

$$q = \frac{4\pi n_0 \sin\left(\frac{\theta}{2}\right)}{\lambda} \tag{11.14}$$

이 디바이 산란 식은 고분자 사슬의 크기와 입체 형태(conformation)에 따라 달라지는 것으로 만일 분자의 대표적 크기가 빛의 파장에 비하여 아주 작아서 $l < \lambda$ 이면 $v \rightarrow 0$가 되고 따라서 $P(\theta) = 1$이 된다. 만일 충분히 큰 분자의 경우, $l > \frac{\lambda}{20}$이면 v가 작은 값이 아니므로 $P(\theta) < 1$이 된다. 분자량 분포가 적은 불규칙적 코일 구조의 고분자라고 하면 대체적으로 다음 식과 같이 표현된다.

$$P(\theta) = \frac{2}{\nu^2}[e^{-\nu} - (1-\nu)] \to 1 - \frac{1}{3}\nu \tag{11.15}$$

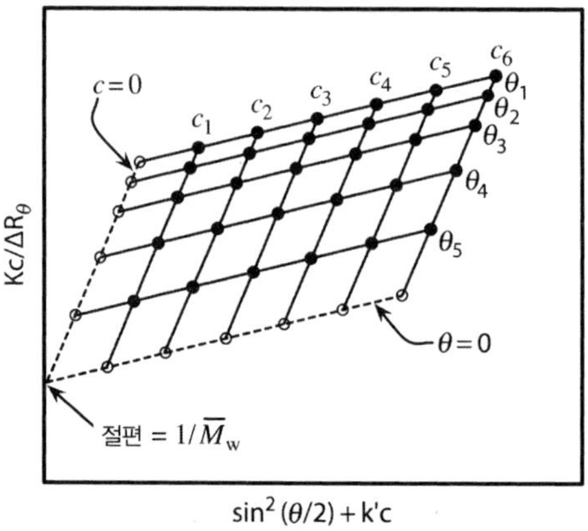

그림 11.6 Zimm Method

광산란법에 의하여 분자량을 결정하는 방법의 하나로 여러 농도, 여러 각도에서 산란 빛의 세기를 측정해서

$$\frac{Kc}{R(\theta)} = \frac{1}{\overline{M_w}}[1 + \frac{16}{3}(\frac{\pi n}{\lambda})^2 < s^2 > \sin^2(\frac{\theta}{2})] + 2A_2c \tag{11.16}$$

을 이용하여 그림 11.6처럼 $\frac{Kc}{R(\theta)}$ $vs < s^2 > \sin^2(\frac{\theta}{2})$의 그래프를 그려 볼 수 있다. 여러 농도에서 각도가 0인 데이터들의 기울기에서 A_2값을, 여러 각도에서 농도가 0인 자료들로부터 $\frac{3\overline{M_w}}{16}(\frac{\lambda}{\pi n})^2 = < s^2 >$을 결정할 수 있고 이들 두 직선이 점근하는 절편에서 $\frac{1}{\overline{M_w}}$을 구할 수 있는 것이다.

소각 레이저 광산란(LALLS)

최근 파장 632.8 nm를 가진 고성능의 헬륨-네온 레이저(helium-neon laser)가 개발되어 아주 작은 각도(2~10°), 아주 낮은 농도에서 광산란 실험이 가능해짐에 따라 입자 산란 함수의 영향을 무시할 수 있게 되었다. 즉,

$$\theta \to 0\,,\ P(\theta) \to 1 \quad \frac{Kc}{R(\theta)} = \frac{1}{\overline{M_w}} + 2A_2 c \tag{11.17}$$

이 되어 전통적인 디바이 식과 같아지게 된 셈이다.

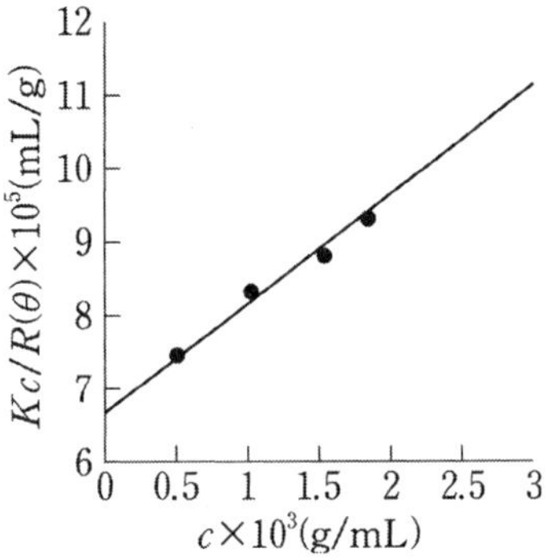

그림 11.7 $\frac{Kc_i}{R_i(\theta)}$ $vs\ c$

참고로 $\frac{Kc_i}{R_i(\theta)} = \frac{1}{M_i}$ 에서 다분산성이 있는 고분자의 경우 중량 평균 분자량으로 대체할 수 있음을 쉽게 증명할 수 있다.

소각 X선 및 중성자 광산란

X-ray의 파장은 0.1 nm 정도이며 중성자의 경우 파장은 0.1~2 nm이다. 이런 입자의 흐름을 이용하여 산란 실험은 하는 것도 파장의 차이가 있을 뿐 일반적인 광산란 현상과 근본적 물리 법칙은 같은 것이 적용된다. 짧은 파장의 입자 흐름을 상정하면 2°보다 작은 아주 세밀한 각도에서도 측정이 가능해진다.

11.3 | 동적 광산란

광산란에 의하여 측정되는 빛의 세기는 시간에 따라 요동을 보이는데 이런 요동(fluctuation) 속에도 중요한 정보가 있다. 이런 요동은 용매에 녹아 있는 고분자의 브라운 운동에 기인하는 것으로 광산란 세기의 시간 함수에서 자체 상호 함수를 계산하면 용액 속에 녹아 있는 고분자의 병진 확산 계수(translational diffusion constant)를 추정할 수 있다. 따라서 이 값으로부터 고분자의 크기나 분자량 등을 알아볼 수 있다.

고분자의 확산 계수와 크기와의 관계는 아인슈타인−스톡스(Einstein−Stokes) 법칙에서 알아볼 수 있다. 병진 확산 계수는

$$D = \frac{kT}{6\pi\mu a} \tag{11.18}$$

이며 여기서 k는 플랑크 상수, T는 절대 온도, μ는 용액의 점도, a는 입자의 크기이다. 만일 확산 계수를 달리 구할 수 있다면 그 값을 이용해서 고분자 입자의 대체적 크기, 즉 코일 고분자의 반지름 a를 알아낼 수 있게 된다.

11.4 | 고유 점도 측정

먼저 순수한 용매의 점도(η_s)와 묽은 고분자 용액의 점도(η)를 측정하여 고유 점도(intrinsic viscosity) $[\eta]$를 계산할 수 있다. 이는 모세관 점도계를 이용하여 일정 구간을 흐르는 시간을 측정하여 비교하면 된다. 상대 점도 증가 η_i는 식 (11.19a)와 같이 계산된다.

$$\eta_i = \frac{\eta - \eta_s}{\eta_s} = \frac{t - t_s}{t_s} \tag{11.19a}$$

$$\frac{\eta_i}{c} = [\eta] + k_H[\eta]^2 c \tag{11.19b}$$

여기서 t와 t_s는 묽은 용액과 순수한 용매가 모세관의 한 기준점에서 다른 기준점까지 내려가는 데 걸리는 시간이다. 매우 묽은 용액의 경우에는 단위 농도의 증가에 따른 점도 값의 증가로 고유 점도를 정의할 수 있다.

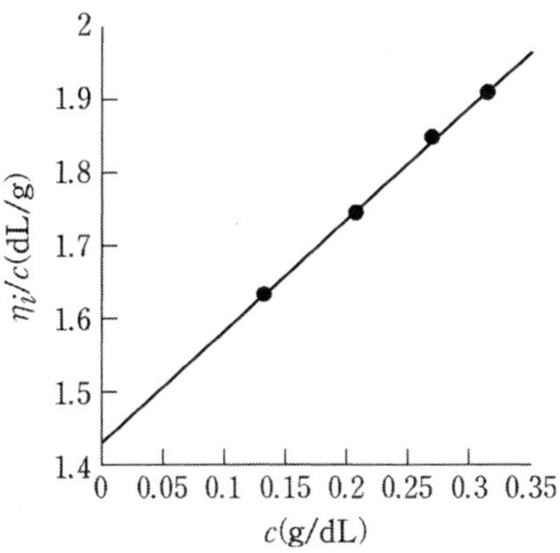

그림 11.8 농도에 따른 고유 점도의 변화

어느 정도의 농도에서는 식 (11.19b)의 허긴스 식처럼 농도 의존항이 포함될 수 있다. 이와 비슷하게 크래머 식(Kraemer equation)은

$$\frac{\ln \eta_r}{c} = [\eta] + k_k [\eta]^2 c \tag{11.20}$$

와 같으며 아주 농도가 낮은 경우는 첫째항이 지배적이다.

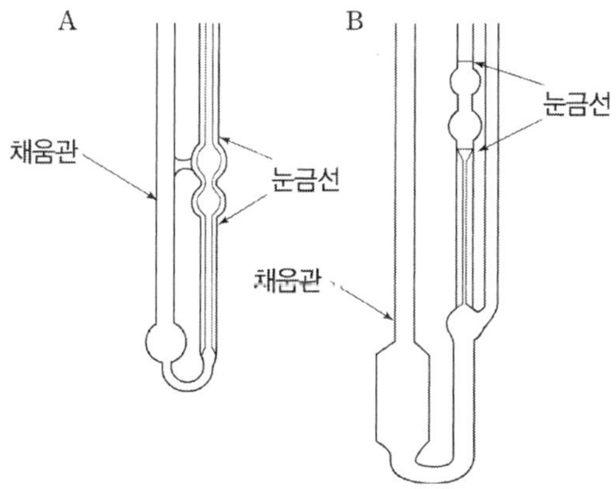

그림 11.9 모세관 점도계

이 고유 점도 $[\eta]$는 사실 고분자의 용액상에서의 크기 $< r^2 >$에 관련되는 것으로 다음과 같은 경험식을 사용한다.

$$< r^2 > = \left(\frac{M[\eta]}{\Phi}\right)^{2/3} \tag{11.21}$$

여기서 Φ는 플로리 상수로, 그 값은 $2.1 \times 10^{21}\,\mathrm{dL/cm^3\,mol}$이다.

마크-후윙크 식에 의하면 고유 점도와 점도 평균 분자량은 다음과 같은 상관관계를 가진다.

$$[\eta] = K\overline{M_\nu^a} \tag{11.22}$$

여기서 K와 a는 실험적으로 얻어낸 마크-후윙크 상수이며 $\overline{M_\nu}$는 점도 평균 분자량으로서 정의상 실험적 상수 a를 포함하고 있다.

$$\overline{M_\nu} = \left(\frac{\sum_{i=1}^{N} N_i M_i^{1+a}}{\sum_{i=1}^{N} N_i M_i^a}\right)^{1/a} \tag{11.23}$$

세타 용매에서 $a = 0.5$이며 좋은 용매에서는 $a = 1$이다.

표 11.1 마크-후윙크(Mark-Houwink) 상수

고분자	용매	$K \times 10^3$ (mL g^{-1})	a
셀룰로스 아세테이트[a]	테트라하이드로퓨란	51.3	0.69
폴리카보네이트	테트라하이드로퓨란	38.9	0.70
폴리다이메틸실록세인	톨루엔	2.4	0.84
Poly(2,6-dimethyl-1,4-phenylene oxide)	톨루엔	28.5	0.68
폴리(메틸 메타크릴레이트)	벤젠	5.5	0.76
폴리스타이렌	테트라하이드로퓨란	14	0.70
	톨루엔	7.5	0.75
	벤젠	9.2	0.74
폴리(바이닐 아세테이트)	뷰탄온	42.0	0.62
폴리(바이닐 클로라이드)	테트라하이드로퓨란	16.0	0.77

[a] 55.5wt% 아세탈 함량

수 평균 분자량, 점도 평균 분자량, 중량 평균 분자량은 플로리의 최빈 분포(most

probable distribution)에 의해 다음과 같은 비를 나타낸다.

$$M_n : M_v : M_w = 1 : [(1+a)\Gamma(1+a)]^{1/a} : 2 \tag{11.24}$$

일반적으로도 이 크기 경향은 그대로 유지된다.

11.5 | 젤 투과 크로마토그래피(GPC)

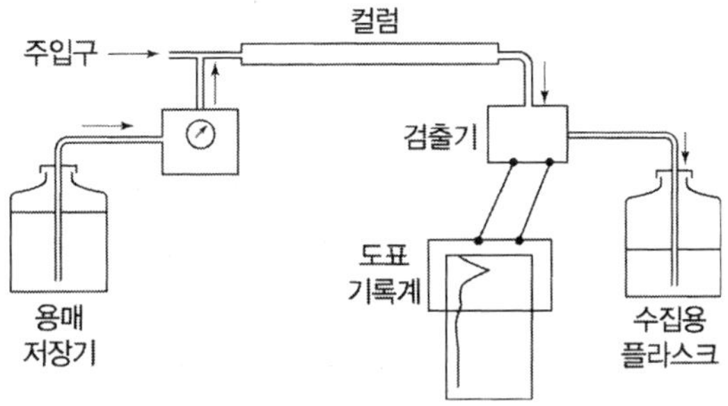

그림 11.10 GPC

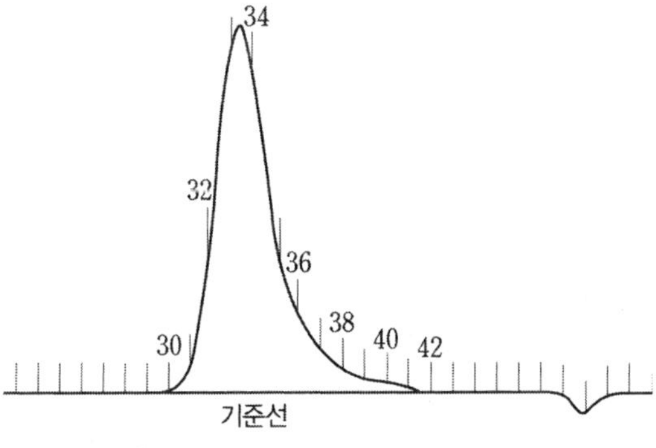

그림 11.11 GPC chromatogram

포어 지름(pore diameters) $10 \sim 10^7$ Å 정도의 다공성 입자로 충전된, 용매가 흐르고 있는 30~50 cm 길이의 칼럼 속으로 묽은 고분자 용액을 주입하면, 고분자의 크기에 따라 가장 큰 분자가 먼저 나오고 그 다음 크기 순서에 따라 칼럼에서 나온다. 이를 굴절률 측정 장치(differential refractometer)나 IR, UV 측정 장치를 사용하면 나오는 고분자의 농도를 측정할 수 있다. 일정 시간에 따라 흘러나오는 부피, 즉 용출 부피(elution volume, V_r)는 고분자의 분자량에 따라 결정되므로 분자량 분포를 간접적으로 알아볼 수 있는 것이다. 표준 시료로서 이온 중합에서 얻은 단분산성의 폴리스타이렌이나 폴리메타아크릴레이트를 사용한다.

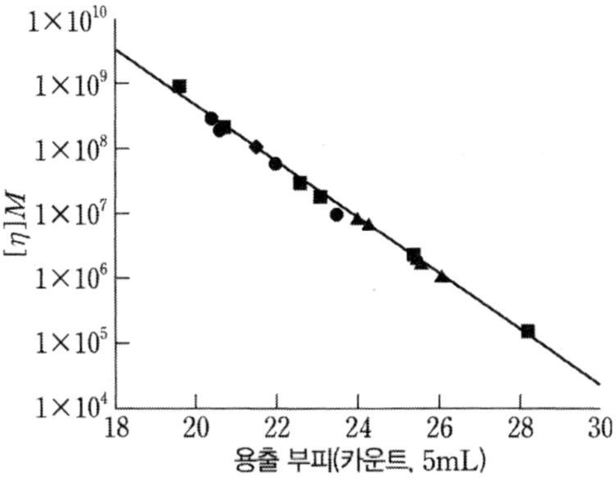

그림 11.12 Universal GPC calibration curve

$[\eta]M$을 용출 부피에 대해 도시하면 그림 11.12와 같이 여러 고분자의 자료들이 하나의 마스터 커브로 나타난다. 이 값이 바로 고분자가 용매에 녹아 있을 때 차지하는 유체역학적 부피에 해당되기 때문이다(식 (11.24) 참고). M_i를 정하면 그림 11.11의 봉우리 높이(peak height)로부터 각종 평균 분자량 분산도 계산이 가능해 진다.

11.6 | 복굴절법(birefringence)

고분자의 실제 물성의 분자량 영향을 알아보기 위하여 최소한 두 가지 정보가 있어야 하는데 수 평균 분자량과 중량 평균 분자량 또는 분자량 분산도이다. GPC를 제외한 다른 방법은 모두 하나의 평균 분자량에 대한 정보만 제공해 준다.

고분자 용액의 흐름 복굴절 현상은 자연스럽게 복굴절과 배향각이라고 하는 두 가지 정보를 측정하게 되므로 분자량과 분자량 분포에 대한 정보를 알 수 있다. 유연 고분자 사슬 모델의 경우 분자론적 해석으로 분자량 분포와 연결해 보면 다음과 같은 관련 식을 만들게 된다. 다시 말하면 한번의 실험으로 자연스럽게 두 가지 정보를 얻어 분자량과 그 분포에 대한 이해를 가지게 되는 셈이다.

$$\Delta n = B_2[(\sum c_i M_i^f)^2 + (B_3 \sum c_i M_i^g)^2 \dot{\gamma}^2]^{1/2} \dot{\gamma} \tag{11.25}$$

$$\tan(2\chi) = B_1[\frac{\sum c_i M_i^d}{\sum c_i M_i^e}]\frac{1}{\dot{\gamma}} \tag{11.26}$$

이를 Rouse Zimm model로 표현되는 유연 고분자 시스템에 적용하면

$$\Delta n \propto B_2[(\sum c_i M_i^{-0.2})^2 + (B_3 \sum c_i M_i^{1.6})^2 \dot{\gamma}^2]^{1/2} \dot{\gamma} \tag{11.27}$$

$$\tan(2\chi) \propto [\frac{\sum c_i M_i^{-0.2}}{\sum c_i M_i^{1.6}}]\frac{1}{\dot{\gamma}} \tag{11.28}$$

로 표현된다. 자세한 것은 논문을 참고하기 바란다.

실린더형 막대 고분자 모델의 경우에도

$$\Delta n = A_1 \sum c_i M_i^4 \dot{\gamma} \tag{11.29}$$

$$\cot(2\chi) = A_2[\frac{\sum c_i M_i^7}{\sum c_i M_i^4}]\dot{\gamma} \tag{11.30}$$

로 표현될 수 있다. 또한 흐름 복굴절 현상을 이용하여 전단 흐름이 멈추었을 때 복굴절값의 변화를 측정하여 보면 콜라젠 용액의 경우 두 가지 완화 시간을 나타내는데(그림7 J of Chem Eng Japan 25(3) p243-250(1992)) 이를 보면 정확히 두 배의 분자량을 가지는 바이모달 분포라는 사실을 증명할 수 있다.

참고문헌

1. Tim A. Osswald, Georg Menges, Materials Science of Polymers for Engineers, 3rd Ed., 2012, Carl Hanser Verlag, Munich, Ch 3.
2. R.J. Young and R.A. Lovell, "Introduction to Polymers", 3rd ed., 2011, CRC Press, Ch 11, Ch12.
3. J. R. Fried, "Polymer Science and Technology", 3rd ed., 2014, Prentice Hall, Ch 3.
4. Y.R. Oh, M.H. Kwon, OO. Park, *Determination of Molecular Weight and its Distribution of Flexible Chain Polymer by Phase-modulated Flow Birefringence Technique*, Korean Journal of Chemical Engineering, Vol.19, No.2, P.331-336, 2002.
5. Y.R. Oh, Y.S. Lee, M.H. Kwon, OO. Park, *Determination of Molecular Weight and Its Distribution of Rigid Rod Polymer by Phase-Modulated Flow Birefringence*, Journal of Polymer Science Part B: Polymer Physics, Vol.38, No.4, P.509-515, 2000.
6. Y.R Oh, OO. Park, *Transient Flow Birefringence of Calf-skin collagen Solution*, Journal of Chemical Engineering of Japan, Vol.25, P.243-250, 1992.

연습문제

11-1 톨루엔 용액을 이용하여 일련의 폴리스타이렌을 22℃에서 삼투압계로 측정한 평형 삼투압의 높이(h)가 다음 표에 나타낸 바와 같다.

폴리스타이렌 농도(g/cm^3)	2.6	5.2	8.7	11.8	15.1
h/mm 톨루엔	5.85	12.93	24.37	36.34	50.99

폴리스타이렌의 밀도를 각각 0.867과 1.05 g/cm^{3}이라고 가정하고, 다음을 계산하시오.

(a) 폴리스타이렌 시료의 수 평균 분자량을 구하시오.

(b) Flory-Huggins 식에서 나타낸 폴리스타이렌-톨루엔 사이의 상호 계수(interaction parameter)를 추정하시오.

11-2 폴리스타이렌과 폴리(메틸 메타크릴레이트) 시료들이 동일한 GPC 시스템을 사용하여 동일한 조건하에서 분석되었다. 폴리(메틸 메타크릴레이트) 시료의 용출 시간은 97,000 g/mol의 분자량을 갖는 폴리스타이렌의 용출 시간과 동일하였다. 이 폴리(메틸 메타크릴레이트) 시료의 분자량을 Mark–Houwink–Sakurada 식을 이용하여 예측하시오. 주어진 용매와 온도 조건하에서 Mark–Houwink–Sakurada 상수들은 다음과 같다. a = 0.74일 때, 폴리스타이렌의 K는 1.03×10^{-2} (g/mol)$^{-a}$이고, a = 0.76일 때, 폴리(메틸 메타크릴레이트)의 K는 5.7×10^{-3} cm g^{-1} (g/mol)$^{-a}$이다.

11-3 다음 표에 나타나 있는 두 종류의 용매에서 poly(vinyl pyridinium chloride)의 두 시료인 A와 B의 삼투압을 측정하였다. 결과에 대하여 논하고 이례적이라고 생각되는 부분에 대하여 설명하시오.

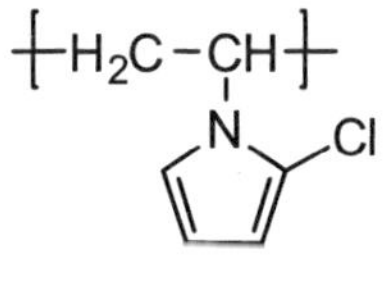

증류수에서 삼투압 자료

시료	농도 (g/ml)	압력 (atm × 10^3)
A	0.002	29
A	0.005	50
B	0.002	31
B	0.005	52

0.01 N NaCl 수용액에서 삼투압 자료

시료	농도 (g/ml)	압력 (atm × 10^3)
A	0.002	5
A	0.005	13
B	0.002	2
B	0.005	5.5

11-4 30℃의 톨루엔 용액에서 폴리스타이렌 용액의 점도 값들을 구하였다.

농도 (g/ml)	압력 (atm × 10^3)
0	65.8
0.54	101.2
1.08	144.3
1.62	194.6
2.16	257.0

(a) 환원 점도(η_r)를 농도의 함수로 그리시오.

(b) 이 폴리스타이렌의 고유 점도와 Huggins 상수 k_H를 계산하시오.

(c) Mark-Houwink 상수 a = 0.725, K = 1.1×10^{-4} dL/g을 이용하여 폴리스타이렌의 분자량을 계산하시오.

11-5 GPC에서 만능 보정 곡선의 이용은 $[\eta]M$, 즉 유체역학적 부피의 값이 모든 고분자에 대해 같은 용출 부피일 경우 같다는 점에 근거하고 있다. 만약 50,000인 단분산 폴리스타이렌의 보존 부피가 25℃의 톨루엔에서 100 mL라면, 25℃의 톨루엔에서 같은 용출 부피를 가진 폴리(메틸 메타크릴이트)의 분자량은 얼마인가? PS에 대한 Mark-Houwink 상수 K와 a는 각각 7.54×10^{-3} mL/g 및 0.783이며, PMMA의 경우 각각 8.12×10^{-3} mL/g 및 0.71이다.

11-6 소각 레이저 광산란에 의해 다이옥세인 중에서 측정된 셀룰로스의 Rayleigh 비(R_θ)가 농도의 함수로 주어질 때, 굴절률(n_o)이 1.4199인 다이옥세인 중의 물질의 굴절률 증가(dn/dc)가 3.297×10^{-2} cm^3g^{-1}이고, 빛의 파장(λ)이 6.328 Å 이라면 물질의 중량 평균 분자량과 제2 비리알 계수(A2)는 얼마인가?

11-7 다음 표는 34℃에서 사이클로헥세인에 용해된 폴리스타이렌 샘플에 대해 다양한 농도 c에서의 suspended-level 점도계의 평균 흐름 시간 t이다. 이 조건에서 사이클로헥세인의 평균 흐름 시간 t_o는 151.8 s이다. 샘플 각각의 고유 점도 $[\eta]$를 구하시오.

샘플 A		샘플 B	
$103 \times c$ (g/cm^3)	t (s)	$103 \times c$ (g/cm^3)	t (s)
1.586	158.5	1,040	176.1
5.553	178.6	1.691	195.4
7.403	189.6	2.255	214.8
8.884	199.5	2.706	232.4

12

고분자를 고체로 만들면?

이미 2장에서 언급한 바와 같이 우리가 활용하고 있는 열가소성 고분자는 크게 무정형 고분자와 결정성 고분자로 나누어 생각할 수 있다. 우리는 이미 열적 변화를 통하여 그 구조적 차이점을 공부하였다. 여기서는 이런 구조적 차이가 고체 고분자에서는 어떤 물성 차이를 보이는지 알아보고자 한다.

12.1 | 무정형 상태(amorphous state)

폴리스타이렌(PS)이나 폴리아크릴 수지(PMMA)는 무정형(amorphous) 고분자의 대표적인 예로서 아무런 구조적 특징을 가지지 못한다. 반면에 폴리염화바이닐 수지(PVC), 저밀도폴리에틸렌(LDPE), 고밀도폴리에틸렌(HDPE), 폴리프로필렌(PP) 등은 반결정성 고분자로 결정 접힘, 사슬 라멜라 구조나 구정 형태를 가지게 된다. 고분자에서 생분해를 일으키기 위하여서는 저분자 물질의 확산이 필수적인데 결정성 영역에서의 확산은 무정형 영역에서의 확산에 비하여 아주 느리므로 결정성 고분자는 생분해성을 가지지 못한다.

무정형 상태의 고체상에서 고분자 사슬의 크기는 대체적으로 세타 용매(theta solvent)에서 희석 용액의 상태와 유사하다. 고분자 사슬은 온도를 올려서 용융 상으로 변화되면 열적 불규칙적 미세 브라운 운동을 한다. 그러다가 온도를 다시 낮추면 특정 온도 T_g에서 먼 거리 사슬의 움직임이 없어진다. 이 온도를 **유리 전이 온도(glass transition temperature)**라고 하여 고분자의 열적 특성을 대표하는 지표가 된다. 온도를 더 낮추면 가끔 2차 완화(secondary relaxation)라고 하는 아주 짧은 거리의 사슬 운동이 관찰되기도 한다.

12.2 | 사슬 엉킴과 뱀운동

12.2.1 사슬 엉킴(chain entanglements)

유연한 고분자 사슬은 기본적으로 길고 불규칙적인 코일 모양을 보인다. 따라서 분자량이 어느 임계값보다 큰 경우에는 고분자 사슬과 고분자 사슬 간의 **사슬 엉킴** 현상이 나타난다($\overline{M_w} \gg \overline{M_c}$). 이 현상은 분자량을 변화시키면서 각각의 용융 점도를 관찰하면 금방 알 수 있다. 일정 분자량 이상에서 용융 점도가 엄청나게 빨리 증가하는 것이 관찰된다. 이런 엉킴 현상은 용융 상태에서의 점탄성 물성뿐 아니라 고체 상태에서의 여러 기계적 물성, 즉 응력 완화, 크리프(creep), 크레이즈(craze) 형성에 의한 파괴 등과도 밀접한 관련성이 있다.

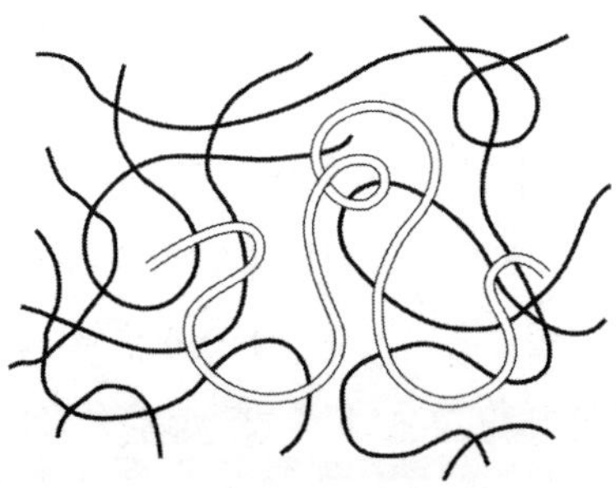

그림 12.1 사슬 엉킴

이런 엉킴 현상을 일으키는 임계 분자량 M_c는 고분자 종류마다 그 사슬 유연성의 차이로 인해 다른 값을 가진다.

표 12.1 선형 고분자의 임계 분자량과 사슬 엉킴 분자량

고분자	임계 분자량 M_c	사슬 엉킴 분자량 M_e
PC	$4.9-5.6\times 10^3$	2.9×10^3
cis-polyisoprene	10	5.8
polyisobutylene	15.2	8.9
PDMS	24.4	8.1
poly(vinyl acetate)	24.5	12
PMMA	27.5	5.9
poly(α-methylstyrene)	28	13.5
PS	31.2	18.1

Dobkpwshi, Rheo Acta 1995, 34(6) p578-585

실제 상업적으로 활용되는 고분자의 분자량은 임계 분자량보다 높아서 사슬 엉킴이 있는 경우이다. 보통 $M > M_c$에서만 보다 효과적으로 물성을 발휘하기 때문이다.

상당히 유연한 PS는 임계 분자량이 $M_c = 31$K로 높은 편이어서 보통 사용되는 분자량은 100～400K의 범위에 있다. 반면에 상당히 딱딱한 PC는 방향족 고분자로 실제 엉킴 분자량이 $M_c = 4.8$K로, 아주 낮은 분자량에서 엉킴이 일어나므로 활용되는 분자량이 30K 정도로 낮은 편이다. 이렇게 고분자 사슬의 엉킴이 일어날 때, 사슬 엉킴점 사이의 분자량을 사슬 엉킴 분자량 (M_e)이라고 정의한다. 이는 고분자의 탄성률과 관련이 있는데, 사슬 엉킴점 사이의 사슬 길이인 M_c가 줄어듦에 따라 증가하게 된다. 이는 그물 구조가 촘촘해지면 고분자가 딱딱해진다는 것을 의미하며, 이러한 그물 구조의 결함은 탄성체의 기계적 물성에 큰 영향을 미친다. 여러 선형 고분자의 임계 분자량 및 사슬 엉킴 분자량을 표 12.1에 나타내었다. 임계 분자량과 사슬 엉킴 분자량 사이에는 대체적으로 다음과 같은 관계가 성립한다.

$$M_c \cong 2\,M_e \tag{12.1}$$

12.2.2 뱀운동(reptation)

프랑스의 드 젠(Pierre-Gilles de Gennes), 일본의 도이(Masao Doi) 그리고 영국의 에드워드(Sam Edward)에 의하여 고안된 뱀운동 이론은 유연한 고분자 사슬이 많이 공존하는 경우 한 사슬만 집중적으로 관찰해보면 뱀의 움직임과 같이 보인다는 이론이다.

그림 12.2 가상적인 튜브

이는 그림 12.2에서 보는 것과 같이 많은 엉킴에 의한 방해로 사슬이 움직일 수 있는 방향은 가상적인 튜브 내에 있다는 것이다. 15장에서 좀 더 자세히 언급하겠지만, 이런 경우에 용융체의 점도를 낮은 전단 변형률에서 측정하면 낮은 분자량 영역과 높은 분자량 영역에서 전혀 다른 의존성을 띠는 것을 볼 수 있다. 즉,

$$\eta \propto M \quad \text{for } M_w < M_c \tag{12.2}$$

$$\eta \propto M^{3.4} \quad \text{for } M_w > M_c \tag{12.3}$$

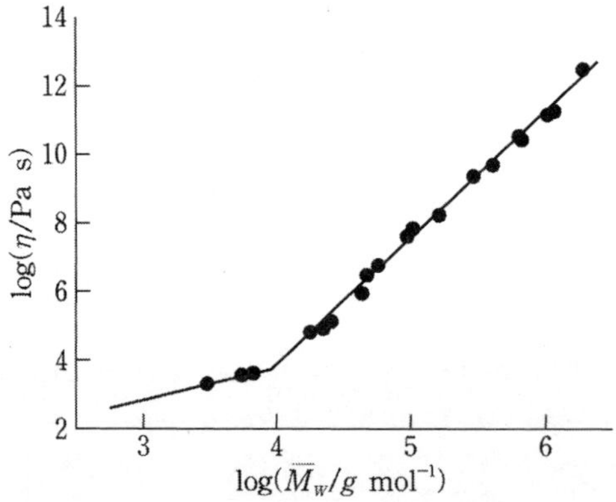

그림 12.3 점도 vs 분자량

12.3 | 유리 전이

무정형 고분자의 온도를 높이면 무정형 상태에서 긴 분자 사슬 움직임이 시작되는 온도를 감지할 수 있는데 이를 유리 전이 온도라고 한다. 이 이상의 온도에서만 고분자 사슬이 용융 상태와 비슷한 액상과 같은 거동을 보이게 된다. 유리 전이(glass transition) 현상을 설명하는 이론은 점도가 같다는 이론부터 자유 부피가 같다는 이론과 엔트로피가 같다는 이론까지 세 가지 모델을 생각할 수 있다.

12.3.1 같은 점성 상태 모델(iso-viscous state model)

보통 모든 유리상 물질은 분자량의 크기와 무관하게 온도를 낮추면 급격하게 점도가 증가하는데, 점도가 대략 $10^{12}\,Pa \cdot s$ 정도의 수준에 이를 때 유리 전이가 일어난다고 생각하는 이론이다.

12.3.2 같은 자유 부피 모델(iso-free volume model)

고분자 내에 존재하는 자유 부피(V_f)는

$$V_f = V - V_0 \tag{12.4}$$

V : 실제 부피(actual volume)

V_0 : 절대 온도 영도에서의 평형 부피(equilibrium volume),

로 주어지는데 각 성분의 반 데르 발스 부피(van der Waals volumes)의 합으로 생각해 볼 때 항상 그 차이만큼 자유 부피를 가지게 되는 것이므로 이 부피의 정도가 유리 전이와 직접 관련된다는 설명이다. 자유 부피 이론(free volume theory)은 점탄성 물성의 시간-온도 중첩의 원리와도 관련되며 용융 점도 그리고 투과도와도 밀접한 관계가 있는 것으로 알려져 있다.

12.3.3 같은 엔트로피 상태 모델(iso-entropic state model)

깁스-디마지오(Gibbs-Dimazio) 이론에 의하면 유리 전이 온도보다 52℃ 정도 낮은 경우($T_2 = T_g - 52$℃)에 형태 엔트로피(conformational entropy)가 $S_c = 0$이 된다. 즉, 유리 전이 온도는 비슷한 엔트로피 수준이 되는 온도라 할 수 있다. 고분자 용액 상태나 용융체 상태에서는 훨씬 여러 사슬 형태를 가질 수 있으므로 에너지 상태(energy state)가 다르다.

표 12.2 무정형 고분자의 T_g

고분자	유리 전이 온도 T_g (℃)
poly(dimethylsiloxane)	−127
poly(butadiene)	−109∼−102
poly(isoprene)	−73
poly(vinyl acetate)	32
poly(vinyl chloride)	81∼98
atactic poly(styrene)	89∼109
poly(methyl methacrylate)	105
poly(carbonate)	144∼173
poly(sulfone)	205
poly(2,6-dimethyl-1,4-phenyleneoxide)	209

자료: Polymer Handbook VI

이미 5장에서 공부한 것처럼 고분자 주사슬이 유연하거나 작은 곁가지를 가지면 유리 전이 온도가 낮은 편이다. 표 12.2에서 보다시피 PDMS[poly(dimethylsiloxane)]의 경우 −127℃의 낮은 유리 전이 온도를 보인다. 반면에 방향족 성분이 주사슬에 포함되어 있는 등 딱딱한 주사슬 고분자는 높은 유리 전이 온도를 보인다. 같은 표에서 보이는 poly(sulfone)은 205℃의 높은 유리 전이 온도를 보인다. 부사슬에 유리 전이 온도가 높은 그룹을 삽입한 경우에도 유리 전이 온도가 다소 높아지게 된다. 극성 그룹이 있는 경우에도 대체적으로 유리 전이 온도가 높다.

무정형 고분자는 유리 전이 온도보다 낮은 온도에서 가끔 작은 규모의 분자 움직임을 하는데 이를 2차 완화 현상이라 부른다. 이는 고체 고분자 시료의 충격 강도(impact strength)나 기체 투과도(gas permeability)와 관련이 있다.

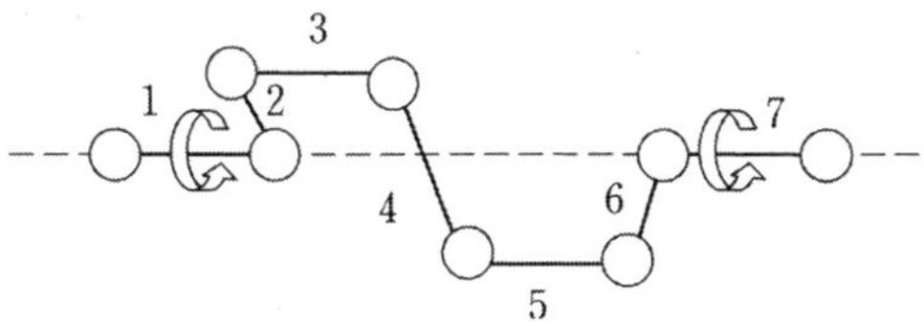

그림 12.4 Schatzski crankshaft 모델

그림 12.4에 있는 Schatzski crankshaft model에 의하면 5개의 인접한 결합이 탄소-탄소 결합 사이에서 회전할 수 있으므로 2차 완화 현상을 보인다고 한다. 폴리에틸렌은 그 형태 에너지의 계산을 통해 γ 완화가 가능한 것으로 알려져 있다. 폴리카보네이트 수지(PC)의 경우에도 주사슬에 있는 방향족 고리 구조 성분의 회전이나 뒤집힘(flip)이 가능하여 2차 완화 현상이 관찰될 수 있다.

12.4 | 결정 상태(crystalline state)

어떤 열가소성 수지 고분자는 용융체나 용액 상태에서 온도가 내려가게 되면 국부적으로 결정 라멜라(crystalline lamellae)라는 형태의 결정을 이루게 되는데 이는 접힌 사슬들이 평행으로 나열된 모양으로 배열된다(그림 12.5).

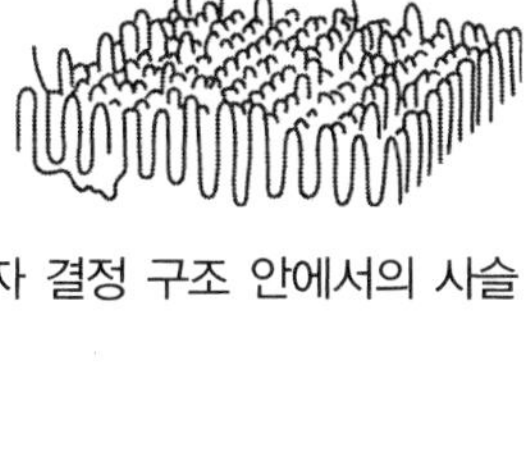

그림 12.5 고분자 결정 구조 안에서의 사슬 접힘 모델

일반적으로 무정형 영역과 결정성 영역이 공존하는 경우가 흔한데 이를 반결정성(semi-crystalline) 고분자라 부른다. 이들의 경우에는 결정화도(degree of crystallinity), 결정의 크기 및 배열이 결국 고분자 제품의 물리적, 기계적 물성과 직결된다. 결정화 속도나 결정화도는 물론 기공 조건(냉각 속도, 용융체 내에서의 배향 그리고 용융 온도 등)에 따라 달라질 수 있다.

입체규칙도, 분자량, 가지화 정도 등의 미세 구조나 기핵제(nucleating agent)의 유무 등이 결정화에 막대한 영향을 미친다. 결정의 두께는 폴리에틸렌(PE)의 경우 보통 40~80개의 반복 단위로 이루어지므로 약 10~20 nm 정도가 된다. PE, 교대 배열 바이닐 고분자 등은 용융체가 냉각되면 에너지 준위가 낮은 배위를 형성한다. 물질에 따라 길게 늘어진 사슬, 평면 구조, 지그재그 형상 라멜라 구조를 가진 배위로 변하게 되며 수소 결합을 가질 수 있는 폴리바이닐알코올이나 나일론도 비슷한 결정화 양상을 보인다. PP의 경우 곁가지에 있는 메틸(CH_3) 부사슬 때문에 3개의 반복 단위가 한 회전을 이루는 헬릭스 구조로 결정화된다.

구정(spherulites)은 라멜라 결정이 구형이 성장하는 바깥 방향과 수직인 방향으로 배열하게 된다. 결정성이 있는 경우 extinction cross(Maltese cross)라 하여 편광에서 보면 일정 각도에서 빛이 사라지는 것을 관측할 수 있다.

표 12.3 반결정성 고분자의 유리 전이 온도와 용융 온도

고분자	유리 전이 온도 T_g (℃)	용융 온도 T_m (℃)
LDPE	−125	138
I-PP	−20	170
poly(vinylidenefluoride)	−19	190
Polyoxymethylene	−82	174~182.5
PVC	80	212
SPS	80~90	240~250
poly(vinyl alcohol)	85	258
nylon6,6	50~57	255
polycaprolactone	75	233
PET	60~86	250~265
PC	149	267
PTFE	127	330

보통 T_g와 T_m 사이의 온도에서 결정화가 일어나게 되므로 두 온도 사이에서 최대의 결정화 속도를 주는 온도가 존재하게 된다. $T_g \cong (\frac{1}{2} \sim \frac{2}{3})T_m$의 관련성을 가지는 것으로 알려져 있다.

대칭성 구조를 가진 고분자는 보통 결정성을 가지는데 대표적으로 선형 폴리에틸렌, PTFE를 들 수 있다. 비대칭적 구조의 고분자는 보통 무정형 고분자가 되는데 무규칙 배열 폴리염화바이닐 수지(atactic PVC)가 그 대표적인 예이다. 폴리염화바이닐 수지에 염소가 하나 더 치환된 polyvinylidene chloride는 두 염소 성분이 대칭적으로 위치할 수 있기에 반결정성이 된다. 무규칙 배열 PVC와 비슷한 무규칙 배열 폴리바이닐알코올(atactic PVA)의 경우에는 분자 간의 수소 결합이 일부 가능하여 부분적으로 결정성을 띠게 되며, 나일론 6,6의 경우에도 수소 결합 때문에 반결정성 고분자가 된다. 입체규칙도에 따라서도 결정성에 많은 차이를 보이는데 교대 배열 PS은 결정성이 있는 반면에 무규칙 배열 PS는 무정형 경향을 보인다. 기하학적 이성질체(geometric isomerism) 사이에서도 결정성의 차이를 보이는데 trans-polyisoprene은 결정성, cis-polyisoprene은 무정형을 나타낸다.

12.5 | 결정 용융 온도(Crystalline Melting Temperature)

고분자가 용융할 때, 반복 단위를 기준으로 자유 에너지 변화를 나타내면

$$\Delta G_u = \Delta H_u - T\Delta S_u \tag{12.5}$$

가 되며, 평형 온도, 즉 $T = T_m^0$ 에서는 $\Delta G_u = 0$이 된다. 그래서

$$T_m^0 = \frac{\Delta H_u}{\Delta S_u} \tag{12.6}$$

로 표현할 수 있다, 여기서 ΔH_u, ΔS_u는 각각 고분자 반복 단위 기준에서의 용융 엔탈피와 용융 엔트로피이다.

표 12.4 결정성 고분자의 열역학적 성질

고분자	평형 용융 온도 (K)	Heat of Fusion (kJ/mol)	Entropy of Fusion (J/K mol)
PE	414	4.10	9.90
PP	444	8.79	19.8
POM	454	2.58	5.68
SPS	523	9.00	19.1
nylon6,6	528	44.3	8.49
PET	553	26.9	48.6
Polycarbonate	608	26.7	43.9

표 12.4는 Polymer handbook의 자료로서 평형 용융 온도, Heat of Fusion(enthalpy of fusion)으로부터 entropy of fusion을 계산한 것이다.

실제 용융 온도는 $T_m < T_m^0$ 로서 평형 용융 온도보다 다소 낮은데 이는 가열 또는 냉각 속도에 의한 속도론적(kinetic) 영향, 결정의 크기, 불순물의 영향, 잔존 용제나 가소화제와 같은 희석제의 존재 때문에 용융 온도 강하 현상이 나타나는 것이다.

이런 희석제에 의한 용융 온도의 강하는 플로리 허긴스 이론으로 잘 설명할 수 있다.

$$\frac{1}{T_m} - \frac{1}{T_m^0} = (\frac{R}{\Delta H_u})(\frac{V_u}{V_1})(\phi_1 - \chi_{12}\phi_1^2) \tag{12.7}$$

ϕ_1 : 희석제의 부피 분율(volume fraction of the diluent)

V_u : 고분자의 반복 단위의 몰 부피(molar volume per repeating unit of polymer)

V_1 : 희석제의 몰 부피(molar volume of the diluent)

χ_{12} : 플로리 상호 계수(Flory interaction parameter)

12.6 | 결정화 속도식(Crystalline Kinetics)

용융점 T_m 이상에서는 결정화가 아주 낮아서 결정화 속도가 다소 느린 편인 폴리에스터(PET), 나일론 6,6 등의 고분자를 급속히 냉각(quenching)하게 되면 결정을 미처 만들지 못하고 무정형 상태로 고화하게 된다. 반면에 결정화 속도가 빠른 폴리에틸렌의 경우에는 아무리 급속 냉각을 한다고 하여도 어느 정도는 결정화를 이루면서 고화할 수 있다.

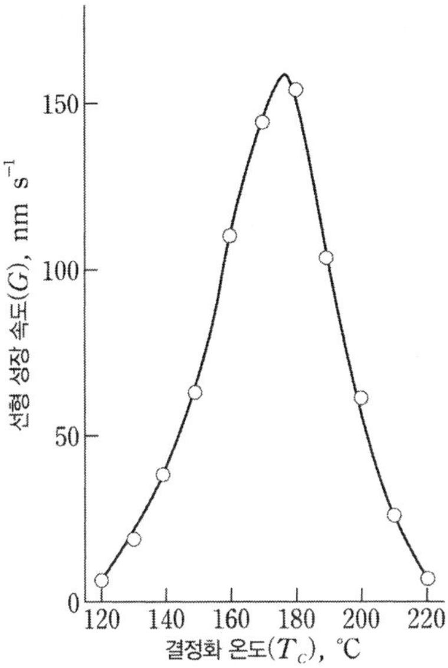

그림 12.6 온도에 따른 결정화 속도

T_m 에서나 T_g 에서의 순(net)결정화 속도는 0이라 할 수 있다. 두 온도 사이에서는 결정화 속도가 결정이 용융하는 속도보다 빨라서 순결정화가 일어나는데 사슬의 유동성과 라멜라 성장 사이에 최적화를 통해 이루어진다. 이 두 온도 사이에서 최대 결정화 속도를 보이는 온도 T_{max} 의 위치는 분자량과는 무관하나 분자량이 증가할수록 고분자 사슬의 움직임이 둔하므로 결정화 속도는 늦어진다.

결정하 속도는 부피의 시간적 변화 관찰하거나 아니면 적외선(IR) 흡수도의 변화 내지는 구정 반지름의 성장을 광학적 방법으로 측정하여 알아볼 수 있다.

결정화 분율(fractional crystallinity) ϕ는 다음 식과 같이 지수함수 형태로 주어지는데 결정 성장 모드를 나타내는 아브라미 결정화 지수 n과 결정 성장 속도를 결정하는 성장 지수 k로 표현할 수 있다. n은 온도와 무관한 지수이며, 기핵과 결정 성장 형태에 의존한다.

$$\phi = 1 - \exp(-kt^n) \quad \text{Avrami equation} \tag{12.8}$$

n : 1~4

k : 온도에 의존하는 결정 성장 지수

12.7 | 결정화도 측정 방법

잘 준비된 밀도 기울기 칼럼(예: ASTM D792)에 의하여 고분자 물질의 부피 즉 밀도 (ρ)를 측정하게 되면

$$\phi = \frac{(\rho - \rho_a)}{(\rho_c - \rho_a)} \tag{12.9}$$

ρ_a : 무정형 밀도

ρ_c : 결정 밀도

으로 부피 기준 결정화도를 계산할 수 있다. 나아가 질량 기준 결정화도(mass fraction degree of crystallinity)도 아래 식으로 계산할 수 있다.

$$x_c = \frac{\rho_c}{\rho}\frac{(\rho - \rho_a)}{(\rho_c - \rho_a)} \tag{12.10}$$

표 12.5 고분자의 밀도

고분자	무정형 밀도 (ρ_a)	결정 밀도(ρ_c)
나일론 6,6	1.09	1.14
PEEK	1.263	1.400
PBT	1.280	1.396
PET	1.335	1.515
PVC	1.385	1.44～1.53
PC	1.196	1.316
PPS	1.32	1.43
PPO	1.06	1.31
PE	0.855	0.915～0.935
PP	0.850～0.854	0.932～0.943

X-ray 회절(diffraction) 실험은 높은 에너지 양자($\lambda = 0.5 \sim 2.5$ Å)를 이용하는 것으로 시료의 전자 밀도 분포에 따라 산란이 달라진다. 일부는 흡수, 일부는 통과, 일부는 전자들과의 상호 작용에 의하여 산란(scattering)을 하게 되는데 결정 영역이나 무정형 영역에 대한 정보를 같이 제공해 준다. 그림 12.7의 경우 교대 배열 폴리스타이렌과 무규칙 배열 폴리스타이렌과의 블렌드에서 조성과 냉각 속도의 변화에 따른 결정화 거동의 차이를 광각 X-ray 회절 실험을 통하여 검토한 것이다.

산란 빛의 세기는 톰슨 식에 의하면 다음과 같다.

$$\frac{I}{I_0} = \frac{K}{2r^2}(1 + \cos^2 2\theta) \qquad K = \frac{e^4}{m^2 c^4} \tag{12.11}$$

$e = 1.6022 \times 10^{-19}$ C

$m = 9.1095 \times 10^{-35}$ kg

$c = 3.00 \times 10^8$ m/sec

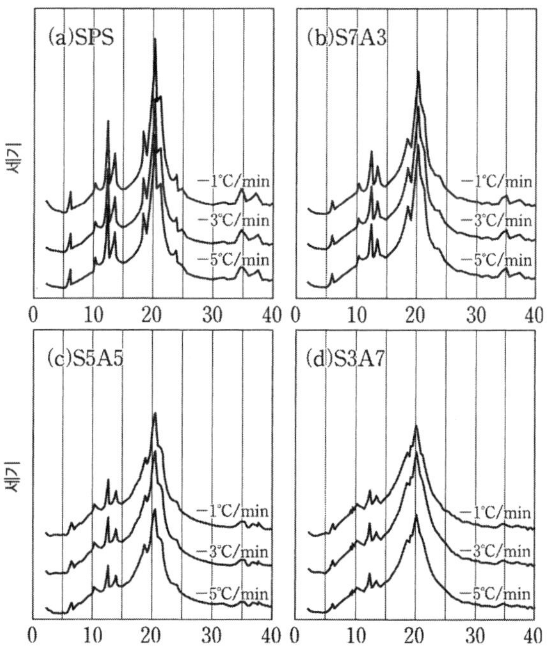

그림 12.7 WAXS

여기서 I_0는 X선의 세기, θ는 산란된 X선의 검출 각도, 그리고 r은 검출기까지의 거리이다.

X선 회절 실험 방식에는 크게 그 검출 각도에 따라 **광각 X선 회절법(WAXS)**와 **소각 X선 회절법(SAXS)**이 있는데 WAXS는 1 nm보다 작은 크기의 결정 구조에 대하여 사용한다. 회절법을 통해 결정화도뿐 아니라 결정의 크기에 대한 정보도 알 수 있다.

$$w_c = 1 - \frac{I_{am}}{I_{am}^0} \tag{12.12}$$

시료를 급냉하면 결정을 만들 시간적 여유가 없으므로 시료의 결정 상태를 100% 무정형으로 간주하여 이때 보여주는 빛의 세기를 I_{am}^0 로 한다. 이 세기와 대상 시료의 무정형 영역에서 빛의 세기(I_{am})를 비교해서 결정화도를 계산할 수 있다. 아니면 현재 시료의 모양에서 아래 부분에 해당되는 무정형 영역의 면적과 피크에 해당하는 결정성 영역의 면적을 비교해서 중량 평균 결정화도를 계산하기도 한다.

$$x_c = \frac{A_c}{A_a + A_c},\ A_a\text{: 무정형 후광(halo)의 면적} \tag{12.13}$$

SAXS 회절 실험에서는 0.022～2.2°(10 ~ 10^4 Å)의 산란각에서 측정하며 약 1～1000 nm 크기의 결정에 대한 정보를 제공한다.

$$n\lambda = 2d\sin\theta \tag{12.14}$$

의 관계식에서 격자간 거리(d)의 크기를 계산할 수 있는데 18장에서 검토할 고분자 나노복합체(polymer nanocomposites)의 나노 충전제의 상태가 어떤 구조인지 등을 알아보는 데에도 활용할 수 있다.

참고문헌

1. J. R. Fried, "Polymer Science and Technology", 3rd ed., 2014, Prentice Hall, Ch 4.
2. R.J. Young and R.A. Lovell, "Introduction to Polymers", 3rd ed., 2011 CRC Press, Ch 16.
3. Pierre-Gilles de Gennes, “Scaling Concepts in Polymer Physics”, 1979, Cornell Univ. Press.
4. Dobkpwshi, Rheo Acta 1995, 34(6), p578-585.
5. OO. Park, Rotational Diffusivity of Rod-like Macromolecules in Concentrated Solution, Polymer (Korea), Vol.11, No.2, P.108-111, 1987.
6. polymer handbook 자료로서 용융 온도와 Heat of fusion.
7. 박준용, 「메탈로센 촉매에 의해 중합된 SPS의 블렌드에 관한 연구」, KAIST 박사학위 논문, 1997, 그림 4-4.
8. 황창익, 「열방성 액정 고분자와 폴리에틸렌 테레프탈레이트의 반응블렌드에 관한 연구」, KAIST 박사학위 논문, 1995, 그림 3-6, P57.

연습문제

12-1 다음과 같이 화학 구조가 유사한 고분자 두 고분자가 다른 유리 전이 온도를 갖는 이유를 설명하시오.

(a) 폴리에틸렌(약 −120℃)과 폴리프로필렌(약 −20℃)

(b) 폴리(메틸 아크릴레이트)(10℃)과 폴리(바이닐 아세테이트)(32℃)

(c) 폴리(1-뷰텐)(−24℃)과 폴리(2-뷰텐)(−73℃)

12-2 CuKα 방사광을 사용하여 배향하지 않은 폴리에틸렌의 평판 X선 회절을 얻었다. 반지름이 22.2, 36.6, 19.7 mm인 세 개의 환이 나타났다. 시료와 필름의 거리는 50 mm였다. 이러한 결과를 가져오는 면의 격자 간 거리를 계산하시오. 또한, 폴리에틸렌 단위 격자의 규격도를 그시리오.

12-3 CuKα 방사광을 사용하여 배향한 고분자 섬유의 평판 X선 회절을 얻었다. 중심에 위치한 점을 포함한 수직선상에서 일련의 점들과 중심선의 위와 아래로 일차 선들이 나타났다. 시료와 필름 사이의 거리는 30 mm였고 중심선의 위와 아래에 나타난 일차 선들 사이의 거리는 22.9 mm였다.

(a) 고분자 결정의 사슬 반복 간격을 계산하시오.

(b) 이 고분자에서 일차 선들만이 나타난 이유를 설명하고, 일차보다 높은 선들은 어떻게 얻을 수 있을지 제안하시오.

12-4 다음 자료는 밀도 기울기의 보정을 통해 얻어졌다. 폴리에틸렌 결정의 밀도는 998 kg/m^{3}이고 무정형 폴리에틸렌의 밀도는 886 kg/m^{3}이다. 관에서 44.41 cm 높이에 있는 폴리에틸렌 시료 결정의 부피 분율과 무게 분율을 계산하시오.

부표의 밀도 (kg/m^3)	관에서의 위치(cm)
321.1	59.23
929.1	50.74
939.1	40.85
949.1	30.96
959.2	20.84

12-5 고분자를 270 K에서 330 K 사이의 결정화 온도(T_c)에서 결정화시켰다. 결정화를 완전히 시킨 후, 시차 주사 열량계를 이용하여 용융 온도(T_m)를 측정하였다. 그래프를 이용하여 평형 용융 온도(T_m^o) 을 계산하시오.

T_c (K)	T_m (K)
270	0.44
280	0.39
290	0.33
300	0.27
310	0.22
320	0.17
330	0.11

12-6 수 평균 중합도($\overline{X}_n$)가 3인 폴리(데카메틸렌 아디페이트)(poly(decamethylene adipate))의 용융 온도(T_m)는 65℃이다. $\overline{X}_n$=10인 동일 고분자의 T_m은 75℃이다. 이 고분자의 평형 용융 온도(T_m^o)은 얼마인가?

12-7 다음 자료는 폴리아마이드(polyamide)에서 x값에 따른 용융 온도를 나타내고 있다.

(a) x값에 따른 용융 온도의 변화와 그 이유를 설명하시오.

(b) 이 고분자에 p-페닐렌 그룹의 반복 단위가 포함되었을 때, 용융 온도의 변화에 대해서 설명하시오.

$$-[-HN-(CH_2)_x - NH-CO(CH_2)_8CO-]_n-$$

x	T_m (℃)
2	258
3	221
4	240
5	196
6	220

12-8 동일 배열(isoctactic) 폴리(메틸 메타크릴레이트)는 교대 배열(syndiotactic) 고분자에 비해 더 낮은 T_g를 가진다. 동일 배열 및 교대 배열 PMMA를 어떻게 합성할 수 있는가? 왜 동일 배열 고분자가 더 낮은 T_g를 가지는지 설명하시오.

13

고분자에 힘을 가하면 - 변형

13.1 | 변형 메커니즘(mechanisms of deformation)

일반적으로 고체 고분자 재료에 힘을 가하면 **변형(deformation)**이 일어나는데 이때 변형은 원래 길이에 비하여 늘어나는 정도로 정의할 수 있다. 고분자 소재의 경우에는 일반적으로 1% 이하의 낮은 변형에서는, 응력을 제거했을 때 전체적으로 제자리로 되돌아가는 완전 복원 현상, 즉 탄성 변형(elastic deformation) 현상을 보인다. 다시 말하면 균일한 변형이 길이 방향의 모든 위치에서 똑같이 일어나고 적절한 유한 시간 내에 100% 복원되어 제자리로 돌아오는 것이다. 하지만 유리 전이 온도보다 낮은 온도에서 좀 더 큰 변형이 일어나는 경우는 다르다. PS 같은 취약한(brittle) 유리상 고분자는 **크레이즈(craze)**가 일어나고 PC 같은 유연한(ductile) 고분자에서는 **전단 밴딩(shear banding)**이 일어난다. 고분자의 경우 금속이나 세라믹의 0.1%의 변형보다는 높은 5~10%의 변형까지 견딜 수 있으나 그 이상으로 변형을 가하면 **단년수축(necking)**이나 **저온 연신(cold drawing)** 현상이 일어나게 된다. 이런 비가역적 변형은 유리 전이 온도 이상으로 가열하여야만 비로소 원상으로 돌아갈 수 있을 것이다.

크레이즈 - 취약 고분자

크레이즈란 유리 전이 온도보다 낮은 온도에서 일어나는 고분자의 파괴 현상으로 응력(stress)이 서서히 가해져서 한계 변형 이상의 변형이 생기게 되면 수직인 방향으로 작은 크랙(cracks)이 시작되고 그것이 점점 성장하게 되는 것이다.

표 13.1 크레이즈(craze)가 생기는 임계 변형

고분자	임계 변형
PS	0.35
SAN	0.49
PMMA	0.8~1.30
PPO	1.5
PC	1.8
PSF	2.5

이렇게 크레이즈(craze)가 생겨나는 데 걸리는 시간은 가해준 응력, 온도 그리고 저분자량의 액체의 존재 유무 등에 의하여 결정된다. 특히 저분자량의 액체가 소량만 존재하면 크레이징을 유도하는 데 결정적 요인으로 작용한다. 대부분의 기계적 파괴(failure)는 이런 크레이징에서 시작되는데 여기서 피브릴 미세 구조가 끊어지게 되고 따라서 빈 공간들이 만들어지고 이것이 더 큰 크랙(crack)으로 성장하면서 결국 파괴로 이어지는 것이다.

전단 밴딩 - 유연 고분자

PC 고분자의 경우, 일부 특정 영역에서의 전단 변형으로서 늘어나는 방향에서 45° 각도로 전단 밴드가 생겨난다. SAN(Styrene-acrylonitrile resin)의 경우에는 유연 고분자에서 보이는 전단 밴딩과 취약 고분자에서 일어나는 크레이즈가 동시에 관찰된다. 유연 고분자의 전단 밴딩 현상은 결국 연신 항복 현상(tensile yielding)으로 이어지게 된다.

일반적으로 연신력(tensile force)을 일정 속도로 가하면서 이에 따른 응력-변형 거동(stress-strain behavior)을 관찰하게 된다. 만일 시간이나 연신 속도에 따라 다른 거동을 보이면 점탄성 성질이 있다고 말한다. 이때 변형에 대한 응력의 기울기는 영 탄성률(Young's modulus)이라 하여 항복 강도(yield strength)나 취약성(brittleness)의 기준이 되므로 아주 중요한 설계 변수의 하나가 되는 것이다. 항복 현상이란 영구적인 소성 변형

(plastic deformation)이 일어나서 응력이 제거된 뒤에도 전혀 복원이 되지 않는 경우를 말한다. 다음은 실제 실험 방법에 대한 논의이다.

13.2 | 정적 실험 - 연신 모드

정적인 실험에는 연신 모드와 전단 모드가 가능하다. 전이(transient) 실험으로는 크리프과 응력 완화(stress relaxation) 방법이 있으며 충격 실험으로는 아이조드(izod) 방법과 샤르피(Charpy) 방법이 있다. 주기적 실험으로는 피로 실험이 있다.

정적 실험(static testing)

연신 또는 압축 변형이나 전단 변형 실험에서는 개뼈다귀(dog-bone) 모양의 시료를 사용한다(그림 13.1). 일정한 속도로 연신되거나, 압축 또는 전단 변형이 가해질 때 받는 시료에의 응력을 측정하게 되는데 탄성률(modulus), 강도(strength), 그리고 파괴 신장율(elongation to failure)을 알아볼 수 있다.

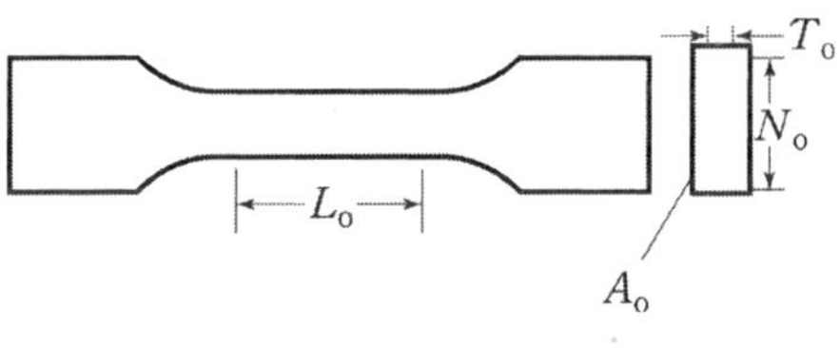

그림 13.1 개뼈다귀 모양의 시료

연신 변형의 경우, 일정한 변형을 유지한 상태에서 고분자 시료의 초기 길이(L_0), 초기 면적($A_0 = W_0 T_0$)에 걸리는 힘(F)을 변환기(transducer)로 측정하게 된다. 이를 통해 응력과 변형을 각각 계산할 수 있다.

$$\text{응력(stress)} \quad \sigma = \frac{F}{A_0} \tag{13.1}$$

$$\text{변형(strain)} \quad \epsilon = \frac{\Delta L}{L_0} \tag{13.2}$$

하지만 변형이 일어나면 면적 및 길이가 동시에 변화하게 되므로 진짜 응력과 진짜 변형은 아래 식과 같이 계산하여야 한다.

$$진짜\ 응력(true\ stress)\quad \sigma^T = \frac{F}{A} = \sigma\frac{L}{L_0} \qquad (13.3)$$

$$진짜\ 변형(true\ strain)\quad \epsilon^T = \int_{L_0}^{L}(\frac{1}{l})dl = \ln(\frac{L}{L_0}) \qquad (13.4)$$

탄성체나 비압축성(incompressible) 유체를 제외하고는 보통의 고분자 시료는 변형 과정에서 다음과 같은 부피 변화가 일어나게 된다.

$$\Delta V = V - V_0 = (1 - 2\nu)\epsilon V_0 \qquad (13.5)$$

$$\nu : 푸아송\ 비,\quad \nu = \frac{\epsilon_T}{\epsilon_L} = \frac{1}{2}[1 - \frac{1}{V}(\frac{\partial V}{\partial \epsilon})] \qquad (13.6)$$

ϵ_T : 횡(transverse) 방향의 진짜 변형

ϵ_L : 종(longitudinal) 방향의 진짜 변형

표 13.2 고분자의 푸아송 비

고분자	푸아송 비 ν
천연 고무	0.50
LDPE	0.49
PC	0.40
PVC	0.38
PET	0.37 (transverse)
PET	0.44 (extensional)
PMMA	0.37
PS	0.33
Nylon6,6	0.3 - 0.4

만약에 $\nu = 0.5$이면 변형 과정에서 전혀 부피 변화가 없다는 뜻이다. 즉 $\Delta V = 0$이 되는 경우로서 주로 탄성체 고무에서 이런 현상을 보인다. 범용 수지의 하나인 저밀도

폴리에틸렌(LDPE)도 $\nu = 0.49$ 정도로 변형 중 부피 변화가 아주 작다. 그러나 일반적인 열가소성 고분자는 가공 중 부피 변화가 많으므로 유의하여야 한다. 특히 결정성 고분자가 연신된 경우에는 PET에서 보다시피 방향에 따라 부피 변화가 크게 다르다. 탄성체의 경우에는 응력과 변형 사이에 다음의 훅의 법칙(Hooke's law)이 성립된다.

$$\sigma = E\epsilon \tag{13.7}$$

여기서 비례 상수 E를 **영 탄성률(Young's modulus)** 또는 연신율(tensile modulus)이라 하며 그 역수에 해당하는

$$D = 1/E \tag{13.8}$$

를 **연신 순응률(tensile compliance)**이라 한다.

그림 13.2에 제시된 것처럼 전형적인 취약 고분자의 응력-변형 곡선을 보면 낮은 변형에서는 탄성적 거동을 보이다가 점점 그 기울기가 줄어들고 마침내 어떤 변형, 응력에서 파괴가 일어난다. 이를 파괴 응력, 파괴 변형(σ_u, ϵ_u)이라 할 수 있다. 보통 초기 영 탄성률과 함께 1% 시컨트율(1% secant modulus) 등이 물질의 성질로 표현되며 측정 온도, 변형 속도 등에 따라 다르다.

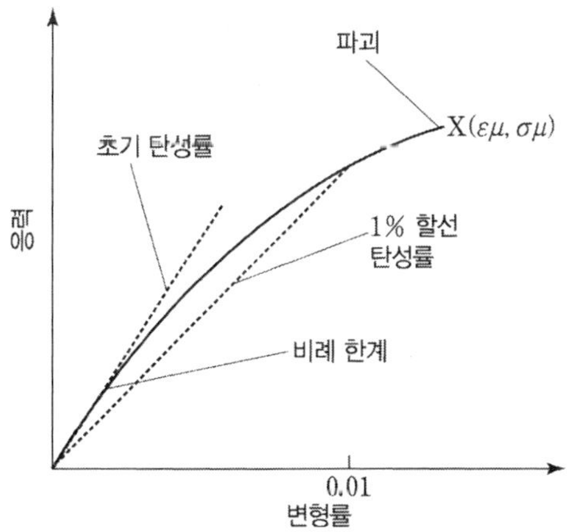

그림 13.2 취약 고분자의 응력-변형 곡선

이런 영 탄성률을 온도의 함수로 그려보면 그림 13.3과 같이 된다. T_g 이하의 온도에서는 저분자나 고분자 물질 모두 10^9 Pa 정도의 영 탄성률을 보인다. 온도가 올라감에 따라 그 거동이 세분화되는데 결정성 고분자, 가교된 고분자는 10^6 Pa 정도 또는 그 이상의 영 탄성률을, 무정형 고분자는 이보다 낮은 수준의 영 탄성률을 보인다. 고무상 평탄 영역(rubbery plateau region)에서처럼 한참 동안 거의 비슷한 수준을 보이다가 온도가 더 올라가면 가교된 경우를 제외한 두 경우 다 점성유체 영역(viscous fluid region)에 도달하여 영 탄성률이 급격하게 떨어지게 된다.

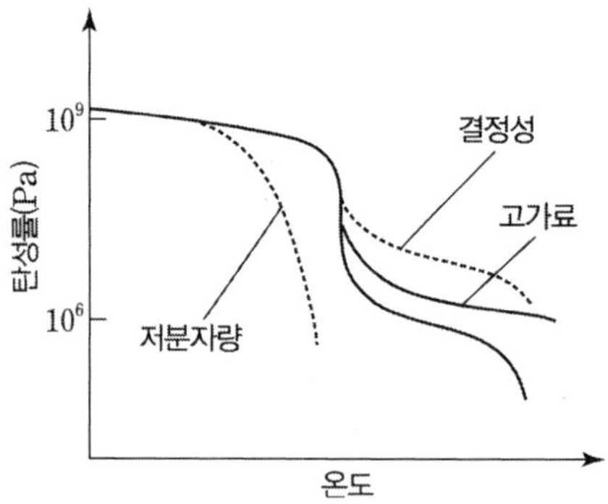

그림 13.3 Modulus vs Temperature

표 13.3 고분자의 상온 기계적 물성

고분자	탄성률 (MPa)	연신 강도 (MPa)	파괴 연신율 (%)
NR	1,940	–	750~850
LDPE	55~172	15.8~78.6	150~600
MDPE*	172~379	12.4~19.3	100~150
HDPE	413~1034	17.9~33.1	12~700
PP	1,032~1,720	29.3~38.6	11~15
PTFE	340	17~34	200~400
PET	3,100	47	50~300
nylon6,6	2,000	77~84	150~300
PVC	1,000~3,500	50~75	10~50
PMMA	2,700~3,200	50~77	2~10
PS	3,200~3,250	45~65	3~4
POM	2,600~3,400	69	15~75

* medium density polyethylene

고무상 평탄 영역이 있는 것은 상업적으로 활용되는 열가소성 고분자가 상당히 큰 분자량을 가지고 있어 고분자 사슬 간의 엉킴(entanglement) 현상이 나타나기 때문이다(12장 참고). 이때의 영 탄성률은 대체적으로 절대 온도에 비례하고 엉킴 사이의 분자량 M_e에 반비례하게 된다.

$$E_p \propto \frac{\rho RT}{M_e} \tag{13.9}$$

여기서 M_e은 사슬 엉킴 점 사이의 분자량(Molecular Weight between Entanglement)이다.

압축 모드(Compressive Mode)

막대 형태의 시료를 사용하는 연신 모드와 달리 압축 모드에서는 보통 디스크 형태(disk type)의 사료를 사용하는데 이때 얻어지는 응력/변형 기울기를 벌크 탄성률(bulk modulus, K)이라고 하며 그 역수를 벌크 순응률(bulk compliance, B)이라고 한다.

13.3 | 정적 실험 - 전단 모드(Shear Mode)

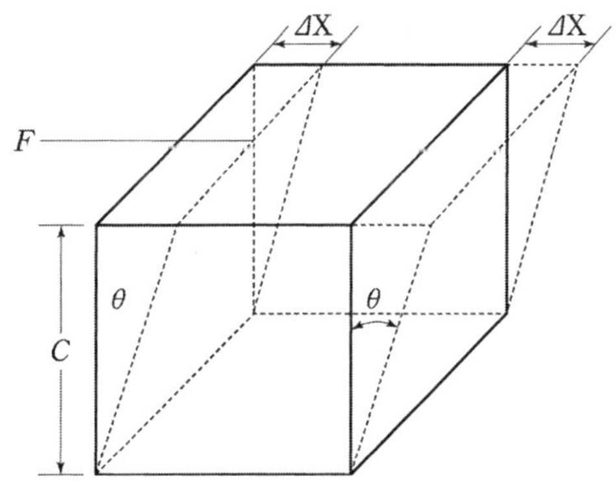

그림 13.4 진단 변형

연신 모드와 압축 모드는 둘 다 회전 운동이 없는 변형이지만 그림 13.4에 제시된 경우는 응력이 전단면에 평행하게 작용하는 전단 응력에 의하여 전단 변형이 생기는데 각각

$$전단\ 응력\ \tau = \frac{F}{A_0} = 전단력/면적 \tag{13.10}$$

$$전단\ 변형\ \gamma = \tan\theta = \frac{\Delta x}{C} \tag{13.11}$$

이 된다. 만일 고분자 시료가 탄성체의 훅의 법칙에 따라 변형한다면

$$\tau = G\gamma \tag{13.12}$$

와 같이 나타낼 수 있다. 여기서 비례 상수 G는 전단 탄성률(shear modulus)이며 그 역수 $J = \frac{1}{G}$는 전단 순응률(shear compliance)이다. 연신 실험에서 얻은 값과 이론적으로 다음과 같은 관련이 있다.

$$E = 2(1+\nu)G \tag{13.13a}$$

$$J = 2(1+\nu)D \tag{13.13b}$$

$$K = \frac{E}{3(1-2\nu)} \tag{13.13c}$$

$\nu \to \frac{1}{2}$, $E \to 3G$, $J \to 3D$, $K \to \infty$이 되면 비압축적인 경우(즉 변형 도중에 부피 변화가 없는 경우)를 의미한다. 이 실험에서도 측정 온도나 변형률에 따라 다른 값을 가진다.

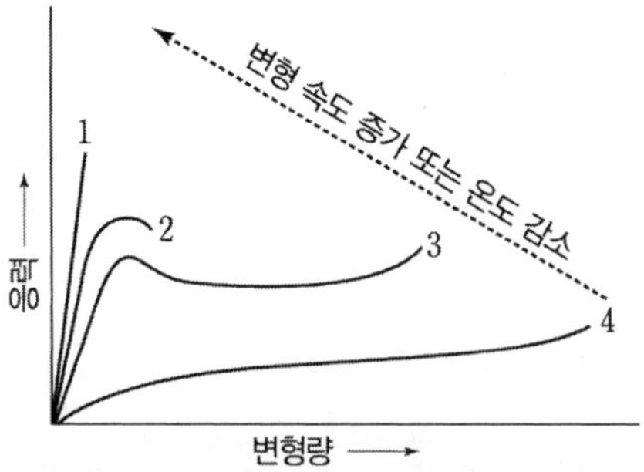

그림 13.5 대표적인 응력-변형 곡선

그림 13.5에 나타낸 바와 같이 여러 고분자의 전형적인 응력－변형 곡선을 4가지 정도의 모양으로 비교 설명할 수 있다. 같은 고분자라 하더라도 측정 온도가 내려가거나 변형률을 증가시키면 점점 유연한 성질에서 취약한 성질(4 → 3 → 2 → 1)로 변화되는 양상을 보인다. 각각의 경우에 대하여 자세히 알아보자.

Curve 1은 PS와 같이 전형적인 취약 고분자의 거동이다. 아주 급격한 응력 증가가 나타나다가 파괴 때까지 높은 탄성률을 나타내는데 파괴 응력(stress-at-break, σ_b), 또는 극한 응력(ultimate stress, σ_u)을 알아볼 수 있다. 탄성률은 재료의 성질이지만 극한 응력은 시료의 성질로서 가공 조건이나 결함의 유무에 따라 영향을 받기 때문에 여러 번 측정하여 그 평균값을 취하여야 한다.

Curve 2와 3은 유연한 고분자의 전형적인 커브로서 엔지니어링 플라스틱(engineering plastic), 폴리아마이드 수지(polyamides), 강화 플라스틱(toughened plastics)에서 보이는 거동이다. 상당한 수준의 변형에서 항복 응력(yield stress)을 보이게 되고 그 이상에서는 변형 연화(strain softening)가 일어나게 되어 5～50%의 변형 정도에서 연신 응력(draw stress)이 최저가 된다. Curve 2에서는 결국 최저 연신 응력(draw stress)에서 파괴가 일어난다. 반면에 Curve 3에서는 orientation hardening이 일어나서 파괴 현상이 상당한 응력 증가 때까지 지연되게 된다.

고분자 사슬이 연신 방향으로 길게 늘어나게 되므로 목 현상(neck propagation)이라고 하는 연신 연화 현상을 보이면서 낮은 탄성률을 보이지만 극한 연신율은 아주 높아지고 파괴 연신도 아주 큰 값을 가진다.

Curve 4는 탄성체 고무의 전형적 응력-변형 거동으로서 전반적으로 낮은 영 탄성률 그리고 수백 퍼센트에 달하는 높은 극한 연신 변형을 보이고 있다. 보통 마지막 극한 파괴 직전에 변형에 따른 결정화가 일어나 약간의 응력 증가 현상을 보인다.

13.4 | 전이 실험

대표적인 전이(transient) 실험으로는 두 가지를 들 수 있는데 그 하나는 **일정 응력 변형(creep)** 실험이라 하여 고분자 시료에 일정한 하중(load), 즉 응력(stress)를 주고 시간에 따른 변형의 추이를 관찰하는 실험을 한다. 주로 치수 안정성(dimensional stability)을 알아보는 데 편리한 실험이다. 다른 하나는 고분자 시료를 빠른 속도로 일정 변형까지 연신한 다음 변형을 유지하면서 시료에 걸리는 응력의 변화 즉 응력 완화를 알아보는 실험이다.

일정 응력 변형(creep)

일정 온도에서 일정한 응력을 급히 가하여 시간에 따른 변형의 추이를 보는 실험으로서 전단, 비틀림(torsion), 굴곡(flexure), 압축(compression), 연신 방법으로 실험을 할 수 있다. 장시간 하중(load)을 받게 되는 경우의 거동을 이해하는 데 필요한 자료를 제공해 준다. 연신 모드의 경우

$$\text{연신 순응률(tensile compliance)} \quad D(t) = \frac{\epsilon(t)}{\sigma_0} \tag{13.14}$$

$$\text{이상 탄성체(ideal elastic)} \quad \epsilon = D\sigma_0 = \epsilon_0 \tag{13.15}$$

$$\text{이상 점성체(ideal viscous)} \quad \epsilon = \int_0^{t'} (\frac{\sigma_0}{\eta})dt = \frac{\sigma_0 t'}{\eta} \tag{13.16}$$

와 같이 자료를 얻을 수 있다.

점탄성(viscoelastic)이 있는 시료의 경우에는 초기 변형은 탄성적 거동을 보이나 점성의 영향으로 복원이 늦어지게 되므로 용수철과 대시포트를 가정한 경험적 점탄성 모델을 사용해서 점탄성 거동을 이해하기도 한다.

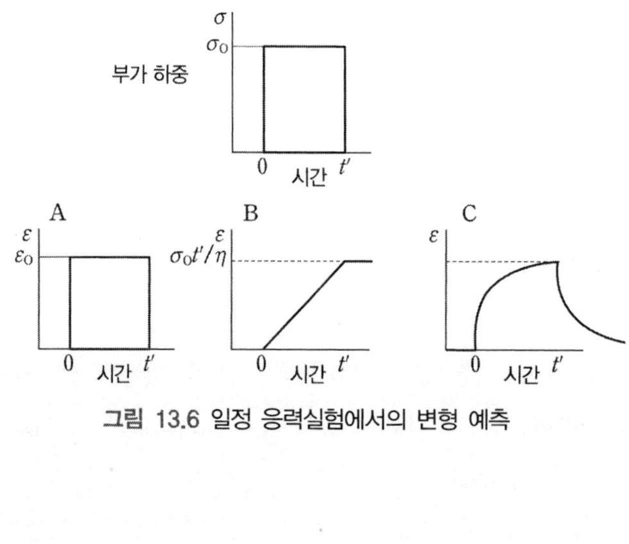

그림 13.6 일정 응력실험에서의 변형 예측

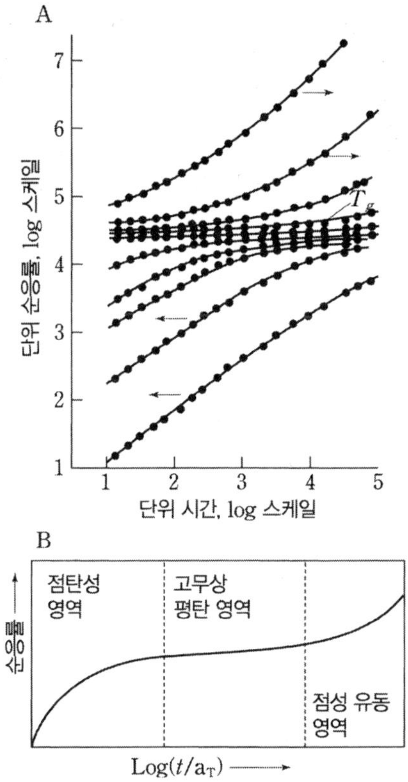

그림 13.7 크리프 순응률 vs 시간

그림 13.8은 응력 완화 실험에서 얻은 응력 완화 탄성률(stress relaxation modulus)

$$E_r = \frac{\sigma(t)}{\epsilon_0} \tag{13.17}$$

을 나타낸다. 여러 온도에서의 시간적 추이가 적절한 이동 인자(shift factor)를 사용하면 하나로 표현될 수 있다. 이를 **시간 온도 중첩의 원리(time temperature superposition)**라 부른다. 이는 다른 온도에서의 장기적 거동을 실제 실험 없이도 예측할 수 있는 편리한 정보이며 그림 13.7에 제시한 크리프 순응률의 역수에 해당한다. 그림 13.8에 개략적으로 그린 것과 같이 전체적 변형 영역을 유리상 영역, 점탄성 영역, 고무상 영역 그리고 점성 흐름 영역으로 나눌 수 있다.

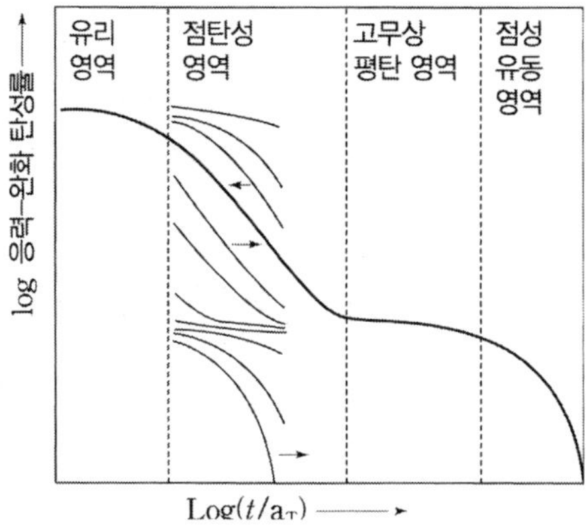

그림 13.8 응력 완화 탄성률(stress relaxation modulus)

13.5 | 충격 실험

고분자 시료가 파괴되는 데 소요되는 에너지를 급격한 하중(rapid loading)으로 측정하기 위해 충격 실험(impact testing)을 할 수 있다. 아이조드 방법이나 샤르피 방법이 있으며 망치를 사용하여 시료가 파괴되는 파괴 에너지(energy to break)를 측정한다. 톱니(notched)가 있는 시료의 아이조드 충격 강도는 톱니가 없는(unnotched) 경우와 많은 차이를 보인다. 또한 소재의 특성뿐 아니라 시료 제작 과정 등의 실험 조건에 영향을 많이 받기에 여러 번 실험하여 평균을 구해야 하고 같은 방식으로 측정한 값들끼리만 비교하여야 의미가 있다.

부피가 큰 가지를 가지거나 비선형 사슬을 가진 무정형 고분자는 취약한 성질을 보이므로 고무상을 도입하여 블렌드를 만들어 충격 강도를 향상시켜야 한다. PS의 경우 HIPS가 되기 위하여 0.1 μm 정도의 고무 입자를 도입하는 데 입자와 고분자 매트릭스 사이의 접착이 중요하다.

표 13.4 고분자의 충격 강도 kJ/m^2

고분자	unnotched	notched	kJ/m^2
PS	5/20	2/2.5	13~21
PVC	>20	2/50	21~160
PP	no	3/17	27~107
PTFE	no	13/15	–
HIPS*			27~427
LDPE	no	no	>85.4
HDPE	no	no	42.7~74.7
ABS	70	7/20	53~534
nylon6,6	no	15/20	
PET	no	4	
Polysulfone	–	–	69~267
PC	no	20/30	641~961

* high impact polystyrene

13.6 | 피로 실험

피로 실험(fatigue testing)은 일정 수준의 응력을 주기적으로 가할 때 파괴까지 걸리는 횟수를 측정하는 실험이다. 인내 한계선(endurance limit) 이하의 낮은 응력에서는 아무리 해도 여러 번 응력을 주기적으로 가해도 파괴되지 않는 응력의 수준이 존재하기도 한다.

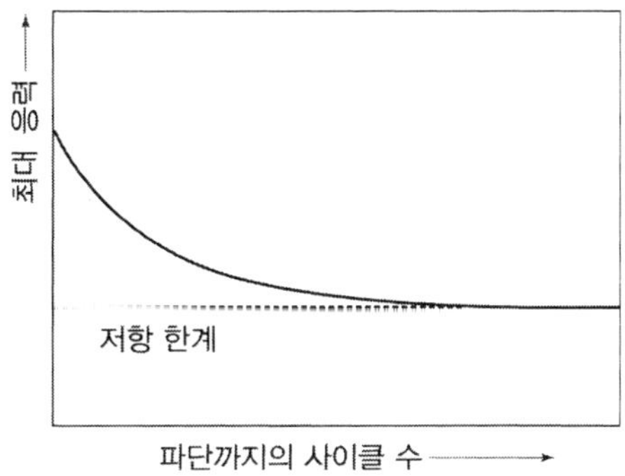

그림 13.9 피로 실험

참고문헌

1. J. R. Fried, "Polymer Science and Technology", 3rd ed., 2014, Prentice Hall Ch 4

2. polymer handbook

3. 박정기, 박오옥, "고분자재료공학", 1998, 시그마프레스(M)

연습문제

13-1 길이 10 cm, 폭 5 cm, 두께 2 cm인 폴리스타이렌의 인장 시편이 10.5 cm 길이로 연신되었다. 시료가 등방성이고 균일하게 변형한다고 가정할 때, 변형 후의 폭과 % 부피 변화를 계산하시오.

13-2 100℃에서 결정 성장 인자(n)가 2이고 속도 상수(k)가 10×10^{-3} s^{-2}인 고분자를 용융한 후 100℃로 급랭하여 결정화시켰다. 10초 후의 시료의 결정화도는 얼마인가?

13-3 천연 고무가 변형되는 동안 결정화가 일어나지 않는다고 가정하여, 100% 신장하였을 때, 예상되는 % 부피 변화는 얼마인가? 단, 세로 방향 변형에 대한 가로 방향 변형의 비로 정의되는 Poissons ratio는 $\nu=0{,}49$라고 가정한다.

13-4 폴리스타이렌 시료의 1% 시컨트 탄성률은 3 GPa이다.

(a) 0.01 변형(strain)에서 이 시료의 응력(stress)(MPa)은 얼마인가?

(b) 0.01 명목상의 변형에서 이 시료의 응력은 얼마인가?

4부

고분자 유변학 및 가공

14

고분자는 어떻게 가공하는가?

고분자 소재는 상대적으로 **가공(processing)**이 쉬운 소재이다. 가공을 위하여 일단 고분자 용융체나 고분자 용액을 만들어야 하는데 이런 경우 보통 저분자 유체에서 보이는 유체 **점성**과 더불어 고체 **탄성**을 같이 보인다. 따라서 **점탄성**을 고려하여야 한다. 고분자 가공에서의 **점도(viscosity)**는 주로 속도 분포의 결정, 압력 강하 예측이나 **압출 다이(die)**와 같은 좁은 공간을 흐를 때 발생할 수 있는 점성 가열(viscous heating) 현상을 설명하는 데 꼭 필요한 물성이다. 반면에 탄성도(elasticity)는 용융체 팽윤(extrudate swell), 용융 파괴(melt fracture), 출구 압력의 존재(non-zero exit pressure)와 관련이 있다.

압출, 혼합, 몰드 성형, 압연, 코팅 그리고 발포 공정이 대표적 고분자 가공 공정이다. **압출(extrusion)**은 플라스틱 파이프나 시트 또는 막대형 제품을 연속적으로 만들어내는 공정이며 몰드 성형에는 **사출 성형(injection molding)**과 **압축 성형(compression molding)**이 있다.

14.1 | 압출(extrusion)

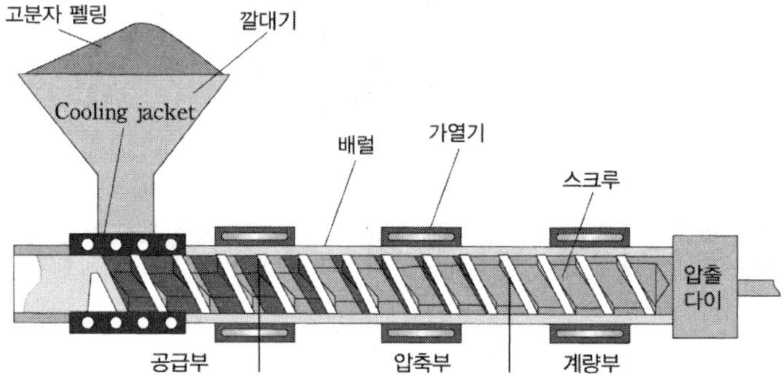

그림 14.1 Single screw extruder

가장 간단한 일축 압출기는 고체상 고분자 펠릿(pellet)을 주입하는 깔대기(hopper) 그리고 배럴(barrel) 속에 돌아가는 스크루(screw), 마지막 단계에서 액상 고분자가 압출기를 빠져나오는 길에 모양을 갖추기 위한 압출 다이로 구성된다. 이렇게 해서 판상, 필름상 또는 관과 같은 모양의 고분자 제품을 연속적으로 만들게 된다. 스크루와 배럴로 이루어진 가운데 부분은 크게 세 부분으로 나뉜다. 시작하는 공급부(feed section)는 주로 고체 고분자 상태로 움직이고, 다음 압축부(compression section)에서는 고체 고분자와 용융 고분자가 공존하며 마지막 계량부(metering section)에서는 완전히 용융된 균일상 고분자가 다이 쪽으로 움직인다. 압출기의 최종 목표는 연속적으로(continuous) 균일하고(homogeneous) 일정한 온도를 가진(isothermal) 고분자 용융체를 다음 가공 단계로 이송시키는 것이다.

14.2 | 혼합(mixing)

앞서 언급한 바와 같이 압출기는 혼합기로서의 역할을 충실히 수행한다. 특히 고분자/고분자를 같이 가공하거나 여러 종류의 첨가제를 사용하는 경우 혼합은 품질 관리 측면에서 매우 중요한 공정이다. 마코스코(Christopher W. Macosko) 교수가 제안한 모폴로지 전개 과정은 그림 14.2와 같이 나타낸다. 혼합을 신속히 달성하기 위하여 이축 압출기 내지는 다축 압출기를 활용하기도 한다.

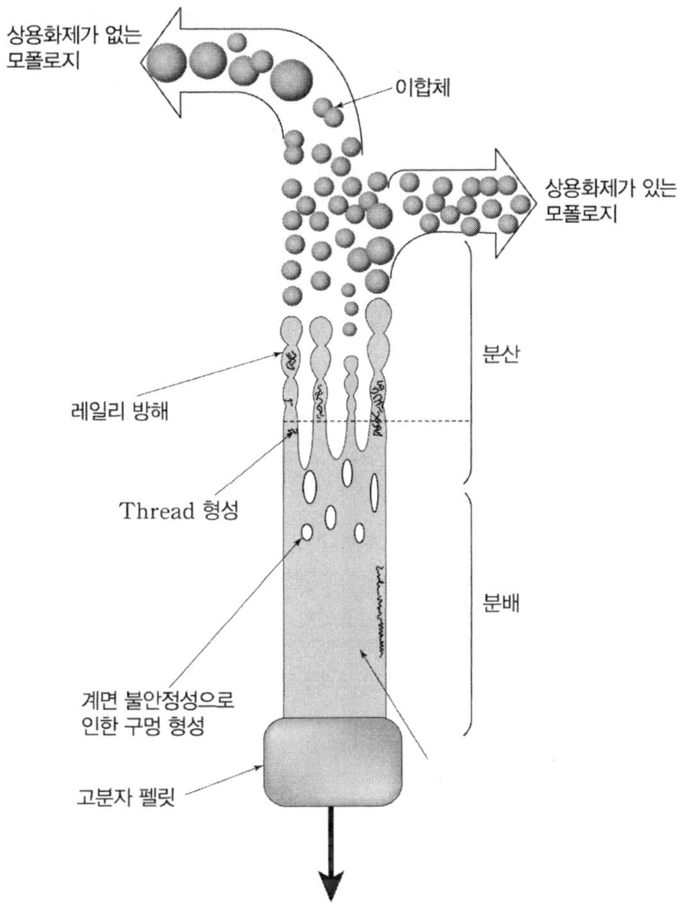

그림 14.2 모폴로지 형성 과정

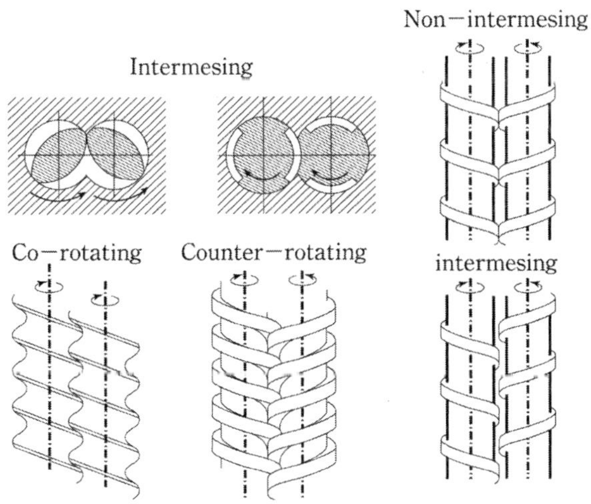

그림 14.3 이축 압출기의 스크루

혼합은 분배 혼합(distributive mixing)과 분산 혼합(dispersive mixing)으로 나누어 설명한다. 분배 혼합에서는 상용성이 있는 두 액체가 층류에 의하여 서로 분산된다. 주로 큰 변형에 좌우되기에 주성분과 2차 성분의 계면 면적을 증가를 효과적으로 유도할 수 있게 초기 배향이 잘 조절되어야 한다. 이렇게 해서 혼합의 질이 향상되는 것이다.

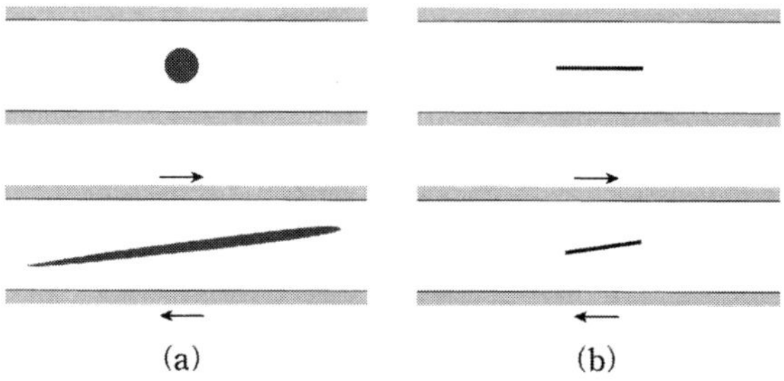

그림 14.4 분배 혼합에서 초기 배향의 영향

$$\frac{A}{A_0} = \gamma \cos \alpha \tag{14.1}$$

식 (14.1)에서 A와 A_0는 각각 마지막 계면 면적과 초기 계면 면적이고 γ는 변형의 총량이다. α는 특정 면에 수직인 방향과 흐름의 방향 사이의 각도인데 만일 $\alpha = \pi/2$이면 계면 면적(interfacial area)이 전혀 증가하지 아니하고 $\alpha = 0$이면 계면 면적이 많이 증가한다.

이상적 혼합기(Ideal Mixer)인 경우 계면 면적의 비가 Erwin(1978)에 의해 다음과 같이 얻어진다.

$$\frac{A}{A_0} = \exp\left(\frac{\gamma}{2}\right) \tag{14.2}$$

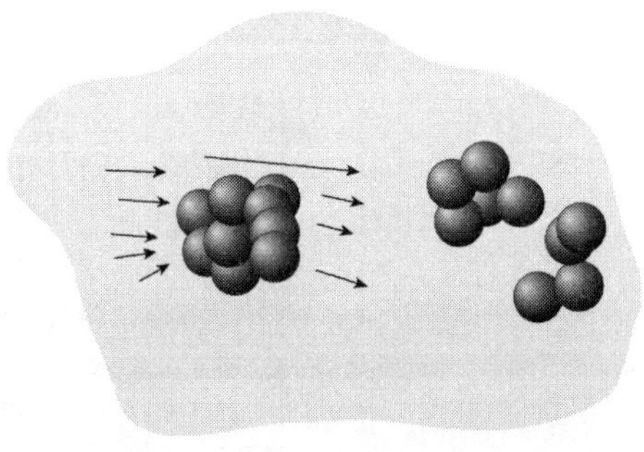

그림 14.5 흐름 속에서의 입자 응집체의 깨어짐

반면에 분산 혼합(Dispersive Mixing)은 보통 비상용성의 2차 성분이나 입자 응집체가 분산매 고분자에 깨어져서 분산되는 형태를 말하며 이 경우 가해진 변형의 크기보다 가해진 응력의 효과가 지배적이므로 어떤 종류의 흐름을 만드는지가 매우 중요하다.

입자 응집체의 깨어짐(breakup)

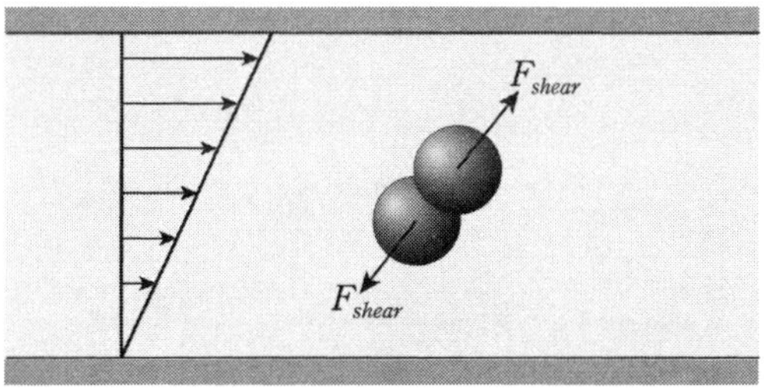

그림 14.6 단순 전단 흐름

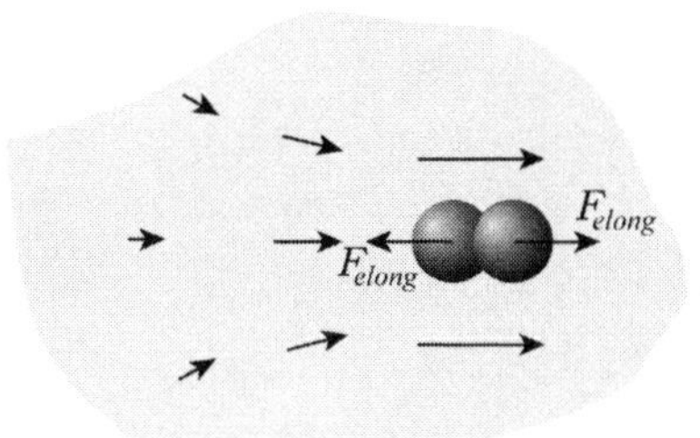

그림 14.7 연신 흐름

그림 14.6과 14.7에서 깨짐힘은 각각

$$F_{shear} = 3\pi\eta\dot{\gamma}a^2 \tag{14.3}$$

$$F_{elong} = 6\pi\eta\dot{\gamma}a^2 \tag{14.4}$$

로 주어지며 따라서 흐름 수를 다음과 같이 정의하여 사용한다.

$$\text{흐름 수(flow number)} \quad \lambda = \frac{\dot{\gamma}}{\dot{\gamma} + \omega} \tag{14.5}$$

$\lambda = 0$: 순수 회전 흐름(pure rotational)

$\lambda = 1/2$: 단순 전단 흐름(simple shear)

$\lambda = 1$: 순수 연신 흐름(pure extensional)을 나타낸다.

유체 방울의 깨어짐(break-up of fluid droplets)

유체 방울들은 비표면적을 작게 만들기 위하여 구형을 유지하려고 하지만 응력이 가해지면 변형이 유발되어 작은 방울로 깨어지게 된다. 이때 고체 덩어리의 경우와 비슷하게 연신 변형이 유리하다. 액체/액체 경계면에서의 표면 장력이 존재하므로 흐름 수(flow number)뿐만 아니라 다음과 같은 캐필러리 수(capillary number)를 정의해서 사용하여야 한다.

$$Ca = \frac{\tau R}{\sigma_s} \tag{14.6}$$

Ca는 응력, 방울의 크기, 표면 장력으로 이루어지는 무차원수로서 응력이 표면 장력에 비하여 얼마나 큰지를 나타내는 지표이다. 적절한 임계 응력이 가해져 Ca 이상이 되면 방울이 깨어질 수 있다.

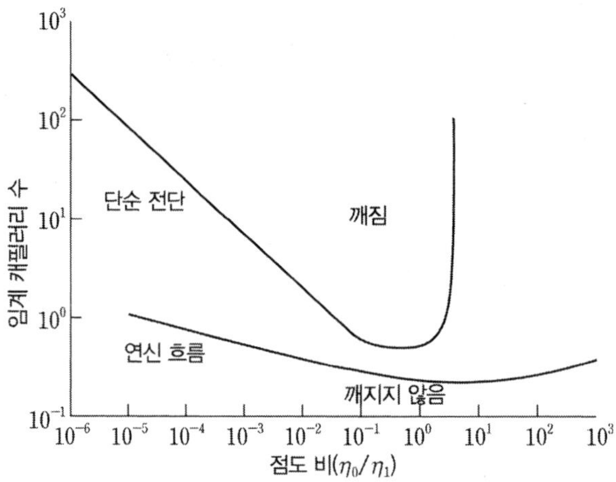

그림 14.8 임계 Capillary 수 vs 점도 비

그림 14.8에서 보다시피 점도 비 1(10^0) 근처에서 임계 캐필러리 수가 최소가 되므로 두 유체가 잘 분산되기 위하여 서로 점도가 비슷한 조건에서 혼합하는 것이 좋다고 알려져 있다.

14.3 | 성형(molding)

압출과 더불어 가장 활용도가 높은 고분자 가공 방법은 성형이다. 성형에는 회분 방식의 압축 성형(compression molding, 그림 14.9), 고분자 수지를 이송해서 찍어내는 이송 성형(transfer molding, 그림 14.10), 그리고 주기적이면서 연속적으로 압출기에 부착된 성형 틀 속으로 고분자 수지를 일정한 양만큼 주입시켜 성형하는 사출 성형(injection molding)이 있다. 많은 양의 고분자 부품이 이런 방식으로 제조된다.

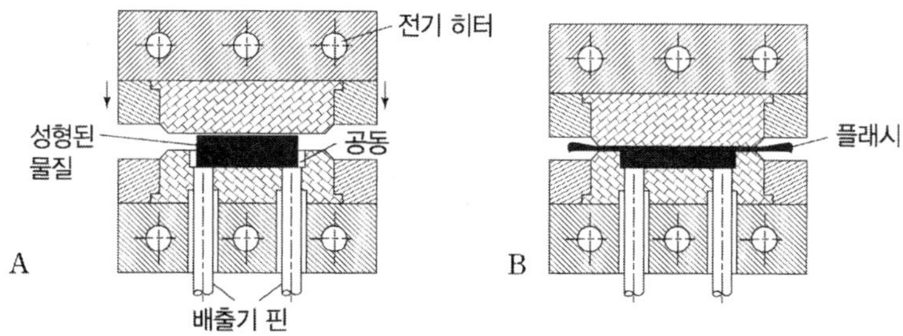

그림 14.9 압축 성형

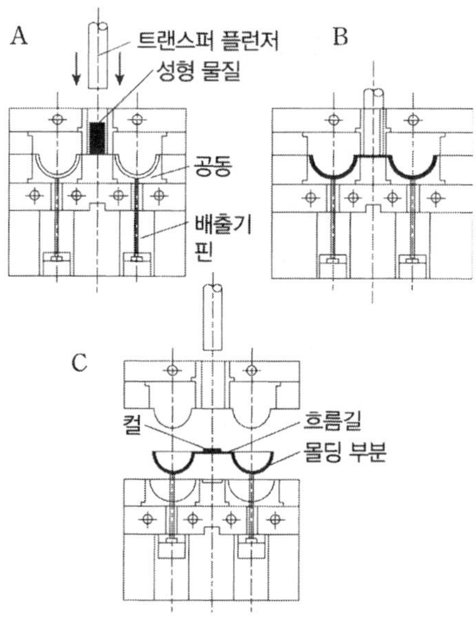

그림 14.10 이송 성형

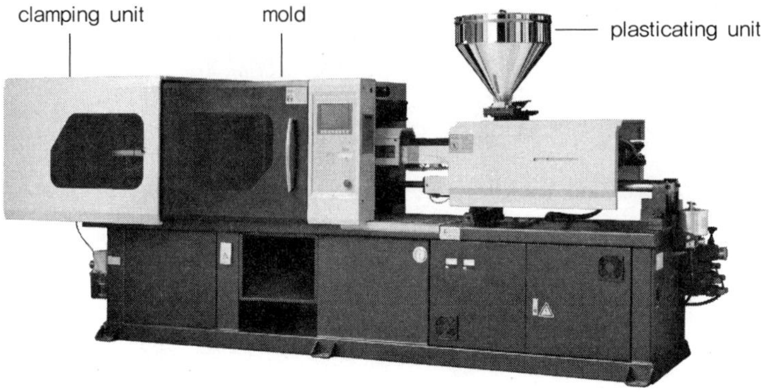

그림 14.11 사출 성형기

사출 성형의 장점은 복잡한 부품의 대량생산이 가능하다는 점이다. 1956년 개발된 현대식 사출 성형기는 그림 14.11에서 보다시피 plasticating unit, clamping unit, mold로 구성되어 있다.

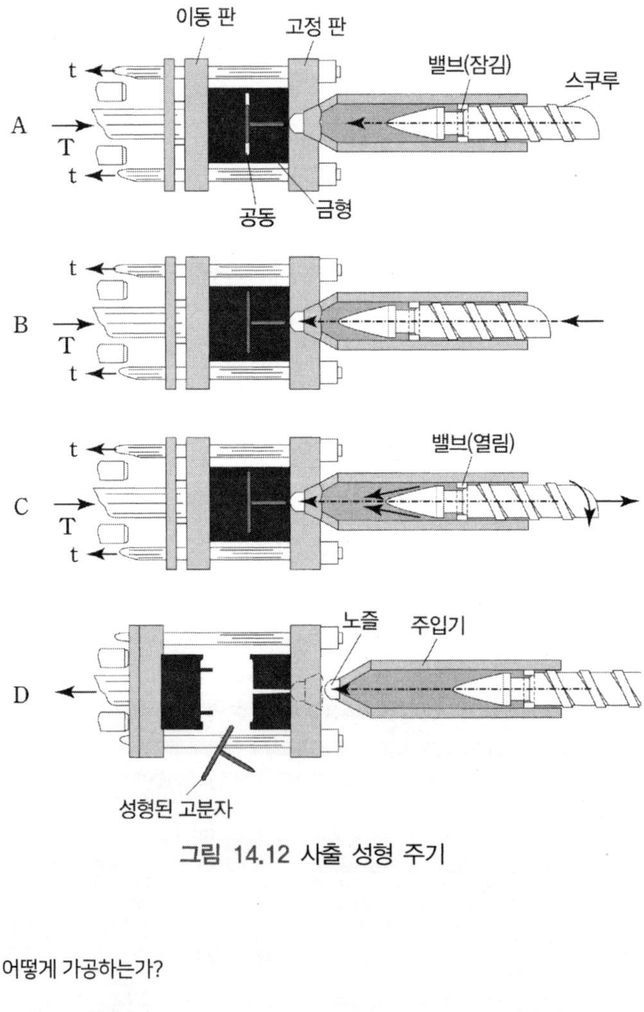

그림 14.12 사출 성형 주기

사출 성형기(injection molding machine)의 규격은 보통 제조사에서 크램핑 힘/압력(T/P)으로 표시한다. 여기서 P는 다음과 같이 정의되는 압력이다.

$$P = \frac{V_{max}P_{max}}{1000} \tag{14.7}$$

V_{max} : 최대 사출 크기(cm^3)

P_{max} : 최대 사출 압력(bar)

사출 성형은 주기적으로 이루어진다. 제일 먼저 고분자 용융체의 공동 금형(mold cavity) 속에의 주입 단계로서 주입 후 금형을 닫게 된다. 두 번째로는 금형 속을 높은 압력으로 유지시켜 부피 수축(volume shrinkage)을 상쇄시키는 단계이다. 세 번째는 다음 주기의 고분자 용융체의 주입을 위하여 스크루를 준비시키는 단계이며 그동안 충분히 냉각된 금형을 열어서 만들어진 부품을 금형에서 빠져나오게 한다. 즉 한 번 제품을 만드는 총 시간은

$$t_{cycle} = t_{closing} + t_{cooling} + t_{ejection} \tag{14.8}$$

으로 구성되며 냉각 시간이 상대적으로 제일 긴 편이다.

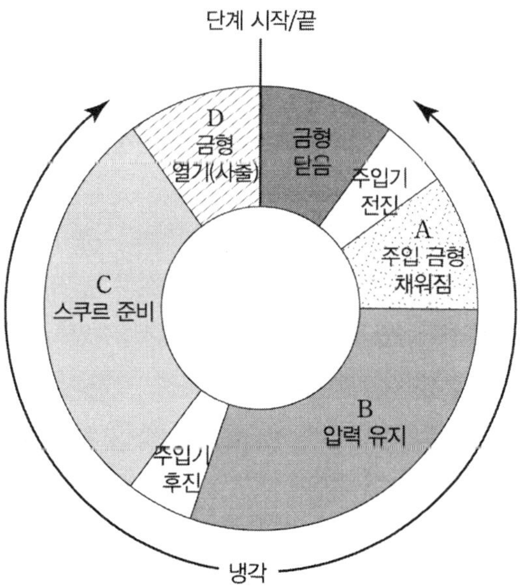

그림 14.13 시간에 따른 사출 성형

부품의 형상에 따라서도 냉각 시간을 예측할 수 있다.

$$t_{cooling} = \frac{h^2}{\pi\alpha} \ln [\frac{8}{\pi^2} \frac{T_m - T_w}{T_D - T_w}] \tag{14.9}$$

지름 D인 실린더형 부품의 냉각 시간은

$$t_{cooling} = \frac{D^2}{23.14\alpha} \ln [0.692 \frac{T_m - T_w}{T_D - T_w}] \tag{14.10}$$

으로 주어진다.

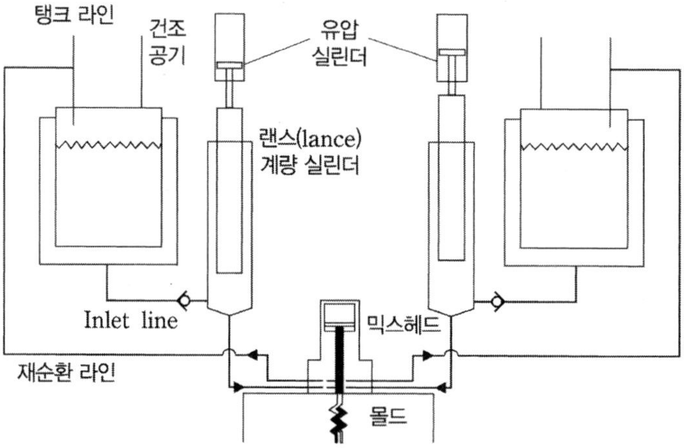

그림 14.14 Reaction Injection Molding

반응 사출 성형(Reaction Injection Molding, RIM)이라고도 불리는 사출 성형은 단량체를 중합하면서 동시에 사출 성형하는 것으로, 상대적으로 가공 조건이 쉬운 반면에 정확한 계량이 필요한 공정이다. 반응물이 액체상이어서 주입이 빠르고 낮은 온도에서 가공할 수 있어 에너지 소모가 비교적 적은 편이다.

그림 14.15의 공정은 미리 만든 파리손(parison), 즉 가열된 예비성형물(preform) 가운데로 공기를 주입하면서 팽창시켜 병 모양의 제품을 만드는 팽창 성형이다. 압출과 연결할 수도 있고 사출 공정과도 연결하여 성형할 수도 있다.

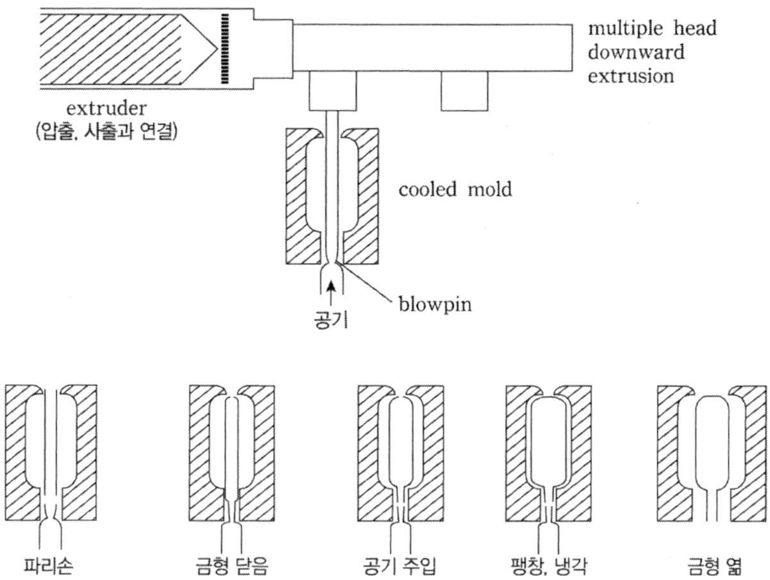

그림 14.15 Blow Molding for bottles

14.4 | 압연(calendering)

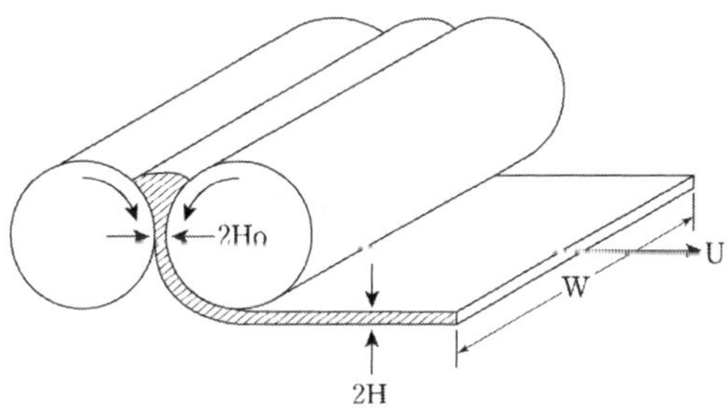

그림 14.16 압연

압연은 그림 14.16에서 보는 바와 같이 고분자 용융체를 두 개의 회전하는 롤 사이로 흘려보내서 고분자 시트를 만드는 공정을 말한다. 보통 판의 두께는 두 개의 롤 사이의 갭의 절반으로 알려져 있다. 만약 높은 생산성을 위하여 빠른 속도로 롤을 회전할 경우에는 롤에 미치는 압력이 커질 것이다. 대체적으로 롤의 단위 길이당 받는 힘(F)은

$$F = const * \mu R^2 \Omega / H_0 \tag{14.11}$$

로 주어지는데 점도(μ), 롤의 반경(R), 각속도(Ω) 및 롤 사이의 거리(H_0)에 의존한다.

압연은 PVC 판, PVC 장판(floor covering), 타이어 제조용 고무판 등을 만드는 공정이며, 표면에 무늬를 만들 수도 있고 빠른 속도로 가공할 경우 적은 양의 안정제를 투입해도 좋다.

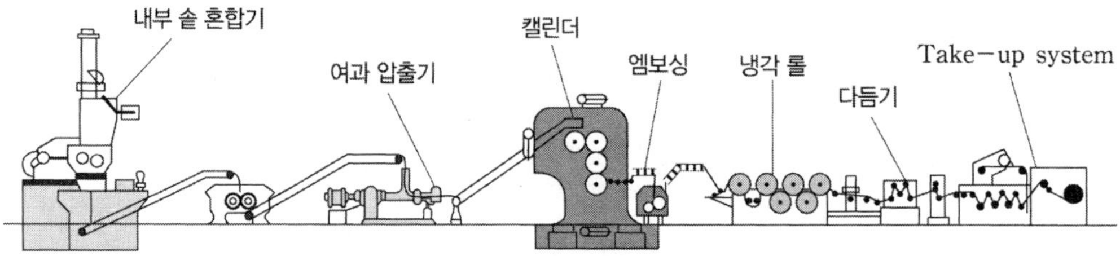

그림 14.17 Typical calendering process

이런 공정을 이해하는 데 필요한 수학적 모델은 Middleman's textbook을 참고할 수 있다.

14.5 | 코팅(coating)

코팅 공정은 유연한 기질이나 딱딱한 기질 위에 액상 물질이 균일하게 입혀지는 공정으로서 전선 도포 공정(wire coating), 침적 코팅(dip coating), 칼날 코팅(knife coating), 롤 코팅(roll coating), 커튼 코팅(curtain coating) 등 다양한 방식이 있다. 특히 롤 코팅은 압연 공정과 비슷하게 롤 사이에 기질과 유체를 같이 흘려보내면서 도포하는 것으로 수학적 모델링도 아주 유사하다. 좁은 롤 사이의 흐름의 경우 윤활 가정(lubrication approximation)에 의한 준 일차원 흐름으로 생각할 수도 있다.

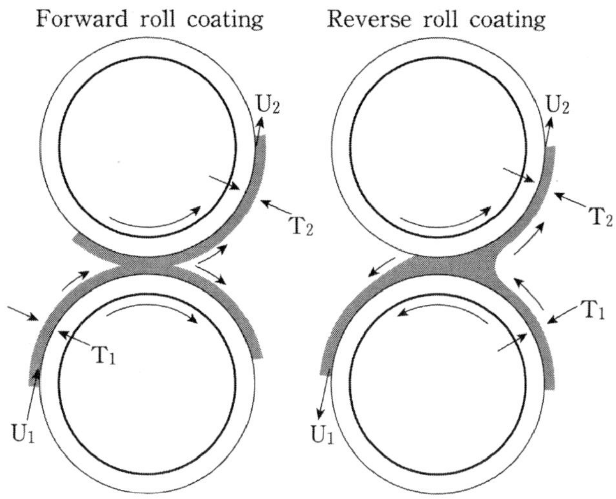

그림 14.18 Forward roll과 reverse roll

14.6 | 발포(foaming)

발포란 물리적 방법이나 화학적 발포제(chemical blowing agent)를 사용하여 고분자 재료 내에 다공성 구조나 폐쇄된 기포(cell) 구조를 만드는 공정을 말한다. 기체의 용해도가 감소함에 따라 과잉으로 생성된 기체가 버블을 형성하면, 가루로 된 금속 산화물이 기핵제(nucleating agent)로서 기포의 기핵화를 시작해서 점점 기포가 성장하게 된다. 마지막으로 기포가 안팎의 압력 차이와 표면 장력 등에 의하여 적절한 크기로 안정화되면 발포된 구조를 완성하게 된다. 결국 폐쇄된 기포나 열린 기포 구조를 만들게 된다.

질소, 이산화탄소를 직접 고분자 용융체에 주입하여 만드는 경우 물리적 발포라 하며 발포 폴리스타이렌(EPS)을 만드는 경우에는 기화 온도가 낮은 펜테인, 헵테인을 사용한다.

아이소시아네이트(isocyanate)와 물이 만나 이산화 탄소를 만들어 내거나 azo-dicarbonamide을 폴리올레핀 고분자에 넣어 발포시키는 경우는 화학적 발포에 해당하며, 포장재, 단열, 방음재의 역할을 한다.

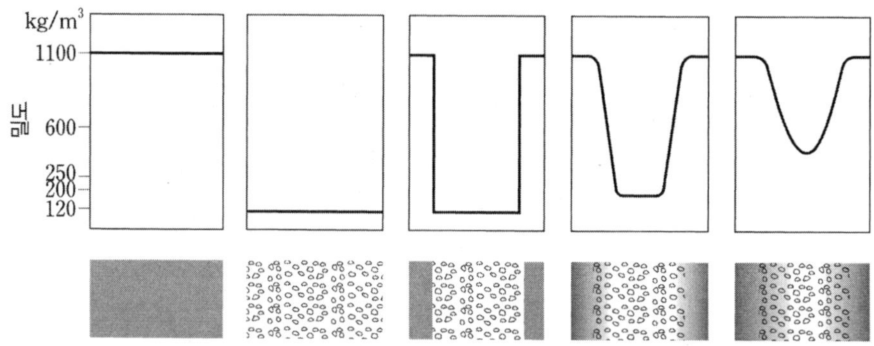

그림 14.19 unfoamed skin surrounds the foamed inner core

폴리유레테인 폼

폴리유레테인 폼은 가장 대표적인 폼 형성 고분자 수지로서 화학적 발포 공정을 이용한다. 저분자 단량체인 폴리올(polyol)과 아이소시아네이트(isocyanate)를 펜테인과 같이 반응시켜 발포시키면 만들 수 있다. 가정용품의 속재료나 침대용 매트리스에 잘 활용된다.

발포 폴리스타이렌(EPS)

EPS는 발포 제품으로 유명한데 스타이렌을 6~7% 정도의 펜테인으로 중합하면서 발포하는 것이다. 포장재, 열절연 소재 등으로 활용되어 건축 산업에는 필수적인 소재이다.

발포 폴리프로필렌(EPP)

EPP도 EPS와 마찬가지로 여러 용도로 활용되는데 특히 충격 강도가 높고 내화학성이 좋아 범퍼 코어, 선바이저 같은 자동차용 부품용이나 무릎 쿠션으로 활용된다. 제조 공정으로는 사출 발포, 압출 발포와 비드 발포가 있는데 비드 발포의 경우 발포된 펠릿을 사용하여 부품을 제조하는 것이다. EPP는 좋은 물성, 폐기물 회수의 가능성 등으로 많은 용도로 그 사용이 확대되고 있다. 이런 방식도 자동차의 연비를 향상시킬 수 있는 경량화 소재 개발을 위한 좋은 방향의 하나이다. 비드 발포에 대해서는 최근 장병각의 박사학위 논문(2019)을 참고하면 좋을 것이다.

참고문헌

1. Tim A. Osswald, Georg Menges, Materials Science of Polymers for Engineers, 3rd Ed., 2012, Carl Hanser Verlag, Munich, Ch 6.
2. J. R. Fried, "Polymer Science and Technology", 3rd ed., 2014, Prentice Hall, Ch 11.
3. Middleman Fundamentals of Polymer Processing, 1977, Mcgraw-Hill.
4. 장병각, 발포 조건과 용융거동에 의한 폴리프로필렌 비드발포체의 셀 성장에 관한 연구, KAIST 박사학위 논문, 2019.

연습문제

14-1 분배 혼합(distributive mixing)과 분산 혼합(dispersive mixing)의 차이점에 대해 기술하시오.

14-2 발포(foaming) 제품의 두 가지 예시를 찾아보고, 이러한 발포 소재가 어떻게 활용되는지 설명하시오.

14-3 100 kg의 얼음이 완전히 녹는 데 최소 20시간이 걸리도록 단열 처리할 때,

(a) 부피가 1 m^3인 큐빅 용기에 필요한 단열재의 두께를 구하시오. 단, 외부 온도는 30℃이며, 단열재로는 유레테인 폼을 사용한다. 이것의 $k = 0.05$ W/mC이며, 물의 융해열은 80 kcal/kg(334 J/g)이다.

(b) 단열 기능이 개선된, $k = 0.04$ W/mC를 가지는 새로운 단열재가 개발되었다. 이를 이용하여 위와 같은 단열 성능을 내고자 할 때, 필요한 두께를 구하시오.

15

고분자는 어떻게 흐르는가? - 고분자 유변학(polymer rheology)

5장에서 설명한 고분자 용융체나 3장에서 검토하였던 고분자 용액은 일반적인 저분자 유체에서 보이는 점성 거동과 더불어 탄성 거동을 함께 보인다. 따라서 고분자 소재를 가공해서 원하는 부품을 만들기 위하여 고분자 소재의 **점탄성(viscoelasticity)**을 고려하여야 한다. 고분자 가공에 있어서 점도(viscosity) 자체도 매우 중요한데, 흐름의 속도 분포를 결정하는 데에 반드시 필요하기 때문이다. 따라서 점성에 대한 고려를 먼저 충분히 하여야 한다. 유체는 흐르면서 변형이 생겨나고 특히 고분자 유체의 경우에는 그 변화가 아주 복잡하여 매우 흥미를 끄는 물실이라 할 수 있다. 고분자의 흐름과 변형에 대한 학문을 **고분자 유변학(polymer rheology)**이라고 한다.

고분자 용융체나 진한 고분자 용액의 거동이 저분자 유체와는 전혀 다른 양상을 보이는 것은 전적으로 높은 분자량에 기인한다. 분자량이 높아서 고분자 사슬 자체가 길고 서로 꼬이기도 하며, 흐름에 따라 그 배향이 바뀌기도 하고 연신 정도가 달라지기도 한다. 이런 변화 때문에 흐름의 세기나 흐름의 종류에 따라 다른 거동을 보이게 된다.

보통 저분자 유체는 뉴턴 점도를 가지면서 약간의 온도 의존성만 가지는 반면에 고분자 유체의 점도는 심한 **전단 묽어짐 현상(shear thinning)**을 보이는 비뉴턴 점성 유체 특성을 가진다. 더불어 점탄성 거동과 아주 심한 온도 의존성 등을 보인다. 이 중 전단 묽어짐 현상은 실제 가공에 있어서 큰 도움을 주는 현상이다. 적은 에너지만으로도 고분자 가공을 가능하도록 하기 때문이다.

유변 물성 측정법(rheometry)이란 잘 정의된 흐름 속에서 재료의 유변 물성을 측정할 수 있게 고안된 방법을 이야기한다. 이 실험 결과는 가공 공정 조건을 결정하는 데 아주 요긴한 자료가 될 것이다. 전단 변형이 지배적인 공정이면 전단 점도가 중요하고, 팽창 성형(blow molding)이나 섬유 방사(fiber spinning)처럼 연신 변형이 중요한 공정에서는 연신 점도를 알아야 한다.

실제적 **점성 유체의 흐름**은 보통 전단 흐름과 연신 흐름으로 구별하지만, 이론적으로는 회전 흐름과 연신 흐름으로 구별하고 흐름에서의 연신 흐름의 정도를 나타내는 **흐름 수**로 구별한다(14장 2절 참고). 순수 연신 흐름(흐름 수 1)과 순수 회전 흐름(흐름 수 0)의 사이에 있는 단순 전단 흐름의 경우는 흐름 수 1/2에 해당된다. 고분자 가공 공정에서 보았듯이 전단 흐름은 주로 압출, 사출 코팅, 압연 등에서 나타나는 흐름의 양상이고 연신 흐름은 방사(spinning), 팽창 성형(blow molding), 필름 블로잉(film blowing) 공정 등에서 나타나는 흐름이다. 전단 흐름은 주로 압력 강하에 의하여 흐름이 생겨나는 경우(pressure driven Poiseuille flow)와 속도에 의하여 생겨나는 경우(velocity driven Couette flow)로 나눌 수 있다.

어느 경우든지 흐름을 구체적으로 알아보기 위해서는 응력과 속도 기울기 또는 변형률의 상관관계식인 구성 방정식이 먼저 규정되어야 한다. 고분자 용융체의 점탄성 거동과 측정 방법에 대하여는 16장에서 자세히 공부할 것이다. 이 장에서는 비교적 간단한 뉴턴 유체를 시작으로 해서 차근차근 고분자 유변학을 다루고자 한다.

15.1 | 뉴턴 유체

고분자 용융체의 흐름을 지배하는 구성 방정식으로 변형률(변형의 시간적 변화율 또는 속도의 공간적 변화율)이 작은 경우에는 저분자 유체와 마찬가지로 뉴턴의 점도 법칙을 적용할 수 있다.

$$\tau = \mu \frac{d\gamma}{dt} \tag{15.1}$$

τ : 전단 응력

μ : 점도

γ : 전단 변형

$\frac{d\gamma}{dt} = \dot{\gamma}$: 전단 변형률 또는 전단율

1차원적 흐름에서는 관성항의 영향이 자연스럽게 무시되므로 한 방향의 속도 분포를 쉽게 예측할 수 있다. 이론적으로 그림 15.1에서 보인 것처럼 두 평행판 사이에 유체가 꽉 채워져 있고 한 판이 일정 속도로 움직인다면 속도 분포는 유체의 구성 방정식에 무관하게 선형적인 분포를 보이게 된다. 이를 평판 쿠에트 흐름(plane Couette flow)이라고 한다. 결국 전단율은 다음 식을 만족하게 된다.

$$\dot{\gamma} = \frac{du_x}{dy} = \frac{U}{H} \tag{15.2}$$

물론 고체판에서는 안 미끄럼 경계 조건(no slip condition)을 사용한다.

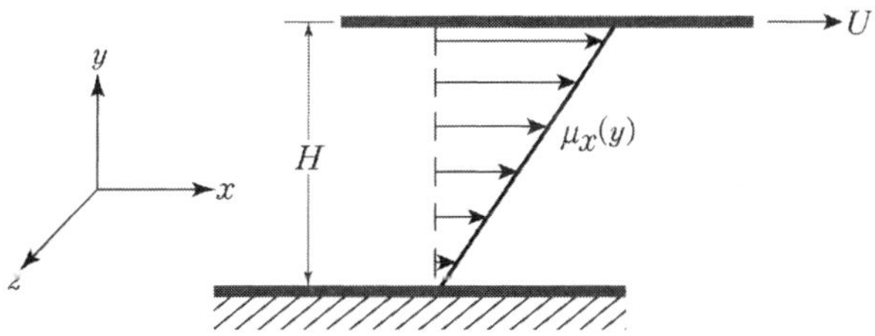

그림 15.1 평판 쿠에트 흐름(plane Couette flow)

15.2 | 비뉴턴 유체(non-newtonian fluid)

그림 15.2에서 보다시피 고분자 용융체에서 전단율이 증가하면 점도가 서서히 감소하게 되는데 이를 전단 묽어짐(shear thinning)현상이라 부른다. 이것은 유연 고분자 사슬

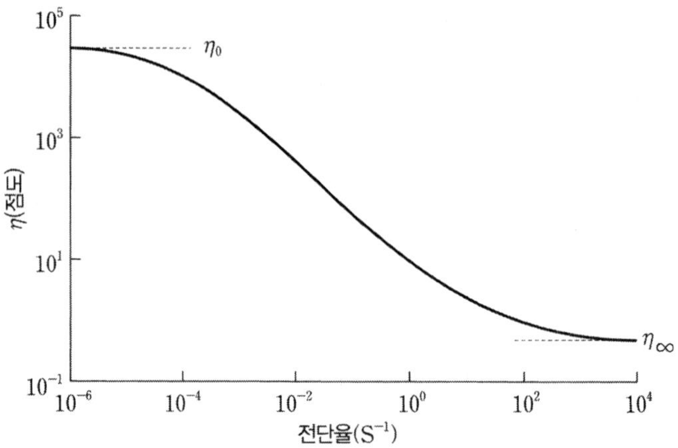

그림 15.2 전단율에 따른 점도의 변화

의 경우 외부 응력을 받게 되면 길게 늘어날 수 있어서 점성에의 기여도가 현저히 줄어들게 되기 때문이다.

$$\tau = \eta(\dot{\gamma})\dot{\gamma} \tag{15.3}$$

전단 묽어짐 현상이 보이는 경우 점도는 전단율의 함수로 표현하여야 한다. 로그-로그 스케일로 점도와 전단율 그래프를 그려 보았을 때 직선으로 나타나는 것으로 보아 멱함수 유체(power law fluid)로 표현할 수 있다.

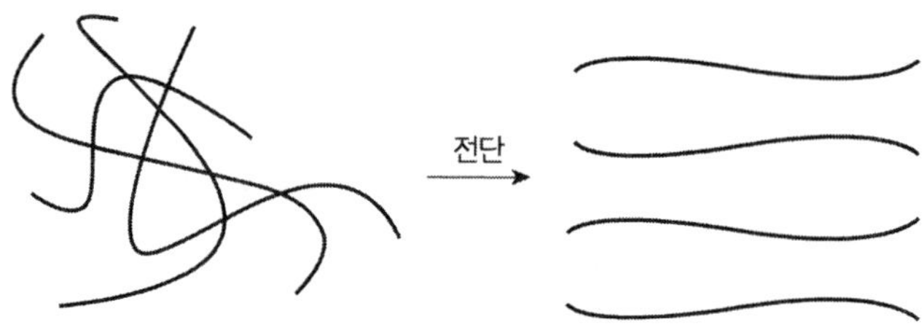

그림 15.3 전단 흐름에 따른 사슬 엉킴 구조의 변형

고분자 ~~용융~~체는 고분자만으로 이루어져 있어 점도를 측정할 때 고분자간의 엉킴이 있는지 여부가 아주 중요해진다. 일반적으로 일정 분자량 이상에서는 분자간 엉킴 현상(entanglement)이 일어난다. 이 분자량보다 작은 고분자 ~~용융~~체의 점도는 분자량에 비례하지만(식 (15.4)), 엉킴 분자량(M_e)보다 더 큰 고분자 ~~용융~~체에서는 점도가 분자량의 3.4제곱에 비례하는 식으로 나타난다(식 (15.5)). 분자량이 올라감에 따라 점도가 현저히

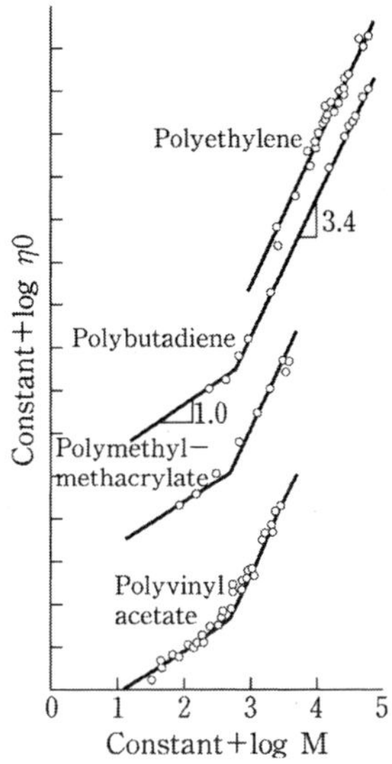

그림 15.4 여러 고분자량에 따른 전단율에 따른 점도의 변화

빠르게 증가하는 것이다. 여기서 언급되는 점도는 전단 묽어짐 현상을 고려해서 아주 낮은 전단율에서 측정된 점도, 즉 제로 시어 점도를 말한다.

$$M_w \le M_e \qquad \eta_0 \propto M_w \tag{15.4}$$

$$M_w \ge M_e \qquad \eta_0 \propto M_w^{3.4} \tag{15.5}$$

점도의 온도 의존성은 높은 편으로 유리 전이 온도보다 상당히 높은 온도에서는 일반 유체의 거동처럼 활성화 에너지 항을 가지는 다음의 아레니우스 관계식(Arrhenius relationship)으로 표현한다.

$$\eta = \eta_r \exp\left[\frac{E}{R}\left(\frac{1}{T} - \frac{1}{T_r}\right)\right] \qquad T \ge T_g + 100 \tag{15.6}$$

유리 전이 온도 근처($T_g \le T \le T_g + 100$)에서의 거동은 이동 인자(shift factor, a_T)가 있는 WLF(Williams-Landel-Ferry)식으로 표현된다.

$$\log\left[\frac{\eta(T)}{\eta(T_g)}\right] = \log a_T = \frac{-C_1(T - T_g)}{C_2 + T - T_g} \tag{15.7}$$

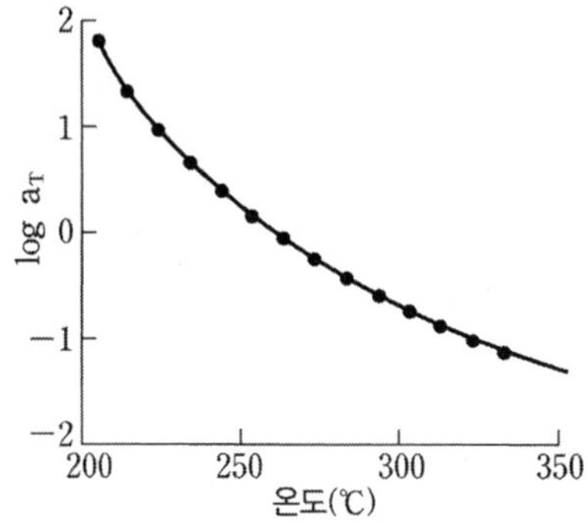

그림 15.5 WLF 이동 인자(shift factor)

점도의 압력 의존성은 크지 않지만, 높은 압력을 필요로 하는 사출 성형 공정 같은 경우에는 다음 식을 통해 이를 반드시 고려하여야 한다.

$$\ln\left(\frac{\eta}{\eta_r}\right) = \beta(p - p_r) \tag{15.8}$$

비뉴턴 유체 중에서 제일 먼저 들 수 있는 것이 **멱함수 유체(Power Law Model)**이다. 멱함수 유체의 점도 μ는 다음과 같이 구해진다.

$$\mu = m(T)\dot{\gamma}^{n-1} \tag{15.9}$$

엄밀히 구할 때에는 식 (15.9)을 사용하게 되지만 실제로는

$$\mu = m(T)\dot{\gamma}^{n-1} \quad \text{for} \quad \dot{\gamma} > \dot{\gamma}_0 \tag{15.10a}$$

$$\mu = m(T) \quad \text{for} \quad \dot{\gamma} < \dot{\gamma}_0 \tag{15.10b}$$

로 뉴턴 유체 영역과 멱함수 영역으로 나누어 수치해석에 사용하게 된다. 이를 **절삭 멱함수 법칙(truncated power law)**이라고도 부른다. 이런 유체가 압력 강하에 의해 Poiseuille 흐름을 형성하면 멱함수 지수에 따라 그 흐름 형태가 2차 함수 흐름 형태에서 균일 흐름(plug flow)으로 변하는 것을 알 수 있다.

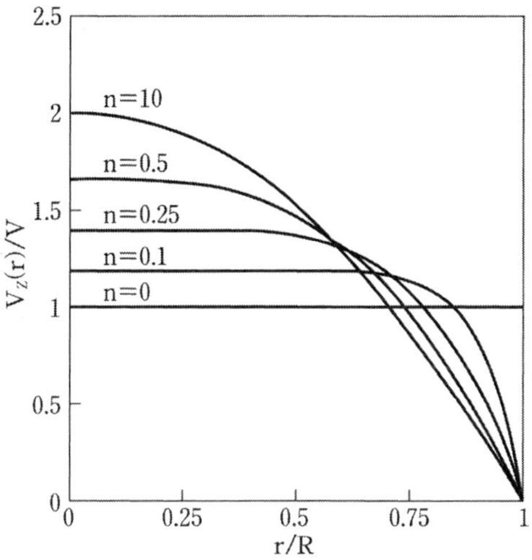

그림 15.6 관 속 압력 흐름 속도 분포 - 멱함수 유체

표 15.1 Power law index

Polymer	$m\ (Pa-s^n)$	n	T (℃)
Polystyrene	2.80×10^4	0.28	170
High density Polystyrene	2.00×10^4	0.41	180
Low density Polystyrene	6.00×10^3	0.39	160
Polypropylene	7.50×10^3	0.38	200
Polyamide 66	6.00×10^2	0.66	290
Polycarbonate	6.00×10^2	0.98	300
Polyvinyl chloride	1.70×10^4	0.26	180

두 번째로 생각할 수 있는 간단한 모델은 버드(Robert B. Bird) 교수 등이 제안한 다음의 Bird-Carreau-Yasuda Model이다.

$$\frac{\mu-\mu_0}{\mu_0-\mu_\infty}=[1+|\lambda\dot{\gamma}|^a]^{\frac{n-1}{a}} \tag{15.11}$$

이 모델은 5개의 매개 변수를 가지고 있는데 보통 $a=2$, $\mu_\infty=0$이므로 3개의 매개 변수를 가졌다고 할 수 있다.

이 모델에서 온도 의존성은 따로 고려해야 한다.

$$\mu = \frac{k_1 a_T}{[1 + k_2 \dot{\gamma} a_T]^{k_3}} \tag{15.12}$$

표 15.2 Bird-Carreau-Yasuda Model (출처: 고분자재료)

Polymer	k_1 ($Pa-s$)	k_2 (s)	k_3	k_4 (℃)	k_5 (℃)	T_0 (℃)	E_0 (J/mol)
Polystyrene	1777	0.064	0.73	200	123	–	–
High density Polystyrene	24198	1.38	0.60	–	–	200	22272
Low density Polystyrene	317	0.015	0.61	–	–	189	43694
Polypropylene	1386	0.091	0.68	–	–	200	427198
Polyamide 66	44	0.00059	0.40	–	–	300	123058
Polycarbonate	305	0.00046	0.48	320	153	–	–
Polyvinyl chloride	1786	0.054	0.73	185	88	–	–

세 번째 비뉴턴 유체는 빙햄 유체(Bingham fluid)를 들 수 있다. 이는 주로 항복 응력(yield stress, τ_Y)이 있는 경우에 적용된다.

$$\mu = \infty \quad \text{or} \quad \dot{\gamma} = 0 \qquad \tau < \tau_Y \tag{15.13a}$$

$$\mu = \mu_0 + \frac{\tau - \tau_Y}{\dot{\gamma}} \qquad \tau > \tau_Y \tag{15.13b}$$

전기 유변 유체(electro-rheological Fluid, ER)나 자기 유변 유체(Magneto-rheological Fluid, MR)는 외부장이 없으면 뉴턴 유체와 같은 유동성을 가진다. 그러다가 적절한 크기의 외부장(전기장 또는 자기장)이 가해지면 유체 내에서 분산된 입자들이 서로 엉겨 붙어 사슬이 형성되어 갑자기 응력이 크게 증가한다. 이렇게 되면 일정 응력 이하에서는 유동성이 전혀 없고 일정 수준 이상의 응력에서만 그 차이에 비례하는 정도의 흐름을 보여준다. 이를 빙햄 유체라 한다. 그림 15.7은 입자 분산형, 에멀젼 분산형 그리고 입자 + 에멀젼 분산형의 전기 유변 유체의 거동을 형상화한 그림이다.

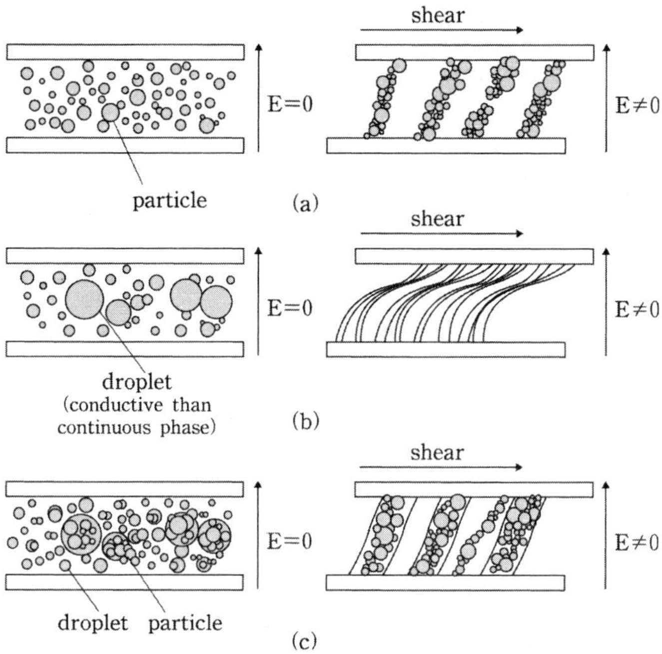

그림 15.7 전기 유변 유체

그림 15.8은 중량 기준 0.1분율(부피 분율 = 0.067)의 폴리아닐린 분산액에서 전기장의 도입에 따른 전단율과 응력의 관계를 나타낸다. 강한 전기장이 도입되면 분산된 폴리아닐린 입자들이 점점 더 강하게 응집하므로 더 큰 항복 응력을 보여준다. 그림 15.9는 같은 시스템, 다른 부피 분율에서 항복 응력이 선형적으로 기여하고 있음을 보여주

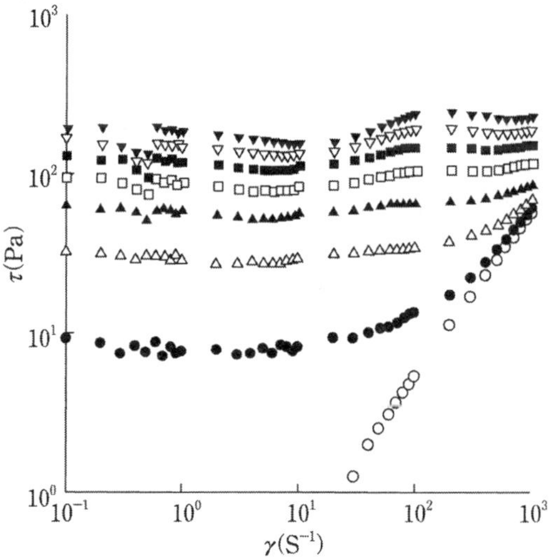

그림 15.8 전기 유변 유체의 전단 응력

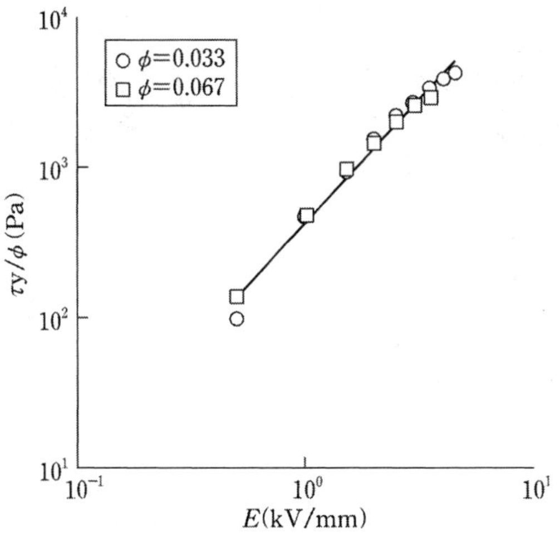

그림 15.9 전기 유변 유체의 항복 응력

는 실험 자료이다. 다시 말하면 어느 정도의 범위에서는 폴리아닐린 분율과 비례해서 항복 응력이 나타난다는 것이다.

섬유 방사, 팽창 성형, 열 성형, 발포 압출, 압축 성형 공정 등에서 보면 전단 변형보다 연신 변형이 지배적인 흐름임을 알 수 있다. 이런 경우에는 전단 점도보다는 연신 점도라는 더 큰 점도가 고려되어야 한다. 보통 Trouton's viscosity 비율이라 하여 뉴턴 유체의 경우에도 연신 점도(E)는 전단 점도(G)의 세 배를 나타낸다.

같은 맥락에서 탄성체의 경우, 연신 점도와 전단 점도의 비는 다음과 같다.

$$\frac{E}{G} = 2(1+\nu), \quad \nu\text{: Poisson ratio} \tag{15.14}$$

비압축성의 경우에는

$$\frac{E}{G} = 3\ , \quad \nu = 0.5 \tag{15.15}$$

라 할 수 있다.

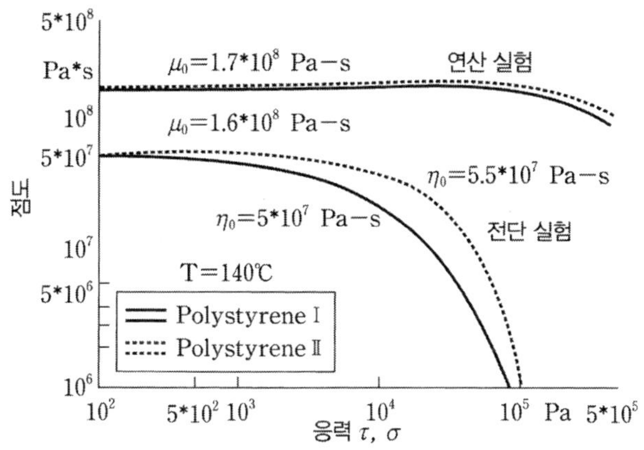

그림 15.10 전단 점도와 연신 점도

15.3 | 고분자 용액의 점도

고분자를 용매에 녹일 때 늘어나는 고분자 용액의 점도는 농도에 따라 다른 거동을 보인다. 희석, 반 희석, 반 농축, 농축 용액에 따라 네 가지 정도의 다른 거동을 보인다. 희석 용액의 경우는 11장 4절에서 언급한 바와 같이 고유 점도를 구해서 분자의 크기를 추정해 볼 수 있다. 실제 고분자의 가공 공정에서 보는 것처럼 농축 용액으로서 분자량이 일정 수준보다 높은 경우에는 엉킴 현상이 생긴다. 이 경우 고분자 용융체의 점도 거동과 유사하게 고분자 농축 용액의 점도는 분자량의 3.4~5제곱에 비례하여 크게 증가한다.

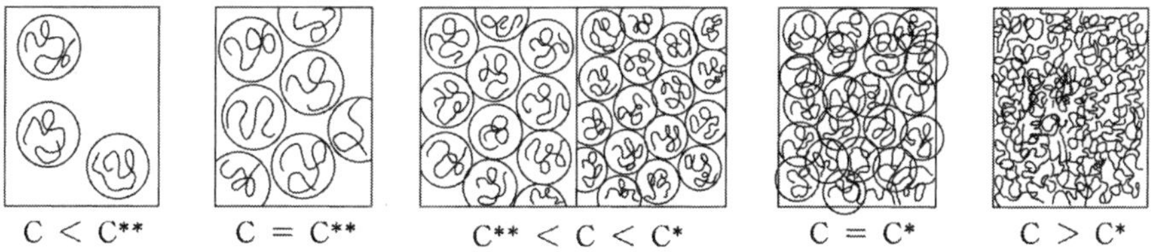

그림 15.11 고분자의 농도에 따른 고분자 배향

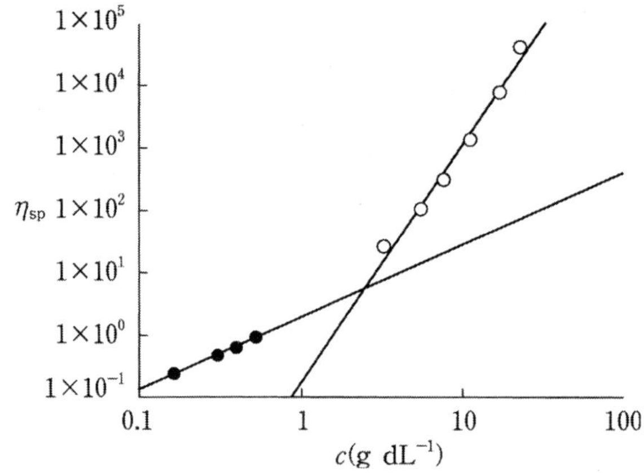

그림 15.12 농도에 따른 점도의 영향

즉, 농축 용액의 경우

$$\mu \propto (c\rho)^{\alpha} M^{\beta} \qquad \alpha \cong 5 \tag{15.16}$$

가 된다. 반면에 고분자 입자가 녹지 않고 입자 형태로 분산되어 있는 경우 스톡스-아인슈타인(Stokes- Einstein theory)에 의하면 점도는 다음과 같다.

$$\mu = \mu_0 (1 + k_E \phi) \tag{15.17}$$

k_E 는 아인슈타인 상수(Einstein constant)로서 구형 입자의 경우 0.25로 알려져 있다. 이는 점성 유체 속의 구형 입자 주위에서 스톡스 흐름(레이놀즈 수가 아주 작은 점성 흐름)을 가정하여 해석한 결과이다. 이 관련식은 비교적 적은 수의 입자가 분산되어 있는 경우에 적용된다.

만일 상당히 많은 입자가 분산되어 있는 경우에는 다음과 같은 무니(Mooney) 관계식이 적용되는데

$$\ln\left(\frac{\mu}{\mu_0}\right) = \frac{k_E \phi}{1 - \phi/\phi_m} \tag{15.18}$$

여기서 ϕ_m 는 최대 충전 분율(maximum packing fraction)이다. 짧은 섬유상 입자가 불규

칙적으로 분산되어 있다면 ϕ_m 는 0.52 정도, 육각 근접 충전 구형 입자(hexagonal close-packed sphere)의 경우에는 0.7405까지 가능하다.

15.4 | 수직 응력(normal stresses)

평형 상태의 유체의 흐름과 변형의 기본적 물리 현상은 분자들의 충돌에 의한 운동량 전달 현상이지만 실제 모든 분자의 운동을 관찰하는 것은 불가능하다. 이를 연속성 가정을 상정하여 설명하기 위해 도입된 개념이 가상적 면에 작용하는 응력(stress)으로서 힘의 방향과 면의 방향에 따라 9가지 성분으로 정의된다. 평형 상태를 유지하기 위해서는 대칭적이어야 하므로 세 개의 전단 응력과 세 개의 수직 응력으로 표현된다. 그 중 대표적으로 다음 세 가지 물성으로 유체의 성질을 표현한다. 먼저 전단 응력은 전단율에 비례하는 관계식으로 표현하는데 그 비례 계수가 점도이며 이는 이미 잘 설명한 바 있다. 즉,

$$\text{전단 응력 } \tau_{12} = \mu(\dot{\gamma})\dot{\gamma}_{12} \tag{15.19}$$

전단 응력과 더불어 수직 응력을 고려해야 하는 경우가 더러 있을 수 있다. 세 수직 응력의 평균은 압력($p = -\frac{1}{3}[\tau_{11} + \tau_{22} + \tau_{33}]$)으로 표현되므로 이는 따로 열역학적 변수로 정해질 수 있는데, 이는 변형과는 무관하므로 여기서는 두 가지 독립적인 물성만을 정의해야 한다. 그리고 또한 전단 응력은 전단율에 비례하는 것으로 알려져 있지만 수직 응력은 기본적으로 전단율의 제곱에 비례한다. 따라서 제1 수직 응력 차이 N_1은

$$N_1 = \tau_{11} - \tau_{22} = -\Psi_1(\dot{\gamma}, T)\dot{\gamma}_{12}^2 \tag{15.20}$$

그리고 제2 수직 응력 차이 N_2는 다음과 같다.

$$N_2 = \tau_{22} - \tau_{33} = -\Psi_2(\dot{\gamma}, T)\dot{\gamma}_{12}^2 \tag{15.21}$$

여기서 Ψ_1, Ψ_2는 각각 제1차, 제2차 수직 응력 계수이다. 이러한 수직 응력은 고분자 유체가 보여주는 특이한 흐름의 형태를 설명하기 위하여 반드시 고려하여야 한다.

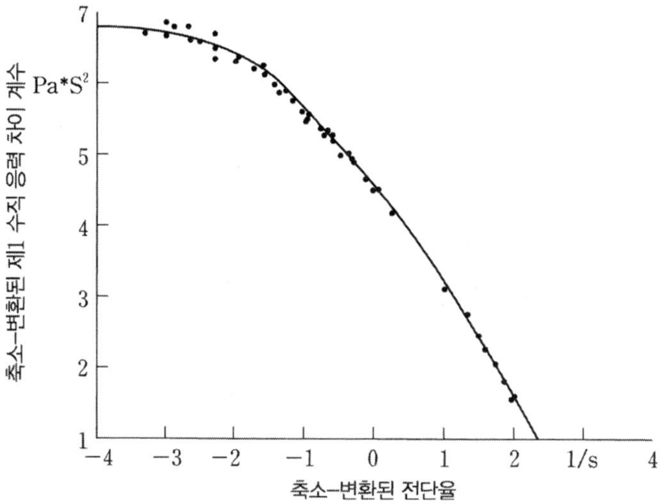

그림 15.13 Reduced first normal stress difference coefficient

15.5 | 데보라 수 - 탄성의 기여

고분자 용융체의 흐름은 단순한 점성 모델로 설명하지 못하는 경우가 많이 있다. 예를 들어 고분자 용융체를 압출하여 좁은 die을 통해 빠져 나오는 경우 수직 응력 차이의 존재와 탄성적 거동으로 인하여 용융체 팽윤(extrudate swell, 그림 15.14) 현상을 보인다. 좀 더 고속으로 압출기를 운전하게 되면 압출물의 표면이 아주 거칠어지다가 심지어 불규칙적 모양을 보이게 되는 불안정성을 보이게 된다(그림 15.15). 따라서 점성 모델을 사용할 것인지 아니면 더 복잡한 점탄성 모델을 도입해야 하는지를 알아보기 위한 수단

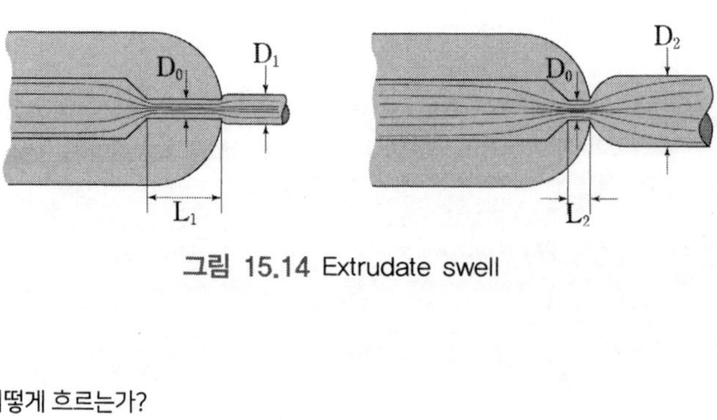

그림 15.14 Extrudate swell

으로 데보라 수(Deborah number)를 정의하게 된다. 데보라 수는 다음과 같다.

$$De = \frac{\lambda}{t_p} \tag{15.22}$$

λ : 완화 시간 t_p : 공정 시간

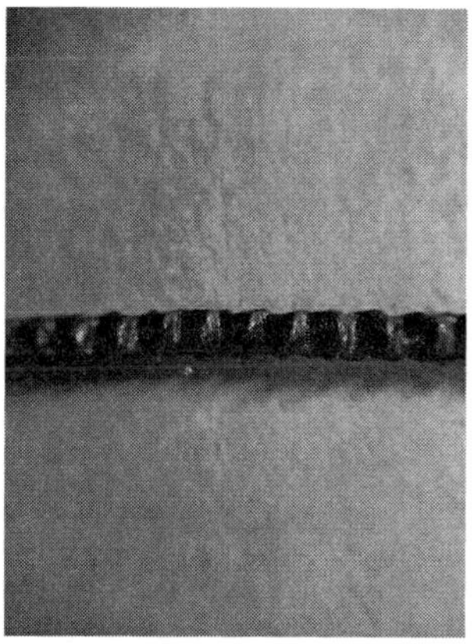

그림 15.15 Melt fracture의 shark skin

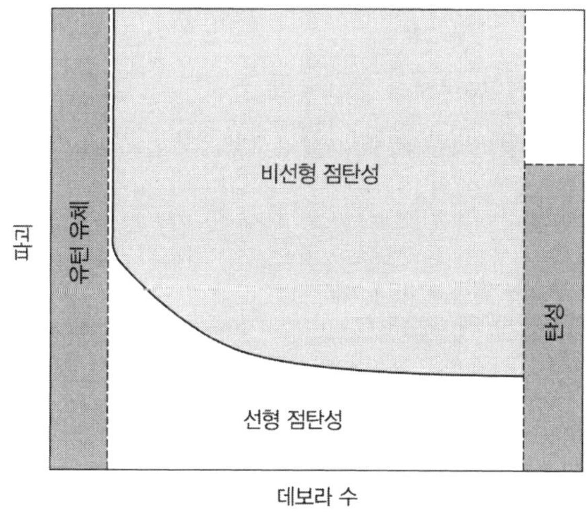

그림 15.16 Deborah Number

데보라 수가 큰 경우에는 당연히 점탄성 모델을 도입하여야 한다. 용융 파괴나 상어 표피 현상 이외에도 고분자 유체의 흐름 거동에서 아주 특이한 현상들이 일어나곤 하는데 그 중 하나가 항력 감소(drag reduction) 현상이다. 유체는 이송할 때 한 곳에서 다른 곳으로 압력 차이에 의한 흐름을 만든다. 뉴턴 유체에 고분자를 소량 첨가하여 이송하게 되면 높은 속도에서 고분자 사슬들이 연신하여 유체 흐름에 따른 마찰력을 다소 감소시켜준다. 결과적으로 뉴턴 유체일 때보다 현저히 낮은 압력으로도 수송이 가능해진다. 이것이 바로 원유 수송에 이용되는 현상이다.

소방용 호스에서 나오는 물을 화재 현장에 분사할 때 수용성 고분자를 조금 첨가하면 훨씬 멀리까지 도달하게 되는데 이를 제트 안정성(jet stability)이 향상되었다고 말한다.

튜브 없는 사이펀(tubeless siphon)이라는 현상도 수직 응력 차이의 존재를 알려주는 재미있는 실험이다. 자세한 내용은 유체역학 책을 참고하기 바란다. 고분자 유체의 경우 이런 특이한 현상들이 있기에 보다 특별한 구성 방정식을 정의할 필요가 있는 것이다.

15.6 | 유변 물성 측정법

잘 정의된 흐름장 속에서 유체의 변형률과 응력의 상관관계를 실험적으로 측정하는 것을 유변 물성 측정법이라고 부른다. 실제 사용되는 방법을 하나하나 살펴보자.

15.6.1 MI 측정기(melt flow indexer)

고분자 산업계에서는 Ram형 압출기를 10분 동안 통과한 고분자의 무게를 MI 또는 MFI로 정의하여 분자량의 크기를 가늠하는 지표로 활용하고 있다. 대체적으로 이 값이 작은 경우 분자량이 크고 큰 경우 분자량이 낮은 것으로 이해된다. 이론적으로 아주 정확하다고는 할 수 없지만, 측정의 간편함으로 고분자 소재의 흐름 특성을 설명할 때 잘 활용되고 있다. 학문적 자료로 사용하는 데는 다소의 어려움이 있다.

15.6.2 모세관 점도계(capillary viscometer)

모세관 점도계를 이용한 방법은 압력에 의한 전단 흐름을 잘 정의된 관 속을 흐르게 하여 유변 물성을 측정하는 것이다.

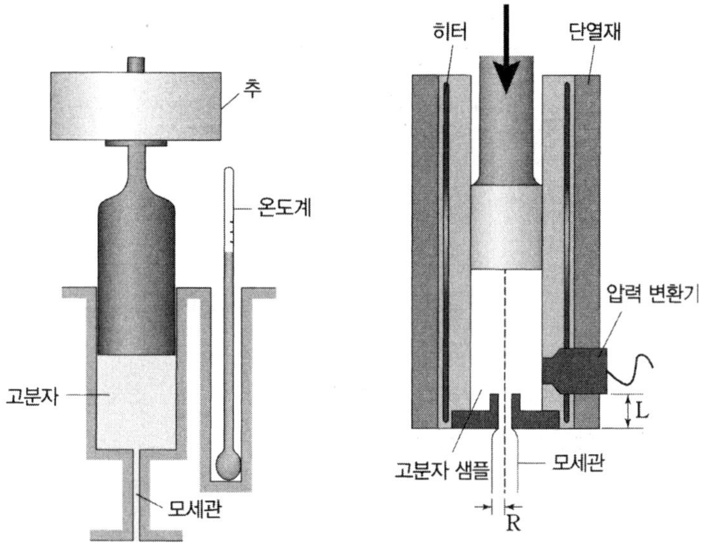

그림 15.17 MI 측정기(왼쪽)와 모세관 점도계(오른쪽)

모세관 점도계에서는 공기와의 접촉이 없어 표면 장력은 고려하지 않아도 된다. 보통 $1 \sim 10^5\ s^{-1}$ 정도의 전단율에서 측정되며 특히 $10\ s^{-1}$ 이상의 높은 변형률에서는 긴 모세관을 사용한다. 모세관 속 흐름은 다음과 같고,

$$\tau_{rz} = \frac{(P_0 - P_L)r}{2L} + \frac{C_1}{r} \tag{15.23a}$$

r = 0에서 속도가 유한하므로 $C_1 = 0$이어야 한다. 이 직선적 압력 분포를 이용하면 관 벽에서의 응력은

$$\tau_w = \frac{R(P_0 - P_L)}{2L} \tag{15.23b}$$

가 될 것이다. 하지만 실제 상황에서는 그림 15.18에서 보다시피 초기 입구 영향을 반드시 고려하여야 한다.

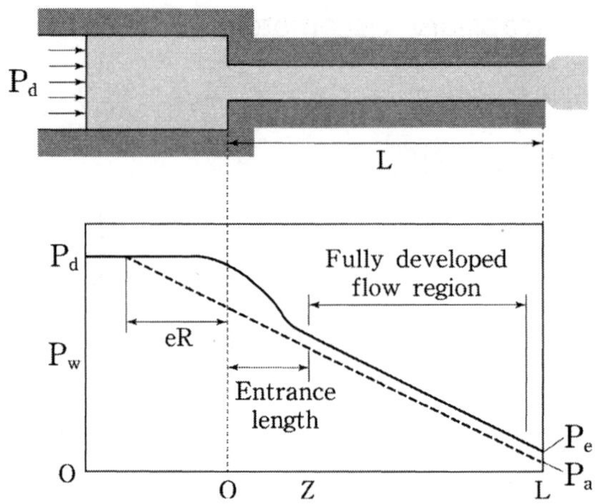

그림 15.18 모세관 점도계에서의 입구 영향

이를 Bagley and Wiessenberg-Rabinowitsch Equations이라 부르는데, 점도를 계산할 때 가상적인 관 길이를 상정해서 보정하는 것이다. 즉,

$$\tau_w = \frac{1}{2}\frac{(P_0 - P_L)}{(L/R + e)} \tag{15.24}$$

e는 L/D vs $(P_0 - P_L)$ plot을 통해 구할 수 있다(그림 15.19 참고).

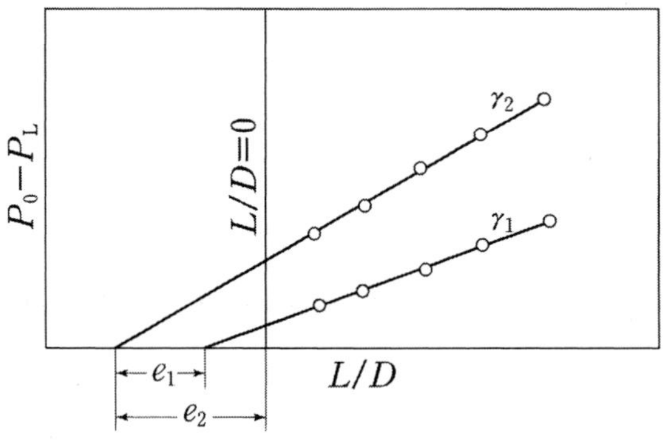

그림 15.19 Bagley Plot

뉴턴 유체의 경우 관 벽에 작용하는 전단율은 총 유량을 측정하여 계산할 수 있다. 즉,

$$\mu = \frac{\tau_w}{\dot{\gamma}_w} \quad \dot{\gamma}_w = \frac{4Q}{\pi R^3} \tag{15.25}$$

로 주어지는데 만일 멱함수 유체라고 하면

$$\dot{\gamma}_w = \frac{3n+1}{n}\frac{Q}{\pi R^3} \tag{15.26}$$

의 관련식이 있으므로 전단율을 계산하기 위하여 멱함수 유체 지수 n을 미리 결정할 필요가 있다.

일반적인 점성 흐름의 경우 다음과 같은 식을 이용하면 전단율을 결정할 수 있다.

$$-\frac{dv_z}{dr}|_w = \dot{\gamma}_w = \frac{4Q}{\pi R^3}(3 - \frac{d\ln Q}{d\ln \tau}) \tag{15.27}$$

이후 L을 바꾸면서 실험한 뒤, $(P_0 - P_L)$ (or τ_w) vs Q의 plot을 통해 점도를 구할 수 있다.

15.6.3 콘-평판 유변 물성 측정기(cone-plate rheometer)

이 유변 물성 측정 장치는 점도뿐 아니라 1차 수직 응력 차이, 2차 수직 응력 차이도 전단율의 변화로 측정할 수 있는 최신 방법이다

$$\theta_0 \ll 5^\circ, \quad \dot{\gamma}_{\theta\phi} = \frac{\Omega}{\theta_0} \tag{15.28}$$

위 식과 같이 콘과 평판 사이 각도가 작으면 전체적으로 균일한 전단율을 가지게 되므로 전단율 차이로 인한 점도의 차이에 대한 측정 오차를 현저히 줄일 수 있다.

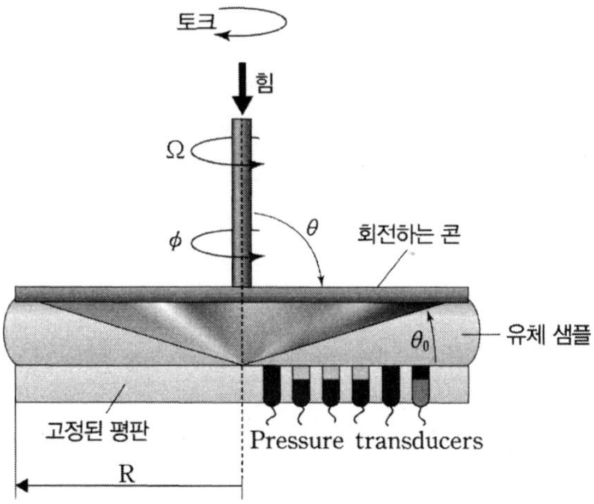

그림 15.20 콘–평판 유변 물성 측정기

$$\tau_{\theta\phi} = \frac{3T}{2\pi R^3} \tag{15.29}$$

T: 토크

$$\mu(\dot{\gamma_{\theta\phi}}) = \frac{\tau_{\theta\phi}}{\dot{\gamma_{\theta\phi}}} \tag{15.30}$$

Ψ_1 는 측정이 가능하지만 Ψ_2는 그 크기가 작아서 사실 측정하기는 다소 어려움이 따른다.

보통 묽은 고분자 용액의 경우 용매의 성질에 따라 뉴턴 유체 또는 비뉴턴 유체의 거동을 보이는데 뉴턴 용매의 점도에다 부피 분율만큼의 고분자 기여도를 합하여 약간 증가된 점도를 보이게 된다. 반면에 충분히 농축된 고분자 용액은 고분자 용융체처럼 점탄성 거동을 보인다. 이런 점탄성 거동은 다음과 같은 주기적 변형률을 가해서 그 거동으로부터 구할 수 있다(16장 참고).

$$\gamma^* = \gamma_0 \exp(i\omega t) \quad \tau^* = \frac{d\gamma^*}{dt} = i\omega\mu^*\gamma^* \tag{15.31}$$

복합 점도(complex viscosity) $\mu^* = \mu' - i\,\mu''$ (15.32)

$$\mu' = \frac{G'}{\omega}, \ \mu'' = \frac{G'}{\omega} \qquad (15.33a),\ (15.33b)$$

여기서는 전단 점도(steady shear viscosity) 대신 다음의 동적 점도(dynamic viscosity)가 얻어진다.

$$|\mu^*| = \sqrt{(\mu')^2 + (\mu'')^2} \tag{15.34}$$

Cox-Merz rule에 의하면 동적 점도가 낮은 전단 변형률에서 제로 시어 점도에 가까워진다고 알려져 있다.

$$\lim_{\dot{\gamma}\to 0} |\mu^*| = \mu_0 \tag{15.35}$$

15.6.4. 실험 방법

콘-평판 구조

$10^{-4} \sim 10^{-3}$ sec^{-1} 정도의 변형률로, 가능하면 넓은 영역에서 균일한 변형률을 가할 수 있도록 아래 평판과 위쪽 콘 형상이 아주 작은 각도를 이루도록 설계하여 실험한다. 정상 실험도 가능하며 주기적 동적 실험이 아주 편리하다. 우선 선형 점탄성 영역에 있는지 변형의 크기를 조절해서 선형 영역에 있음을 확인한 뒤 여러 주파수, 여러 온도 등으로 실험할 수 있다.

박준용(1997)의 그림 2는 SPS와 APS 블렌드의 저장 탄성률과 손실 탄성률을 Physica Rheometer(UM/MC120)을 사용하여 50mm 콘/플레이트에서 50 μm 갭 크기에서 동적 전단 모드로 측정한 것이다. 주파수를 변경하면서 실험한 자료이다. 짧은 주파수 영역에서 저장 탄성률은 주파수의 제곱과 비례하고 손실 탄성률은 주파수에 비례한다는 간단한 이론이 어느 정도 성립함을 잘 보여주고 있다(참고 문헌 7).

평행 판 구조

이 구조에서는 전체적으로 균일한 전단 변형률을 가하는 것은 어렵지만 평균적으로 점도를 계산할 수는 있다. 고체 시료를 판상으로 제소하기 쉽기 때문에 이를 두 판 사이에 두고 가열하면서 주파수에 따른 실험을 시행할 수 있다.

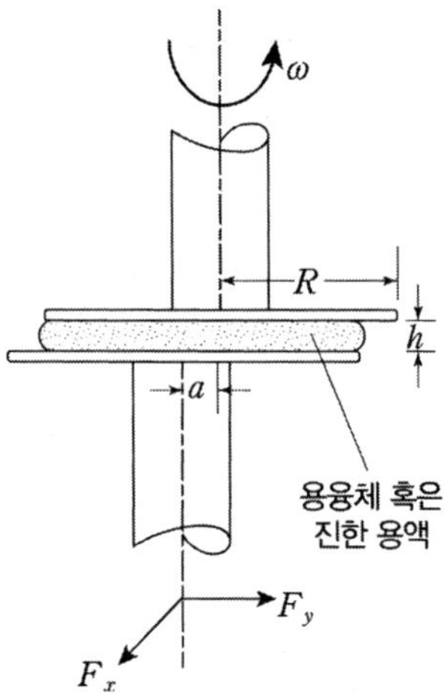

그림 15.21 평행 판 구조

평균 점도 및 동적 탄성률(G)은 다음과 같다.

$$\mu = \frac{\tau}{\dot{\gamma}}. \tag{15.36}$$

$$\dot{\gamma} = \frac{a}{h}\omega \tag{15.37}$$

$$G' = \frac{F_y h}{a\pi R^2}, \quad G'' = \frac{F_x h}{a\pi R^2} \qquad (15.38a), (15.38b)$$

15.6.5. 쿠웨트형 유변 물성 측정기(The Couette rheometer)

두 개의 실린더(coaxial cylinder) 사이에 유체를 투입하고 안쪽 실린더를 회전시키면서 T와 Ω의 관계를 측정한다. 이 자료와 각종 기하학적 변수를 이용해서 전단 응력과 전단 변형률을 계산하게 된다.

$$\tau_i = \frac{T}{2\pi r_i^2 L} \tag{15.39}$$

$$\dot{\gamma}_i = \frac{2\Omega}{n[1-(\frac{r_i}{r_o})^{2/n}]} \tag{15.40}$$

이렇게 되면 멱함수 지수도 자연스럽게 얻어지게 된다.

$$n = \frac{d \ln \tau_i}{d \ln \Omega} \tag{15.41}$$

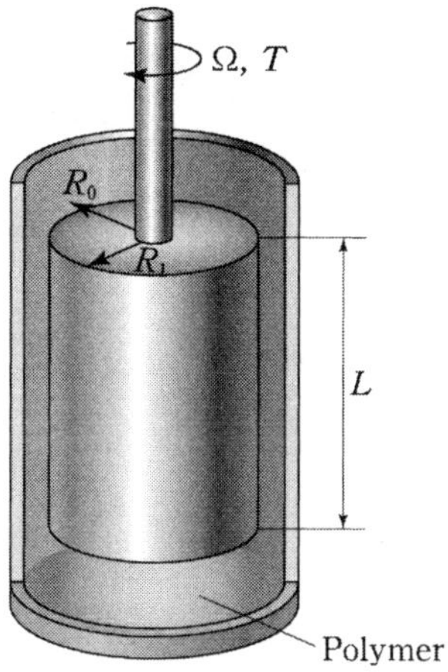

그림 15.22 쿠에트 유변 물성 측정

15.6.6. 연신 유변 물성 측정(extensional rheometry)

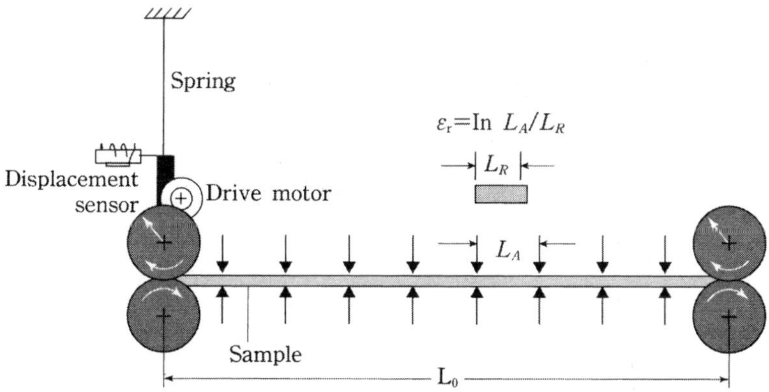

그림 15.23 연신 유변 물성 측정

고분자 가공 공정 중에서 방사 공정이나 블로잉 공정에서는 연신 변형이 주를 이룬다. 고분자 유체의 전단 유변 물성이 연신 유변 물성과 서로 밀접한 관련이 있는 것은 사실이나 좀 더 명확한 이해를 위하여 연신 유변 물성을 따로 측정할 필요가 있다. 그림 15.23에서 제시한 것과 같은 연신 유변 물성 측정 장치가 Meissner에 의하여 개발되어 사용되고 있지만 그 제어가 아주 어렵다. 그림 15.24는 연신 점도의 시간적 변화 추이를 보여준다.

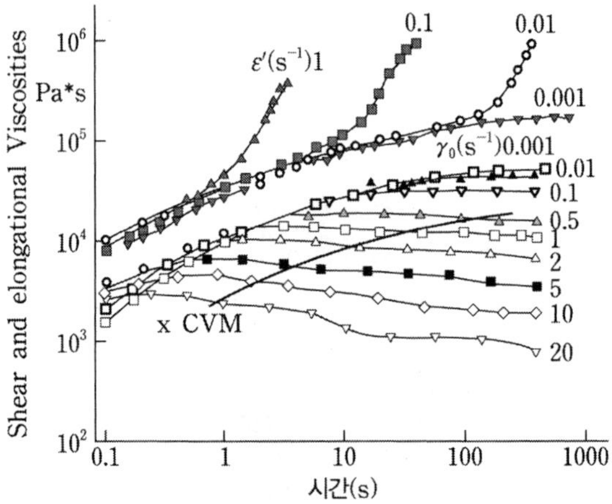

그림 15.24 전단 점도와 연신 점도

그림 15.25는 PP를 대상으로 여러 연신 변형률에 따른 연신 점도와 전단 점도를 측정하여 비교한 것이다. 이 장치는 보다 쉬운 방식이긴 하나 측정의 한계가 있는 것은 마찬가지이다. 일반적으로 알려진 3배의 차이보다 훨씬 더 큰 차이를 보인다.

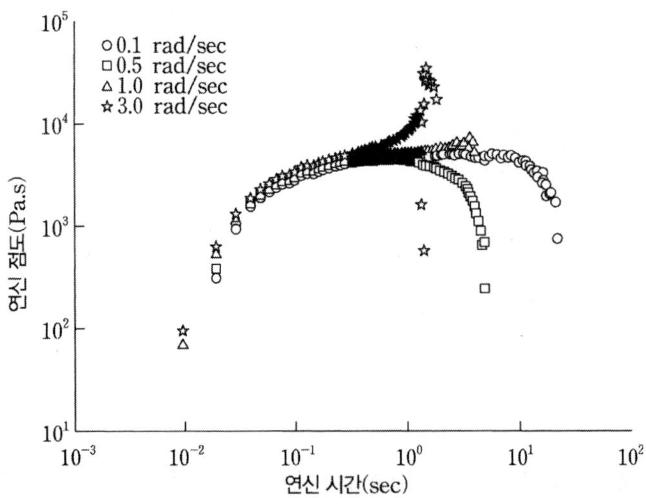

그림 15.25 연신 변형률에 따른 연신 강도

15.6.7. 표면 장력(surface tension)

자유 계면(free surface)이 있는 공정에서는 유변 물성과는 무관하지만 표면 장력을 고려하여야만 한다. 블렌드 공정이나 혼합 공정 등에서 자유 계면이 존재하는 경우 표면 장력이 모폴로지(morphology)의 결정에 중요 요인으로 작용하기 때문이다.

표면 장력(σ_s)은 분자 간 상호 작용의 차이를 나타내는 것으로 액체와 액체가 서로 접촉할 때 그 접촉 면적을 최소화하는 힘이다. 이로 인해 제2의 액체가 항상 구형으로 존재하게 된다.

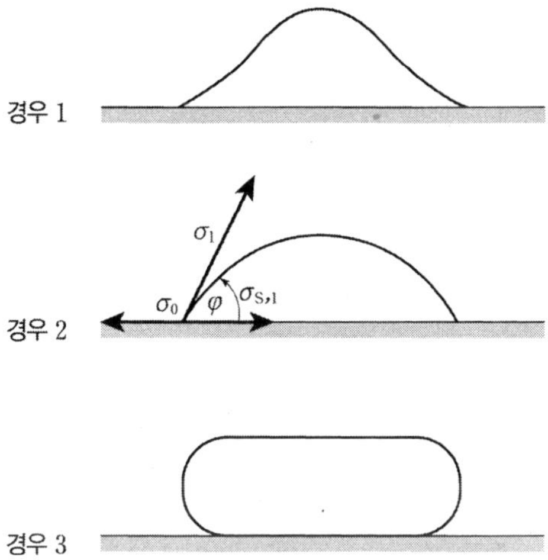

그림 15.26 고체와 액체 간의 접촉각

그림 15.26에서 다음과 같은 관계가 있다.

$$\cos\phi = \frac{\sigma_0 - \sigma_{s,1}}{\sigma_1} \tag{15.42}$$

표면 장력은 기체-고체, 고체-액체, 액체-기체 간에도 정의할 수 있고 wetting을 위하여 임계 표면 장력이 필요하다고 알려져 있다.

비극성 또는 극성 액체의 표면 장력은 다음 식과 같이 주어진다.

$$\sigma_s = 0.24\,\delta^{2.33}\,V^{0.33} \tag{15.43}$$

여기서 V는 M/ρ로 몰부피를 말하며, δ는 용해도 인자이다.

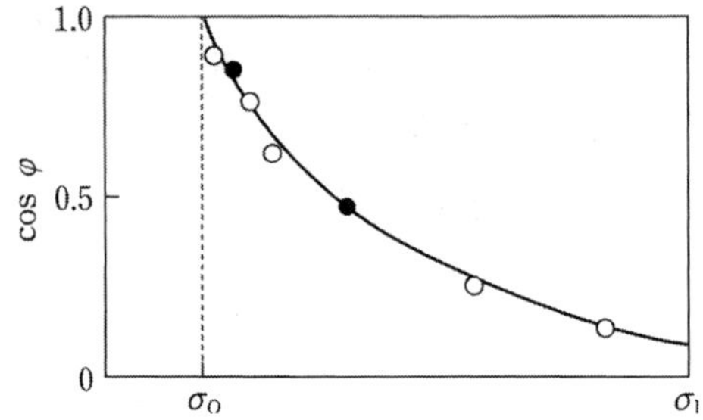

그림 15.27 Wetting Angle

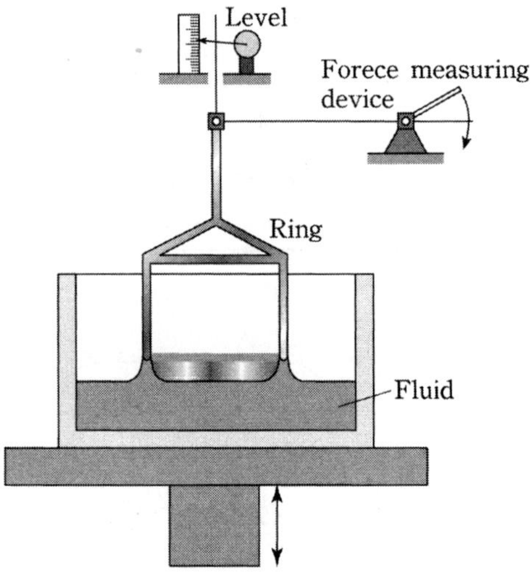

그림 15.28 Low viscous liquid tensiometer

참고문헌

1. Tim A. Osswald, Georg Menges, “Materials Science of Polymers for Engineers”, 3rd ed., 2012, Carl Hanser Verlag, Munich Ch 3, Ch 5
2. J. R. Fried, "Polymer Science and Technology", 3rd ed., 2014, Prentice Hall Ch 11
3. 진병두, 「응답성 유체의 유변물성과 재료 특성」, KAIST 박사 논문, 2000, 그림 1-1
4. 이영실, 「전기유변유체: 점탄성 특성에 관한 연구」, KAIST 박사 논문, 1995, 그림 2-3 그림 3-3. 그림 3-4
5. 강경보, 「PP와 LDPE 블렌드의 압출코팅 성능 연구」, KAIST 박사 논문, 2009, 그림 3-8
6. Y.S. Lee, O.O. Park, *The Effect of Asymmetries of Die Exit Geometry on Extrudate Swell and Melt Fracture*, Korean Journal of Chemical Engineering, vol.11, No.1, P.1-7, 1994
7. J.Y. Park, OO. Park, *Rheological anomalies of syndiotactic polystyrene*, Nihon Reoroji Gakkaishi, Vol.25, No.1, P.25-29, 1997

연습문제

15-1 폴리(바이닐 아세테이트)(PVAc)를 180℃의 일정한 온도에서 램(ram; 저장조)의 직경이 0.375 in.이며 모세관의 내경이 0.041 in.이고, 길이는 0.622 in.를 갖는 모세관 레오미터를 통하여 압출한다. 아래의 데이터는 램의 하중 변화에 따라 0.0737 in. 길이를 압출할 때의 유출 시간(efflux time)을 보여 주고 있다.

램 하중(lbf)	유출 시간(min)
97.5	5.32
145	1.58
217	0.31
250	0.17

이들 데이터를 이용하여,

(a) PVAc에 대한 멱함수 인자 n과 m을 구하고, 결과를 얻는 데 사용된 모든 가정을 기술하시오.

(b) 로그 좌표를 이용하여 벽면에서의 전단 속도, $\dot{\gamma}_W$(s^{-1})에 대한 점도를 그리시오.

15-2 동일한 길이의 두 개의 모세관이 멱함수 유체를 담고 있는 동일한 액체 저장조에 연결되어 있다. 두 관의 반지름은 2배 차이가 난다. 압력이 저장조에 가해지면, 두 관에서의 부피 흐름 속도가 40배만큼 차이가 난다. 멱함수 인자 n의 값은 얼마인가? 두 경우에 관 벽에서의 전단 속도는 얼마나 다른가?

15-3 용융된 폴리스타이렌이 210℃의 원형관을 통과하여 1000 psi의 압력 강하가 생긴다. 관의 내부 지름이 0.25 in.이고 길이가 3 in.일 때, 다음을 계산하시오:

(a) N/m^2의 단위로 벽면에서의 전단 응력

(b) s^{-1}의 단위로 벽면에서의 전단 속도

(c) $cm^3\ s^{-1}$의 단위로 부피 흐름 속도 (단, 흐름은 등온이고, 정상 상태이며 완전히 전개된 형태를 갖는다고 가정한다.)

15-4 특정 압출기는 n = 2 × 10^4일 때 최적의 성능을 갖는다. 선택한 중합체는 150℃에서 이러한 점도를 가지며 중량 평균 분자량은 80,000이다. 그리고 이 고분자의 T_g는 약 75℃이다. 중합 제어의 오류로 인해 중량 평균 분자량이 60,000인 동일한 중합체가 만들어졌다. 압출기는 어떤 온도에서 작동해야 하는지 설명하시오.

16

고분자 용융체의 점탄성

고분자 유체는 고분자 용액과 고분자 용융체를 통칭하는 것으로, 그 흐름 양상이 일반적인 저분자 유체가 뉴턴의 점성의 법칙에 따르는 것과는 아주 판이하다. 특히 고분자량의 고분자 소재는 유리 전이 온도보다 높은 온도에서 탄성 고체와 점성 액체의 성질을 동시에 가지는데 이를 점탄성(viscoelasticity)이라고 한다. 이러한 점탄성은 변형의 크기나 속도에 따라 변한다. 흔히 silly putty라고 하는 실리콘 고무(silicon rubber)는 아주 낮은 유리 전이 온도를 가지는데, 상온에서 튀겨 보면 아주 탄성적으로 튀어 오르내리지만 오래 가만히 제자리에 두면 점성으로 인하여 점점 평평해신나.

이런 고분자의 점탄성 거동은 유리 전이 온도 이상에서의 고체상에서는 물론 고분자 용융체에서나 용매에 녹아 있는 고분자 용액에서도 관찰할 수 있는데, 응력 또는 변형을 가하는 속도와 시간 그리고 응력 또는 변형을 가해주는 전체 시간 등에 따라 다른 값을 보인다. 경험적 모델로는 훅의 법칙(Hook's law)에 따르는 스프링(탄성체)과 뉴턴의 법칙(Newton's law)에 따르는 대시포트(점성체)의 이중 성질을 가지고 있는 것으로 모델링한다.

점탄성을 알아보는 가장 좋은 실험 방법은 주기적 변형 혹은 주기적 전기장의 도입으로 인한 주기적 변형의 변화를 관찰하는 방법이다. 이를 동적 기계적 분석(dynamic mechanical analysis)라고 하며 점탄성 물성(viscoelastic property)을 온도와 주파수(frequency)의 함수로 측정하게 된다. 이와 유사한 동적 유전적 분석(dynamic dielectric analysis) 방법은 전기 절연 성질을 주기적 전기장의 변화에 따라 측정하는 것이다.

16.1 | 동적 기계적 분석

예를 들어 연신 변형을 시간의 주기적 함수 형태로 가해주게 되면 변형(strain) ϵ이 다음 식과 같이 주어진다고 가정할 수 있다.

$$\epsilon(\omega) = \epsilon^0 \sin \omega t \tag{16.1}$$

ϵ^0 : 가해준 변형의 폭

ω : 진동 변형의 각 주파수(rad/sec)

여기서 주파수 w는 진동수 f와 다음과 같은 관계를 맺는다.

$$\omega = 2\pi f \tag{16.2}$$

f : 0.1~110 Hz (ω : 0.628 -691 rad/sec)

이에 따른 응력(stress) σ의 거동은

$$\sigma(\omega) = \sigma^0 \sin(\omega t + \delta) \tag{16.3}$$

σ^0 : 응력 변화의 폭

δ : 위상 각(phase angle)

으로 나타나는데 이를 변형과 같은 모양의 변화하는 항($\sin\omega t$)과 이와 90°의 위상차가 있는 부분($\cos\omega t$)으로 나누게 되면

$$\sigma = \epsilon_0 E_1 \sin\omega t + \epsilon_0 E_2 \cos\omega t \tag{16.4}$$

$$\tan\delta = \frac{E_2}{E_1} \tag{16.5}$$

로 주어진다. 이를 일반적으로 주기적 점탄성 거동(viscoelastic)이라 부른다. 만일 식 (16.1)로 주어진 변형의 크기에 따라 식 (16.3)의 응력의 점탄성 거동이 선형적 변화를 보인다면, 예를 들어 두 배의 변형에서 두 배의 응력을 보이는 경우라면 선형(linear) 점탄성 거동이라 한다. 그렇지 않다면 비선형 점탄성 거동이라고 한다.

선형 점탄성을 보이는 경우 중에서 아주 특별한 경우로서 순수한 점성만 있다면 $\delta = \frac{\pi}{2}$가 된다. 즉 뉴턴의 점성의 법칙에 따른 거동을 보이는 것을 알 수 있다. 뉴턴 유체의 경우 그 정의에 의하여 $\sigma = \eta(\frac{d\epsilon}{dt}) \rightarrow \eta\omega\epsilon^0 \cos\omega t = \sigma^0 \sin(\omega t + \frac{\pi}{2})$가 되므로 다음과 같은 결과를 보이는 셈이다.

$$\sigma^0 = \eta\omega\epsilon^0,\ \delta = \frac{\pi}{2} \tag{16.6}$$

다른 한편의 극단적인 경우는 순수한 탄성체의 경우로서 $\delta = 0$이 되는 경우이다. 이때는 훅(Hooke)의 탄성의 법칙이 적용되고 있음을 알 수 있다.

$$\sigma = E\epsilon = E\epsilon^0 \sin(\omega t) \ \therefore \sigma^0 = E\epsilon^0 \text{ and } \delta = 0 \tag{16.7}$$

유리 전이 온도보다 낮은 온도에서 특히 무정형 고분자에 작은 변형을 가하면 이런 탄성 거동을 보인다. 보통 유리 전이 온도보다 높은 열가소성 수지는 점탄성 거동을 보이는데 다시 말하면 δ가 0~90° 사이의 값을 보이는 것이다.

복소수 표현 방법을 사용하면

$$\exp(i\delta) = \cos\delta + i\sin\delta \tag{16.8}$$

$$\epsilon(\omega) = \epsilon^0 \sin(\omega t) \quad \text{대신} \quad \epsilon^* = \epsilon^0 \exp(i\omega t) \tag{16.9}$$

$$\sigma = \sigma^0 \sin(\omega t + \delta) \quad \text{대신} \quad \sigma^* = \sigma^0 \exp[i(\omega t + \delta)] \tag{16.10}$$

$$E = \frac{\sigma(\omega)}{\epsilon(\omega)} \quad \text{대신}$$

$$E^* = \frac{\sigma^*}{\epsilon^*} = \frac{\sigma^0}{\epsilon^0} exp(i\delta) = \frac{\sigma^0}{\epsilon^0}(\cos\delta + i sin\delta) \tag{16.11a}$$

$$= E' + iE'' \tag{16.11b}$$

로 표현할 수 있다. 식 (16.11b)의 처음 항인 E'은 위상 동조(in phase) 항으로 저장 탄성률(storage modulus)이다. 두 번째 항 E''은 위상 이탈(out of phase) 항으로 손실 탄성률(loss modulus)이다. 따라서 위상차가 있는 경우에는 변형의 주기와 공조하는 저장 항과 변형의 주기와 어긋나는 손실 항으로 나누어진다. 이들을 각각 연신 저장 탄성률(tensile storage modulus)

$$E' = \frac{\sigma^0}{\epsilon^0} cos\delta \tag{16.12}$$

과 연신 손실 탄성률(tensile loss modulus)

$$E'' = \frac{\sigma^0}{\epsilon^0} sin\delta \tag{16.13}$$

으로 표현하든지 아니면 이들의 복합 크기와 그 비율, 즉

$$\frac{E''}{E'} = \frac{\sin\delta}{\cos\delta} = \tan\delta \tag{16.14}$$

를 정의해서 사용하기도 한다.

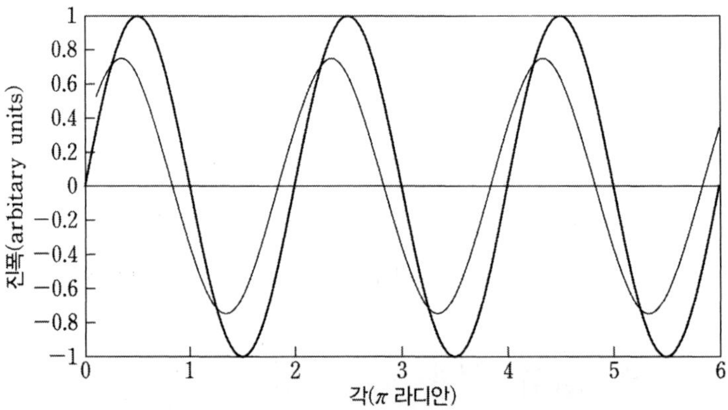

그림 16.1 동적 변형에 따른 응력의 시간적 변화

정적 실험(static testing)에서처럼 탄성률 대신 그 역수인 순응률(compliance)을 정의할 수 있다. $D^* = \frac{1}{E^*} = \frac{\epsilon^*}{\sigma^*} = \frac{\epsilon^0}{\sigma^0} exp(-i\delta)$, $\exp(-i\delta) = \cos\delta - i\sin\delta$이므로 $D^* = D' - iD''$으로 정리하면 다음과 같은 관계식 및 역관계식을 구할 수 있다.

$$D' = \frac{\epsilon^0}{\sigma^0}\cos\delta, \quad D'' = \frac{\epsilon^0}{\sigma^0}\sin\delta, \quad \tan\delta = \frac{D''}{D'} \qquad (16.15a), (16.15b)$$

$$D' = \frac{E'}{(E')^2 + (E'')^2}, \quad D'' = \frac{E''}{(E')^2 + (E'')^2} \qquad (16.16a), (16.16b)$$

동적 변형에서 단위 부피당 필요한 일(W)을 계산하기 위해 다음과 같이 전체 변형에 대하여 적분을 구하여야 한다.

$$W = \int \frac{f}{V} dl = \int \frac{f}{A}\frac{dl}{l} = \int \sigma d\epsilon \qquad (16.17)$$

f: 힘

dl: 시료의 미분 연신

V: 부피

주기 변형에서 한 주기의 합으로 계산하게 되면 $W = \int_0^{2\pi} \sigma d\epsilon$이 되므로

$$\sigma^* = \sigma^0 \exp[i(\omega t + \delta)] \qquad (16.18)$$

$$\epsilon^* = \epsilon^0 \exp(i\omega t) \qquad (16.19)$$

$$\frac{d\epsilon^*}{dt} = i\omega\epsilon^0 \exp(i\omega t) \qquad (16.20)$$

$$\sigma = \sigma^0 \sin(\omega t + \delta) \qquad (16.21)$$

$$\epsilon = \epsilon^0 \sin\omega t \qquad (16.22)$$

$$\frac{d\epsilon}{dt} = \epsilon^0 \omega \cos(\omega t) \qquad (16.23)$$

가 되고 결과적으로

$$W = \pi\sigma^0\epsilon^0 \sin\delta \text{ 또는 } W = \pi(\epsilon^0)^2 E'' \tag{16.24}$$

가 된다. 이 일의 양은 손실 탄성률(loss modulus)과 직접 비례하는 관계임을 알 수 있다 ($\sin\delta = \frac{\epsilon^0}{\sigma^0}E''$). 따라서 손실 탄성률이 없는 이상적인 탄성체에서는 $W = 0$이다. 일을 전혀 하지 않아도 자체적으로 주기적 변형을 계속한다는 뜻이다. 단위 체적당 소비된 동력(P)으로 표현하려면 일에 $f = \frac{\omega}{2\pi}$를 곱하면 된다.

$$P = \frac{\omega}{2}\sigma^0\epsilon^0\sin\delta = \frac{\omega}{2}(\epsilon^0)^2 E'' \tag{16.25}$$

16.2 | 실험방법론

한 특정한 주파수에서 선형성이 보장되는 특정한 변형의 폭(strain amplitude)을 가해줌과 동시에 온도를 변화시키면서 응력의 변화를 측정하게 된다. 액체 질소(N_2)를 사용해서 -150~200℃ 또는 그 이상까지 온도를 올리면서 실험을 시행한다. 연신 모드나 전단 모드로 실험하며 동적 저장 탄성률이나 손실 탄성률을 온도의 함수로 구할 수 있다.

저장 탄성률과 함께 손실 탄성률을 기록하거나 아니면 그 비율인 $\tan\delta$를 기록하게 된다. 보통 유리 전이 온도(T_g)에서 손실 탄성률이나 $\tan\delta$가 최댓값을 보인다. 더 낮은 온도에서 일어나는 2차 완화에서도 극댓값을 보이기도 한다. 마찬가지로 용융 온도(T_m)에서도 최댓값을 나타낸다. 제일 큰 극댓값은 무정형 고분자의 경우에 T_g 근처이며 결정성 고분자의 경우에는 T_m 근처이다. 이를 보통 알파 완화라고 부른다. 그 다음 크기의 극댓값을 베타 완화, 그 다음을 감마 완화라 부른다.

연신 변형(tensile)이 아니고 전단 변형(shear)이 일어나는 경우에는 다음과 같이 표현한다.

$$G^* = G' + iG'' \tag{16.26}$$

$$G' : \text{저장 탄성률} \tag{16.27}$$

$$G'' = G' \tan\delta \text{, 손실 탄성률} \tag{16.28}$$

15장에서 이미 자세히 설명한 바와 같이 최신 유변 물성 측정기를 사용하여 손쉽게 전단 모드에서의 여러 주파수, 여러 온도에서 저장 탄성률과 손실 탄성률을 측정할 수 있다. 먼저 선형 점탄성 영역임을 보장하기 위하여 최대 변형의 폭을 변경하면서 선형 영역임을 확인해야 한다. 온도를 고정하고 주파수를 변화시키면서 실험하든지 주파수를 고정하고 온도를 변화시키면서 실험하게 된다. 이렇게 얻어진 자료의 예를 그림 16.2에서 보여주고 있다.

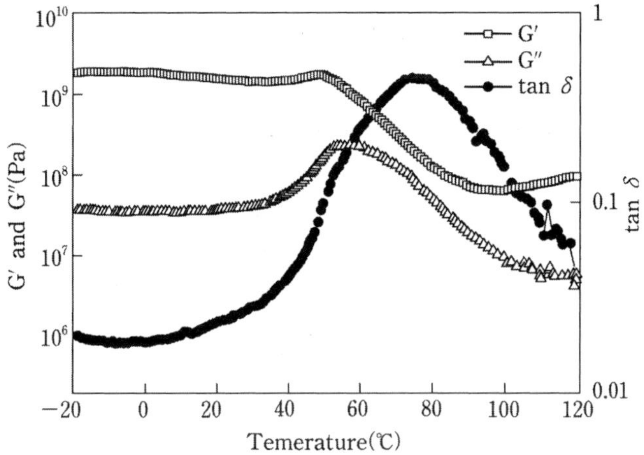

그림 16.2 온도에 따른 저장 탄성률, 손실 탄성률(chlorinated PP, thiolated PP)

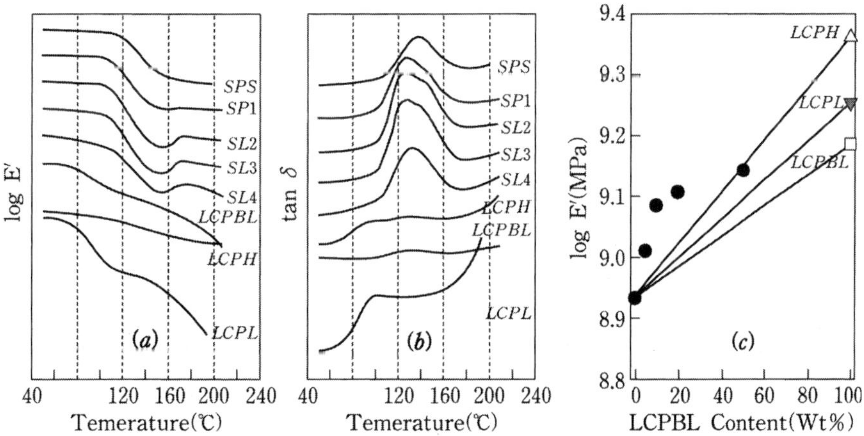

그림 16.3 온도에 따른 저장 탄성률, 손실 탄성률(SPS/LCP blend)

손실 탄성률이나 tan δ의 최댓값을 나타내는 온도는 주파수의 영향을 받는데 그 관계식으로부터 활성화 에너지(Activation Energy, E_a)를 구할 수 있다.

$$\ln f = -\left(\frac{E_a}{R}\right)\frac{1}{T_{\max}} + \ln f_0 \tag{16.29}$$

유리 전이의 경우 대체적으로 높은 값인 220 kcal/mol을 보이며 다음 완화 현상인 β relaxation의 경우 10～20 kcal/mol의 값을 보인다.

16.3 | 점탄성 모델(viscoelastic models)

점탄성 물질의 응력과 변형의 관계를 규정하는 기본적 관계를 나타내기 위하여 탄성을 대표하는 용수철과 점성을 대표하는 대시포트로 구성된 이론적 모델을 고려해 본다. 두 성분이 직렬로 되어 있는지 병렬로 되어 있는지에 따라 각각 맥스웰(Maxwell) 유체 모델, 포이트(Voigt) 고체 모델이 된다.

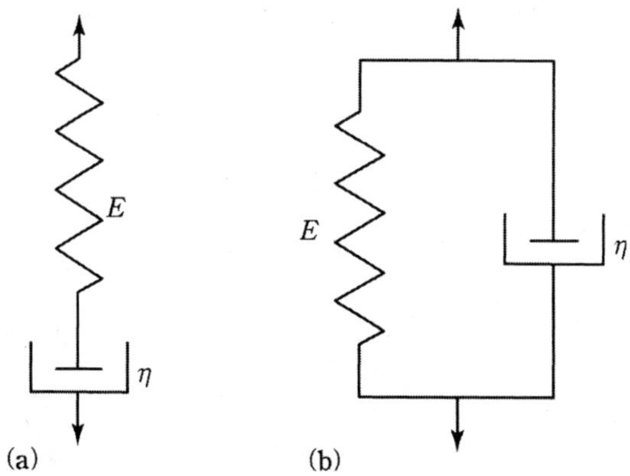

그림 16.4 맥스웰 유체(Maxwell fluid) 모델(a)과 포이트 고체(Voigt Solid) 모델(b)

16.3.1 맥스웰 유체(Maxwell fluid) 모델

맥스웰 유체 모델에서는 탄성적 용수철(E)과 점성적 대시포트(η)가 직렬로 연결되어 있어 응력은 각각 같은 크기로 주어지게 되지만 변형의 경우에는 각각의 변형의 합으로 주어진다. 즉,

$$\epsilon = \epsilon_1 + \epsilon_2 , \quad \sigma = \sigma_1 = \sigma_2 \qquad (16.30), (16.31)$$

이며 각 부분이 훅의 법칙과 뉴턴 점성의 법칙을 만족하므로

$$\sigma_1 = E\epsilon_1 , \quad \therefore \frac{d\sigma_1}{dt} = E\frac{d\epsilon_1}{dt} \qquad (16.32a)$$

$$\sigma_2 = \eta\frac{d\epsilon_2}{dt} \qquad (16.32b)$$

로 주어진다. 이를 합치면

$$\frac{1}{E}\frac{d\sigma}{dt} + \frac{1}{\eta}\sigma = \frac{d\epsilon}{dt} \qquad (16.33)$$

라는 구성 방정식(constitutive equation)이 만들어진다. 이것이 맥스웰 유체의 응력과 변형의 관계를 알려주는 선언적 관계식인 것이다. 이런 법칙이 적용되는 물질에 몇 가지 실험을 진행해 볼 수 있다.

1) 일정 응력 변형 실험(creep)

$t \geq 0 \;\rightarrow\; \sigma = \sigma_0$, $t < 0 \;\rightarrow\; \sigma = 0$으로 규정된 실험이므로 식 (16.33)은 $\dfrac{d\epsilon}{dt} = \dfrac{1}{\eta}\sigma_0$ 이 되고 따라서

$$\epsilon = \frac{\sigma_0}{\eta}t + \epsilon_0 \qquad (16.34)$$

가 얻어진다. 순간적인 변형은

$$\epsilon_0 = \frac{\sigma_0}{E} \tag{16.35}$$

로 주어진다. 크리프 순응률을 계산하면 다음과 같고,

$$D(t) = \frac{\epsilon(t)}{\sigma_0} = \frac{t}{\eta} + \frac{\epsilon_0}{\sigma_0} \tag{16.36}$$

순간 순응률은 다음과 같이 주어진다.

$$D_0 = \frac{\epsilon_0}{\sigma_0} = \frac{1}{E} \tag{16.37}$$

완화 시간을

$$\tau = \frac{\eta}{E} = \eta D_0 \tag{16.38}$$

로 정의하면 전반적 거동은

$$\frac{D(t)}{D_0} = 1 + \frac{t}{\tau} \tag{16.39}$$

으로 표현된다.

2) 응력 완화 실험(stress relaxation experiment)

$t \geq 0$, $\epsilon = \epsilon_0 =$상수인 실험이므로 변형률은 0이 된다. 따라서 식 (16.33)은 다음과 같이 되고

$$\frac{1}{E}\frac{d\sigma}{dt} + \frac{1}{\eta}\sigma = 0 \tag{16.40}$$

이를 위에 제시된 초기 조건으로 풀면

$$\sigma(t) = \sigma_0 \exp(-\frac{t}{\tau}) \tag{16.41}$$

σ_0: 용수철의 순간 응력

이 얻어진다. 따라서 응력 완화 탄성률(stress relaxation modulus)은

$$E_r(t) = \frac{\sigma}{\epsilon_0} = \frac{\sigma_0}{\epsilon_0}\exp(-\frac{t}{\tau}) = E\exp(-\frac{t}{\tau}) \tag{16.42}$$

이 된다. E는 영 탄성률(Young's modulus)이다.

3) 동적 기계적 거동(dynamic mechanical response)

변형을 다음과 같이 주기적으로 변화시켰을 때

$$\epsilon = \epsilon_0 \sin\omega t \tag{16.43}$$

나타나는 응력의 주기적 변화를 관찰하고자 한다.

$$\sigma = \epsilon_0 E' \sin\omega t + \epsilon_0 E'' \cos\omega t \tag{16.44}$$

고분자 물질의 응력 변화를 측정하여 식 (16.44)에 있는 E', E''을 구하고자 하는 것이다. 다음의 변형과 응력에 대한 식 및 완화 시간의 정의를 이용하면

$$\frac{d\epsilon}{dt} = \omega\epsilon_0 \cos\omega t \tag{16.45}$$

$$\frac{d\sigma}{dt} = \omega\epsilon_0 E' \cos\omega t - \omega\epsilon_0 E'' \sin\omega t \tag{16.46}$$

$$\tau = \frac{\eta}{E} \tag{16.47}$$

다음과 같이 정리할 수 있다.

$$E' = \omega\tau E'',\ \omega\tau E' + E'' = \omega\tau E \tag{16.48}$$

$$\therefore\ E' = \frac{E(\omega\tau)^2}{1+(\omega\tau)^2},\ E'' = \frac{E\omega\tau}{1+(\omega\tau)^2} \qquad (16.49a),\ (16.49b)$$

따라서 $\tan\delta = \frac{E''}{E'} = \frac{1}{\omega\tau}$이 되는 것을 알 수 있다.

$\omega\tau \to 0$, 즉 $\omega \ll \frac{1}{\tau}$이면

$$E' \to E(\omega\tau)^2,\ E'' \to E\omega\tau \qquad (16.50a),\ (16.50b)$$

$$\tan\delta \to \infty \text{ or } \delta \to \frac{\pi}{2} \qquad (16.51)$$

이 성립하여 점성 유체처럼 거동한다. 반면에 $\omega\tau \to \infty$ or $\omega \gg \frac{1}{\tau}$이면

$$E' \cong E,\ E'' \to 0 \qquad (16.52a),\ (16.52b)$$

$$\tan\delta \to 0 \text{ or } \delta \to 0 \qquad (16.53)$$

가 되어 탄성체처럼 거동한다.

16.3.2 포이트 고체(Voigt solid) 모델

포이트 고체 모델의 경우에는 용수철과 대시포트가 병렬로 이루어져 있어 변형은 같은 크기로 나타나지만 응력은 각각의 응력의 합으로 표현된다.

$$\epsilon = \epsilon_1 = \epsilon_2,\ \sigma = \sigma_1 + \sigma_2 \qquad (16.54a),\ (16.54b)$$

$$\sigma_1 = E\epsilon_1,\ \sigma_2 = \eta\frac{d\epsilon_2}{dt} \qquad (16.55a),\ (16.55b)$$

즉, 응력은 다음과 같이 나타낼 수 있다.

$$E\epsilon + \eta\frac{d\epsilon}{dt} = \sigma \qquad (16.56)$$

이제 가상적인 실험을 해보자.

1) 일정 응력 변형 실험

$t \geq 0$에서 $\sigma = \sigma_0$, $t < 0$에서 $\sigma = 0$이라는 조건이므로

$$\tau = \frac{\eta}{E} \tag{16.57}$$

$$\frac{\sigma_0}{\eta} = \frac{\epsilon}{\tau} + \frac{d\epsilon}{dt} \tag{16.58}$$

가 되고, 풀면

$$\epsilon(t) = \epsilon_0 [1 - \exp(-\frac{t}{\tau})] \tag{16.59}$$

이다. 따라서 순응률은 시간에 따라 다음과 같이 변할 것이다.

$$D(t) = \frac{\epsilon(t)}{\sigma_0} = D[1 - \exp(-\frac{t}{\tau})] \quad D = \frac{1}{E} = \frac{\epsilon_0}{\sigma_0} \tag{16.60}$$

2) 응력 완화 실험

점성을 나타내는 대시포트가 순간적으로 변형할 수 없어 초기 조건을 만족할 수 없기 때문에 이 실험은 이론적으로 불가능하다.

3) 동적 기계적 실험을 적용해 보면

$$D' = \frac{D}{1 + (\omega\tau)^2}, \; D'' = \frac{D\omega\tau}{1 + (\omega\tau)^2} \qquad (16.61a), (16.61b)$$

$$E' = E, \; E'' = \omega\tau \qquad (16.62a), (16.62b)$$

가 얻어진다.

표 16.1 맥스웰 모델과 포이트 모델의 거동

실험	Mexwell 모델	Voigt 모델
크리프	$\frac{D(t)}{D}=1+\frac{t}{\tau}$	$\frac{D(t)}{D}=1-\exp\left(\frac{-t}{\tau}\right)$
응력 완화	$\frac{E(t)}{E}=\exp+\frac{-t}{\tau}$	$\frac{E(t)}{E}=1$
동적 기계적	$\frac{D'}{D}=1$	$\frac{D'}{D}=\frac{1}{1+(\omega\tau)^2}$
	$\frac{D''}{D}=\frac{1}{\omega\tau}$	$\frac{D''}{D}=\frac{\omega\tau}{1+(\omega\tau)^2}$
	$\frac{E''}{E}=\frac{(\omega\tau)^2}{1+(\omega\tau)^2}$	$E''=E$
	$\frac{E''}{E}=\frac{\omega\tau}{1+(\omega\tau)^2}$	$E''=\omega\eta$

16.4 | 시간–온도 중첩의 원리

장시간 뒤의 거동을 예측하고자 할 때 단시간 거동 자료를 여러 온도에서 측정하여 종합해 보면 장시간 거동 예측이 가능하다. 각각의 온도에 해당되는 이동 인자(shift factor)를 이용하여 대표 곡선(master curve)을 만들게 되면 시간–온도 중첩(time-temperature superposition)이 가능해지므로 선형 점탄성 이론의 활용이 가능한 것이다.

응력 완화 탄성률이나 크리프 순응률을 t/a_T (a_T : 이동 인자)로 수평 이동시키면 하나의 대표 곡선으로 변하게 된다.

$$E(T,t)=E(T_r,t_r),\quad a_T=\frac{t}{t_r} \tag{16.63}$$

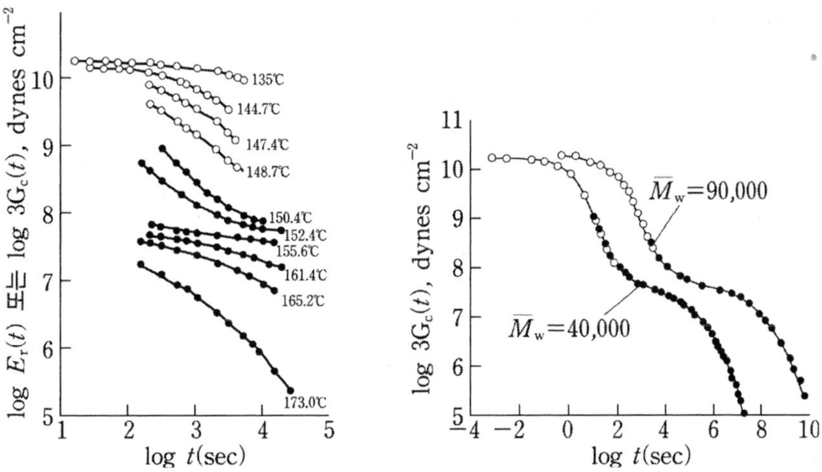

그림 16.5 온도와 시간에 따른 저장 탄성률

WLF(William-Landel-Ferry) 관계식에 의하면

$$\log a_T = \frac{-C_1(T - T_r)}{C_2 + T - T_r} \tag{16.64}$$

로 이동 인자의 온도 의존성을 표현할 수 있는데, 이때 필요한 두 상수 C_1, C_2는 모든 고분자에 적용되는 상수이다. 물론 고분자마다 다른 T_r인 기준 온도(reference temperature)가 적용되는데, 보통 고분자의 유리 전이 온도를 택하게 된다.

$$T_r = T_g,\ C_1 = 17.44,\ C_2 = 51.6 \tag{16.65}$$

a_T로부터 C_1, C_2 값을 구하려고 하면 C_1은 무차원 형태의 그래프를 그리면 된다.

$$\frac{T - T_r}{\log a_T} = -\frac{1}{C_1}(T - T_r) - \frac{C_2}{C_1} \tag{16.66}$$

좀 더 정교한 자료 예측을 위하여 표 16.2에 제시된 것과 같이 고분자마다 다른 값을 사용하기도 한다.

표 16.2 WLF 이동 인자에서의 상수들

고분자	T_g (K)	C_1	C_2
천연 고무	200	16.7	53.6
폴리아이소뷰틸렌	202	16.6	104
폴리유레테인	238	15.6	32.6
폴리(바이닐 아세테이트)	304	17.4	43.4
폴리(에틸 메타크릴레이트)	335	17.6	65.5
폴리(에틸렌 타크릴레이트)	343	17.1	31.7
폴리(에틸렌 타크릴레이트)	353	30.4	106.6
폴리(바이닐 클로라이드)	353	16.2	49.7
폴리스타이렌	373	13.7	50.0

시간-온도 중첩의 원리라 함은 어느 소재의 일정 온도에서의 탄성률의 시간에 따른 변화가 일정 시간에서 온도의 증가에 따른 변화와 같다는 뜻이다.

$\log G'$과 $\log G''$의 plot으로 시간 온도 등에 따른 구조적 변화를 예측하기도 한다. 그림 16.5는 유연 고분자의 대표의 하나인 PET와 고성능 고분자의 하나인 열방성 액정 고분자(LCP, 24장 참고)의 실험 데이터를 보여준다. PET의 경우 온도가 변해도 유동성의 차이가 있을 뿐 구조적으로 큰 변화가 없으므로 한 직선에 데이터들이 모이는 반면, 액

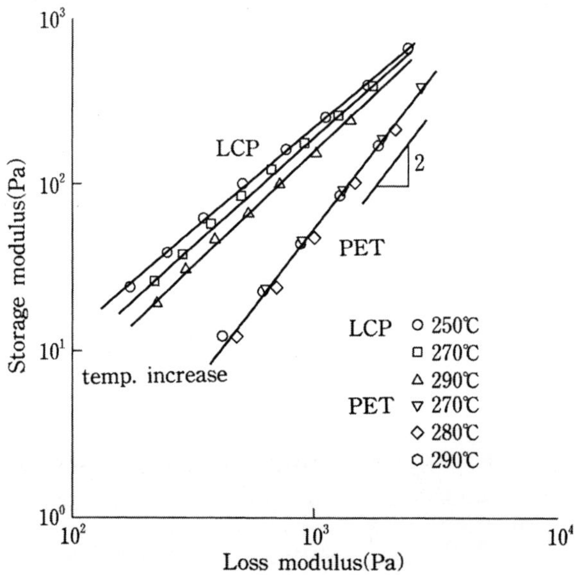

그림 16.6 PET와 LCP의 log G'과 log G" plot

정 고분자의 경우 온도에 따른 액정성 구조에 약간의 변화를 보이므로 온도에 따른 데이터가 겹치지 않는 것을 알 수 있다.

16.5 | 볼츠만 중첩의 원리

연신 탄성률은 연신 순응률의 역수이고 전단 탄성률도 전단 순응률의 역수이다. 동적 기계적 실험에서 얻어지는 복합 탄성률(complex modulus)도 복합 순응률과 역수 관계에 있다. 하지만 응력 완화 탄성률(stress relaxation modulus)은 일정 응력 변형 순응률(creep compliance)과 역수 관계가 아니다. 이들은 각기 다른 방식으로 측정한 실험 결과이기 때문이다.

$$E_r(t) \neq \frac{1}{D(t)} \tag{16.67}$$

하지만 선형 점탄성 소재의 경우에는 볼츠만 중첩의 원리(Boltzmann superposition principle)가 적용되므로 이를 이용하면 이들 둘 관계를 알아볼 수 있다. 볼츠만의 원리에 따라 총 변형은 총 응력의 선형 함수로 다음과 같이 표현된다.

$$\epsilon(t') = \sigma_0 D(t') + \sigma_1 D(t' - u_1) \tag{16.68}$$

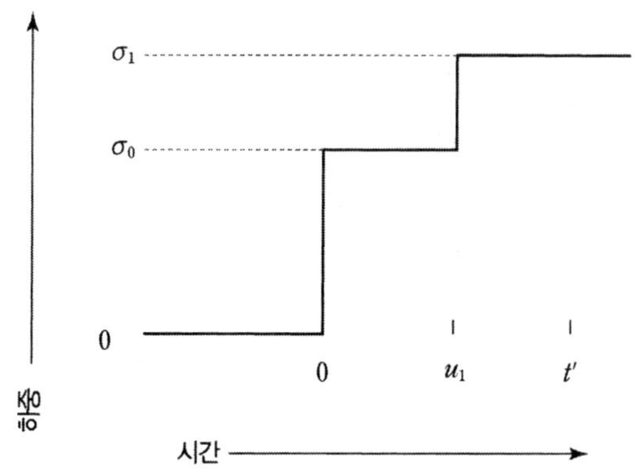

그림 16.7 응력 중첩

식 (16.68)는 2 steps의 경우에 해당하고, 일반적으로 multi steps의 경우에는

$$\epsilon(t) = \sum_{i=1}^{n} \sigma_i D(t - u_i) \tag{16.69}$$

로 표현될 수 있다. 만일 시간에 따라 계속 변하는 응력을 고려하면 다음과 같다.

$$\epsilon(t) = \int_{-\infty}^{t} \frac{\partial \sigma(u)}{\partial u} D(t-u)\, du = \int_{\infty}^{0} \frac{\partial \sigma}{\partial a} D(a) da \tag{16.70}$$

$$\epsilon(t) = \sigma(t) D(0) + \int_{0}^{\infty} \sigma(t-a) \frac{\partial D(a)}{\partial a} da \tag{16.71}$$

같은 방식으로

$$\sigma(t) = \int_{-\infty}^{0} \frac{\partial \epsilon(u)}{\partial u} E(t-u)\, du = E(0)\epsilon(t) + \int_{0}^{\infty} \epsilon(t-a) \frac{\partial E(a)}{\partial a} da \tag{16.72}$$

가 된다. 이 식은 이전 식의 Laplace transform이다. 결과적으로

$$E' = \omega \int_{0}^{\infty} \sin\omega s\, E(s)\, ds \tag{16.73}$$

$$E'' = \omega \int_{0}^{\infty} \cos\omega s\, E(s) ds \tag{16.74}$$

가 되고 응력 완화 탄성률 $E(s)$만 알면 저장 탄성률 E'과 손실 탄성률 E''은 이들의 Fourier sine transform과 Fourier cosine transform으로 표현되는 것이다.

참고문헌

1. J. R. Fried, "Polymer Science and Technology", 3rd ed., 2014, Prentice Hall, Ch 5.
2. 최연범, 「술폰화 PP의 제조 및 염색성에 관한 연구」, KAIST 박사논문, 2007, 그림 2-23, 2-24.
3. 박준용, 「메탈로센 촉매에 의해 중합된 SPS의 블렌드에 관한 연구」, KAIST 박사 논문, 1997, 그림 5-3.
4. 황창익, 「열방성 액정 고분자와 PET반응블렌드에 대한 연구」, KAIST 박사 논문, 1995, 그림 4-34.

연습문제

16-1 고분자의 점탄성 거동을 설명하기 위해서 기계적 모형을 자주 사용한다. 스프링과 대시포트가 직렬로 구성되어있는 맥스웰(Maxwell) 모형은 점탄성 물질의 시간(t)에 따른 변형(e)을 다음과 같은 식으로 예측한다.

$$\frac{de}{dt} = \frac{1}{E}\frac{d\sigma}{dt} + \frac{\sigma}{\eta}$$

E : 탄성적 용수철, η : 점성적 대시포트

여기서 σ는 응력이다. 포이트(Voigt) 모형은 스프링과 대시포트가 병렬로 연결되어 다음과 같은 식으로 표현된다.

$$\frac{de}{dt} = \frac{\sigma}{\eta} - \frac{Ee}{\eta}$$

(a) 두 모형에 대해, 일정한 응력 속도(즉, $d\sigma/dt$ = 일정)를 주었을 때 시간에 따른 변형의 변화를 나타내는 식을 유도하시오.

(b) 두 모형에 대해, 일정한 변형 속도(de/dt = 일정)를 주었을 때 시간에 따른 응력의 변화를 나타내는 식을 유도하시오.

16-2 점탄성 물질로 만든 고리 모양의 밀봉재가 두 파이프를 연결하는 데 사용되었다. 연결 부위 사이에서 밀봉재는 크기가 0.2인 압축 변형하에 놓여 있다. 밀봉재는 맥스웰 모형을 따른다고 가정하고, 유체 내부 압력 0.3 MPa이 작용하고 있다면 누출이 발생하기 전까지 걸리는 시간을 구하시오. 여기서 물질의 완화 시간(τ_0)은 300일이고, 단기(순간) 탄성률은 3 MPa이라고 가정하시오.

16-3 볼츠만(Boltzmann) 중첩 원리를 따르는 점탄성 고분자는 다음과 같은 변형 조건하에 있다. $t=0$일 때, 20 MPa의 인장 응력을 순간적으로 작용하여 100 s 동안 유지한 후, 응력이 없어질 때까지 0.2 MPa/s의 응력 속도로 감소시켰다. 만약 물질의 크리프 순응률 다음과 같이 주어진다면,

$$J(t) = J_0(1 - \exp\frac{-t}{\tau_0})$$

다음을 구하시오(여기서 $J_0 = 3$ m^2/GN이고, $\tau_0 = 200$ s이다).

(a) 100 s 후의 변형(응력이 반대가 되기 전)

(b) 응력이 0이 될 때 잔류 변형

16-4 $|E^*| = \sigma^0/\epsilon^0$와 $|D^*| = 1/|E^*|$임을 보이시오.

16-5 점탄성 고체의 동적 인장 진동 동안에 수행된 단위 부피당 주기당 일이 $\pi\sigma^o\epsilon^o\sin\delta$임을 보이시오.

16-6 기준 온도로서 폴리스타이렌(PS)의 T_g인 100℃을 설정하고, (a) WLF 상수 C1, C2에 대하여 범용값을 사용하며, 또한 (b) PS에 대한 문헌값인 C1 = 13.7 K와 C2 = 50.0 K를 사용할 경우 폴리스타이렌의 150℃에서의 WLF 이동 인자(a_T)를 계산하시오.

16-7 1 Hz에서 폴리스타이렌의 α-손실 탄성률(E_α)의 최대치가 373 K에서 나타난다고 하고, 이 완화의 활성화 에너지가 840 kJ/mol이라면, 110 Hz에서 이 탄성률의 최대치를 나타내는 온도를 구하시오.

16-8 다음 모델 인자를 이용하여 병렬로 연결된 세 가지 Maxwell 모델에 응력이 가하여진 10초 후의 완화 탄성률을 GPa의 SI 단위로 계산하시오.

E_1 = 0.1 GPa	τ_1 = 10s
E_2 = 1.0 GPa	τ_2 = 20s
E_3 = 10 GPa	τ_3 = 30s

5부

고분자의 실제 응용

17

고분자에 양념을?

일반적으로 범용되는 고분자 제품은 한 가지 고분자만으로 이루어진 경우도 있지만 보통 여러 물성을 보완하기 위하여 한두 가지 고분자 혼합물에 여러 가지 첨가제를 혼합하여 만들어진다. 가소화제(plasticizer), 난연제(flame retardants), 가공 조제(processing lubricants), 안정제(stabilizers), 그리고 충전제(filler) 등 여러 기능을 가진 저분자 화합물을 혼합하여 사용한다. 따라서 이들 간의 혼합 상태가 아주 중요하다. 가공 도중에 가해주는 변형에 의하여서는 분배 혼합(distributive mixing)이 일어나고 응력에 의하여서는 분산 혼합(dispersive mixing)이 유도된다. 두 가지 고분자가 서로 잘 섞이지 않는 경우에는 상용화제(compatibilizer)를 투입하여 그 분산 상태를 향상시키게 된다.

5대 범용 수지의 하나인 PVC는 일반적으로 열적 안정성이 떨어지고 강성도가 높은 스티프(stiff)한 유리상 고분자이다. 가소화제와 열 안정제(thermal stabilizer)를 투입하면 유리 전이 온도가 낮아지고 열적 안정성도 높아져 부드러워진다. 결과적으로 포장 필름이나 전선 절연용으로 활용할 수 있게 된다.

고분자 블렌드(polymer blend)의 가장 대표적인 예로는 NORYL이라는 상품명이 있으며, 이는 poly(2,6-dimethyl-1,4-phenylene oxide)(이하 PPO)와 HIPS의 블렌드이다. PPO 자체의 유리 전이 온도는 209℃로 아주 높아 열분해 없이 가공하기가 매우 어렵다. PPO

에 100℃ 정도의 낮은 유리 전이 온도를 가지는 HIPS를 블렌딩하고 윤활제(lubricants), 열 안정제 그리고 난연제, 충전제를 투입하면 유리 전이 온도가 낮아지고 비용도 절감되어 상업적 이용 가치가 높아지게 된다.

17.1 | 가소화제

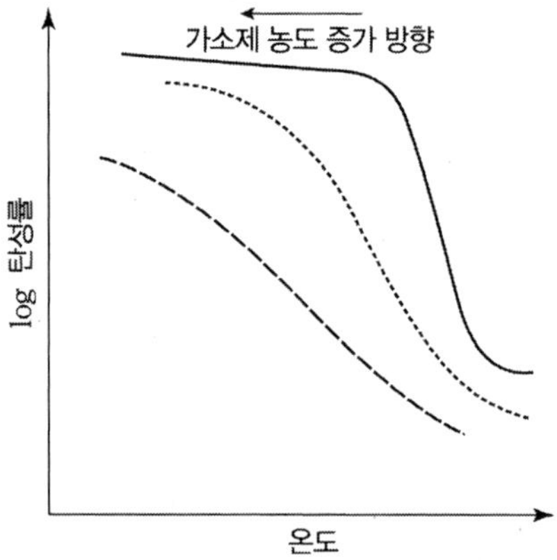

그림 17.1 가소화제가 탄성률에 미치는 영향

가소화제는 PVC에서 가장 잘 활용되는데 유리 전이 온도를 낮추어서 실제 사용 온도에서의 탄성률을 크게 감소시킨다. 또한 유리상에서 고무상으로의 전이 현상을 보다 점진적으로 일어나게 해준다.

$T_g = -50$℃ 정도로 낮은 유리 전이 온도를 가지는 저분자량의 유기물이 주로 가소화제로 사용되는데 가끔 낮은 유리 전이 온도를 가지는 아주 적은 분자량의 고분자 자체가 사용되기도 한다(예를 들면 저분자량의 polycaprolactone, ethylene-vinylacetate copolymer 등이 있다). 가소화제는 무엇보다도 먼저 고분자와 혼화성이 있어야 한다. 최소한 부분적 혼화성이라도 가져야 한다. 그리고 당연히 유리 전이 온도가 낮아야 한다.

표 17.1 PVC용 가소화제들

가소제 종류	화학 구조	예[a]
지방족 다이에스터	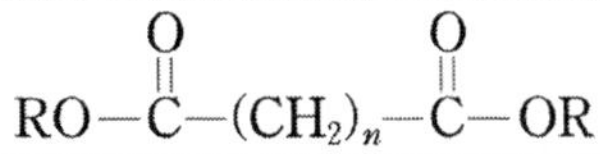	DOA
다이알킬 프탈레이트	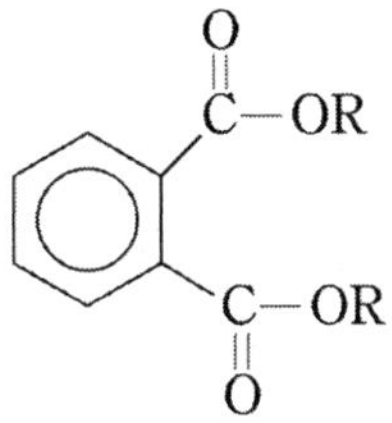	DOP, DIOP
트라이 포스페이트	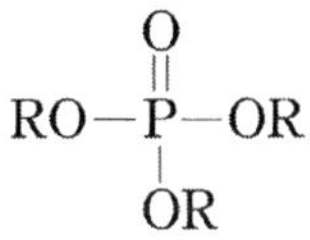	TCP
트라이알킬 트라이멜리테이트	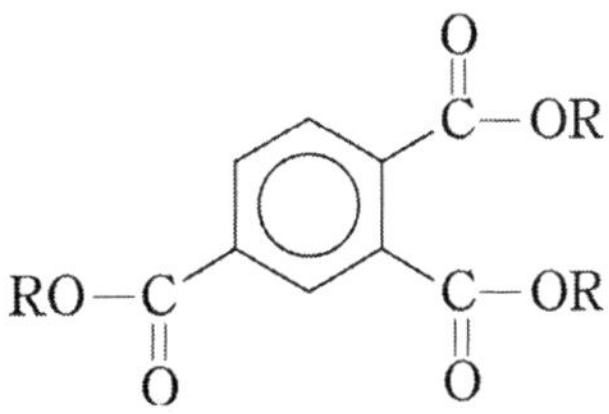	TOTM

[a] 가소제에 대한 관용명: DOP, 다이옥틸 프탈레이트; DIOP, 다이아이소옥틸 프탈레이트; DOA, 다이옥틸 아디페이트; TCP, 트라이크레실 포스페이트; TOTM, 트라이옥틸 트라이멜리테이트.

불규칙 공중합 고분자의 유리 전이 온도는 각각의 단일 고분자의 유리 전이 온도의 평균값을 가지는데 다음과 같은 우드의 식(Wood's equation)으로 표현된다.

$$T_g = \frac{T_{g,1} + (kT_{g,2} - T_{g,1})W_2}{1-(1-k)W_2} \tag{17.1}$$

k : 조절 파라미터(adjustable parameter)

W_i : i 성분의 질량 분율(weight fraction), 1= 희석제 또는 고분자, 2= 고분자

이 식은 1개의 조절 매개 변수를 가지고 있고 주로 불규칙 공중합체의 유리 전이 온도를 예측할 때 사용되지만 가소화제를 투입하는 경우에도 잘 활용된다.

켈리－부쉐 식(Kelly－Bueche equation)의 경우에는 2개의 조절 파라미터를 가지고 있다. 즉,

$$T_g = \frac{\alpha_1(1-\phi_2)T_{g,1} + \alpha_2\phi_2 T_{g,2}}{\alpha_1(1-\phi_2) + \alpha_2\phi_2}. \tag{17.2}$$

5장에서 논의한 바와 같이 액상과 유리상의 고분자의 엔트로피가 같다는 열역학적 고려에서 유도된 식으로

$$\ln\left(\frac{T_g}{T_{g,1}}\right) = \frac{W_2 \ln(T_{g,2}/T_{g,1})}{W_1(T_{g,2}/T_{g,1}) + W_2} \tag{17.3}$$

가 있는데 다양한 고분자 블렌드 같은 혼합물이나 가소화제를 투입한 경우에도 잘 적용된다. $T_{g,1}$과 $T_{g,2}$가 엇비슷하면

$$\frac{1}{T_g} = \frac{W_1}{T_{g,1}} + \frac{W_2}{T_{g,2}} \tag{17.4}$$

와 같이 접근하여 결국 역수 혼합율(inverse rule of mixture)이 적용되는 셈이다. 이를 팍스식이라 부른다.

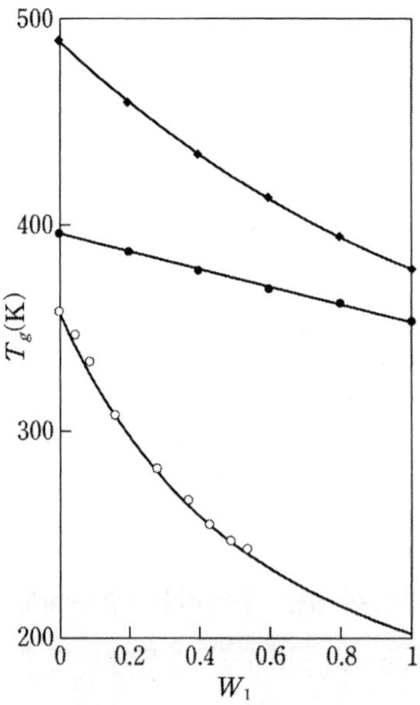

그림 17.2 세 가지 상용 블렌드 cases. 식 (17.3)과 예측한 값과 비교

가소화제의 효율성은 단위 질량당 유리 전이 온도 강하로 설명할 수 있다(ΔT_g/ unit weight of plasticizer). 가소화제가 투입되면 유리-고무상 전이가 넓은 범위에서 점진적으로 일어난다. 그러나 효율적인 가소화제라고 하더라도 혼화성(miscibility)이 낮으면 고분자로부터 확산되어 밖으로 배출될 수 있기에 사용 도중에 성능 저하를 유발하게 된다. 즉, 가소화제가 조금 빠져나감에 따라 점점 T_g가 높아지고 고분자가 취약(brittle)하게 변한다.

압력의 영향은 그리 심하지 않지만 압축률 β 및 팽창률 α와 관련해서 다음 식으로 접근할 수 있다.

$$\frac{dT_g}{dp} = \frac{\Delta\beta}{\Delta\alpha} \tag{17.5}$$

가열 속도도 유리 전이 온도에 영향을 주는데

$$T_g = a + b\ln q \tag{17.6}$$

로서 q는 가열 속도(K/min)이며 a, b는 고분자마다 다른 실험적 상수이다.

가교점(crosslinks)의 수가 증가하면 유리 전이 온도도 일정 온도에서부터 점차 비례적 기여도로 증가한다.

$$T_g = T_g^0 + k_c\rho_c \tag{17.7}$$

로서 k_c는 고분자마다 다른 상수이며 ρ_c는 단위 질량당 가교점(crosslinks)의 수이다.

가소화제의 확산 배출에 의한 성능 저하를 근본적으로 해결하기 위하여 외부 가소화제 투입(external plasticization) 대신 공중합에 의한 방법(internal plasticization)을 강구하기도 한다.

역가소화(antiplasticization)라고 하여 가소화제 농도가 5~10% 이하 정도로 낮은 경우 탄성률(modulus)이나 연신 강도(tensile strength)가 되레 올라가기도 한다. 물론 충격 강도나 투과도(permeability)는 나빠진다. 이런 경우에는 더 많은 양의 가소화제를 투입하여야 한다.

17.2 | 충전제와 보강 효과

고분자 소재가 비교적 값이 싼 소재이지만 그 비용을 더 낮추고 가공성도 높이며 열 방출(heat dissipation)도 용이하게 하기 위하여 나무, 점토, talc, 재, 모래, 운모 그리고 유리구슬 등의 **충전제(filler)**를 투입할 수 있다. 특히 운모는 전기 절연 및 열 절연 성질이 좋아 아주 유용한 충전제라 하겠다. 고분자 소재는 자유 부피의 존재로 가공 중 가열이나 냉각에 의하여 부피 변화를 크게 보이는데, 몰드 내에서의 부피 축소(mold shrinkage)를 줄이고 정전기 전하(electrostatic charge)도 줄이기 위하여 흑연(graphite), 카본 블랙, 알루미늄 박편, 금속 입자 또는 금속 도포 섬유 등의 전기적 물성이 우수한 충전제를 활용할 수도 있다. 특히 탄소 섬유를 많이 넣으면 서로 연결(percolation) 구조를 만들게 되어 전기전도성이 획기적으로 증가하게 되는 전자파 차폐(EMI shielding) 특성을 보이기도 한다. 이는 전자파 흡수 또는 반사를 일으키게 되는 셈이다. 자세한 내용은 27장의 전도성 고분자 편에서 살펴볼 것이다. 물론 충전제가 들어감으로 부피 수축을 예방하게 되어 치수 안정성(dimensional stability)을 향상시키는 효과도 있다.

강화 충전제는 주로 탄성률, 연신 강도, 내마모성(abrasion resistance), 피로 강도(fatigue strength) 등의 기계적 성질의 향상을 도모하기 위하여 투입하는 첨가제이다. 타이어에 사용하는 카본 블랙(carbon black)이 대표적이며 실리카, 섬유, 직포, 잘게 토막낸 섬유 등을 20~80%까지 넣기도 한다. 섬유상의 충전제의 경우 열가소성 수지나 열경화성 수지를 보강하기 위하여 사용되는데 연속된 것(continuous strands)을 사용하기도 하

표 17.2 섬유의 물성 탄성률, 탄성 강도, 밀도

섬유	인장 탄성률 (GP[a])	인장 강도 (GPa[a])	밀도 (g cm^{-3})
Boron	386	3.4~3.7	2.38~2.66
E-유리	72.4	3.45	2.55
S-유리	85.5	4.83	2.49
흑연			
고탄성	483~517	1.86	1.97
고강도	234~255	2.83	1.77
케블라-49	138	2.76	1.44
강철	407	4.14	7.81

[a] GPa 단위를 psi 단위로 전환하려면 145,000을 곱한다.

고 짧게 잘라서 사용하기도 한다. 예를 들어 불포화 폴리에스터 수지를 유리 섬유(E glass)로 보강한다. 유리 섬유 이외에도 알칼리-금속 성분을 조금 지니고 있는 보론 유리(boron-aluminosilicate)가 사용되기도 한다.

방향족 폴리아마이드인 케블라 섬유(Kevlar)도 자주 사용하는 섬유상 충전제이며 흑연이나 PAN 섬유를 3,000℃에서 열분해(pyrolysis)하여 만들어지는 탄소 섬유(carbon fiber)도 자주 사용된다. 충전제를 잘 활용하면 전체 무게를 줄일 수 있을 뿐 아니라 전기전도성을 획기적으로 증대시킬 수 있다. 이외에도 초고분자량의 폴리에틸렌 섬유가 사용된다.

17.3 | 그 외의 첨가제들

고분자 수지와 연관된 첨가제로는 열 안정제, 산화 방지제(anti-oxidants), 자외선 안정제(UV stabilizer), 난연제, 윤활제, 경화제(curing agent), 발포제(blowing agents), 촉매 등을 들 수 있다. 보통 고분자 질량 100을 기준으로 얼마나 첨가하는지를 phr(parts per hundred)로 표시한다.

아크릴계의 가공 보조제를 적절히 사용하면 표면이 매끄러운 제품을 만들 수 있다. 스테아르산 칼슘(calcium stearate)나 파라핀 왁스(paraffin wax) 같은 윤활제가 그 구실을 한다. 경질 PVC관의 경우 가소화제는 필요가 없고 탄산 칼슘(calcium carbonate)을 보강

표 17.3 Typical Formulation of PVC pipe

성분	농도(phr)
PVC(0.9～1.0 IV[a])	100
가공 보조세	1～5
안료	1～2
칼슘 스테아레이트	0.5～1.5
파라핀 왁스	0.5～1
알킬틴 또는 antimony mercaptide	0.3～2.0
충격 개질제	0～10
칼슘 카보네이트	0～10

[a] 고유 점도

제로 넣어서 고압에 견딜 수 있게 도와준다. 알킬 틴(alkyl-tin)이나 안티몬 머캡타이드(antimony mercaptide)도 열 안정제로 활용된다.

안정제

안정제는 고분자 가공 도중에 고분자 가공 도중에 일어나는 열분해나 산화 현상을 방지하기 위하여 첨가하는 것이다. 페놀류(phenols), 방향족 아민류(aromatic amines) 등의 저분자 유기 화합물은 고분자 내에서 높은 확산 계수를 가져서 잘 움직일 수 있어 자유 라디칼 제거제(free-radical scavenger) 구실을 성실히 수행할 수 있다.

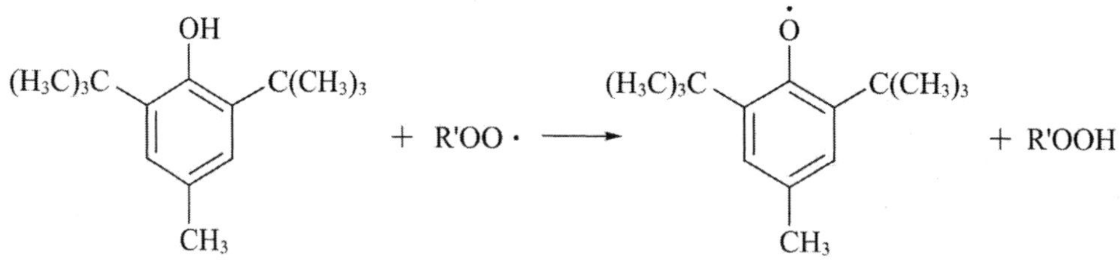

4-methyl-2,6-*tert*-butylphenol

그림 17.3 4-methyl-2,6-tert-butylphenol 고무의 산화 방지제

4-methyl-2,6-tert-butylphenol은 고무 노화 방지제로 활용되는데 그 역할은 자신에 있는 하이드록시 수소(hydroxyl hydrogen)를 방향족 고리에 있는 파라 위치에 추가시켜서 안정성을 증가시키는 것이다. 유기 인화합물(organic phosphites)은 균형 분해(homolytic breakdown)를 억제할 수 있는 구실을 하는 산화 방지제이다.

UV 안정제

대부분 고분자는 290~400 nm의 UV 빛 에너지를 흡수하면 결합이 끊어지게 되어 반응성이 있는 자유 라디칼을 만들게 된다. 이로 말미암아 변색, 취약화 등을 거쳐 궁극적으로 질적 저하를 일으키게 되므로 이를 방지할 필요가 있다. UV 안정제는 자신이 고분자 대신 에너지를 흡수하거나 자유 라디칼을 비활성화시킬 수 있는 물질이다. 카본 블랙을 타이어에 첨가하면 UV를 대신 흡수해 주므로, 고무의 질적 저하를 막을 수 있다. 또한 내마모성도 증가하고, 고무보다 가격이 싸므로 비용 측면에서도 유리하다. 벤조페논 유도체(benzophenone derivatives)를 PC에 넣는 것도 에너지를 대신 흡수하기 위함이다.

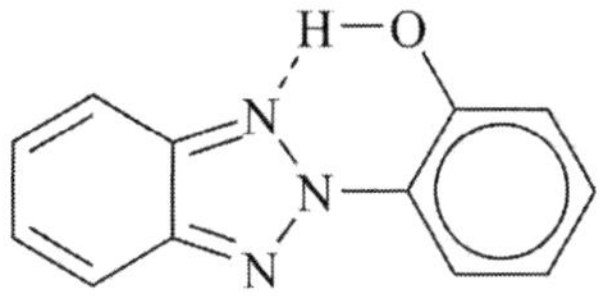

그림 17.4 UV 안정제 benzotriazoles

난연제

산소 없이 열에 의하여 분해가 일어나는 경우를 열분해(pyrolysis)라 부른다. 산화 열분해(oxidative pyrolysis)는 열분해와 산소에 의한 산화 반응이 동반되는 경우이다. 난연제는 이러한 열분해를 억제하는 충전제를 말한다. 연소는 기체상에서 일어나므로 고분자 재료가 난연성을 가지려면 우선 기체화를 억제하여야 한다. 또한 저에너지 과정을 유도하여 열분해 대신 다른 고체상 반응(예를 들면 탄화)을 유도해야 하며 고분자 재료 표면에 얇은 보호층을 만들어 열에너지 침투를 막아야 한다. Organo-chlorine compounds, organo-bromine compounds, organo-phosphorus, antimony oxides, boron compounds, alumino trihydrate(ATH) 등이 난연제로 이용된다.

항균제

일반적으로 폴리올레핀이나 바이닐 고분자들은 비교적 박테리아의 공격에 잘 견딘다. 반면에 천연 고무(natural rubber), 셀룰로스(cellulose)와 그 유도체는 천연 고분자로서 박테리아에 약하기 때문에 항균제를 투입해서 박테리아의 성장을 억제해야 한다. 이런 첨가제는 라텍스 페인트나 합성 섬유(textiles)에도 적용되는데 박테리아에만 독성을 보이고 그 외엔 비독성인 물질을 선택하여야 한다. Tri-butyl/Tin oxide가 여러 공업용 플라스틱에 이용되며 10,10'-oxybisphenoxyarsine(OBPA)는 urethane-polyolefin에 쓰인다.

17.4 | 가공 보조제

윤활제

내부 윤활제(internal lubricant)는 고분자의 용융 점도를 감소시켜 가공에 도움을 준다. 한편 외부 윤활제(external lubricant)는 고분자 가공 기계의 고체 표면과 고분자 용융체 사이의 접착을 줄여서 가공을 원활하게 해주는 구실을 한다. PVC에 사용되는 stearates, mineral oil, low-MW polyolefins 등이 이런 용도의 물질이다. Organo functional silicone fluids도 이형제(mold release agents)로 사용된다.

경화제

경화제란 유황과 같이 천연 고무의 가교를 유도하는 화합물이다. 유황으로 고무를 가교하는 것을 가황 공정이라고 부른다. 에폭시 수지의 경화를 위하여서는 아민류가 사용된다.

착색제

착색제로는 고분자 수지의 착색을 위하여 용해성이 있는 염료(dyes)나 안료(pigments)가 사용된다.

열변형 방지 또는 충격 보강제

Toughening HIPS, CPE, SAN ABS, EVA, MBS, MABS 등이 사용된다.

대전 방지제

고분자는 일반적으로 절연체이므로 고분자 표면에 발생한 정전기가 누적되어 먼지를 끌어들이거나 스파크가 일어날 수도 있다. 이런 누적된 정전기를 배출시키기 위하여 대전 방지제를 투입하여야 한다. 대전 방지제를 고분자 표면에 뿌리거나 고분자 제품을 용액에 담갔다가 건져서 표면에 전기가 흐르도록 만들 수 있다. 또는 고분자를 가공할 때 흡습성(hygroscpic) 첨가제를 투입하여 소기의 목적을 달성토록 한다. Phosphate, fatty acid esters, polyhydric alcohol derivatives, sulfate waxes 등이 사용된다.

발포제(21장 참고)

PS, PP, Polyurethane 고분자를 발포하면 전기 절연성이나 단열 특성을 크게 향상시키면서 경량화된 소재로 만들 수 있다. 물리적 발포의 경우에는 펜테인, 헥세인, 헵테인 같은 탄화수소나 플루오린화 탄소(fluorocarbon), 이산화 탄소, 공기 질소 등을 사용하여 가공 도중의 휘발을 통해 다공성 구조를 만든다. Hydrazine 유도체를 사용하면 가공 중 분해에 의하여 발포가 일어나는데 이를 화학적 발포제(chemical blowing agents; CBA)라 한다. 화학적 발포는 불포화 폴리에스터의 발포에 이용되는 방법이다. 폴리유레테인의 경우에는 아이소시아네이트와 물의 반응으로 이산화 탄소가 발생하게 되어 유연한 폴리유레테인 발포체가 형성된다. 딱딱한 발포체는 보통 물리적 발포에서 만들어지며 EPS가 대표적으로 단열 소재 및 방음제 구실을 한다.

상용화제

18장에서 다룰 예정이지만 고분자들은 서로 상용성이 없는 것이 일반적이므로 블렌드를 만들기 위해선 상용화제를 투입하여야 한다. 보통 두 고분자의 공중합체도 좋은 상용화제의 역할을 한다. 반응 상용화란 블렌딩 도중 고분자 간의 반응을 유도하여 반응물이 상용화제의 역할을 하도록 유도하는 것을 말한다.

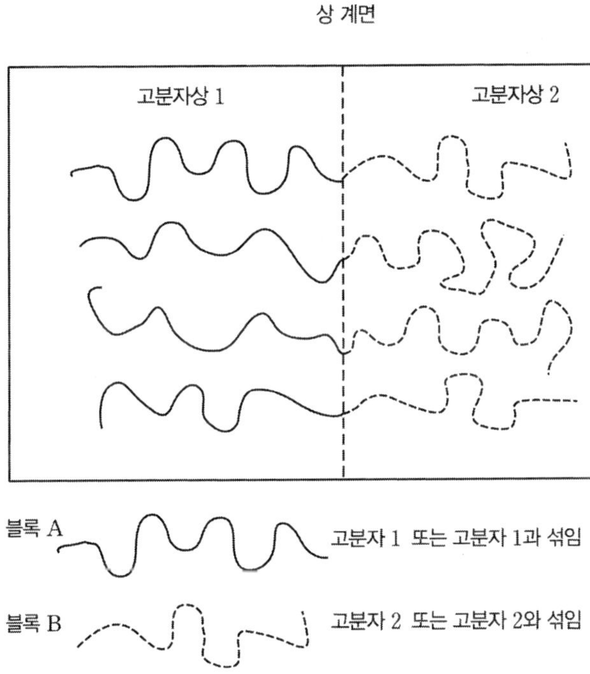

그림 17.5 이중블록 공중합체 상용화제

참고문헌

1. J. R. Fried, "Polymer Science and Technology", 3rd ed., 2014, Prentice Hall Ch 7
2. R.J. Young and R.A. Lovell, "Introduction to Polymers", 3rd ed., 2011 CRC Press Ch 18
3. S.B. Kil, K.H. Yoon, C.I. Hwang, OO. Park, Effects of Chemical Reaction on the Properties of Reactive Blends between Poly(butylene terephthalate) and Liquid Crystalline Polymer, Korea Polymer Journal (Current Journal Title: Macromolecular Research), Vol.5, No.3, P.145-151, 1997
4. Synergistic effect of carbon nanotubes on the flame retardancy of poly(methyl methacrylate)/zinc oxalate nanocomposites Park, SM, Kim, MH Kim, Park, OO MACROMOLECULAR RESEARCH, 24(9) p, 777-781, SEP, 2016.
5. S.B. Kil, OO. Park, K.H. Yoon, Effects of Chemical Reactions on the Properties of Polycarbonate/Liquid Crystalline Polymer Blends, Journal of Applied Polymer Science, Vol.73, No.11, P.2123-2133, 1999
6. S.C. Lee, OO. Park, Preparation of the Anhydride Terminated Polycarbonate and Its Reactive Compatibilization with Polystyrene, Journal of Applied Polymer Science, Vol.77, No.6, P.1338-1347, 2000

연습문제

17-1 다음의 가소제들의 화학 구조를 그리시오.

(a) TCP

(b) TOTM

(c) DOA

(d) DIOP

17-2 30 phr의 TOTM(T_g = −72℃)으로 가소화시킨 PVC의 T_g를 예측하시오.

17-3 다음 데이터는 폴리(바이닐렌 플루오라이드)[poly(vinylene fluoride)]의 부피 분율(ϕ_{PVDF})에 대한 폴리(메틸 메타크릴레이트)[poly(methyl methacrylate)]와 폴리(바이닐렌 플루오라이드) 블렌드의 T_g이다. $\phi_{PVDF} = 0.8$인 블렌드의 T_g를 구하고, 예측되는 고분자의 모양에 대해 설명하시오.

T_g(℃)	ϕ_{PVDF}
94	0.0
74	0.1
62	0.3
40	0.4
5	0.6
−45	1.0

17-4 플라스틱 등의 고분자 물질은 자외선(UV)에 의해 분해되어 노화가 일어나기도 한다. 특히 플라스틱의 표면 갈라짐, 기계적 물성 저하, 그리고 변색은 자외선으로 인한 결과이다. 이 때문에 고분자 대신 빛 에너지를 흡수하거나 자유 라디칼을 비활성화시킬 수 있는 UV 안정제가 개발되고 있다. 대표적인 UV 안정제들에 대해 조사하고, 각 물질의 장단점을 평가하시오.

18

고분자와 고분자의 만남 - 고분자 블렌드와 고분자 복합체

고분자의 성능을 보완하고 향상시키기 위한 여러 가지 첨가제의 필요성에 대하여 17장에서 설명하였다. 이 장에서는 또 다른 방향의 시도들로서 고분자 블렌드와 고분자 복합체에 대하여 알아볼 것이다. 고분자 블렌드(polymer blend)의 가장 대표적인 예로는 Noryl이라는 상품명으로 널리 알려져 있는 PPO와 HIPS의 상용성 블렌드를 들 수 있다. PPO는 유리 전이 온도가 209℃로 아주 높아 이 온도보다 높은 온도에서만 유동성을 가지므로 열분해 없이 가공하기가 매우 어렵다. 이런 PPO에 100℃ 정도의 낮은 유리 전이 온도를 가진 HIPS를 블렌딩하고 윤활제(lubricants), 열 안정제(thermal stabilizer) 그리고 난연제(flame retardant)와 같은 충전제를 투입하면 블렌드의 상용성이 있어 유리 전이 온도가 전체적으로 낮아지게 된다. 따라서 낮은 온도에서 가공이 가능해지므로 비용도 절감되어 상업적 이용가치가 높아지게 된다.

고분자 복합체(polymer composites)는 서로 상용성이 없는 시스템으로 고분자의 탄성률이나 내마모성(abrasion resistance)을 향상시키기 위하여 보강제(reinforce filler) 등을 사용한 것을 말한다. 이때 고분자는 분산매(matrix), 충전제는 분산질(dispersed phase)에 해당된다. 무기 충전제로는 탄산 칼슘, 유기 충전제로는 흑연 섬유나 방향족 폴리아마이드인 케블라(Kevlar) 등을 사용한다.

고분자 분산매로는 열경화성 수지인 에폭시나 불포화 폴리에스터(unsaturated polyester)를 사용하기도 하고 열가소성 수지 중에서는 높은 유리 전이 온도를 가진 PEEK, 폴리설폰이나 가끔 세라믹이나 탄소 자체를 사용하기도 한다.

18.1 | 고분자 블렌드(polymer blends)

고분자 블렌드는 Noryl에서의 PPO와 HIPS처럼 이미 만들어진 두 고분자를 혼합하여 만들거나 HIPS 제조 공정에서 보는 것처럼 고무를 스타이렌 단량체에 녹여 중합하면서 자연스러운 상전이(phase inversion)를 일으켜 만든다. 기본적으로 두 성분으로 된 시스템이므로 4장에서 이미 언급한 것처럼 열역학적 고려를 먼저 생각해야 할 것이다. 혼합 전후의 깁스 자유 에너지 차이는

$$\Delta G_m = \Delta H_m - T\Delta S_m \tag{18.1}$$

로 주어지며

$$\Delta G_m > 0 \tag{18.2}$$

이면 상분리가 일어나고 완전 혼화성을 위하여서는 다음 식을 만족해야 한다.

$$\Delta G_m < 0, \left(\frac{\partial^2 \Delta G_m}{\partial \phi_2^2}\right) > 0 \tag{18.3}$$

상분리와 완전 혼화의 가운데에서는 안정 상태, 준안정 상태를 나타내기도 한다(그림 4.1, 그림 4.2 참고). 바이노달(binodal)의 경우는 각 상의 화학 퍼텐셜(chemical potential, μ)이 같은 경우로서 서로 다른 조성을 가지는 두 상으로 분리되는 경우이며 다음과 같이 표현된다.

$$\mu_1^A = \mu_1^B, \quad \mu_2^A = \mu_2^B \tag{18.4}$$

스피노달(spinodal)은 다음과 같은 경우이다.

$$\frac{\partial^2 \Delta G_m}{\partial \phi_2^2} = 0 \tag{18.5}$$

스피노달은 준 평형 상태여서 결국 바이노달 평형으로 조성이 서서히 변하게 된다. 이미 4장에서 언급한 바와 같이 고분자 계에서는 하위 완전 혼합 온도(LCST) 현상을 잘 보이므로 높은 온도에서 상분리를 조심해야 한다.

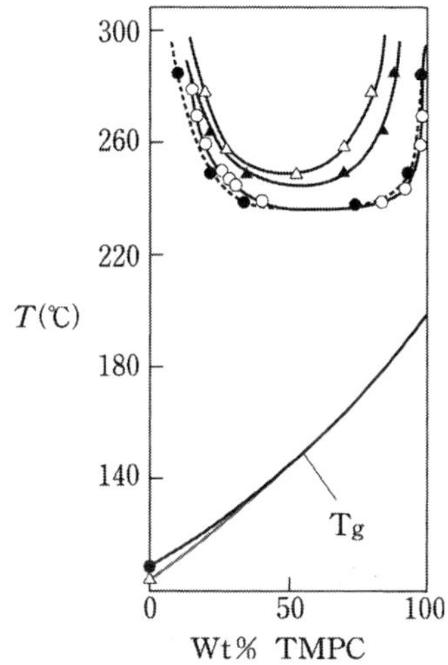

그림 18.1 Cloud-point curve

상위 완전 혼합 온도(UCST)도 나타날 수 있지만 보통 T_g 이하에서 생기므로 실제 관찰이 매우 어렵다. 대부분의 한 고분자와 다른 고분자 간의 블렌드는 서로 잘 섞이지 않는다. 조합 엔트로피(combinatorial entropy)가 작지만 존재하기 때문에, 즉 ΔS_m이 매우 작은 값을 보이기 때문에 깁스 자유 에너지 차가 음수가 되기 힘들기 때문이다. 플로리 허긴스 격자 이론을 고분자량의 고분자 1과 고분자량의 다른 고분자 2의 시스템에 적용하면 조합 엔트로피는 다음과 같이 나타날 수 있다.

$$\Delta S_m = -\left(\frac{RV}{V_r}\right)\left[\left(\frac{\phi_1}{x_1}\right)\ln\phi_1 + \left(\frac{\phi_2}{x_2}\right)\ln\phi_2\right] \tag{18.6}$$

R : 이상 기체 상수

V : 혼합 부피

V_r: 기준 부피

ϕ_i : 부피 분율

x_i : 각 고분자의 중합도

따라서 깁스 자유 에너지의 차는 다음과 같다.

$$\Delta G_m = \frac{RTV}{V_r}\left[\frac{\phi_1}{x_1}\ln\phi_1 + \frac{\phi_2}{x_2}\ln\phi_2 + \chi_{12}\phi_1\phi_2\right] \tag{18.7}$$

χ_{12} : 플로리 상호 작용 계수

고분자와 용매와의 상호 작용 계수의 측정에 대하여서는 이미 4장에서 공부한 바 있으며 아래 식으로 계산된다. 이 상호 작용 계수는 보통 온도 의존성이 큰 것으로 알려져 있다.

$$\chi = a + \frac{b}{T} \tag{18.8}$$

서로 잘 섞이기 위하여 ΔH_m이 음수거나 0이거나 최소한 아주 작은 양의 값이어야 유리하다. 앞선 두 엔트로피 항이 음수이긴 하지만 매우 작기 때문이다. 그러기 위하여

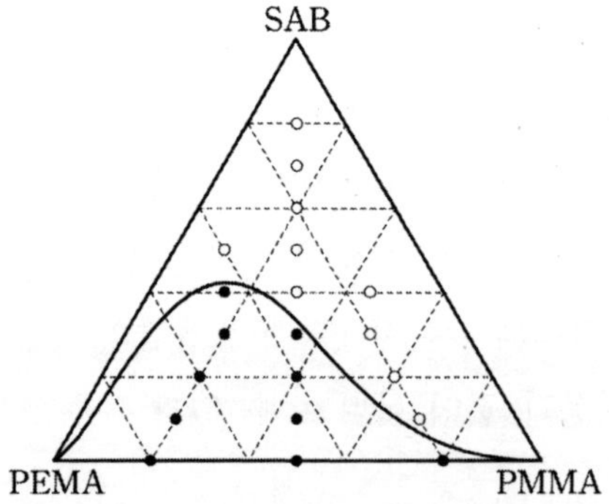

그림 18.2 Ternary blends. PMMA/PEMA/SAN

용해도 지수에서 언급한 바와 같이 분산 상호 작용뿐 아니라 쌍극자-쌍극자 상호 작용 또는 수소 결합이나 전하의 교환 등과 같은 상호 작용이 있어야 한다. 분자량이 감소하면 상용성 영역이 늘어난다.

PMMA와 PEMA는 서로 비상용적(immiscible)이지만 SAN을 같이 넣으면 상용적 영역을 나타낸다.

고분자 사이에 상용성이 있는지를 판단하는 제일 쉬운 방법은 고분자 블렌드의 유리 전이 온도를 측정하는 것이다. 상용성이 없다면 각각의 고분자의 유리 전이 온도가 원래의 값에서 약간의 이동만 보일 뿐 뚜렷하게 구분되어 존재할 것이다. 만일 분자 수준으로 혼합되었다면 두 유리 전이 온도 사이에서 하나의 유리 전이 온도를 보일 것이다. 하나의 유리 전이 온도를 보이더라도 너무 넓은 영역에서 유리 전이 현상을 보이면 분자 수준으로 혼화성이 있다고 할 수 없다. 만일 두 고분자가 혼합하여 투명하게 보인다면 혼화성이 높을 것이다. 두 고분자의 굴절률이 같지 않은 이상 빛의 파장보다 작은 스케일로 잘 섞여야만 투명해지기 때문이다. 상용성이 있는 경우 조성비에 따른 유리 전이 온도의 변화와 용융 온도의 변화를 그림 18.3에서 나타내고 있다.

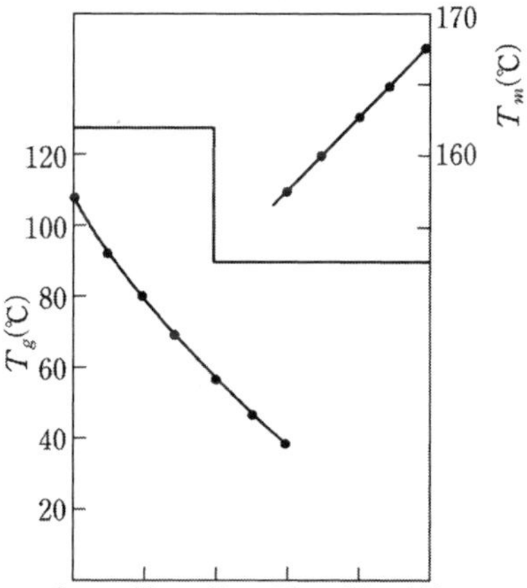

그림 18.3 PVDF/PMMA 블렌드

Noryl이라는 이름으로 알려진 PPO/HIPS 블렌드와 PVC/nitrile 고무 블렌드가 대표적인 상용 시스템이다. PS와 잘 섞이는 Poly(methylvinyl ether)나 tetra methyl bisphenol A Polycarbonate 시스템은 약 240℃의 LCST가 관찰되므로 이보다 낮은 온도에서 가공할 필요가 있다. PDVF에 제2의 성분 PEMA나 PMMA를 넣게 되면 결정 온도가 떨어지게 되어 가공이 용이하게 된다.

표 18.1 상용성 블렌드들

고분자 1	고분자 2
폴리스타이렌	Poly(2,6-dimethyl,4-phenylene oxide)
	Poly(methyl vinyl ether)
	Tetramethylbisphenol-A polycarbonate
폴리(바이닐 클로라이드)	Polycaprolactone
	Nitrile rubber[a]
폴리(바이닐리텐 플루오라이드)	폴리(에틸 메타크릴레이트)
	폴리(메틸 메타크릴레이트)

[a] 제한된 함량의 아크릴로나이트릴을 함유하는 공중합체

Noryl이라는 이름으로 알려진 PPO/HIPS 블렌드와 PVC/nitrile 고무 블렌드가 대표적인 상용 시스템이다. PS와 잘 섞이는 Poly(methylvinyl ether)나 tetra methyl bisphenol A Polycarbonate 시스템은 약 240℃의 LCST가 관찰되므로 이보다 낮은 온도에서 가공할 필요가 있다. PDVF에 제2의 성분 PEMA나 PMMA를 넣게 되면 결정 온도가 떨어지게 되어 가공이 용이하게 된다.

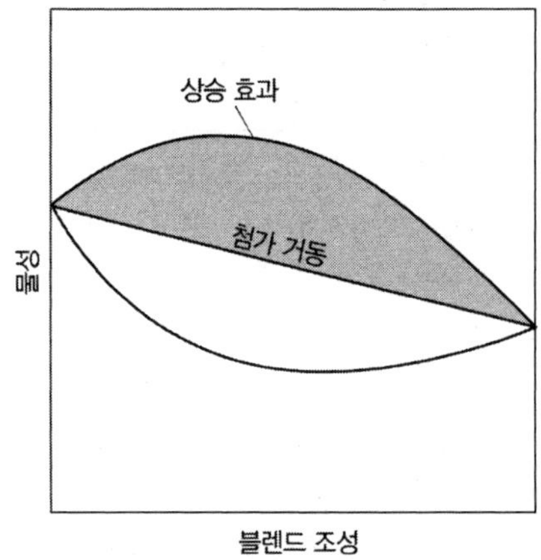

그림 18.4 고분자 블렌드의 특성. 시너지 효과

고분자 블렌드는 혼합 조성에 따라 탄성률이나 연신 강도 면에서 최댓값을 보이도록 하여 시너지 효과를 얻을 수 있다(그림 18.4). 충격 강도, 투과도에서도 최솟값을 보이는데 이는 혼합에 의하여 자유 부피(freedom volume)가 감소하게 되었기 때문이다($\Delta V_m < 0$).

18.2 | 강화 플라스틱

고무상이 PS에 분산된 것으로 이루어진 고충격 폴리스타이렌(HIPS)은 고무상이 외부에서 오는 에너지를 흡수할 수 있어서 충격 강도가 크게 향상된다. HIPS에서는 고무상과 PS 고분자 사이의 계면 접착(interfacial adhesion)이 매우 중요한 성질인데 스타이렌 중합 과정에서 일어나는 일부 접목 중합(graft polymerization)에 의하여 계면 접착이 증진된다.

HIPS는 0.1~1.0 μm, 바이노달의 입자 크기를 가질 때 가장 효과적인 충격 강도를 가지는 것으로 알려져 있다. HIPS의 열적 물성을 더욱 향상시키기 위하여 PS 대신 SAN(styrene-acrylonitrile)을 이용하는 ABS 수지를 만들 수도 있다. ABS는 충격 성능이 보강된 SAN이라 할 수 있어 그 자체로도 많이 사용되지만, PC나 PVC 등의 첨가제 형태로도 사용되고 있다. PPO에 HIPS로 보강한 블렌드를 Noryl이라는 이름으로 사용되고 있다는 사실을 이미 설명한 바 있다. HIPS, ABS뿐 아니라, CPE(chlorinated polyethylene), EVA, MBS, MABS 등도 충격 보강제의 형태로 사용된다는 사실도 이미 17장에서 설명한 바 있다.

열변형 온도(HDT)를 향상시키기 위해서 열변형 온도가 높은 고분자를 혼합할 수도 있다. 고분자와 고분자를 혼합할 때 상용성이 좋지 못할 경우에는 상용화제(compatibilizer)를 넣어주기도 한다.

18.3 | 상호 침투 구조

상호 침투 구조(interpenetrating networks; IPN)는 두 가지 고분자나 그 이상의 고분자들이 망상 구조를 가지는 경우를 말한다. 고분자 블렌드로서의 이점과 망상 구조 고분자로서의 물성을 같이 공유하는 경우라 할 수 있다.

순차적(sequential) IPN 공정에서는 한 고분자를 먼저 가교 구조로 만든 뒤 이를 팽윤시켜서 제2의 단량체와의 가교 구조를 만든다. 예를 들어 PEA-PS IPN은 이런 공정으로 만든다. 제2의 고분자와 가교가 제대로 이루어지지 않은 경우를 semi-IPN이라고 부르기도 한다.

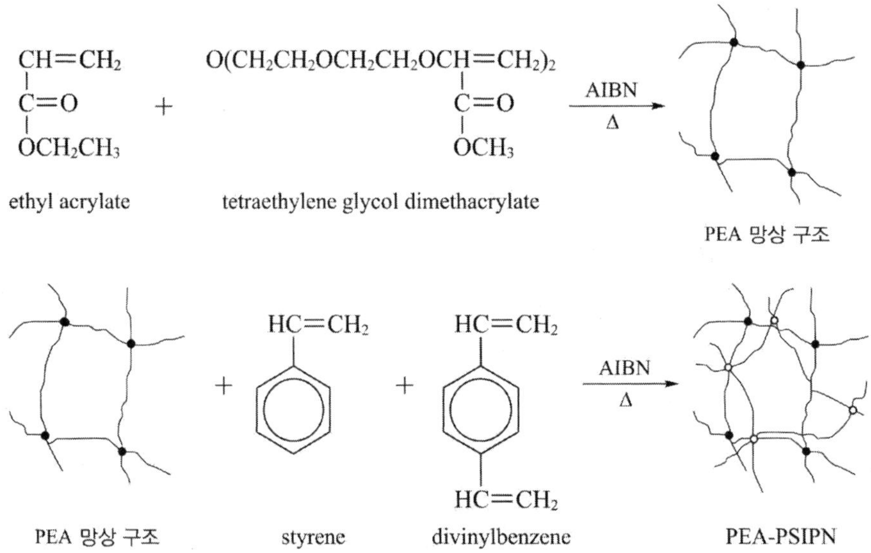

그림 18.5 PEA-PS의 상호 침투 구조

점진적(gradient) IPN은 제1의 고분자가 제2의 단량체에서 제대로 평형을 이루기 전에 중합을 보내게 되어 자연스럽게 가교도의 위치적 차이를 보이는 경우이다. 동시적 상호 침투 구조(SIN)는 동시에 두 고분자를 가교시키면서 IPN 구조를 만드는 것으로 공중합을 방지하기 위해서 각기 다른 중합 반응 메커니즘을 사용한다. 하나는 단계 중합 메커니즘을, 하나는 사슬 중합 메커니즘을 이용하는 식이다.

18.4 | 고분자 복합체

우리가 초가집 벽을 만들 때 진흙을 물로 이긴 다음에 볏짚을 짧게 잘라 범벅을 만드는데 이것이 바로 고분자 복합체(polymer composites)의 원형이라고 할 수 있다. 비슷한 방식으로 셀룰로스 섬유를 페놀 수지나 우레아 수지 또는 멜라민 수지 같은 열경화성 수지에 함침시켜 경화시키면 아주 딱딱한 고분자 복합체가 만들어진다. 나무의 구조를 결정하는 재료도 셀룰로스 고분자가 리그린 분산매(lignin matrix)에 함침되어 있는 구조를 띤다. 동물의 뼈 역시 천연 고분자의 하나인 콜라젠(collagen)이 광물질 수산화 인회석(hydroxy patite) 속에 잘 분산되어있는 모양이므로 이들을 고분자 복합체와 같은 형태라 할 수 있다.

유리 섬유로 보강하여 경량화된 강화 소재를 만드는 것이 가능하다. 예를 들어 불포화 폴리에스터 수지를 유리 섬유로 보강한 지는 무척 오래되었다.

고분자 복합체는 기본적으로 고분자 분산매와 보강 섬유, 충전제로 이루어지는데 고분자 분산매로는 에폭시, 폴리이미드와 같은 열경화성 수지 혹은 Udel P1700같은 폴리설폰이나 PEEK뿐 아니라 PPS, PC/ABS, PP, PET, PA 등과 같은 열가소성 수지가 사용된다. 표 18.2에서 보다시피 PEEK의 열변형 온도는 148℃에서 탄소 섬유 30% 또는 유리 섬유 30%의 섬유 보강으로 300℃까지 증가하였고, 연신 강도 또한 50% 이상 증가하였다. 탄소 섬유가 유리 섬유에 비하여 현저히 비싸므로 보강제를 사용할 때에는 가격 대비 성능의 효용성 또한 꼼꼼히 점검하여야 한다.

표 18.2 PEEK composites

물성	PEEK	30% 탄소 섬유	30% 유리 섬유
23℃에서의 굴곡 탄성률(GPa)	3.89	15.5	8.0
1.82 MPa(264 pso)에서의 열변형 온도	148	300	300
23℃에서의 연신 강도(MPa)	91.0	146.0	140.0

보강제로 사용하는 섬유 소재로는 유리 섬유가 대부분(약 88%)이며 탄소 섬유(8%), 흑연, 아라미드 등이 있는데 연속 섬유(CFT) 형태나 장섬유(LFT) 또는 단섬유 형태로 투입된다.

표 18.3 본딩 유도제

종류	대표적인 구조
에폭시 실레인	$H_2\overset{O}{C-C}HCH_2OCH_2CH_2CH_2CH_2-Si(OCH_3)_3$
메타크릴레이트	$H_2C{=}C(CH_3)-C({=}O)-O-CH_2CH_2CH_2-Si(OCH_3)_3$
1차 아민 실레인	$H_2NCH_2CH_2CH_2-Si(OC_2H_5)_3$
타이타네이트	$(H_2C{=}C(CH_3)-C({=}O)-O)_3\,TiOCH(CH_3)_2$
바이닐 실레인	$CH_2{=}CH-Si(OCH_3)_3$

고분자 복합체는 주로 수송 수단인 자동차, 비행기의 경량화에 대한 커다란 기여를 통해 에너지 절감을 실현하고 있으므로 지구 온난화 예방에 간접적으로 기여한다고 할 수 있다. 자동차의 경우 최근 안전 규제의 강화, 기능의 향상 등으로 자동차 중량이 점점 증가하는 추세라서 경량화가 더욱 절실한 실정이다. 항공기용의 경우 약 1~2 GPa의 강도를 요구하며 자동차의 경우에는 이의 10분의 1 수준이면 되지만 대신 대량 생산성이 강조된다.

복합체의 기계적 물성

복합체를 만들게 되면 특히 탄성률, 열변형 온도(HDT)가 크게 증가한다. 유리상 고분자에 고형 입자를 넣는 경우에도 마찬가지다.

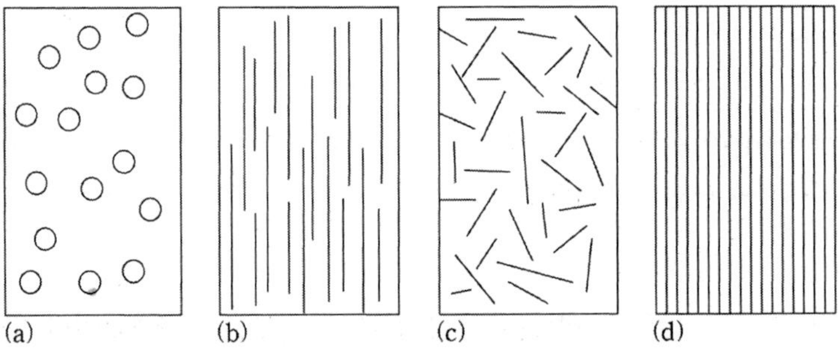

그림 18.6 고분자 복합체의 충전제들

헬핀-차이 식(Halpin-Tsai equation)에 의하면 복합체 탄성률 M과 충전제가 없는 고분자의 탄성률 M_m의 비는 다음과 같이 주어진다.

$$\frac{M}{M_m} = \frac{1 + AB\phi_f}{1 - B\Psi\phi_f} \tag{18.9}$$

A : 충전제의 기하학적 구조와 고분자의 푸아송 비에 관련한 상수

ϕ_f : 충전제의 부피 분율

Ψ : 충전제의 최대 부피 분율 (0.601 Random Packing의 경우)

$$B: \frac{\dfrac{M_f}{M_m} - 1}{\dfrac{M_f}{M_m} + A} \tag{18.10}$$

여기서 B는 충전제 탄성률 M_f와 고분자 탄성률 M_m 그리고 A와 연관되어 있다. 일반적으로 입자형 충전제를 균일하게 분산시키면 기계적 성질도 등방적(isotropic)으로 증가하게 된다. 만일 한쪽 방향으로 배향된 섬유를 함침한 경우는 이방성(anisotropy)을 가지게 되어 복합체의 길이 방향의 탄성률 E_L은 다음과 같다.

$$E_L = (1 - \phi_f)E_m + \phi_f E_f \tag{18.11}$$

여기서 E_m은 분산매의 길이 방향 탄성률이며, E_f는 섬유의 길이 방향 탄성률이다. 반면에 횡방향의 탄성률 E_T은 길이 방향의 탄성률에 비하여 현저히 낮으며,

$$\frac{E_T}{E_m} = \frac{1 + AB\phi_f}{1 - B\Psi\phi_f} \tag{18.12}$$

로 주어진다. 여기서

$$A = 2\frac{L}{D} \tag{18.13}$$

이다. D는 배향된 섬유의 지름이며, L은 길이이다.

강도, 궁극 물성

고분자 복합체의 궁극적 강도는 결국 고분자와 섬유 또는 충전제 사이의 접착력에 달렸다. 따라서 그리 쉽게 예측할 수 있는 성질은 아니다. 반면에 탄성률은 다소 쉽게 예측할 수 있다. 충전제가 물을 조금 함유하고 있다면 각각 성분의 열팽창 계수의 차이로 인하여 계면 강도(interfacial strength)를 줄이게 된다. 고분자(PS)의 열팽창 계수는 $60 \sim 80 \times 10^{-6}/℃$ 정도이며 silica glass의 열팽창 계수는 $0.6 \times 10^{-6}/℃$ 이고 흑연의 경우에는 $7.8 \times 10^{-6}/℃$ 로 많은 차이를 보인다. 따라서 열을 받게 되면 열적 응력(thermal stress)을 야기하게 되고 계면 강도가 낮아지게 된다. 입자로 충전된 고분자 복합체의 강도는

$$\sigma_u = \sigma_m \exp[-r\phi_f] \tag{18.14}$$

로 표현된다. σ_u와 σ_m은 각각 복합체와 순수 분산매의 최종 강도이며 r은 계면 지수(interfacial factor)로 2.66 정도이다.

반면에 섬유상으로 충전된 고분자 복합체는 방향성이 있으며 섬유 길이 방향의 강도가 최대로 측정될 것이다. 이 길이 방향 강도 σ_L은 다음과 같이 표현된다.

$$\sigma_L = (1 - \phi_f)\sigma_m + \phi_f \sigma_f \tag{18.15}$$

횡방향의 강도 σ_T는 복합체의 최소 강도인데, 섬유 성분의 기여도가 거의 없는

$$\sigma_T \fallingdotseq \frac{1}{2}\sigma_m \tag{18.16}$$

정도로 예측된다.

고분자와 충전제 사이의 계면 접착(interfacial adhesion)을 좋게 하기 위하여 저분자량의 유기 실레인이나 유기 티타네이트(titanates) 같은 결합제(coupling agent)를 사용하게 된다. 결합제의 효능은 표 18.4에 제시된 바와 같이 아주 우수하다.

표 18.4 Silane 효과

결합제	굴곡 강도(GPa)[a]	
	Dry	2-Hour Boil
없을 때	0.38	0.23
바이닐 실레인	0.46	0.41
메타크릴레이트 실레인	0.62	0.59

[a] GPa 단위를 psi 단위로 전환하려면, 145,000을 곱한다.

동적 기계적 물성

고분자 복합체나 상분리가 일어난 고분자 블렌드의 기계적 물성에 대해서는 다카야나기(M. Takayanagi) 교수에 의하여 제안된 제법 간단한 관련식이 존재한다. 그림과 같이 분산매와 분산상이 공존하는 경우에 연신 순응률 D에 대하여 다음 식이 제안되었다.

$$D^* = \frac{1}{E^*} = (1 - \phi)\, D_A{}^* + \phi\, D_B{}^* \tag{18.17}$$

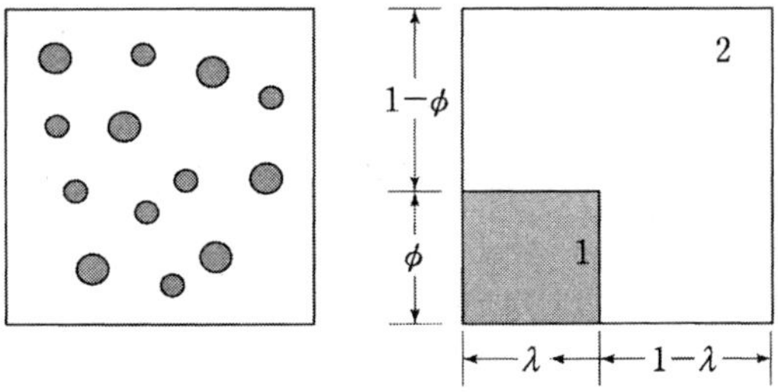

그림 18.7 다카야나기 모델

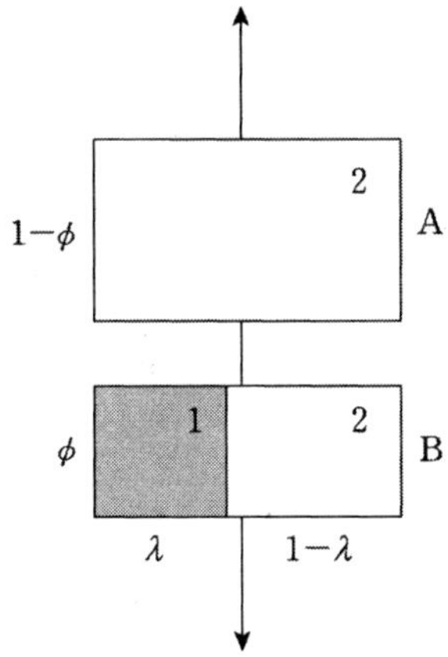

그림 18.8 수직 병렬 모델

그림 18.7의 오른쪽 그림을 순수한 고분자 부분(A)와 고분자 1과 2가 병렬적으로 결합한 부분(B)로 분리해서 살펴보면 그림 18.8과 같다. A에 대해서는 식 (18.18)을, B에 대해서는 식 (18.19)을 사용한다.

$$D_A{}^* = \frac{1}{E_A{}^*} = \frac{1}{E_2{}^*} \tag{18.18}$$

$$E_B{}^* = \frac{1}{D_B{}^*} = \lambda E_1{}^* + (1-\lambda) E_2{}^* \tag{18.19}$$

A와 B가 응력 방향(화살표 방향)에 직렬로 연결되어 있으므로 최종적으로 다음과 같은 관계식을 얻을 수 있다.

$$D^* = \frac{1}{E^*} = \frac{1-\phi}{E_2{}^*} + \frac{\phi}{\lambda E_1{}^* + (1-\lambda) E_2{}^*} \tag{18.20}$$

$\phi\lambda$: 분산상의 부피 분율

복합체 제조 공정

복합체는 주로 압축 공정(compression)으로 만들어지는데 수지 이송 성형(resin transfer molding)의 경우 시트 성형 화합물(Sheet Molding Compound; SMC)과 벌크 성형 화합물(Bulk Molding Compound; BMC)로 크게 구별된다.

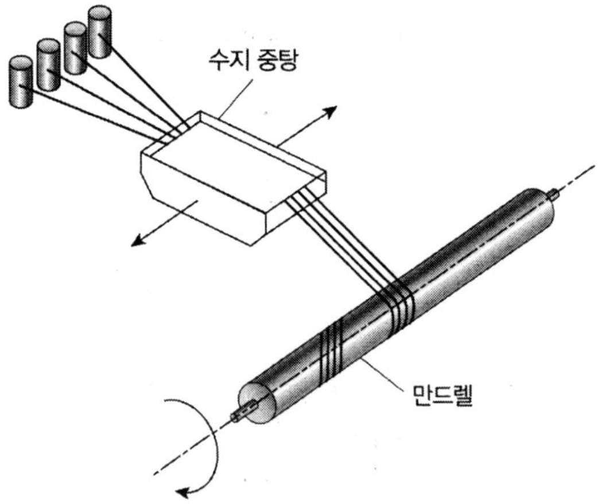

그림 18.9 Filament winding 방식

비구조물을 만들 때는 프리폼 성형(preform molding)이나 사출 성형(injection molding), 스프레이 공정(spray-up) 등이 적용되며 구조물을 만드는 경우에는 주로 필라멘트(filament winding) 방식이 유용하게 사용된다.

그림 18.10에서 도식화한 펄트루전도 복합체를 연속으로 제조하는 유용한 가공 공정이라고 할 수 있다.

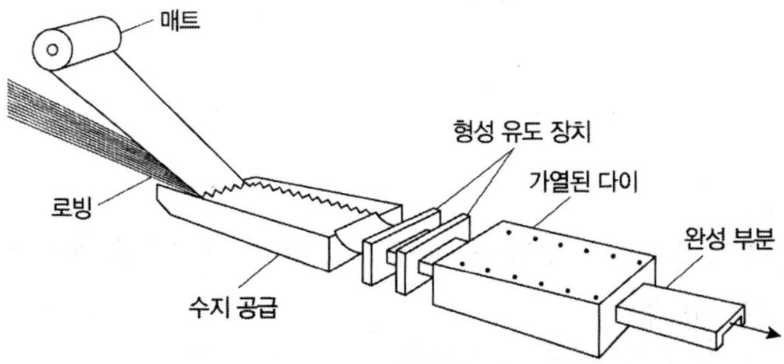

그림 18.10 펄트루전(Pultrusion)

18.5 | 고분자 나노 복합체

최근에는 1~100 nm 정도의 크기를 가진 무기 충전제를 사용하는 나노 복합체(nano composites)에 대한 연구가 활발하게 진행되고 있다. 만일 충전제의 표면 특성이 어떤 물성과 시너지 효과를 내는 데 기여한다고 생각했을 때, 나노 충전제가 마이크로 충전제보다 단위 질량당 비표면적이 엄청나게 크므로 매우 효과적일 것이라는 기대에서 비롯한 것이다. 기계적 물성뿐 아니라 전기적 물성의 증대를 기대하며 만일 판상 충전제를 사용하는 경우에는 투과 특성의 큰 변화도 기대하고 있다.

표 18.5 고분자 나노복합체

Product	Key benefits	Applications	Manufacturers
Polymers			
Polyolefin Nanocomposites	Two-fold cheaper than nylon nanocomposites, do not need drying, stiffer, stronger, less brittle, lighter, more easily recycled, improved flame retardancy, improved temperature resistance and stiffness, very good impact properties	Step-assist, heavy-duty electrical enclosure, door frames, seat backs, sail panel, box rail, center bridge, fascias, rocker covers, side trim, grills, hood louvers, instrument panels, vertical and horizontal body and closure panels, fenders	LyondellBasell, Ube Industries, Ltd.
Nylon Nanocomposites	Improved modulus, strength, heat distortion temperature, barrier properties	Timing belt cover, engine cover, fuel line, fuel hoses/valves, fuel tanks	RTP Compant, Ube Industries, Ltd., Unitika Ltd., Nylon Corporations of America(NYCOA, SABIC Innovative Plastics Pvt. Ltd.
Elastomeric Nanocomposites(Butyl, Ethylene Propylene Siene Monomer(EPDM), natural, rubber/clay)	Higher durability, reduced weight, reduced rolling resistance, easy rubber processing, high barrier coatings	Tyres	Yokohama Tyre Corp., Pirelli D.P.A. The Goodyear Tire & Rubber Co., Continental AG, InMat Inc.
Nanomaterials			
Nanoclays	Low cost($6 to $8/kg), organophilic, enhanced flexural and tensile modulus, barrier properties and flame retardancy of polymer matrix	Additives & reinforcements	Southern Clay Products, Inc., Nanocor, Inc., Elementis Specialties, Inc., Sud-Chemie Inc., Laviosa Chemica Mineraria, S.P.A
Carbon nanotubes	High electrical and thermal conductivity, and low coefficient of thermal expansion	Additives, reinforcements, electrostatic painting for ESD protection, and EMI shielding	Bayer, Hyperio Catalysis International, Nonocyl, Zyvex Corp.

표 18.5에 제시된 바와 같이 고분자 분산매의 경우 여러 종류의 폴리올레핀, 폴리아마이드 등의 탄성체들이 많이 연구되고 있고 나노 충전제로는 유기 나노 점토, 탄소 나노튜브(CNT) 및 그래핀(graphine)이 검토되고 있다. 그림 18.11은 유기 나노 점토의 일종인 montmorillonite라고 하는 층상 실리케이트(layered silicate)의 구조와, 고분자 나노 복합체가 형성되었을 때의 삽입(intercalated) 및 박리(exfoliated) 구조에 대하여 설명하고 있다. 먼저 단량체를 중합하면서 삽입 또는 박리 구조를 만들 수도 있고 용융된 고분자 사슬을 층간에 삽입시키면서 삽입 또는 박리 구조를 형성할 수도 있다. 그림 18.12에서 보는 것처럼 실리케이트 속으로 유기 고분자의 침투를 효과적으로 유도하기 위하여서는 유기 화합물로 전처리하여야 한다. 층간 간격(gallery)이 점차 증가하여 삽입 구조를 만들고 많은 양의 고분자가 삽입되는 경우 층층이 흩어지는 박리 구조를 만들 수도 있다. 고분자 나노 복합체의 물성은 이런 미세 구조의 변화에 민감하며 이런 변화는 그림 18.13처럼 XRD peak의 변화로 손쉽게 알아볼 수 있다. 물론 TEM 사진으로도 쉽게 판단할 수 있지만 많은 비용과 노력이 필요하다. 대신 그림 18.14에 나타낸 바와 같이 실시간으로 복합체의 유변 물성을 측정함으로서 삽입 구조의 확대를 관찰할 수 있다(Lim & Park, Macromolecular, Rap. Commun., 21,231-235(2000)).

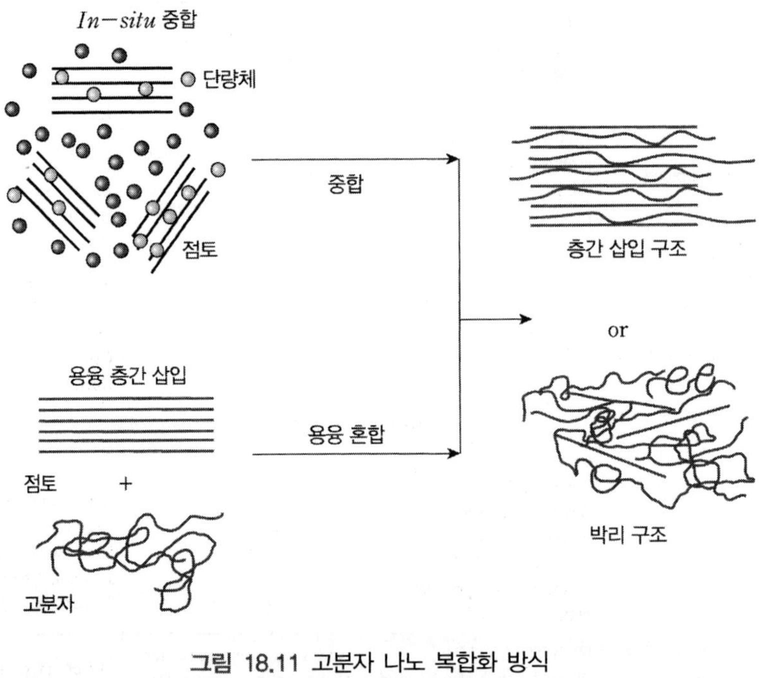

그림 18.11 고분자 나노 복합화 방식

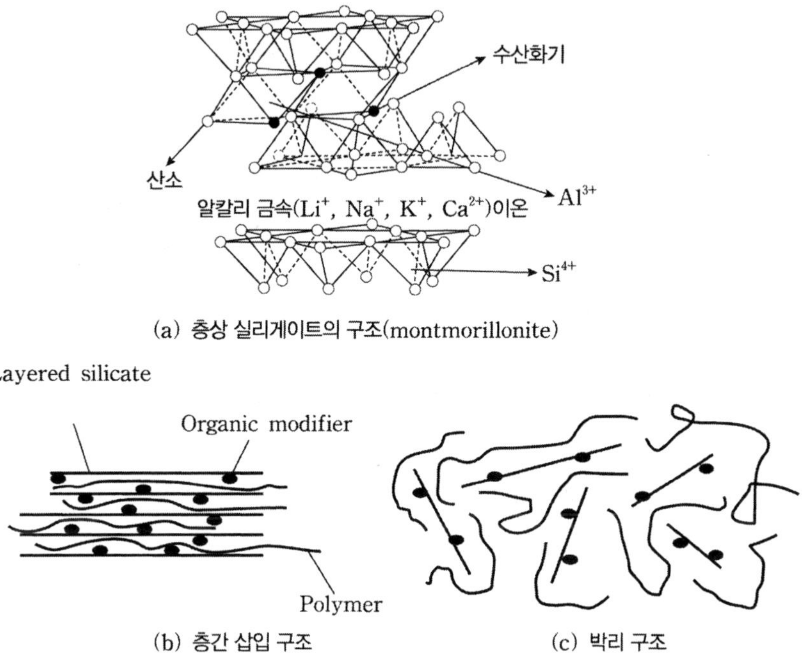

그림 18.12 Silicate와 Polymer-silicate

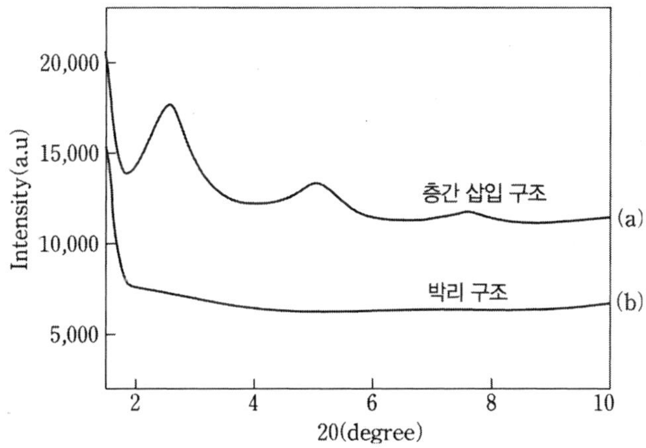

그림 18.13 XRD patterns 삽입 구조 및 박리 구조

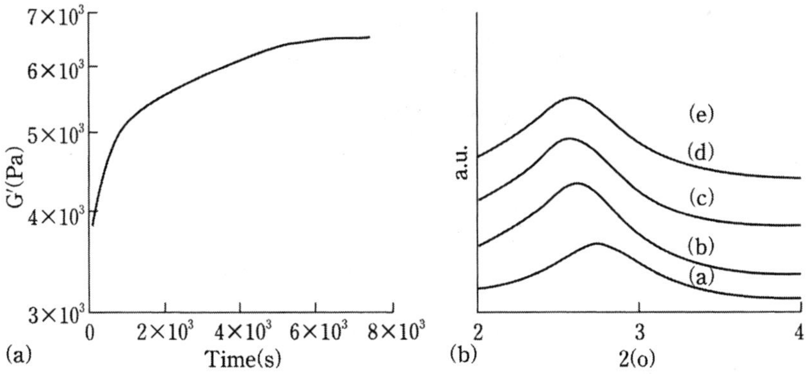

그림 18.14 PS-Silicate 나노 복합체의 저장 탄성률 및 XRD 패턴의 실시간 측정

그림 18.15에 보여주는 것처럼 SPS 나노 복합체의 기계적 물성 중 연신 강도, 연신 탄성률 및 굴곡 탄성률에서 적은 양의 유기 점토를 투입하여 10~30% 정도의 향상을 얻을 수 있다. 최근의 여러 연구에서 그래핀의 판상 구조가 고분자의 차단 특성을 향상시키는 데 크게 기여할 것으로 기대하고 있다.

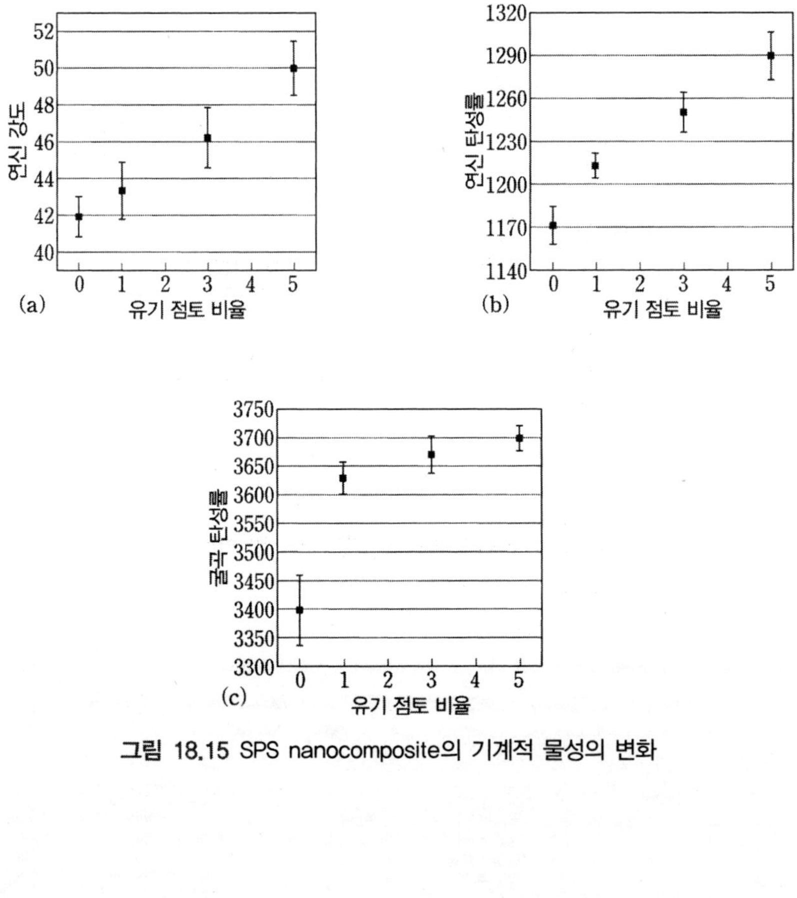

그림 18.15 SPS nanocomposite의 기계적 물성의 변화

참고문헌

1. J. R. Fried, "Polymer Science and Technology", 3rd ed., 2014, Prentice Hall, Ch 7
2. R.J. Young and R.A. Lovell, "Introduction to Polymers", 3rd ed., 2011, CRC Press, Ch 24
3. J.Y. Park, OO. Park, Quantitative analysis of grafting and crosslinking on Thermal Bulk Polymerization of high impact polystyrene, Korean Journal of Chemical Engineering, Vol.11, No.4, P.221-226, 1994
4. S.C. Lee, OO. Park, Preparation of the Anhydride Terminated Polycarbonate and Its Reactive Compatibilization with Polystyrene, Journal of Applied Polymer Science, Vol.77, No.6, P.1338-1347, 2000
5. M.H. Kim, C.I. Park W.M. Choi, J.W. Lee, J.G. Lim, OO. Park, T. Kim, Synthesis and Material Properties of Syndiotactic Polystyrene/Organophilic Clay Nanocomposites, Journal of Applied Polymer Science, Vol.92, No.4, P.2144-2150, 2004
6. Y.T. Lim, OO. Park, Rheological Evidence for the Microstructure of Intercalated Polymer. Layered Silicate Nanocomposites, Macromolecular Rapid Communications, Vol.21, No.5, P.231-235, 2000
7. Syndiotactic Polystyrene: Synthesis, Characterization, Processing, and Applications edited by Jürgen Schellenberg, Ch. 20 (Part VI, Polymers Based on Syndiotactic Polystyrene) Nanocomposites Based on Syndiotactic Polystyrene, co-author: M. H. Kim, 2009 Wiley, USA. (ISBN 978-0-470-28688-3)
8. 박천일, SPS/유기점토 나노복합재료의 제조와 물성에 관한 연구, 카이스트 박사학위 논문(2001).
9. J. Schellenberg "Syndiotactic Polystyrene" Ch 20 Nanocomposite based on syndiotactic polystyrene, 2010, Wiley

연습문제

18-1 Haplin-Tsai 인자 A가 무한대로 접근할 때 Halpin-Tasi 식(식 (18-9))이 다음과 같이 간단한 혼합물의 식으로 단순화될 수 있음을 보이시오.

$$M = \phi_f M_f + (1-\phi_f) M_m$$

그리고 A가 0으로 접근할 때에 혼합물의 역규칙(inverse rule)으로 됨을 보이시오.

$$\frac{1}{M} = \frac{\psi\phi_f}{M_f} + \frac{(1-\psi\phi_f)}{M_m}$$

18-2 40 vol%의 충전제를 포함하고 있는 탄소-섬유 강화 폴리설폰 복합 재료에 대하여 예상할 수 있는 최대 탄성률과 최대 힘(strength)은 얼마인가?

18-3 그림 18.1에서 나타난 상용성 TMPC/PS 블렌드의 T_g를 나타내는 곡선이 낮은 TMPC 조성에서 분기하는(diverge) 듯이 보이는 이유에 대해 설명하시오.

18-4 Poly(2,6-dimethyl-1,4-phenylene oxide)(PPO)을 폴리스타이렌과 블렌드하였다. PS의 무게 분율에 대해서 계산된 블렌드의 T_g를 그래프로 그려 역혼합 법칙에 의한 결과와 로그 혼합 법(logarithmic rule of mixture)에 의한 결과를 비교하시오. DSC 측정으로 구한 T_g 값은 아래의 표에서 보는 바와 같다.

PPO의 질량 분율	T_g (℃)
0	105
20	121
40	140
60	158
80	185
100	216

18-5 다음 데이터는 다른 탄성체들과 혼합된 천연 고무(NR)에 대한 다양한 블렌드의 T_g이다. 각 탄성체의 쌍에 대해 혼합비 50/50 블렌드와 각 고분자들의 T_g가 다름을 설명하시오.

탄성체		T_g(℃)		
I	II	혼합비 I/II	I	II
NR	NBR	−	−69	−30
NR	NBR	50/50	−67	−33
NR	CR	−	−69	−43
NR	CR	50/50	−65	−44
NR	BR	−	−69	−48
NR	BR	50/50	−60	−60

* NBR, poly(butadiene-co-acrylonitrile); CR, polychloroprene; BR, polybutadiene.

18-6 이성분 고분자 블렌드의 분절 몰당 혼합의 Gibbs 자유 에너지는 다음과 같이 주어진다.

$$\Delta G_m^* = RT[(\frac{\phi_1}{x_1})\ln\phi_1 + (\frac{\phi_2}{x_2})\ln\phi_2 + \chi\phi_1\phi_2]$$

여기서 ϕ_n과 x_n은 고분자 $n(n=1,2)$의 분절의 부피 분율과 수, χ는 Flory–Huggins 고분자–고분자 상호 작용 계수이다.

(a) 상 분리 조건이 스피노달에 대해 아래와 같이 주어졌을 때, 스피노달 지점을 정의하는 식을 증명하시오.

$$\text{상 분리 조건: } (\frac{\partial^2 \Delta G_m^*}{\partial\phi^2}) = 0$$

$$\text{스피노달 지점 식: } \frac{1}{x_1\phi_1} + \frac{1}{x_2(1-\phi_1)} - 2\chi = 0$$

(b) 임계 온도 T_c에서 스피노달에 대한 일반 조건이 다음과 같다면,

$$(\frac{\partial^2 \Delta G_m^*}{\partial\phi^2}) = (\frac{\partial^3 \Delta G_m^*}{\partial\phi^3}) = 0$$

(i) 임계 조성이 $\phi_{1c} = \dfrac{1}{1+(x_1+x_2)^{1/2}}$이 되는 것을 증명하시오.

(ii) Flory-Huggins 변수의 임계값이 $\chi_c = \dfrac{1}{2}[\dfrac{1}{x_1^{1/2}} + \dfrac{1}{x_2^{1/2}}]^2$가 되는 것을 증명하시오.

(c) 두 고분자의 분절 수가 같은 경우 임계점에서 ϕ_{1c}와 대응되는 Flory-Huggins 고분자-고분자 상호 작용 계수 χ_c를 구하시오.

19

고분자의 수명

우리 생활과 산업에서 유용한 고분자라 하더라도 실제 사용될 경우 그 성능 및 수명에 좌우하는 여러 인자를 먼저 고려해야만 한다. 합성 고분자는 기본적으로 탄소와 수소 등으로 이루어진 유기물로서 다른 소재에 비하여 여러 환경 요인에 따라 물리, 화학적 변화를 가져올 가능성이 크기 때문이다. 제일 먼저 생각할 수 있는 것이 기체상 또는 액상의 유기 용매, 수분, 오존, 햇빛, 생분해 및 방사선 등의 영향을 들 수 있다. 특히 가시광선보다 에너지 레벨이 높은 자외선 영역의 빛이나, 오존에 의한 영향은 아주 심각하다. 타이어 같은 불포화 결합을 가지고 있는 탄성제가 오존에 장시간 노출이 되면 분해가 유발되므로 수명이 단축되고 쉽게 파괴 현상에 이르게 된다. 이를 방지하기 위하여는 가공할 때 충전제(filler)나 안정제(stabilizer)를 같이 넣어야 한다.

어떤 경우에는 일부러 생분해(biodegradation)를 유도할 필요가 있다. 플라스틱 병이나 포장지가 스스로 이산화 탄소, 물 및 생체질량(biomass)으로 생분해되면 고분자 쓰레기를 모아 매립해야 하는 부피를 줄일 수 있어 자연보호에 도움이 될 것이기 때문이다. 이때는 반드시 자기의 주어진 수명을 다 채운 다음, 환경에 해가 없는 부산물로만 분해되어야 한다.

고분자는 탄소와 수소 등의 공유 결합으로 이루어진 큰 분자량의 탄화수소 계열의 유기 분자이므로 근본적으로 열에 의하여 쉽게 분해가 일어난다. 가열하면 추가적인 중합 반응보다 해중합(depolymerization) 반응이 더 빨리 일어나므로 전체적으로는 열분해를 경험하게 된다. 뿐만 아니라 가공 중이나 실제 사용하는 동안 전단력이 작용하면 기계적 분해도 일어날 수 있다. 산소, 오존, 자외선 감마선, 초음파, 수분 및 화학 성분에 의하여 분해가 촉진되기도 한다. 광산화(photo oxidation) 현상은 빛의 영향과 산소에 의한 반응이 동시에 진행되는 경우로서 그 진행이 가속화될 수 있다.

내후성(weathering) 실험이라 하여 실제 자연환경을 모방하여 UV, 가시광선, IR 등의 적절한 방사선을 주면서 수분, 주기적 온도 변화, 바람 등을 제어하는 가속 실험 방법으로 고분자의 자연환경 속에서의 성능 저하를 실험해 볼 수 있다.

표 19.1 고분자에 영향을 주는 인자

작용제	대상 고분자	예
생분해	단사슬 고분자, 질소 함유 고분자, 폴리에스터	폴리유레테인 폴리에테르-폴리유레테인
이온화 방사선	4차 탄소 원자 함유 지방족 고분자	폴리(메틸 메타크릴레이트) 폴리아이소뷰틸렌 폴리프로필렌
습기	헤테로 사슬 고분자	폴리에스터 폴리아마이드 폴리유레테인
유기 액체와 증기	무정형 고분자	폴리스타이렌 폴리(메틸 메타크릴레이트)
오존	불포화 탄성체	폴리아이소프렌 폴리뷰타다이엔
태양광	광감성 고분자	폴리아세탈 폴리카보네이트

19.1 | 열분해

바이닐 고분자(vinyl polymer)는 특히 열분해에 아주 취약하다. 열분해는 고분자 주사슬의 결합이 끊어지면서 자유 라디칼을 만드는 **사슬 절단(chain scission)**과 부사슬에서 조그만 분자가 떨어져 나오는 **비사슬 절단(non-chain scission)**으로 구별할 수 있는데 후자의 경우 결과적으로 이중 결합을 형성된다.

19.1.1 사슬 절단

사슬 절단에서는 불규칙적 위치에서 불규칙적 분해가 일어나고, 활성이 있는 고분자 사슬 끝에서 해중합이 일어난다. 가장 에너지 준위가 낮은 결합에서 절단이 일어나게 되는 셈이다. 불규칙 균형 분해(random homolytic cleavage)에 의하여 다양한 저분자량의 분해 산물이 발생하는데 폴리프로필렌이나 폴리에틸렌 수지가 이런 식으로 분해된다. 대부분의 첨가 중합은 발열 반응이며 엔트로피도 감소한다.

해중합 반응의 경우 1,1-disubstituted vinyl polymers의 절단이 대표적인데 다음과 같은 반응으로 단순화할 수 있다.

$$M_n^* \Leftrightarrow M_{n-1}^* + M \tag{19.1}$$

어떤 온도에서는 분해 반응과 중합 반응이 거의 같은 수준으로 일어날 수 있으며, 이 때는 다음 식이 성립한다.

$$k_d[M_n^*] = k_p[M_{n-1}^*][M] \tag{19.2}$$

$$k_d \cong k_p[M] \qquad \text{for} \quad n \gg 1 \tag{19.3}$$

k_d, k_p는 각각 해중합 속도 상수와 중합 속도 상수이다. 속도 상수가 아레니우스 방식의 온도 의존성을 가지고 있다고 하면, 즉 $k_d = A_d \exp(-\frac{E_d}{RT_c})$, $k_p = A_p \exp(-\frac{E_p}{RT_c})$ 이면

$$T_c = \frac{E_p - E_d}{R\ln[A_p[M]/A_d]} \tag{19..4}$$

가 될 것이다. 따라서 이 온도보다 높은 온도에서는 중합이 사실상 불가능하다. 이 온도

를 중합 천정 온도(polymerization ceiling temperature)라고 한다. 표 19.2에서 여러 단량체와 중합열과 중합 천정 온도를 나타내었다.

표 19.2 중합열과 중합 천정 온도

단량체	중합열(KJ/mol)	천정 온도(℃)
α methyl styrene	−35	61
methyl methacrylate	−55	220
propylene	−86.5	300
styrene	−74.5	150~310
ethylene	−93.5	400
tetrafluoroethylene	−192	560

19.1.2 비사슬 절단 반응

1) 할로젠 수소 이탈반응

$$\text{PVC} \rightarrow \quad ...\text{C-C=C-} ...(\text{polyene}) + \text{HCl} \qquad (19.5)$$

PVC의 유리 전이 온도가 약 87℃이므로 이보다 높거나 비슷한 온도에서는 식 (19.5)에 제시된 것과 같은 반응에 의하여 색깔의 변화를 감지할 수 있다. 한번 염화 수소가 생겨나면 반응이 가속되므로, 염화 수소가 생기는 즉시 중화시켜야 한다. 유기-틴(organo-tin) 같은 열 안정제(thermal stabilizer)를 넣으면 해중합을 방지할 수 있다.

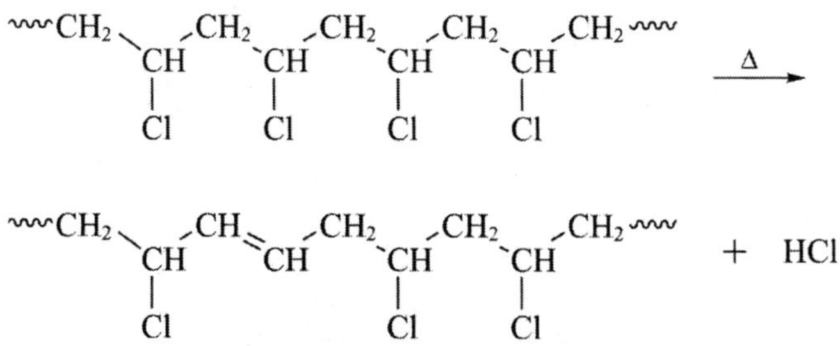

그림 19.1 할로젠 수소 이탈 반응

2) PVA(Poly vinyl alcohol)

PVA는 고온에서 다음과 같이 분해된다.

$$\text{PVA} \rightarrow \text{polyene} + \text{acetic acid} \tag{19.6}$$

3) PAN(Poly acrylonitrile)

좋은 기체 차단성(gas-barrier)을 가지고 있어 포장용 필름으로 사용되는 PAN은, 다이메틸폼알데하이드(DMF)를 용매로 하여 용액상에서의 필름 형성(solution casting) 또는 용액 방사(solution spinning)가 가능하다. 그러나 용융 온도보다 높은 온도에서 고리화(cyclization) 반응이 일어나서 사다리 모양의 고분자가 되기 때문에 용융 방사는 불가능하다. PAN의 N≡C(nitrile) group은 그림 19.2와 같이 고리화된다.

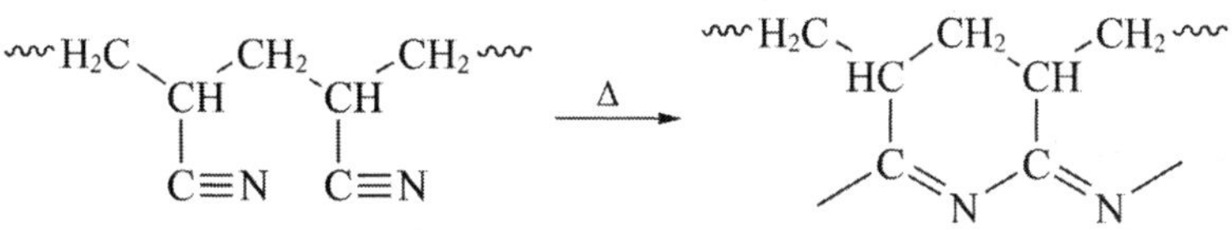

그림 19.2 고리화(cyclization)반응

PAN 수지는 색깔이 진하고 불용성이라 다루기 힘들지만 탄소 섬유나 흑연 섬유를 만드는 출발 고분자로서의 가치가 높다. 아크릴로나이트릴 단량체는 ABS, SAN, NBR(acronitrile butadiene rubber)에 공중합되는 하나의 구성 성분이다. 고분자가 열적 안정성을 가지려면 난연성 첨가제로 혼합하거나 고분자 사슬 자체가 방향족 구조를 많이 가져

표 19.3 내열 고분자의 분해 온도

고분자	분해 온도 ℃
방향족 폴리에스터	480
polybezamide	500
polybezimidozole	650
polypyrrole	660
poly(p-phenylene)	660
POM	120~150
PP	138~155
nylon 6,6	>200

야 한다.

표 19.3에 제시된 바와 같이 항공기용이나 전자 산업에 이용되는 엔지니어링 플라스틱이나 특수 고분자는 열적 안정성이 대체로 높다. 고온 안정성을 가지는 경우는 보통 유리 전이 온도가 매우 높고 높은 용융 점도를 보이며 불용성인 경우가 많으므로 실제 가공에는 많은 어려움이 따른다. 따라서 열적 안정성과 가공성 간의 적절한 타협이 필요하다.

19.2 | 내산화성 및 자외선 안정성

플루오린 고분자(fluoro-polymer)는 O_2에 강한 내산화성뿐 아니라 자외선 안정성도 뛰어나다. 그러나 다른 고분자는 대부분 그렇지 못하다. 고온에서는 산화 반응이 잘 일어나고 UV에 의하여도 산화 반응이 쉽게 유도된다. 산화되면 취약성(brittleness)이 증가하고 강도(strength)가 감소한다. 이는 산화 반응에 의하여 자유 라디칼이 만들어지고 이것이 열분해와 광분해(photolytic cleavage)를 유도하기 때문이다.

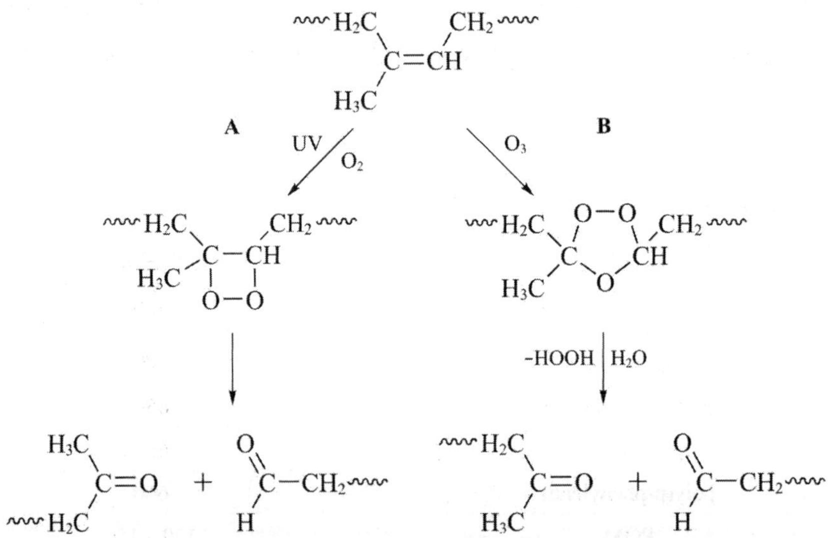

그림 19.3 UV에 의한 광분해(photolytic cleavage)

그림 19.3에서 보듯이 불포화 결합을 가진 폴리올레핀은 빛이나 산소, 오존에 특히 약하다. 포화된 고분자도 종종 과산화 라디칼(peroxy radicals)을 만들 수 있다.

PS의 페닐기에 흡수된 자외선 에너지는 인근 고분자 사슬로 옮겨가서 카보닐 그룹이 만들어지는 광산화 분해 현상을 일으키고, 고분자는 결국 황변 현상으로 취약화 된다. 따라서 자유 라디칼이 생겼을 때 이를 잡아먹는 산화 방지제(anti-oxidants) 또는 자유 라디칼 제거제(free radical scavenger)를 넣어서 균형 분해(homolytic breakdown)를 억제하여야 한다. 유기-인 화합물(organo-phosphites)이 유용하게 사용되고 있다.

19.3 | 화학 및 물 안정성

용매는 고분자를 부분적으로 가소화(localized plasticization)시켜 낮은 응력에서도 크레이즈나 크랙이 생겨나도록 만든다. 고분자 재료 속에 빈 공간(void)이 있으면 저분자 응력 균열제(stress-crazing agents)가 쉽게 흡수되므로 국부적인 가소화가 촉진된다. 이는 고분자 사슬의 유동성을 높이고 따라서 크레이즈가 잘 생겨나게 되는 셈이다. 따라서 용매에 의한 크레이즈 생성을 시작하게 하는 임계 변형은 용해도 인자(solubility parameter)와 직결되어 있다.

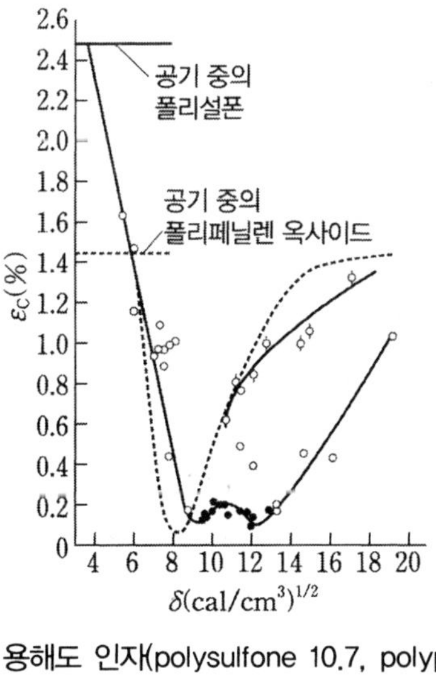

그림 19.4 임계 변형 vs 용해도 인자(polysulfone 10.7, polyphenylene oxide 8.6)

가수분해(hydrolysis)는 특히 산성 조건 하에서 일어나며 다당류, 단백질 같은 생물 고분자나 폴리에스터, 폴리아마이드 같은 축합 중합 고분자에서 흔히 일어난다. 바이닐 고분자는 가수분해되지 않는다. 가수분해가 일어나려면 우선 물 분자가 고분자 내로 침투할 수 있어야 하므로 고분자가 물에 대한 용해도를 가져야 한다. 물 분자 같은 저분자 물질이 통과하기에는 무정형 영역이 수월하며, 결정성 영역으로의 침투는 매우 어렵다. 무정형 영역에도 자유 부피가 관여하므로 유리 전이 온도 이상이어야 가수분해가 가능하다. 고분자가 생분해성을 가지기 위하여 결정화도가 낮아야 하는 이유도 같은 맥락이다.

19.4 | 방사선 영향

고분자에 높은 에너지를 가진 감마선(gama-radiation), 전자 빔(electron beams), 엑스선(X-rays)을 쪼이게 되면 분해는 물론 가교 반응을 일으키게 된다.

$$R \rightarrow R^{(+)} + e^{(-)} \tag{19.7}$$

$$R^{(+)} + e^{(-)} \rightarrow R^* \tag{19.8}$$

고에너지를 가진 전자가 관여하는 것인데 방향족 고리를 가진 고분자는 다소 분해가 덜 일어나게 된다.

19.5 | 기계적 분해

고무의 소련 공정(mastication) 후의 연화 현상은 기계적 분해 현상의 하나로 이해된다. 스파이크 롤러의 경우도 '응력에 의하여 유도되는 분해(stress-induced degradation)' 현상을 보이게 된다. 이것은 기계적 분해 현상이라고 할 수 있다. 유리 섬유, 탄소 섬유나 탄소 나노 튜브를 고분자와 같이 가공할 때 전단력에 의하여 충전 섬유의 길이가 대폭 감소하게 된다. 이것도 일종의 기계적 절단 분해라고 이해할 수 있다.

참고문헌

1. J. R. Fried, "Polymer Science and Technology", 3rd ed., 2014, Prentice Hall, Ch 6.
2. S.C. Mun, M.W. Kim, K. Prakashan, H.J. Jung, Y.G. Son, OO. Park, New approach to determine rheological percolation of carbon nanotubes in microstructured polymer matrices, Carbon, Vol.67, P.64, 2014.
3. S.C. Mun, M. Kim, C.S. Lee, M.H. Lee, Y. Son, OO. Park, Preferential Positioning of ɣ-ray Treated Multi-walled Carbon Nanotubes in Polyamide 6,6/Poly(p-phenylene ether) Blends, Macromolecular Research, Vol.21, P.356, 2013.

연습문제

19-1 폴리에스터(polyester)의 묽은 농도 $c\,\mathrm{g/dL}$ 에서의 수 평균 중합도 x_n을 생각해보자. 분자량이 M_0 인 단량체 단위의 농도는 $N = \dfrac{c}{M_0}$ 으로 표현되며, 중합된 고분자의 농도는 $m = \dfrac{N}{x_n}$ 으로 표현된다.

(a) 에스터 결합(ester bond)의 농도가 아래와 같음을 증명하시오.

$$[E] = N - m = N[1 - \frac{1}{x_n}]$$

(b) 가수분해에 의한 에스터 결합의 농도 변화가 1차 반응이라고 가정하자($-\dfrac{d[E]}{dt} = k[E]$). 수 평균 중합도 x_n을 시간의 함수로 구하시오(단, $t = 0$, $x_n = x_{n,o}$이라고 가정한다. 또한 x_n은 1보다 훨씬 더 클 수 있으며, k는 항상 상수로 가정한다).

(c) 1차 반응 상수가 일정하지 않고 분자량에 의존한다고 가정해보자($k = k_0 x_n^a$, $a > 0$). 이때 수 평균 중합도 x_n을 시간에 대한 함수로 표현하시오.

19-2 고분자가 열적 안정성을 가지기 위하여 주사슬(main chain)의 반복 단위에 어떤 구조가 오는 것이 유리한지 논의하시오. 또한, 바이닐 고분자가 왜 열분해에 취약한지 서술하시오.

19-3 고분자의 열분해 특성 및 열 안정성을 측정하는 대표적인 실험 장치는 Thermogravimetric analysis(TGA)이다. 이 장치의 측정 원리를 적어보고, 이 장치를 통해 측정된 폴리스타이렌과 테플론(teflon)의 열분해 온도를 적어보시오.

19-4 플루오린계 고분자(대표적 고분자: Teflon, Tetrafluoroethylene을 포함하고 있는 고분자(PTFE))는 일반적인 산소–수소 결합으로 이루어진 고분자(폴리스타이렌 등)에 비해 산소, 자외선에 대한 안정성이 매우 높다. 이를 화학 구조(예: C–F 결합력) 등을 근거로 설명해보시오.

20

일상에서의 고분자 관리

고분자의 사용은 획기적으로 증가하고 있지만, 합성 고분자는 기본적으로 분해성이 약해서 일상에서 사용 후 버려지게 되면 완전히 생분해되어 자연으로 돌아가는 데 많은 시간이 걸린다. 게다가 분해되기 전까지는 파쇄된 조각으로 존재하므로 미관상 불편함을 준다. 이런 이유로 유해성 논란까지 불러일으키기도 하고 아주 작은 조각, 즉 미세플라스틱으로 쪼개진 불순문들이 어류, 조류 등의 생존을 위협하기 때문에 플라스틱 사용 감소를 요구하는 목소리도 점점 높아지고 있다. 특히 우리나라의 경우 산업화 이후 변화된 생활 패턴의 영향으로 연간 1인당 플라스틱 소비량이 그림 20.1에서 보다시피 132 kg(2015년 기준)으로 다른 나라에 비해 비교적 높은 수준이어서 절감 대책이 급히 요구된다는 언론 보도도 있었다.

일반적으로 화학 물질의 유해성은 저분자 물질에서 나타나며 저분자를 여러 개 연결하여 중합체를 만들게 되면 그 독성은 거의 사라지게 된다. 큰 분자가 실제 생물체 등에 영향을 주기 위하여서는 먼저 작은 분자로 분해되어야 하기 때문이다. 플라스틱이라 불리는 고분자 합성 수지 제품들은 비독성임에도 불구하고 분해성이 약해 오래 주위에 존재하게 되므로 눈에 거슬리는 경우가 많다. 실제 고형 폐기물의 25%만 플라스틱이고, 40% 정도는 종이류이지만 종이는 폐지로 수집되어 재활용되며 일부 자연에 버려지더라

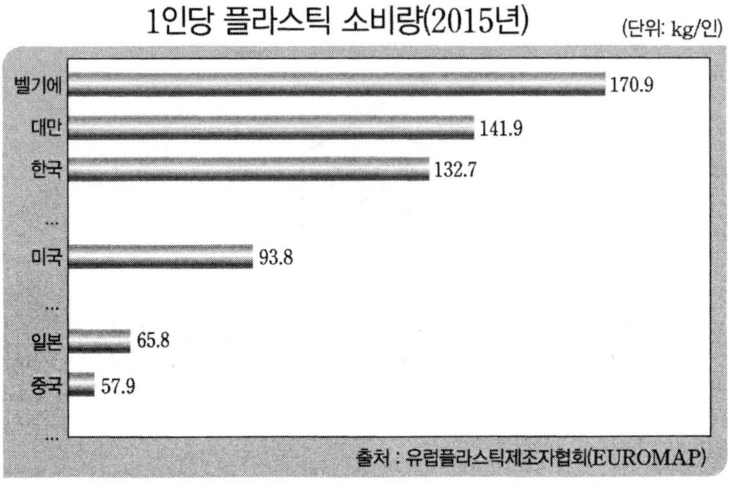

그림 20.1 각국의 1인당 플라스틱 소비량 비교

도 생분해성이 있는 관계로 크게 문제 되지 않는다. 플라스틱은 생분해성이 없어 폐기된 상태로 오래 지속되기 때문에 보기에도 그리 좋은 편이 아니라서 반드시 재활용률을 높여야 한다. 최근 바다를 오염하는 폐그물 등을 수거해서 육지에 모아두는 과정에서 그 처리 문제가 대두되기도 하였다.

재활용되지 않는 폐기물은 땅속에 묻게 되는데 이때의 문제점은 점점 묻을 장소를 찾기 힘들다는 점이다. 따라서 그 대안으로 재활용(recycling), 소각(incineration), 생분해(biodegradation) 등이 검토되어야만 한다. 왜냐하면 이미 생활에 필수적인 고분자 소재의 소비를 크게 줄이는 것이나 다른 재료로 대체하여 사용하는 것은 방대한 사용량을 볼 때 거의 불가능하기 때문이다.

20.1 | 재활용

고분자를 회수하여 효과적으로 **재활용(recycling)**하기 위하여 고분자 종류별로 분리해서 수거할 필요가 있다. 미국 플라스틱 산업 협회(SPI) 수지 식별표에서 보는 바와 같이 1. 음료수병으로 사용되는 PET, 2. 고밀도폴리에틸렌(HDPE), 3. 폴리염화바이닐 수지(PVC), 4. 저밀도폴리에틸렌(LDPE), 5. 폴리프로필렌(PP), 6. 폴리스타이렌(PS), 7. 기타로 표기하면 사용 후 회수하여 재사용하기에 편리하다.

그림 20.2 SPI 고분자 분류 코드

이렇게 분리수거한 폐수지의 재활용의 실제 예로는 PET를 절연판(insulation board)으로 가공하여 발포 폴리스타이렌(EPS)을 대체하는 것이 있다. 먼저 회수된 PET를 잘 씻고 작은 크기로 자른 다음 5 mm 정도 크기로 분쇄한 뒤 말려야 한다. 이는 가수분해를 방지하기 위함이다. 결정화를 돕는 기핵제와 점도를 올려주는 첨가제인 점증제를 PET 용융체에 투입하고, Freon-12 가스로 발포 슬랩 압출기(foam slab extruder)를 사용하여 발포 공정을 진행하면 EPS를 대체할 수 있는 PET 폼이 만들어진다.

이와같이 폐수지를 직접 가공하는 것을 2차적 활용이라 한다. 만일 폐수지를 화학적 또는 열적 방법으로 단량체로 다시 환원시킨 뒤 다시 중합해서 활용하면 3차 재활용(tertiary recycling)이라고 부른다.

폴리에스터, 나일론, 폴리유레테인 같은 축합 고분자는 중합 방법의 역순인 글리콜 분해(glycolysis), 메탄올 분해(methanolysis), 가수분해(hydrolysis)에 의하여 단량체로 만들어질 수 있다. 또한 폴리올레핀, 아크릴, 플루오린 고분자 같은 첨가 고분자도 열이나 촉매에 의하여 분해(cracking)되어 저분자화될 수 있다. 미국에서는 주로 PET의 재활용이 활발하고 유럽에서는 나일론의 재활용률이 아주 높다.

대량으로 소비되는 타이어는 재활용에 상당한 어려움이 있다. 따라서 폐타이어의 생성 자체를 억제하기 위하여 수명 향상 등의 기술 개발이 필요하다. 만일 재활용하게 되는 경우에는 우선 작은 덩어리로 분쇄되어 패드, 매트, 카펫 이면(carpet backing), 방수층 등에 활용되기도 한다. 아스팔트에 넣어 사용하기도 하고 운동 트랙 등에도 활용이 가능하다. 폐기된 타이어를 그 상태 그대로 부식 방지(erosion control)하여 놀이터 바닥 등의 용도로 활용하기도 한다. 고무 성분이 주를 이루고 있어 연소 시 열량이 35,000 kJ/kg 정도로 아주 높은 편이어서 발전이나, 암모니아나 메탄올을 생산하는 화학 공정에서 합성 가스(H_2 + CO gas)로 활용되기도 한다. 폐타이어 활용에서의 어려움은 같이 사용되고 있는 폐오일이나 코드용 철선을 제거하는 일일 것이다.

20.2 | 소각

고분자는 단순히 태우는 것만으로도 석탄의 2배에 가까운 35,000 kJ/kg의 많은 열을 얻을 수 있다. 하지만 연소할 때 독성 물질이 생성될 가능성이 있어 주의해야 한다. 특히 PVC의 경우 다이옥신(dioxins)이 발생할 가능성이 있어 문제시되며, 다른 고분자의 경우에도 첨가제의 존재로 인하여 카드뮴 같은 중금속이 발생될 수 있어 유의하여야 한다.

20.3 | 생분해

고분자에 **생분해(biodegradation)**성을 도입하는 것이 고분자 폐기물 문제를 해결하는 하나의 방법이 될 수 있다. 물론 재생 가능한 자원을 허비한다는 측면이 있을 수 있다. 유기 고분자는 구조상으로 볼 때 완전한 생분해성 고분자는 존재하지 않는다.

폴리에텔렌, 폴리프로필렌, 폴리카보네이트, 폴리아마이드, 폴리플루오로카본 등 대부분 고분자는 박테리아의 공격에 높은 저항성을 가진다. 다시 말하면 생분해가 매우 어렵다. 다만 폴리유레테인, 폴리에스터-폴리유레테인은 약간의 생분해가 가능하다.

20.3.1 PHB와 PHV

일반적으로 천연 고분자가 합성 고분자보다 생분해성이 높은데, 폴리에스터 특히 지방족 폴리에스터는 생분해성이 높은 편이다. 에스터기는 에스테라제(esterases)라는 효소에 의해 공격받으면 가수분해를 동반한 분해 반응이 유발된다. 즉 미생물에 의하여 대사가 일어나는 셈이다. 미생물에 의하여 만들어진 생물 고분자의 대표적인 예로서 PHB와 PHV를 들 수 있다. Poly(β-hydroxyalkanoates)의 일반 구조는 아래와 같다.

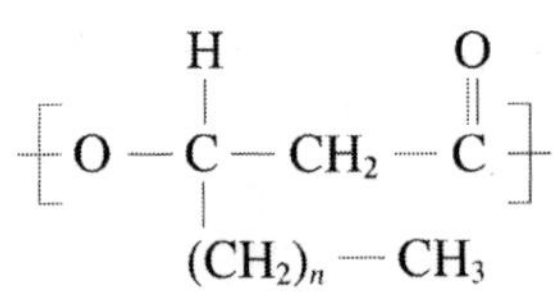

여기서 $n=0$이면 PHB(poly β-hydroxybutyrate)가 되며 이는 박테리아인 *Alcaligenes eutrophus*로부터 얻을 수 있다. $n=1$이면 PHV(poly β-hydroxyvalerate)인데, *A. eutrophus*나 또 다른 박테리아인 *Pseudomonas oleovorans*가 만든다. PHB는 *Alcaligenes eutrophus*가 에너지 저장 물질로 생합성하여 자신의 세포 속에 입자 형태로 저장하는 것이다. 이는 동물이 지방을 저장하고, 식물이 녹말을 저장하는 것과 같은 이치이다. PHB는 입체 규칙도 면에서는 100% 동일 배열이며, 물성 면에서는 취약성을 띠고, 구조적으로 65~85%의 결정성을 보인다. 유리 전이 온도와 용융 온도는 각각 5~10℃(T_g), 175℃(T_m) 정도이다.

표 20.1 PHB와 PP의 물성 비교

성질	PHB	PP
T_g(℃)	15	−10
T_m(℃)	175	176
결정화도(%)	80	70
밀도(g cm^{-3})	1.25	0.905
굴곡 탄성률(GPa)	4.0	1.7
인장 강도(MPa)	40	38
파단 연신율(%)	6	400
자외선 저항성	좋음	나쁨
용매 저항성	나쁨	좋음

PHB의 물성은 PP와 비교되지만(표 20.1), 너무 낮은 파괴 연신율(extension-to-break)로 상용화에 걸림돌이 되고 있나. HB-HV 공중합체처럼 공중합하면 강인성(toughness)을 향상할 수 있고 용융 온도도 낮출 수 있어 가공 중 열분해 방지에 도움을 줄 수 있다. 또한 음식 포장으로 사용하기에는 아직 문제가 있지만 샴푸통에 사용하기에는 생분해 주기만 확실히 이해한다면 아무런 무리가 없다. PHB는 생체적합성(biocompatibility)이 우수하여 약물 전달 제어용으로도 사용이 가능하나 아직 비용이 다소 높은 편이다.

20.3.2 녹말의 활용

폴리락트산 수지(PLA)

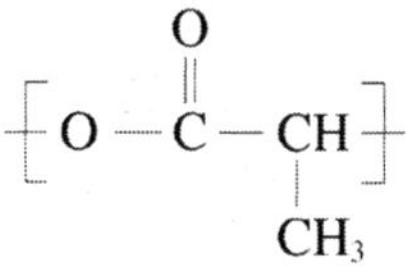

감자 폐기물 속의 녹말을 발효하여 락트산(lactic acid)을 만들고 이를 자체적으로 축합 중합하면 폴리락트산 수지[poly(lactic acid), PLA]가 얻어진다. 주로 필름용이나 포장용으로 사용 가능하며, 지속성 비료나 살충제를 이 고분자로 코팅하면 시간이 지남에 따라 생분해가 되면서 가운데 있는 성분이 서서히 방출되도록 하는 용도로 사용된다. poly(lactide-co-glycolide)(PLGA)는 공중합체로서 무정형 고분자가 되는데 약물 전달(drug delivery)용으로 적합하다.

폴리카프로락톤(PCL)

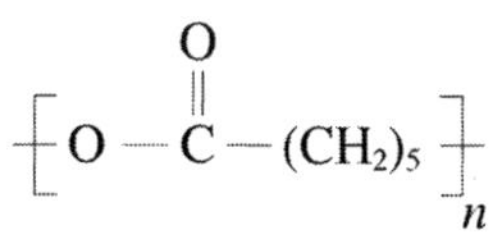

폴리바이닐알코올(PVA)

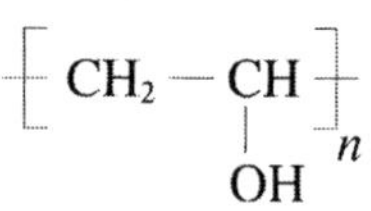

녹말 첨가물

옥수수 녹말 약 5% 정도를 효과적으로 LDPE에 분산시켜 주면 생분해성을 띠는 것처럼 보인다. 사실은 녹말의 분해에 의하여 폴리에틸렌 부분이 쪼개지는 것이다. 진정한 분해성을 가지기 위하여 폴리에틸렌 부분에 광분해를 촉진할 수 있는 촉매를 소량 첨가한다.

20.3.3 생분해의 실용적 문제

생분해에 있어서 분해의 성능을 측정하는 표준 테스트 방법이 고안되어 있으나 실제 상황과 다소 괴리가 있으므로 그 조건 선정에 유의하여야 한다. 재활용이나 소각은 소재나 열로 다시 활용하는 것이지만 생분해 유도는 결국 고분자가 소모되는 것이므로 어느 정도 재활용 등과 잘 조화를 이루어야 하고 특히 생분해 후 나오는 부산물의 유해성을 유의하여야 한다.

생분해성 고분자의 도입과 더불어 녹말, 셀룰로스와 같은 생물 자원에서 만든 단량체를 이용하여 합성 고분자를 만드는 연구도 활발히 진행되고 있다. 이를 통해 지구 온난화의 주범으로 여겨지는 이산화 탄소의 배출을 억제할 수 있는데, 기존에는 석탄화학/석유화학 공정을 통해 얻어진 단량체를 이용했기 때문이다. 예를 들면 홍성민(2016) 등에 의하여 시도된 CHDM과 DM-FDCA를 기반으로 공중합 폴리에스터를 제조하는 것이 있다.

바이오 플라스틱은 식물 유래 플라스틱과 생분해성 플라스틱으로 크게 2가지로 구분되고 있다. 홍성민 박사가 연구한 퓨란계 플라스틱은 식물 유래 플라스틱으로 식물로부터 추출된 퓨란계 원료를 이용하여 플라스틱을 제조하는 것이다. 식물은 광합성을 통해 온실가스의 주범인 이산화 탄소를 소비하므로 식물을 플라스틱의 원료로 사용하면 지구 온난화 문제를 개선할 수 있다. 또한 한정된 석유 자원 대신 재생 가능한 식물 자원을 원료로 활용한다는 측면에서도 사용 의의가 있다. 생분해성 플라스틱은 자연계에서 완전히 분해되는 플라스틱으로 폐플라스틱으로 인한 환경오염을 줄이는 효과가 있다. 퓨란계 플라스틱이 생분해 효과를 낼 수 있도록 만들면 좋겠지만, 아직까지 밝혀진 생분해성 효과는 없다.

퓨란계 플라스틱의 원료는 사탕수수나 옥수수 등의 당화가 용이한 식물로부터 추출하고 있다. 사탕수수의 당화를 통해 얻어진 당을 이용해 퓨란 화합물을 합성해 낼 수 있으며 퓨란계 화합물을 폴리에스터의 원료로 사용할 수 있다. 다만 원료가 매우 고가라 아직 상용화되고 있지는 않다. 음료 용기로 사용되고 있는 PET 수지를 대체하고자 노력 중으로 가격이 저렴해지면 상용화할 수 있을 것이다. 네덜란드의 Avantium사에서 퓨란계 플라스틱 제조를 위한 Pilot 단계 기술이 완료되었고 대량 생산 가능한 실증 공장이 건설 중이다. 2020년 이후에는 대량 생산 가능한 기술이 확보될 것으로 기대된다.

참고문헌

1. https//www.ytn.co.kr/_ln/0104_201903031859273850
   생분해성 고분자 논문들
2. Sungmin Hong, Kyung-Deok Min, Byeong-Uk Nam, O Ok Park, High molecular Weight Bio Furan Based Copolyesters for Food Packaging Applications: Synthesis, Characterization, and Solid-state Polymerization, Green Chemistry, Vol.18, P.5142, 2016. - highlighted on the back cover paper
3. Y.J. Kim, OO. Park, Miscibility & Rheological Properties of Poly(butylene Succinate)/ Poly(butylene terephthalate) Blends, Journal of Applied Polymer Science, Vol.72, P.945-951, 1999.
4. Y.J. Kim, OO. Park, Miscibility & Biodegradability of Poly(butylene Succinate)/ Poly(butylene terephthalate) Blends, Journal of Environmental Polymer Degradation (Current Journal Title: Journal of Polymers and the Environment), Vol.7, No.1, P.53-66, 1999.
5. Y.J. Kim, Y.M. Lee, H.M. Lee, OO. Park, Processabilities & mechanical properties of the biodegradable LDPE/modified starch blends, Korean Journal of Chemical Engineering, Vol.11, No.3, P.172-177, 1994.
6. Y.J. Kim, H.M. Lee, OO. Park, Processabilities and Mechanical Properties of Surlyn Treated Starch/LDPE Blends, Polymer Engineering and Science, Vol.35, No.20, P.1652-1657, 1995.
7. J. R. Fried, "Polymer Science and Technology", 3rd ed., 2014, Prentice Hall, Ch 6.

연습문제

20-1 $-(O(CH_2)_xOCO(CH_2)_2CO_n)-$으로 표현되는 poly alkylene succinates는 지방족 폴리에스터의 일종으로 생분해성 고분자로 연구되었다. 이들 고분자의 용융 온도를 측정해 보니 다음과 같았다.

x	용융 온도 (℃)
2	102
3	52
4	113
5	32
6	52
10	?

이런 용융 온도의 변화를 설명하여라. $x = 10$일 때의 용융 온도를 예측하시오.

20-2 고분자 공학도로서 고분자 관련 환경 문제에 기여할 수 있는 방법을 설명하시오.

20-3 생분해성 고분자의 대표적 예시를 3개 이상 조사해보고, 분해 속도에 따라 분류하시오.

20-4 대표적인 생분해성 고분자인 Polylactic acid(PLA)는 thermoplastic polyester로 분류된다. PLA는 D, L form의 이성질체를 가지게 되는네, 그 form에 따라 다른 고분자 특성을 지니게 된다. 그 구조를 그려보고, ring-opening polymerization에 의해 합성되는 단계를 적어보시오. 또한 PLA가 실생활에 사용되는 예시를 적어보시오.

6부

범용 고분자

21
천연 고분자와 이를 모방한 섬유들

6장에서 언급한 바와 같이 1938년 듀퐁사의 월라스 캐러더스가 발명한 나일론은 합성 고분자 시대를 여는 출발점이 되었다. 물, 공기 그리고 석탄으로부터 얻어진 나일론은 그 질긴 성질로 여성용 스타킹 소재로 인기가 높았을 뿐 아니라 낙하산 소재로도 아주 훌륭하였다. 자연에서 얻어지는 천연 섬유로는 잘 알려진 것과 같이 면, 비단, 비스코스 섬유가 있고 합성 섬유로는 나일론과 폴리에스터가 대표적이다. 여기서는 자연에 존재하는 여러 종류의 고마운 생물 고분자와 천연 섬유 그리고 이를 모방한 합성 섬유에 대하여 알아보기로 한다.

21.1 | 생물 고분자

자연에 존재하는 **생물 고분자(biopolymers)**는 크게 세 가지 부류로 나누어 생각할 수 있다. 첫 번째는 **단백질**과 **폴리펩타이드**로서, 생명체를 보호하는 분자이거나 촉매의 기질 역할, 산소 전달 분자 역할 내지는 세포 내에서의 생화학 반응의 조절 기구의 기능을 가진 물질이다. 화학 구조 면에서는 나일론 등의 폴리아마이드와 아주 유사하다. 두 번째로는 **폴리뉴클레오타이드**로서, 유전 정보를 저장 또는 전달하는 물질이며 세포의 복제나 단백질 합성을 유도하는 물질이다. 세 번째로는 **다당류**로서, 식물체 골격을 보강하기 위한 재료이면서 다른 한편으로는 식물에서 에너지 저장 물질의 구실도 하는 물질이다.

21.1.1 단백질과 폴리펩타이드

단백질(proteins)은 20개의 서로 다른 천연 아미노산으로 이루어진 이종 고분자(hetero-polymers)이며 기본적으로 양단에 산성의 카복시기와 염기성의 아미노기를 가지는 아미노산들이 펩타이드 결합으로 연결되는 구조이다.

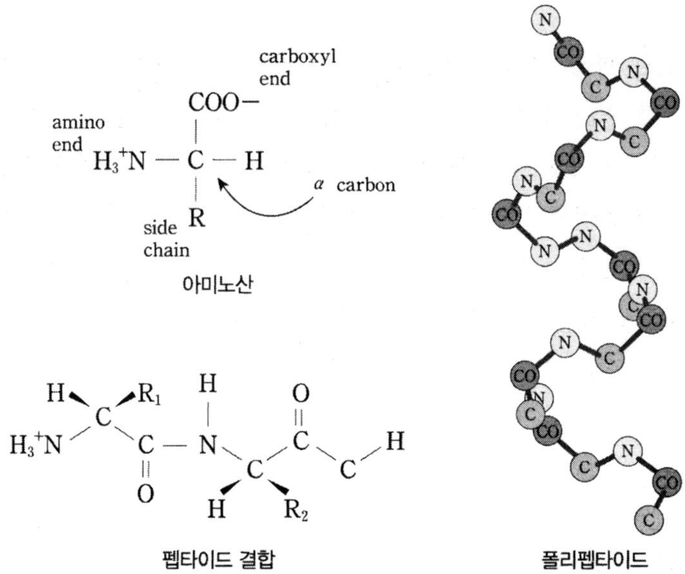

그림 21.1 아미노산, 펩타이드 결합 그리고 폴리펩타이드

단백질은 보통 중량 평균 분자량 M_w가 6,000~1,000,000 정도로 큰 편이어서 그 분자의 입체 형태(conformations)가 매우 다양하다.

표 21.1 20 naturally occuring amino acids

아미노산	기호	구조	특성
알라닌	Ala	$H_2N-\overset{CH_3}{\overset{\vert}{CH}}-COOH$	비극성, 소수성
아지닌	Arg	$H_2N-\overset{CH_2(CH_2)_2NHC(NH)NH_2}{\overset{\vert}{CH}}-COOH$	염기성
아스파라진	Asn	$H_2N-\overset{CH_2CONH_2}{\overset{\vert}{CH}}-COOH$	극성, 친수성
아스파트산	Asp	$H_2N-\overset{CH_2COOH}{\overset{\vert}{CH}}-COOH$	산성
시스테인	Cys	$H_2N-\overset{CH_2SH}{\overset{\vert}{CH}}-COOH$	극성, 친수성
글루탐산	Glu	$H_2N-\overset{CH_2CH_2COOH}{\overset{\vert}{CH}}-COOH$	산성
글루타민	Gln	$H_2N-\overset{CH_2CH_2CONH_2}{\overset{\vert}{CH}}-COOH$	극성, 친수성
글리신	Gly	$H_2N-\overset{H}{\overset{\vert}{CH}}-COOH$	극성, 친수성
히스티딘	His	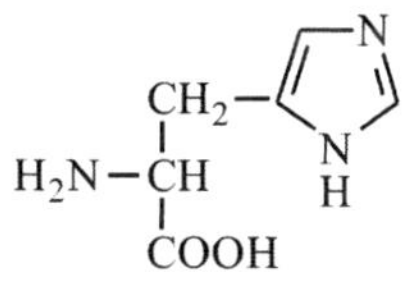	극성, 친수성
아이소루신	Ile	$H_2N-\overset{CH(CH_3)CH_2CH_3}{\overset{\vert}{CH}}-COOH$	비극성, 소수성
루신	Leu	$H_2N-\overset{CH_2CH(CH_3)_2}{\overset{\vert}{CH}}-COOH$	비극성, 소수성
라이신	Lys	$H_2N-\overset{CH_2(CH_2)_3NH_2}{\overset{\vert}{CH}}-COOH$	염기성
메싸이오닌	Met	$H_2N-\overset{CH_2CH_2SCH_3}{\overset{\vert}{CH}}-COOH$	비극성, 소수성
페닐알라닌	Phe	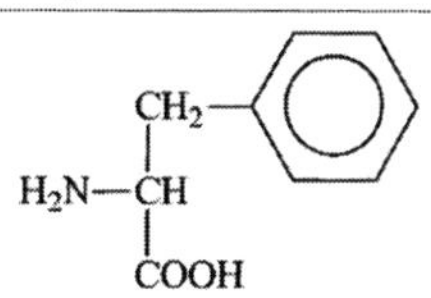	비극성, 소수성

프롤린	Pro	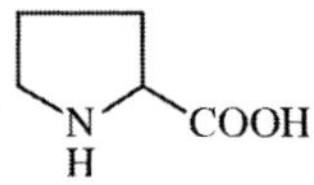	비극성, 소수성
세린	Ser	CH_2OH $H_2N-CH-COOH$	극성, 친수성
트레오닌	Thr	$CH(CH_3)OH$ $H_2N-CH-COOH$	극성, 친수성
트립토판	Trp	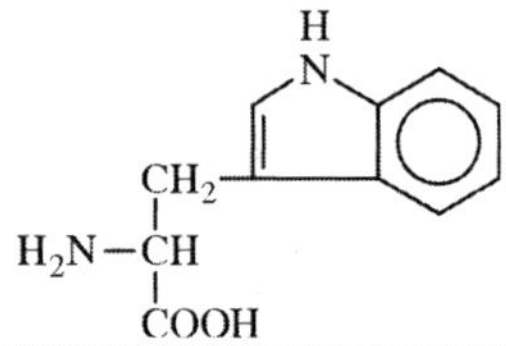	극성, 친수성
타이로신	Tyr	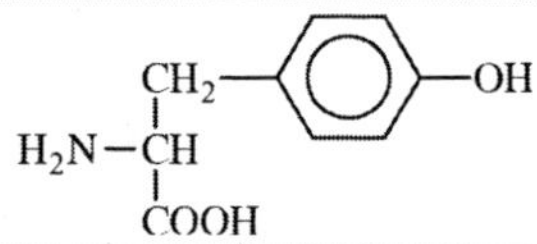	극성, 친수성
발린	Val	$CH(CH_3)_2$ $H_2N-CH-COOH$	비극성, 소수성

이들 중 알라닌(alanine), 아르지닌(arginine), 아스파라진(asparagine), 아스파트산(aspartic acid), 시스테인(cysteine), 글루탐산(glutamic acid), 글루타민(glutamine), 글라이신(glycine), 프롤린(proline), 세린(serine), 타이로신(tyrosine)의 11가지 아미노산은 인체 내에서 합성할 수 있다. 그러나 히스티딘(histidine), 아이소루신(isoleucine), 루신(leucine), 라이신(lysine), 메싸이오닌(methionine), 페닐알라닌(phenylalanine), 트레오닌(threonine), 트립토판(tryptophan), 발린(valine)의 9가지는 인체 내에서 합성할 수 없으므로 필수 아미노산으로 분류되며 필요한 경우 반드시 섭취하여야 한다.

아미노산의 기본 구조로 볼 때 탄소의 네 군데에 결합하는 성분이 다를 경우 광학적으로 활성이 있는 카이랄(chiral) 분자가 될 것이다. 다만 글라이신은 R=H의 경우이므로 카이랄 특성을 가지지 않는다. 비대칭적 탄소 원자 C^{α}를 가지는 모든 자연 단백질은 L-아미노산 형태로 이루어진다. 단백질의 합성은 세포 내에서 이루어지는데 리보솜(ribosome)에서 아미노산들의 축합 중합에 의하여 생성된다.

형상으로 구별할 때는 섬유상 단백질과 입자상 단백질로 구별된다. 보통 **입자상 단백질(globular proteins)**은 수용성이다. 효소, 항체, 미오글로빈(myoglobin), 사이토크롬 C(cytochrome C), 혈청 알부민(serum albumin) 그리고 호르몬 등이 여기에 속하고 대부분 α-헬릭스 구조를 가진다. 단백질은 모든 생물의 몸을 구성하는 아주 고마운 고분자 유기물이다. 이중 미오글로빈은 철 성분을 함유하는, 아미노산 153개로 이루어진 산소를 저장하는 단백질이다.

1957년 켄드류(John Kendrew)에 의하여 22년 노력 끝에 미오글로빈의 최종적인 전체 구조가 밝혀졌다. 헤모글로빈(hemoglobin)은 이런 미오글로빈 분자 4개가 초분자(super-molecular) 구조를 이루는 분자로서 혈액 내에서 산소를 전달하는 기능을 한다.

섬유상 단백질(fibrous proteins)은 기계적으로 딱딱하고 불용성이다. 포유류, 조류, 파충류에서 보호층을 연결하는 섬유질 구실을 한다. α-케라틴은 알파 헬릭스 단백질로서 머리카락, 모, 뿔, 손톱, 깃털 그리고 가죽 등에 포함되어 있다. 수소 결합이 가능해서 높은 강도를 보인다. 반면에 β-케라틴은 동물의 연결 섬유질이나 근육과 뼈의 연결 부위인 인대에 있는 콜라젠으로 대표된다.

단백질체학(proteomics)은 이런 세포나 개체에서 발현되는 단백질 및 그 대사를 연구하는 것이다. 2000년에 인간 게놈 프로젝트(human genome project)에 의하여 인간의 게놈(genome)에 존재하는 200,000개의 단백질이 알려지게 됨에 따라 특정 단백질과 이를 만드는 유전자의 기능을 동시에 밝혀 그 기능을 이해하기 시작하였다.

21.1.2 폴리뉴클레오타이드

뉴클레오타이드(nucleotides) 단량체의 중합에 의하여 만들어진 **폴리뉴클레오타이드(polynucleotides)**는 핵산(nucleic acids)이라고도 불리는 생물 고분자의 하나이다. 세포핵 속 염색체(chromosomes)에 위치하면서 유전 정보의 저장 장소가 되는 **DNA**(deoxyribonucleic acid)와 리보솜에 자신의 구조 정보를 전달해서 단백질 합성을 관장하는 **RNA**(ribonucleic acids)로 크게 나누어진다. 폴리뉴클레오타이드는 크게 세 부분으로 구성되어 있는데 고리형 5당류 부분과 인산 잔기 부분, 이종 원자 고리인 유기 염기 부분으로 구성되어 있다.

폴리뉴클레오타이드의 골격을 이루는 5당류 분자에는 D-ribose와 deoxy-D-ribose 두 가지가 있다. 이종 원자 고리 염기에는 아데닌(A)과 구아닌(G)의 두 종류의 퓨린(purines)과 티민(T), 시토신(C), 우라실(U)의 세 종류의 피리미딘(pyrimidines)이 붙어 있다. DNA와 RNA는 다섯 종류의 염기 중, 각각 네 종류의 염기로 구성된다. DNA는 T, A, G, C를, RNA는 A, G, C, U를 그 구성 성분으로 가지고 있다.

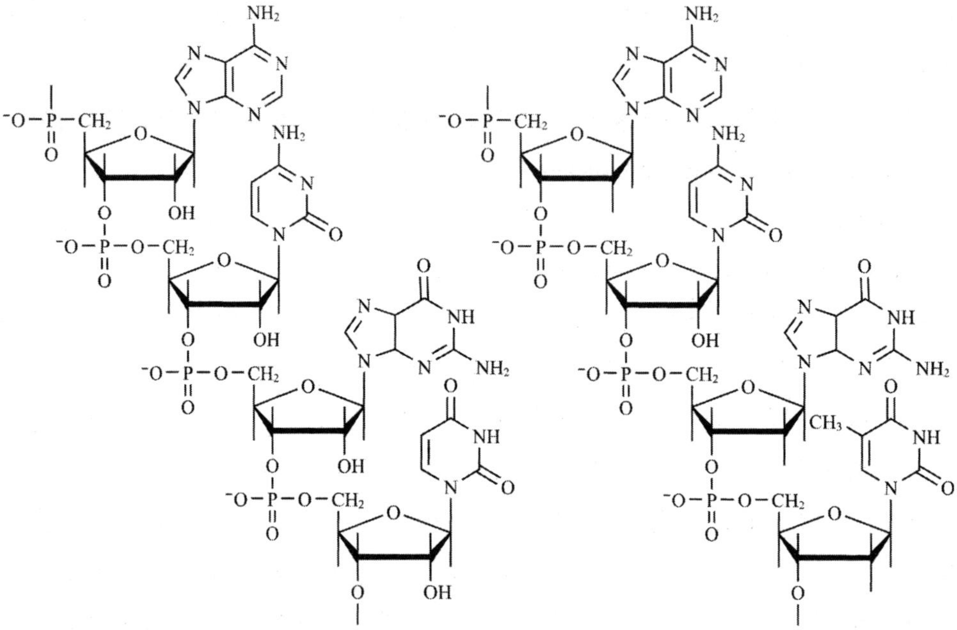

그림 21.2 RNA, DNA

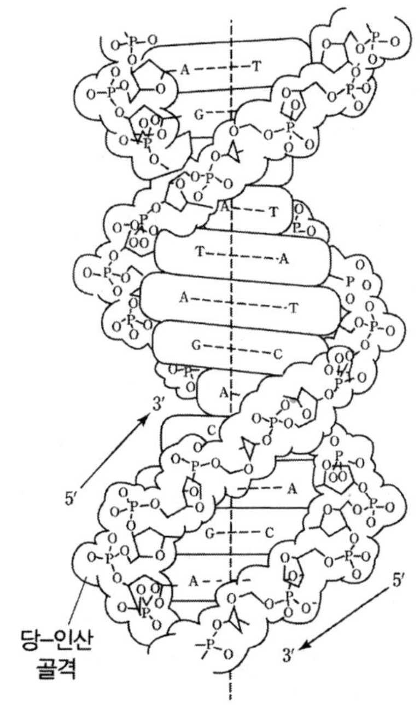

그림 21.3 DNA 이중 나선

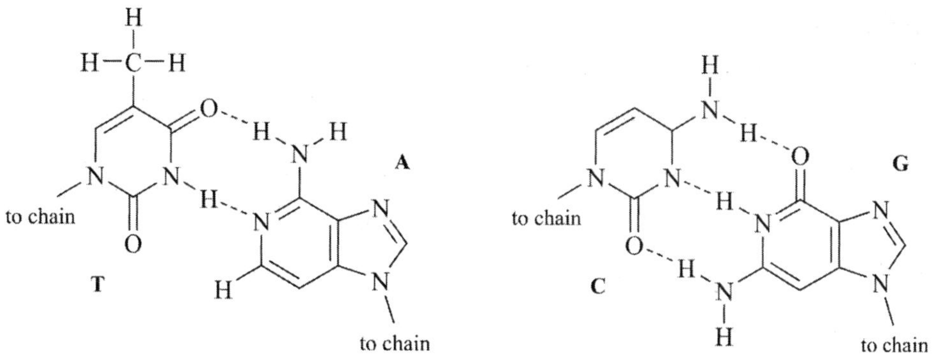

그림 21.4 수소 결합

DNA는 아주 큰 분자로서 분자량이 $10^6 \sim 10^8$에 이른다. 오른쪽으로 34 Å의 피치를 가지고 회전하는 이중 나선 구조체(right handed double helix)로서 수소 결합이 가능하다. 세포핵 속에 보관이 가능할 정도로 사슬이 잘 꼬여 있다.

RNA는 나선 구조(single helix)체로서 비교적 분자량이 작다. 그 기능에 따라 t-RNA(transfer), m-RNA(messenger), r-RNA(ribosomal)가 있다.

21.1.3 다당류

다당류(polysaccharide)는 고리형 당류의 축중합으로 만들어진 중합도(DP) = 30 ~ 100,000 정도의 고분자를 말하며 고리형 당류가 에터기(ether group)로 연결된 선형 고분자, 즉 고리선형 폴리에터(cyclolinear polyether)이다. 셀룰로스, 녹말, 키틴, 키토산 등이 여기에 속한다. 녹말과 셀룰로스는 α-D-glucose, β-D-glucose로 나뉘며 키틴은 amino polysaccharide이다.

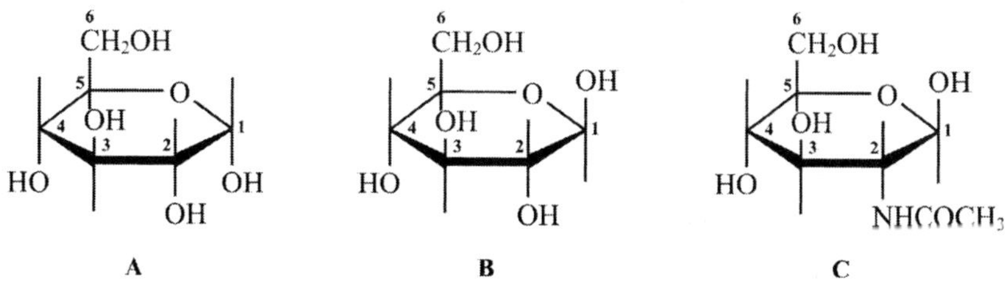

그림 21.5 다당류를 이루는 당류 A. α-D-glucose B. β-D-glucose, C. 2-acetamino-2-deoxy-D-glucose

셀룰로스류

셀룰로스류(cellulose)는 자연에서 가장 흔한 생물 유기 고분자 물질이다. 면은 94%의 셀룰로스와 소량의 헤미셀룰로스(hemicellulose), 펙틴(pectin)으로 구성된 천연 섬유이다. 나무도 50%는 셀룰로스로 이루어져 있다. 식물 세포벽이나 식물 세포 섬유질들은 모두 셀룰로스로 만들어져 있다. 셀룰로스에는 200~6,000개의 무수 글루코스 단위들이 1,4-beta 형태의 아세탈 다리(acetal bridge)로 연결되어 있다.

셀룰로스는 완전히 늘어난 사슬 구조를 가지며 수소 결합이 가능한 결정성 물질이어서 자체적으로 용융되지 않고 또한 녹이는 용매도 없다.

녹말

녹말(starch)은 식물의 광합성에 의하여 만들어지는 에너지 저장용 다당류 물질로서 아밀로스(amylose)와 아밀로펙틴(amylopectin)이 있다.

아밀로스는 1,4-α 결합 글루코스가 선형으로 연결된 100~6,000 정도의 중합도를 가지는 고분자로서 수용액 내에서 나선 형태를 가진다. 반면에 아밀로펙틴은 높은 가지상 고

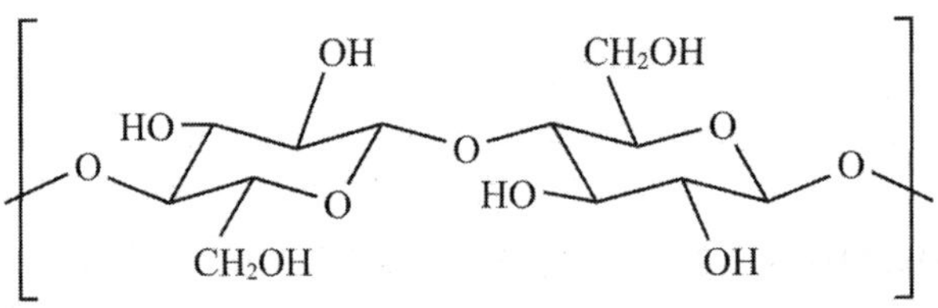

셀룰로스

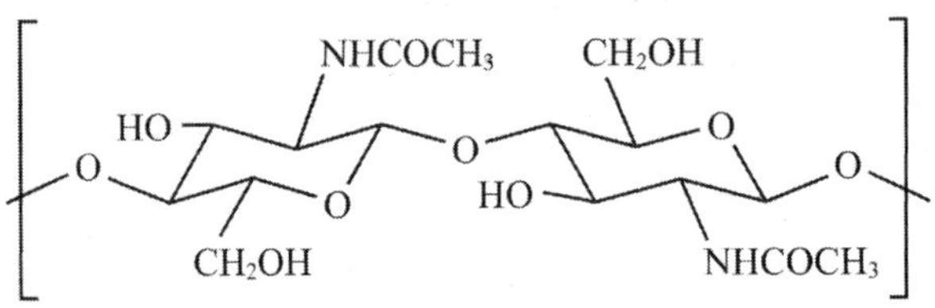

키틴

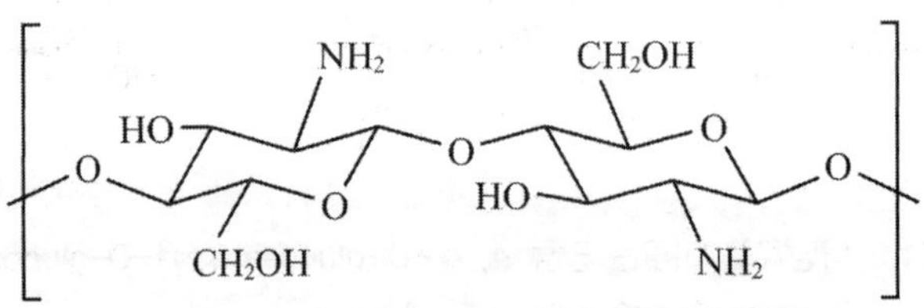

키토산

그림 21.6 셀룰로스, 키틴 그리고 키토산의 화학 구조

분자인데, 12~15개의 글루코스 잔기를 가지는 경우이다. 아밀로펙틴이 이보다도 더 가지가 많아지게 되면 동물의 조직 속에서 에너지 저장에 관여하는 물질인 글라이코젠(glycogen)이 된다. 식물의 에너지 저장 물질인 녹말과의 관련성이 있는 점이 매우 흥미로운 점이다.

키틴과 키토산도 셀룰로스와 유사한 구조를 가지지만, 부사슬이 다른 화학 구조를 가지고 있어 그 물성이 현저하게 다르다.

21.1.4 천연 탄성체

대표적인 **천연 탄성체(naturally occuring elastomers)**로서 엘라스틴(elastin)이라는 단백질이 있다. 주로 글라이신, 알라닌, 발린으로 이루어져 있고 분자량은 약 70,000 정도로서 선형 고분자이다. 이보다 더 유명한 천연 탄성체는 고무나무에서 얻어지는 천연 고무인데 구조는 단순한 폴리아이소프렌(polyisoprene)으로 알려져 있고 이를 효과적으로 활용하려면 유황에 의한 가교 반응을 일으키는 가황 공정을 거쳐야 한다.

21.2 | 천연 섬유

천연 섬유는 결정성을 가지고 있어야 방사(spinning)가 가능하다. 자연에서 얻어지는 섬유로는 면, 삼베, 모, 비단, 레이온 및 셀룰로스 아세테이트(cellulose acetate)가 있다. 인공적으로 만들어낸 합성 섬유에는 폴리에스터, 나일론, 폴리올레핀, 아크릴 섬유 등이 있으며 이미 우리가 소비하는 섬유의 95% 이상이 합성 섬유로부터 얻는다 해도 과언이 아닐 것이다. 만일 이 전부를 천연에서 만들려고 하면 지구 전체를 목화 밭으로 만들어야만 가능할지도 모른다. 따라서 합성 고무와 마찬가지로 합성 섬유의 발명은 우리의 의생활을 풍족하게 하였을 뿐 아니라 자연환경 보호에도 상당한 기여를 하고 있는 고마운 소재인 셈이다.

셀룰로스는 식물성 섬유로서 세상에서 제일 흔한 고분자라 할 수 있다. 면의 경우 약 90% 이상이 셀룰로스로 이루어져 있다. 동물성 섬유의 대표적인 것은 누에가 만들어내는 비단이며 그 외에도 케라틴이라는 섬유상 단백질이 있다.

표 21.2 천연 섬유와 합성 섬유의 대표적인 특성들

섬유	파단 시 비장력 (N/tex)[a]	파단 시 신장 (%)	탄성률 (N/tex)[a]	비중력
천연 섬유				
양모	0.09~0.15	25~35	2.2~3.1	1.30
면	0.26~0.44	4~10	9~30	1.54
셀룰로스류				
셀룰로스[b]	0.12~0.33	10~30	3.7~5.8	1.50~1.54
셀룰로스 아세테이트[c]	0.09~0.13	25~40	2.2~3.5	1.30~1.35
비셀룰로스류				
폴리에스터[d]	0.35~0.53	15~30	7.9	1.38
나일론[d]	0.40~0.71	15~30	3.5	1.14
아크릴[d]	0.40~0.44	15~20	5.3~6.2	1.17
올레핀(PP)	0.44~0.79	15~30	2.6~4.0	0.90

[a] N/tex g/den으로 환산하려면 11.3을 곱함

[b] 비스코스 공정으로부터 얻음

[c] 2차 아세테이트(DS $<$ 2.4)

[d] 연속 섬유

섬유의 연신 강도(tensile strength)는 비장력(tenacity)으로 표현하는데 단위는 mN/tex이다. 이때 섬유의 굵기(denier)의 지표인 tex는 1,000 m 길이의 섬유의 무게를 그램 단위로 표시한 값으로 SI 단위이다.

합성 섬유도 방사가 가능하기 위하여는 반결정성 고분자여야 하고 단섬유(filaments)의 L/D 비율이 100 이상이어야 한다. 보통 레이온과 아세테이트 섬유는 셀룰로스류(cellulosics)라고 하고 이것과 달리 폴리에스터, 나일론, 폴리올레핀, 아크릴 섬유는 비셀룰로스류(non-cellulosics)라고 부른다.

셀룰로스류

셀룰로스류(cellulosics)는 셀룰로스 기반의 섬유이다. 원래 셀룰로스는 결정성이 높고 수소 결합에 의한 분자 간 인력이 강해서 녹이는 용매도 없고 온도를 올려도 분해가 될 뿐 잘 용융되지 않는다. 이 물질을 가공하기 위하여 1920년 개발된 비스코스 공정(viscous process)은 일단 CS_2와 반응시켜 셀룰로스 크산테이트(cellulose xanthate)를 만들거나(그림 21.7) 아니면 트리아세테이트를 만들어 용액 방사하거나 다이아세테이트로 만들어 건식 방사를 하는 방법이다.

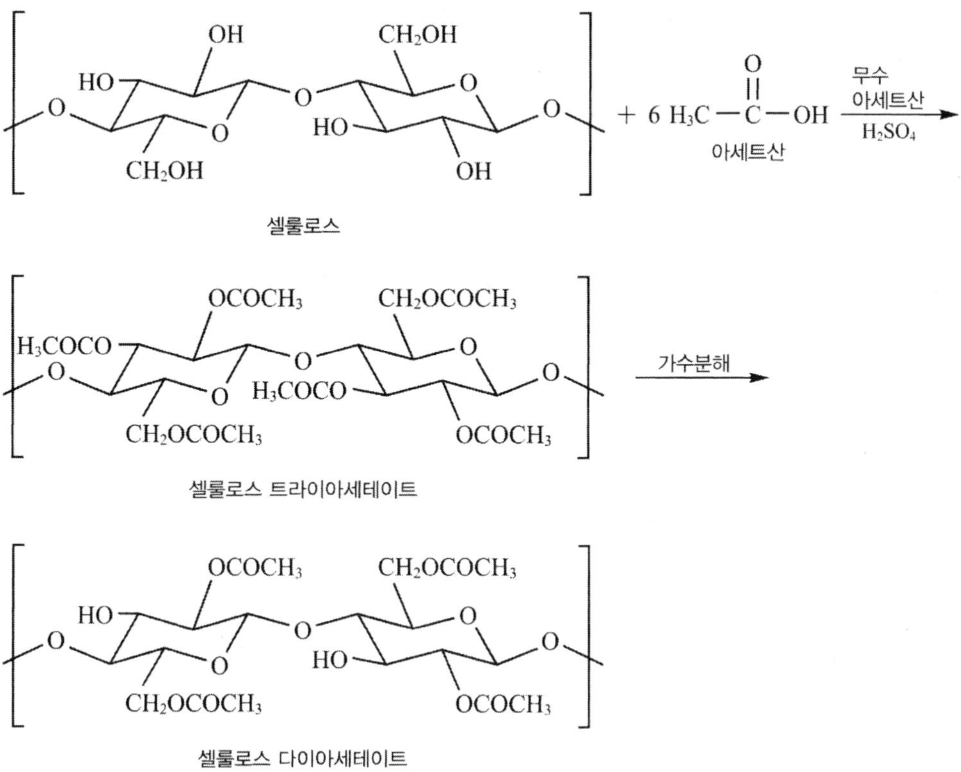

그림 21.7 셀룰로스의 개질반응

이런 식으로 우선 다른 유도체를 만들어 최종적으로 다시 환원 재생하여 레이온(rayon)이라고 부르는 셀룰로스 섬유를 제조하거나, 셀로판(cellophane)이라고 하는 셀룰로스 필름을 제조하게 된다. 이것도 결국 자연에서 얻어진 원료를 단순 가공한 것이 아니고 화학적 처리 등을 거쳤으므로 합성 섬유의 일종으로 보는 견해도 있다.

21.3 | 합성 섬유

합성 섬유의 대표적인 예로는 폴리에스터와 나일론이 있다. 폴리에스터는 TPA(terephthalic acid)와 EG(ethylene glycol)의 중합을 통하여 만들어진다. 상업적으로는 1953년 듀퐁사에 의하여 Dacron(섬유용), Mylar(필름 제조용)라는 이름으로 시판되었고 현재는 음료수병이나 타이어 코드로 활용되고 있다. 폴리에스터의 유리 전이 온도와 용융 온도는 각각 $T_g = 69℃$, $T_m = 265℃$이며, 실제 사용되는 폴리에스터의 중량 평균 분자량(M_w)은 대략 10K～15K 정도이다.

폴리아마이드(polyamides), 즉 나일론 수지는 현재 나일론 6,6이나 나일론 6이 가장 많이 이용되는데 여기서 숫자는 단량체에 있는 탄소 원자의 수를 나타낸다.

지방족 폴리아마이드의 경우 주로 카펫, 의류 또는 타이어 보강용으로 활용되고 방향족 폴리아마이드의 경우는 아라미드(aramids, 상품명: Nomex, Kevlar)라 하여 고성능 수지로 활용되고 있다.

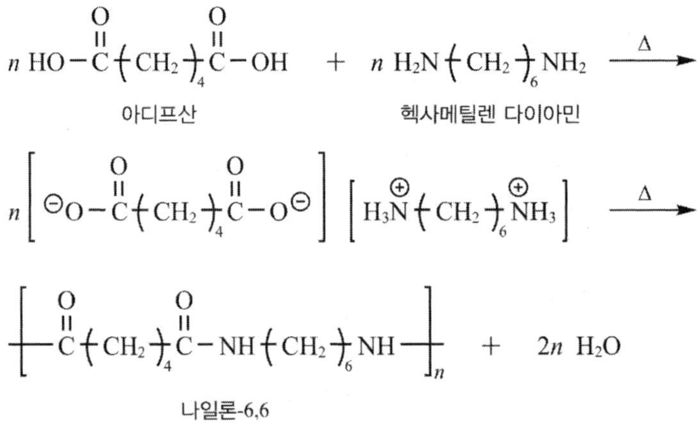

그림 21.8 아디프산과 헥사메틸렌 다이아민으로부터 나일론-6,6의 합성 과정

이외에도 아크릴 섬유로서 폴리아크릴로나이트릴이 있고 폴리올레핀의 분자량을 많이 키워 섬유 형태로 가공하여 사용하기도 한다.

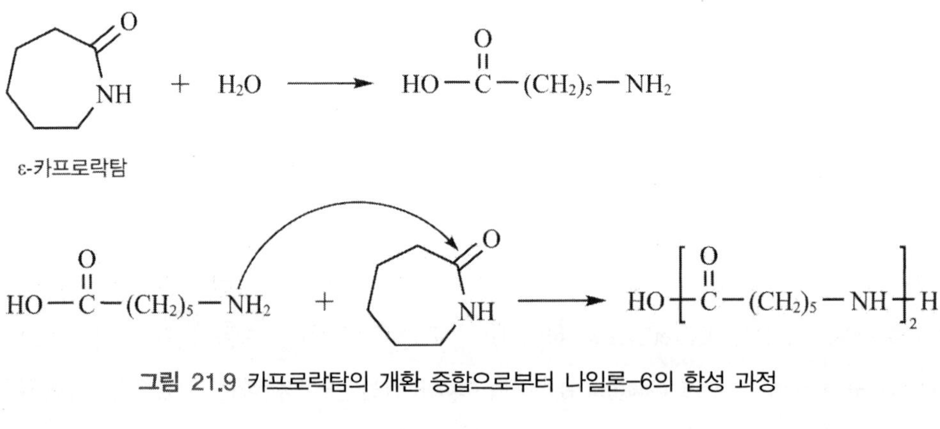

그림 21.9 카프로락탐의 개환 중합으로부터 나일론-6의 합성 과정

21.4 | 섬유 방사

섬유를 방사(spinning)할 때에는 용융 방사(melt spinning)나 용액 방사(solution spinning), 젤 방사(gel spinning) 등의 공정처럼 생산성이 아주 높은 고속 방사를 선호한다. 고속 방사 공정에서는 무엇보다도 불순물 제거가 필수적이며 여과 공정을 통한 뒤 압출되어 방사구(spinneret)를 통해 연신된다. 이후 냉각되어 감김 롤러에서 감긴다. 대략적 모식도는 그림 21.10과 같다.

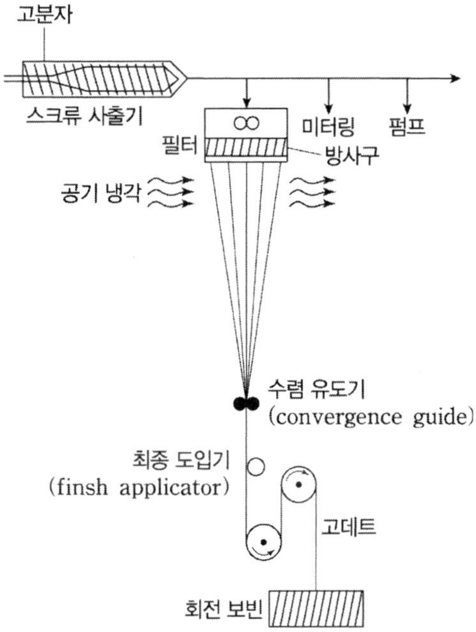

그림 21.10 용융 방사

건식 방사와 습식 방사

건식 방사(그림 21.11)와 습식 방사(그림 21.12)에서는 약 20~40% 정도의 진한 고분자 용액을 만들어 방사한다. 용매의 휘발이 중요하므로 방사 직후부터 더운 공기로 말리기 시작한다. 이렇게 하면 분당 수천 미터까지 고속 방사가 가능하다.

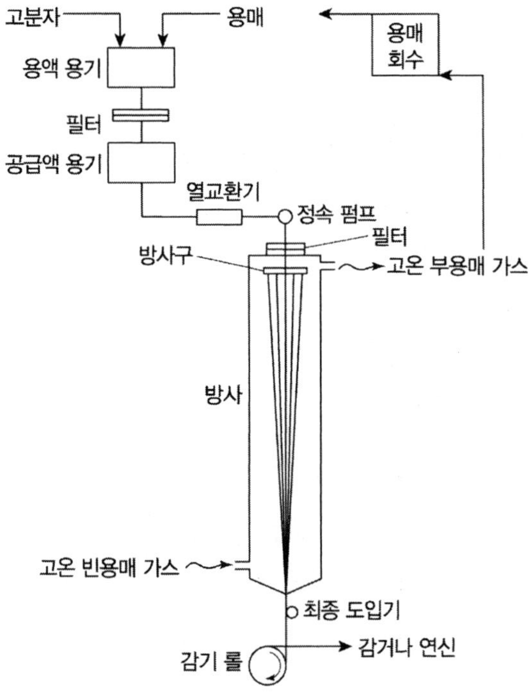

그림 21.11 건식 방사

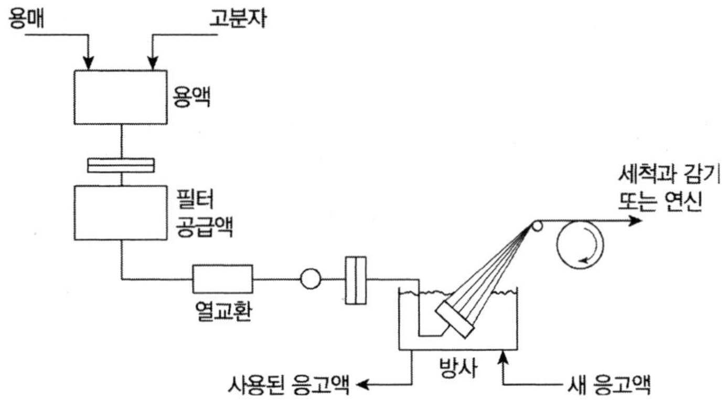

그림 21.12 습식 방사

참고문헌

1. J. R. Fried, "Polymer Science and Technology", 3rd ed., 2014, Prentice Hall, Ch 8.
2. Alexander Yu, Grosberg and Alexei R. Khokhlov, "Giant Molecules", 1997, AP Ch7 Plate2.

연습문제

21-1 아밀로스와 셀룰로스의 상대적 유연성에 대해 논의하시오. 어떤 구조상의 특성이 유연성의 차이에 기여하는가? 또한, 셀룰로스는 물에 녹지 않는 반면, 아밀로스는 물에 녹는 이유를 설명하시오.

21-2 각각의 반복 단위를 쓰시오.

(a) 헤밀로스(Hemicellulose)의 구성 성분의 하나인 mannan. mannose 단위가 $\beta(1\rightarrow4)$로 연결되어 있음.

(b) 정보원과 책 제조자들에게 인기가 있는 수용성 종이(Dissolvo라는 상품명으로 판매)로서 이것은 주로 sodium carboxymethylcellulose로 구성됨.

(c) Dextran.

21-3 좀 더 썩지 않는 형태의 셀룰로스가 시판되었다. 이는 알칼리 셀룰로오스와 acrylonitrile과의 반응에 의해서 제조된다. 이 공정의 반응을 쓰시오. (Text. Res. J., 25, 58, 1955; 26, 67, 1956)

22

흔히 사용되는 고분자들

실제 가장 많이 사용되는 고분자는 표 22.1에서와 같이 열가소성 수지이다. 이 고분자들은 물성이 서로 유사하여 가끔 여러 용도로 대체 사용되기도 하는데 이런 면에서 볼 때 범용성이 있다고 할 수 있다. 반면에 나중에 설명할 고성능 고분자나 고기능 고분자는 고유의 특성이나 기능을 가지므로 대체 사용이 불가능하다. 합성 수지의 약 80% 이상을 차지하는 열가소성 수지는 가열과 냉각에 의하여 반복 가역적으로 상태가 변하므로 압출(extrusion)이나 사출 성형(injection molding) 등에 의하여 포장용 필름, 인화용 또

표 22.1 우리나라 범용수지 생산 규모

2020.6 한국석유화학협회 〈석유화학 계통도〉 참고

합성 수지	생산량(천톤)	합성 고무	생산량(천톤)
LDPE	1462	SBR	416
LLDPE	1866	BR	618
HDPE	2695	SB Latex	256
PP	5032	NB-L	750
PS	705	NBR	152
ABS	2146		
PVC	1670		

는 자기 테이프, 음료수통, 쓰레기통, 주방용품, 각종 자동차 부품으로 활용된다. 특히 5대 범용 고분자(general purpose polymer)라 하여 LDPE(LLDPE 포함), HDPE, PP, PS, PVC가 가장 많이 이용되고 있으나 최근 LLDPE의 소비가 LDPE를 훨씬 능가하고 있고 ABS도 PS를 능가하고 있어 7대 수지라 하는 것이 더 정확할 것이다.

21장에서 언급한 합성 섬유도 물성 면에서는 열가소성 수지와 유사하지만, 용도가 섬유용이라 따로 분리해서 통계를 내는데, 약 12% 정도의 수요 규모를 보인다. 섬유용으로 사용하기 위해서는 반드시 반결정성을 가져야 하고 단위 질량당 높은 강도를 보여야 방사 공정으로 섬유로 만들 수 있다. 용융 방사나 용액 방사 공정을 거치면 섬유로 가공되어 복합체에도 활용되기도 한다. 이런 합성 섬유에는 폴리에스터, 나일론, 폴리올레핀, 아크릴 고분자, 셀룰로스, 레이온, 셀룰로스 아세테이트, 폴리아크릴로나이트릴(PAN) 등 다양한 종류가 개발되어 활용되고 있다.

한편 열경화성 수지(thermoset)들은 비가역적 화학 가교 반응에 의하여 만들어지므로 자체 용융이 되지 않고, 용매도 없는 고체화된 수지이다. 페놀-폼알데하이드 수지가 대표적이다.

탄성체로 활용되는 고분자는 합성 고무라 불리며 낮은 유리 전이 온도를 가지면서 적절히 가교된 구조를 가지므로 탄성을 유지하고 있는 물질이다. 가황 공정에 의하여 가교 정도가 조절되며 폴리뷰타다이엔이 그 대표적 물질이다. 이들은 따로 떼어내 23장에서 같이 다루기로 한다. 여기서는 열가소성 수지의 대표 격인 폴리올레핀과 다른 바이닐 수지에 대하여 알아보기로 한다.

22.1 | 저밀도폴리에틸렌(LDPE)

CH_2=CHX 형태의 이중 결합을 가진 바이닐 단량체를 중합하면 여러 종류의 **폴리올레핀(polyolefins)**을 만들 수 있다.

이들 중에서 폴리에틸렌(PE)의 경우 분자량이 낮으면 밀랍이 되고 분자량이 적당히 높으면 비로소 결정성 수지로서 열가소성 고분자로 거동한다.

1939년 영국의 ICI 사에 의하여 우연히 발명된 **저밀도폴리에틸렌(LDPE)**은 낮은 결정성과 낮은 밀도를 가진다. 가정용으로 흔히 사용되는 포장용 얇은 필름 형태로 가공되어

표 22.2 LDPE, HDPE, PP의 물성

물성	ASTM	LDPE	HDPE	PP
비중	D792	0.91～0.93	0.94～0.97	0.90～0.91
결정화도(%)	–	50～70	80～95	82
용융점(℃)	–	98～120	127～135	165～171
인장 강도(MPa[a])	D638	4.1～16	21～38	31～41
인장 탄성률(GP[b])	D638	0.10～0.26	0.41～1.24	1.10～1.55
파단신장도(%)	D638	90～800	20～130	100～600
내충격 강도 노치드 이조드법(J m^{-1}[c])	D256	No break	27～1068	21～53
열변형 온도 ℃, at 455 kPa(66 psi)	D648	38～49	60～88	225～250

[a] MPa를 psi로 환산하려면 145를 곱함.

[b] GPa를 psi로 환산하려면 1.45×10^5를 곱함.

[c] J m^{-1}을 lb_f in^{-1}로 환산하려면 53.38로 나눔.

사용되거나 전선이나 케이블 절연용, 도포용, 사출성형 부품으로 활용된다. 주로 O_2나 과산화물을 개시제로 하여 자유 라디칼 벌크 중합으로 만들어지며 고압 솥반응기(autoclave)나 연속 관형 반응기(tubular reactor)에서 250℃, 3,000기압 정도의 높은 압력에서 중합된다. 전환율이 전반적으로 낮기에 단량체의 재순환이 필요하고 발열(105 kJ/mol)이 큰 편이어서 온도 관리가 매우 중요하다. 1980년경 카민스키는 bis(cyclopentadienyl) zirconium chloride(Cp_2ZrCl_2)와 조촉매 MAO를 사용하여 메탈로센 중합(metallocene polymerization)을 함으로서 분자량 분포가 매우 좁은 선형폴리에틸렌을 중합할 수 있었다.

LDPE

주로 중량 평균 분자량(M_w) 6,000～40,000 정도로 중합되어 사용된다. 품질 관리를 위하여 190℃에서 10분 동안 표준 모세관을 통해 압출되는 양으로 표현되는 용융 흐름 지수(melt index; MI), 즉 그램 단위의 질량으로 관리된다. MI 측면에서 보면 0.1에서 109까지로 아주 다양한 규격이 제조된다.

O_2 농도가 올라가면 LDPE의 분자량이 떨어지고 가지화 반응이 유도되어 단량체 500개마다 30개 정도의 가지가 생기게 된다. 인위적으로 에틸, 뷰틸 같은 짧은 알킬 그룹을 뒤물기(backbiting) 방식으로 도입되기도 한다. 헥실(hexyl)같이 좀 더 긴 알킬 사슬을 높

은 전환율로 도입되면 사슬 이동(chain transfer) 메커니즘에 따라 결정성과 용융 온도가 아주 낮은 고분자가 만들어지게 된다.

필요할 경우 아크릴레이트, 바이닐 에스터, 바이닐 에터 같은 극성을 가진 단량체를 같이 사용해서 LDPE의 결정성을 인위적으로 떨어뜨리기도 한다. 이렇게 하면 낮은 온도에서의 유연성을 가질 수 있다.

EVA

에틸렌과 바이닐 아세테이트를 낮은 분자량으로 공중합하여 만든다. 가끔 PVC의 가소화제로 사용되기도 한다. 바이닐 아세테이트를 7% 미만으로 넣으면 폴리에틸렌 필름의 강인성, 투명성, 광택성이 좋아진다.

EVOH

에틸렌과 바이닐 알코올(vinyl alcohol)을 공중합하여 만든다. 폴리에틸렌보다 가공성이 좋아지며 수분 저항력이 높아지면서 수분 투과성이 낮아진다. 기체 투과성도 낮추게 되어 포장 재료로 활용된다. 이외에도 에틸렌과 에틸아세테이트를 공중합하면 연신 강도(tensile strength)가 크게 향상되고, 파괴점 신장율(elongation-to-break), 투명성 등 기계적 물성이 크게 개선된다.

이외에도 에틸렌과 메타아크릴산을 공중합하면 이오노머(ionomer)를 만들 수 있는데 소듐 염 형태의 전기적 중성 상태로 만들면 강인성, 내마모성(abrasion resistance)이 크게 향상된다.

22.2 | 고밀도폴리에틸렌(HDPE)

폴리에틸렌 중에서 LDPE와는 다른 성질을 가진 HDPE가 있다. 필립스 촉매라 하여 실리카-알루미나(silica-alumina)에 담지된 CrO_3/Al_2O_2를 사용하면 100기압, 200℃의 보다 쉬운 반응 조건에서 에틸렌 중합이 가능하다. 이 촉매는 탄화수소 용매에는 녹지 않기 때문에 반드시 담체에 담지하여 활용하여야 한다.

HDPE는 팽창 성형(blow molding)으로 만드는 용기류, 가스탱크, 블로우 필름 등의 원료로 사용된다. 분자량을 키운 초고분자량 폴리에틸렌(ultra high molecular weight, UHMWPE)은 분자량이 500만에 이르며 주로 의료 목적의 교체용 인조 엉덩이로 활용된다.

Triethylaluminium과 titanium chloride로 이루어지는 치글러-나타 촉매를 사용하면 더 낮은 온도와 기압인 60~75℃, 1~10기압에서도 HDPE의 중합이 가능하다.

LDPE, HDPE 외에도 그 중합된 고분자의 가지화 정도나 밀도 측면에서 LLPPE와 MDPE라는 규격을 사용하기도 한다.

LLDPE는 Unipol 공정에서 저압력 하에서 중합되며 LDPE에 비해 선형(linear)이므로 LLDPE(Liniear LDPE)라고 부른다. LDPE보다 가지가 짧고 성형 시에 빠른 회전 시간(cycling time)을 보이기 때문에 가공성이 뛰어나다. 가끔 LLDPE를 LDPE와 같이 혼합하여 사용하기도 한다. MDPE는 medium density PE를 말하며, 0.915 g/cm^3 정도의 아주 낮은 밀도를 가지는 경우에는 VLDPE라고 한다.

22.3 | 폴리프로필렌(PP)

폴리프로필렌(PP)은 적절한 정도의 용융 온도를 가지는 경량 결정성 고분자로서 관, 판, 팽창 성형 용기(blow-molded container), 섬유, 비료 포대 등으로 활용되고 있다.

HDPE용으로 개발되었던 치글러-나타 촉매를 활용하여 입체 규칙성이 있는 PP를 만들게 되면 결정화도가 매우 높은 고분자가 된다. 입체규칙도가 동일 배열(isotactic)인 PP가 산업적으로 제조되고 활용되며 중량 평균 분자량이 150,000~1,500,000 정도로 높은 편이다.

염화 티타늄(촉매)과 유기 알루미늄(조촉매)을 사용하여 50~80℃, 5~25기압의 현탁 반응기(slurry reactor)에서 중합할 수 있다. 이때 수소를 사슬 이동제로 활용하여 뷴자량을 조절하게 된다. 균일상(homogeneous) 치글러-나타 촉매를 활용해서 교대 배열(syndiotactic) PP의 생산도 가능하다.

폴리에틸렌는 구조적으로 지그재그 형태인 데에 반하여 폴리프로필렌은 가지에 달린

메틸 그룹 때문에 최저의 에너지 상태의 입체 형태인 나선(helix) 구조를 가진다. 보통 용융 온도는 165~171℃ 정도로 상당히 높은 편이다. 하지만 이 메틸 그룹의 열-산화 분해 반응(thermo-oxidative degradation)이 폴리프로필렌 사용에서 하나의 문제로 대두되고 있다.

22.4 | 폴리스타이렌(PS)

폴리에틸렌, 폴리프로필렌과 유사한 구조로서 곁가지가 다른 종류인 바이닐 고분자를 생각할 수 있다. 대표적으로 스타이렌계(styrenics) 수지로서 곁가지에 있는 페닐기 등으로 인하여 보통 취약하고 낮은 유리 전이 온도를 가지게 된다.

폴리스타이렌(PS)은 1938년 다우에 의하여 범용 폴리스타이렌(GPPS)으로 개발된 이후 고무상을 첨가한 고충격 폴리스타이렌(HIPS,), 여기에 또 공단량체를 추가한 ABS를 제조하여 사용하고 있다.

PS는 입체규칙 면에서 불규칙한 무규칙 배열(atactic) 구조를 가지는데 자유 라디칼 벌크 중합이나 현탁 중합으로 제조된다. 과산화물이나 소량의 산소가 개시제로 사용된다. 발열 반응이므로 온도 제어가 중요하며 교반 탱크 반응기(stirred tank reactor)에서 일단

표 22.3 스타이렌계 수지의 물성

물성	ASTM	GP-PS	HIPS	ABS
비중	D792	1.04~1.05	1.03~1.06	1.03~1.58
인장 강도(MPa[b])	D638	36.6~54.5	22.1~33.8	41.4~51.7
인장 탄성률(GP[b])	D638	2.41~3.38	1.79~3.24	2.07~2.76
파단신장도(%)	D638	1~2	13~50	5~25
내충격 강도 노치드 이조드법(J m^{-1c})	D256	13.3~21.4	26.7~587	160~320
열변형 온도 ℃, at 455 kPa(66 psi)	D648	75~100	75~95	102~107

[a] MPa를 psi로 환산하려면 145를 곱함.

[b] GPa를 psi로 환산하려면 1.45×10^5를 곱함.

[c] J m^{-1}을 lbf in^{-1}로 환산하려면 53.38로 나눔.

낮은 전환율로 중합한 뒤 관형 반응기(tubular reactor)를 사용하여 전환율을 높이는 두 단계 방법을 택한다. 발포 폴리스타이렌(EPS)을 만들면 포장용으로도 사용이 가능하다.

EPS는 막힌 셀 구조(closed cell structure)로 만들어지며, 탄화수소 추진제(hydrocarbon propellant)나 아이소펜테인, 뷰테인 같은 발포제(blowing agent)를 사용한다. 난연성(flame-retardant) 제품을 만들기 위하여 EPS에 1% 이하의 지방족 브로민화 화합물이나 헥사브로모사이클로도데케인(HBCD)을 투입하기도 한다. EPS는 실제 폐기물 수집이 쉽고 재활용을 위한 가공이 편한 편이지만 광산화 반응(photooxidation)에 약한 단점이 있다.

가교 폴리스타이렌(XPS)은 스타이렌을 소량의 다이바이닐벤젠을 사용하여 가교시킨 폴리스타이렌으로 GPC나 이온 교환 수지용으로 사용된다.

스타이렌을 무수 말레산과 함께 공중합하면 유리 전이 온도를 증가시켜 열변형 온도를 높힐 수 있다. 또한 스타이렌을 아크릴로나이트릴과 공중합하면 높은 강도와 내화학성을 부여할 수 있다.

고충격 폴리스타이렌(HIPS)은 폴리뷰타다이엔 고무 고분자를 스타이렌에 녹여 유화 중합 형태로 스타이렌의 중합을 유도한 것이다. 중합 도중 상전이(phase inversion)가 일어나 결국 고무상이 폴리스타이렌에 분산된 모양의 고분자 블렌드가 생성된다.

ABS는 폴리뷰타다이엔 고무 고분자 대신 NBR(nitrile butadiene rubber)을 스타이렌과 아크릴로나이트릴 단량체의 공중합에 투입한 형태이며 구조상 HIPS와 유사한 형태가 된다.

22.5 | 폴리염화바이닐(PVC)

가소화제를 사용하지 않는 경질 PVC는 주로 판, 관, 창틀 등으로 활용된다. 낮은 유리 전이 온도를 가진 저분자량의 가소화제를 사용하는 연질 PVC는 전선 피복용, 가구용, 바닥용 필름, 연질 관 등으로 활용되며 분자량은 2만에서 15만 정도로 벌크 중합, 현탁 중합이나 유화 중합 형태의 자유 라디칼 방식으로 만들어진다.

PVC의 열변형 온도를 높이는 한 방법에는 염소화 반응이 있다. 이 반응을 통해 CPVC(chlorinated PVC)를 만들게 되면 온수관으로 활용이 가능하다. PVC의 강인성을 보강하기 위하여 ABS, MBS와 블렌딩하여 사용하기도 한다.

표 22.4 PVC 물성

물성	ASTM	강한 PVC	유연한 PVC
비중	D792	1.03～1.58	1.16～1.35
인장 강도(MPa[b])	D638	41.4～51.7	22.1～33.8
인장 탄성률(GP[b])	D638	2.41～4.14	1.79～3.24
파단 신장도(%)	D638	2～80	13～50
내충격 강도 노치드 이조드법(J m^{-1}[c])	D256	21.4～1068	26.7～587
열변형 온도 ℃, at 455 kPa(66 psi)	D648	57～82	75～95

[a] MPa를 psi로 환산하려면 145를 곱함.

[b] GPa를 psi로 환산하려면 1.45×10^5를 곱함.

[c] J m^{-1}을 lbf in^{-1}로 환산하려면 53.38로 나눔.

22.6 | 폴리(바이닐 아세테이트)(PVAc)

바이닐 아세테이트를 자유 라디칼 방식으로 현탁 중합이나 유화 중합을 진행시키면 폴리(바이닐 아세테이트)를 얻을 수 있다. 이를 다시 가수분해하면 접착제 등으로 사용되는 PVA[poly(vinyl alcohol)]를 만들 수 있다. 이렇게 전처리해서 가공이 가능한 고분자로 만든 다음 다시 복원시키는 예로서 폴리(바이닐 알코올)과 폴리(바이닐 뷰티랄)을 들 수 있다.

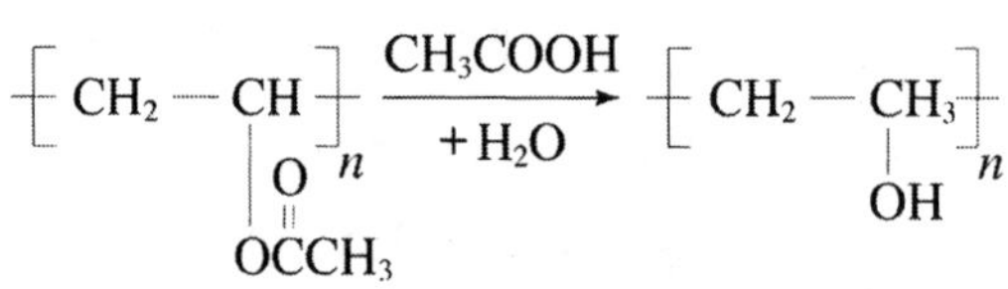

폴리(바이닐 알코올)은 폴리(바이닐 아세테이트)의 가수분해에 의하여 만들어진다. 폴리(바이닐 아세테이트)는 바이닐 아세테이트의 자유 라디칼 중합으로 쉽게 중합할 수 있는데 T_g가 약 29℃ 정도로 낮은 고분자여서 접착제 등의 용도로 사용된다. 반면에 폴

리(바이닐 알코올)은 현탁 중합에서의 안정제나 점증제 등으로 활용되는 고분자로서 바이닐 알코올을 직접 중합하여 만들 수는 없다. 그 이유는 단량체 바이닐 알코올은 아세트알데하이드와 이성질체인데, 아세트알데하이드가 더 선호되는 구조이기 때문이다.

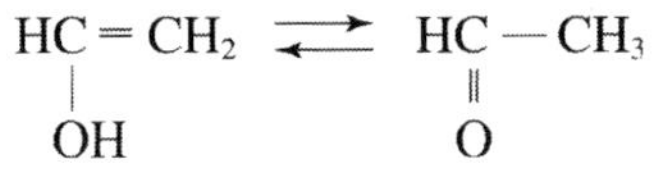

폴리(바이닐 뷰티랄)은 폴리(바이닐 알코올)을 뷰틸알데하이드과 반응시켜 얻는다.

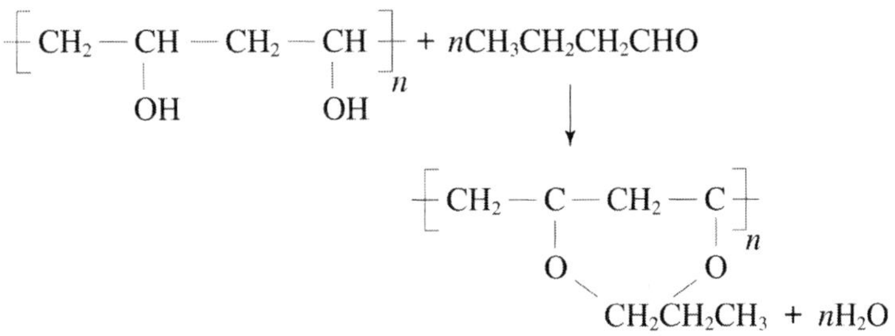

22.7 | 폴리(메틸 메타아크릴레이트)(PMMA)

무정형 고분자의 하나인 PMMA는 T_g가 105℃로 상당히 높은 편이며 아주 높은 광투과성과 내산화성 등 환경에 노출되어서도 잘 변하지 않는 성질 때문에 다양한 용도에 활용된다. 현탁 중합이나 벌크 중합으로 만들어지는데 주형에서 직접 중합하기도 한다. 콘택트 렌즈용으로 사용되기도 한다. 무규칙 배열 PMMA 이외에 동일 배열이나 교대 배열 등으로 입체규칙도를 조절하기 위하여 음이온 중합을 시행하기도 한다. 자동차용이나 광고판 등에 자주 활용된다.

22.8 | 열가소성 폴리에스터

열가소성 폴리에스터의 대표격인 PET[poly(ethylene terephthalate)]는 1953년 합성 섬유로 개발되었다. 1960년에는 사출 성형용으로도 개발되었으나 결정화가 다소 늦어서 가공할 때 반드시 기핵제를 사용하여 결정화도를 높혀야 했다. 비슷한 단량체를 사용하는 PBT의 결정화가 PET보다는 다소 빠르다. 성형 후 휘어짐이 문제가 될 수 있다. 단량체를 PTA 대신 DMT를 사용하는 공정도 있고 분자량 향상을 위하여 고상 중합(solid state polymerization) 공정을 추가적으로 도입하기도 한다.

참고문헌

1. J. R. Fried, "Polymer Science and Technology", 3rd ed., 2014, Prentice Hall, Ch 9
2. 국내 석유화학제품 계통도 한국석유화학협회 :
http://www.kpia.or.kr/index.php/pages/view/industry/oss

연습문제

22-1 LDPE와 LLDPE의 차이를 구조, 합성, 물성의 관점에서 설명하시오.

22-2 일반적인 ABA 블록 공중합 탄성체와 비교하여 메탈로센 촉매로 제조된 폴리프로필 탄성체의 장점은 무엇인지 중합법 측면에서 설명하시오.

22-3 입체 특이성 중합에 의하여 이론적으로 얻을 수 있는 모든 가능한 polycyclohexene의 구조와 입체 화학적 명칭을 제시하시오(Pure Appl. chem., 12, 645, 1966). 실제로 얻기 어려운 화합물은 어느 것인가?

23

가교된 고분자? 탄성체

천연 고무의 화학 구조에서 밝혀진 바와 같이 **탄성체(elastomers)**의 주류는 **다이엔계 탄성체**이다. 폴리클로로프렌, 폴리뷰타다이엔, 폴리아이소프렌(IR)이 대표적이다. IR은 천연 고무의 구조로 알려져있다.

비다이엔계 탄성체도 여럿 있고 어떤 경우에는 물리적 가교로 인하여 탄성체 성능을 보이는 **열가소성 탄성체**도 생각할 수 있다. 이번 장에서는 각각의 경우에 대하여 고분자별로 장점, 단점, 용도 등 특징을 살펴볼 것이다.

23.1 | 다이엔계 탄성체

천연 고무는 고무나무에서 얻어지는 고무 라텍스 성분으로 만들어진다. 이 천연 고무를 분해해서 아이소프렌(isoprene)이라는 다이엔 구조의 화합물로 이루어져 있다는 사실을 알아내었다. 이후 이를 모방해서 여러 가지 비슷한 구조의 다이엔을 합성하게 되었고 이를 중합해서 합성 고무를 만들어내게 되었다. 이들을 통틀어 **다이엔계 탄성체**

(diene elastomers)라고 한다. 다이엔에 있는 두 개의 이중 결합 사이에는 중합이 일어난 뒤에 새로운 하나의 이중 결합 하나가 남게 된다. 이를 이용하면 중합 후 가황 공정(vulcanization)을 통해 가교 구조(crosslinking)를 쉽게 만들 수 있다.

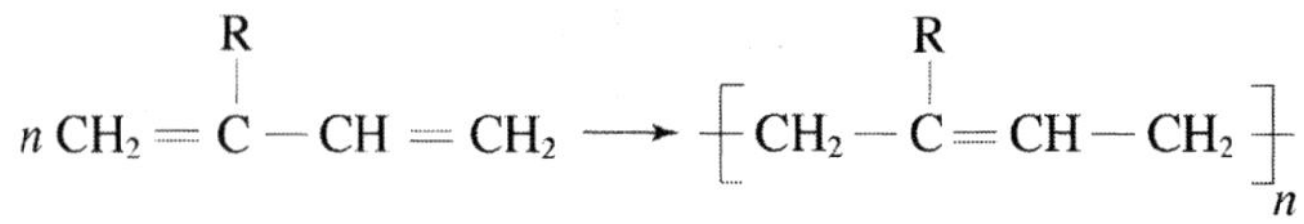

여기서 R이 H이면 폴리뷰타다이엔, R이 Cl이면 폴리클로로프렌이고, R이 메틸(methyl)이면 폴리아이소프렌이다. 스타이렌-뷰타다이엔 고무(SBR)는 스타이렌과 뷰타다이엔(butadiene)의 공중합체이며 나이트릴 고무(NBR)는 아크릴로나이트릴(acrylonitrile)과 뷰타다이엔의 공중합으로 만들어진다.

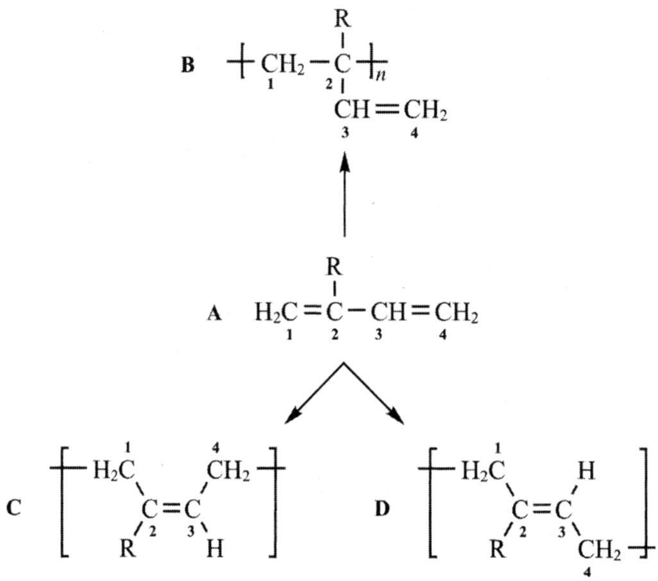

치환기, R	단량체	탄성체
H	1,3-뷰타다이엔	폴리뷰타다이엔
Cl	2-클로로-1,3-뷰타다이엔	폴리클로로프렌
CH_3	2-메틸-1,3-뷰타다이엔	폴리아이소프렌

그림 23.1 다이엔의 중합

폴리뷰타다이엔(BR), 폴리스타이렌뷰타다이엔(SBR)

주로 천연 고무와 같이 배합해서 타이어와 타이어 관련 제품을 만드는 데에 사용된다. 특히 BR은 복원 탄성 에너지, 탄력(resilience)이 좋고, 내마모성(abrasion resistance)이 있어 용도에 맞게 활용하기 좋다. SBR은 뷰타다이엔에 10~25% 정도의 스타이렌을 불규칙 공중합한 고무로서 상대적으로 가격이 싸고 내마모성과 결합성이 좋아서 범용적으로 활용된다. 현탁 중합의 방식으로 자유 라디칼 중합 메커니즘에 의하여 중합되며 중합 온도가 30~60℃인 고온 고무(hot rubber)와 중합 온도가 이보다 낮은 0℃인 저온 고무(cold rubber)로 구별된다. 입체 구조의 70% 정도는 trans-1,4-polybutadiene, 15~20% 정도는 cis-1,4-polybutadiene, 나머지 15~20% 정도는 1,2-polybutadiene의 형태를 보인다.

나이트릴 고무(NBR)

뷰타다이엔과 15~40% 정도의 아크릴로나이트릴을 공중합한 것으로 내유성(oil resistance)과 방향족 용매에 대한 용매 저항성(solvent resistance)을 보여 개스킷, 배관(tubing), O링(O-ring), 휘발유 호스 등에 유용하게 쓰인다.

폴리아이소프렌(IR)

천연 고무처럼 cis-1,4-polyisoprene의 구조를 갖는다. Hevea brasiliensis(Hevea rubber)라고 부르는 고무나무는 원래 아마존 영역에 자생하던 식물인데 지금은 말레이시아, 인도네시아 등 동남아에서도 많이 재배되고 있다. 최근에는 그 수익성이 높은 팜나무로 대체되고 있다. 고무나무에서 얻어지는 고무 라텍스는 35% 정도의 고무 성분 그리고 5% 정도의 다른 고형 성분(단백질, 당류, 레진 등)이 수용액 속에 분산되어 있다. 햇빛에 의하여 자연 경화가 다소 일어나면서 응고되면 천연 고무가 얻어진다. 치글러-나타 촉매를 사용하여 인위적으로 합성한 경우 IR이라 부르며 구조상으로도 천연 고무와 일치한다. 오존, 가솔린, 기름, 또는 유기 용매에 약하다.

폴리클로로프렌(CR)

네오프렌이라고도 부르는 단량체, 즉 2-chloro-1,3-butadiene을 라디칼 현탁 중합하여 트랜스 구조로 만드는 것이다. O_2, O_3, oil 등의 공격에 아주 강한 저항성을 보이므로 개스킷 등에 활용된다.

가황 공정

1839년경 굿이어에 의하여 우연히 발견된 것으로 다이엔계 탄성체를 가교 구조로 만들어주는 공정이다. 3~30 phr 정도의 유황을 사용하거나 이와 비슷한 과산화황이나 황을 포함한 화합물을 사용할 수 있다.

23.2 | 비다이엔계 탄성체

폴리아이소뷰틸렌[Poly(isobutylene)], 폴리실록세인(Polysiloxane), 비톤(Viton)으로 알려진 플루오린 탄성고무, 스판덱스(Spandex)라는 상품명으로 알려진 폴리유레테인(PUR) 등이 **비다이엔계 탄성체(non-diene elastomers)**에 속한다. 이중 결합이 없어서 유황에 의한 가교가 불가능하므로, 폴리실록세인의 경우처럼 세 개의 작용기를 가진 단량체를 소량 첨가해서 가교화시킨다. 자유 라디칼 개시제나 다이엔 화합물을 소량 첨가해서 공중합시키기도 한다.

폴리아이소뷰틸렌

뷰틸 고무(butyl rubber) 혹은 IIR이라고도 불린다. 아이소뷰틸렌에 0.5~2% 정도의 소량의 아이소프렌을 첨가하여 공중합하여 합성한다. 아이소프렌은 다이엔계 단량체이므로 이후에 가황 공정을 통해 가교 구조를 형성하는 역할을 한다. 산소 및 오존에 강하고 아주 낮은 기체 투과성을 가지기 때문에 틈 마개 재료(weather stripping)나 자전거용 튜브 등의 용도로 쓰인다. 클로로카본 용매에서 염화 알루미늄 같은 루이스산을 사용한 저온 양이온 중합으로 고분자량의 폴리아이소뷰틸렌을 제조할 수 있다.

폴리실록세인

실리콘 고무(silicone elastomer)라고도 불리며 고온 안정성과 산화 안정성이 높고 저온 유연성이 좋다. 전기절연성도 우수하고 내후성(weathering), 내유성(oil stability) 등도 좋은 편이라, 케이블이나 전선 피복용, 외과수술용 이식물의 개스킷, 항공기용 튜빙(aircraft tubing) 등으로 활용된다. 다이클로로실레인(dichlorosilanes)을 직접 가수화 중합하면 저분자량의 고리형 구조체가 얻어지는데 여기에 염기성 촉매를 사용해서 개환 중합(ring opening polymerization)하여 고분자량의 폴리실록세인을 얻을 수 있다.

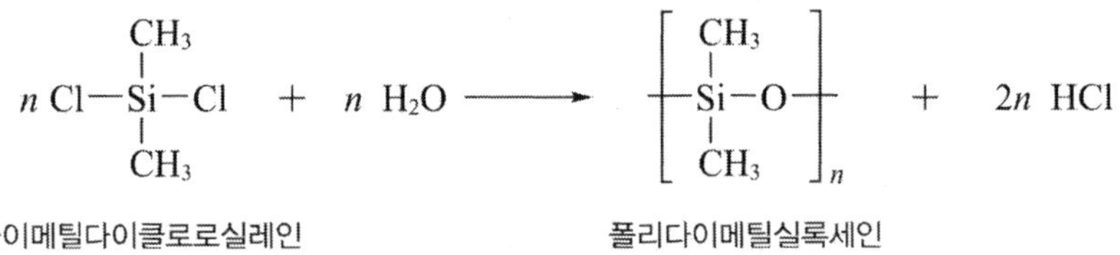

그림 23.2 Polydimethyl siloxanes

이렇게 얻어진 고분자량의 폴리실록세인 고분자에 바이닐메틸실레인과 같이 이중 결합을 가진 화합물을 소량 넣어 과산화물로 가교 공정을 한다. 아니면 백금 촉매에 의한 첨가 중합으로 가교시키기도 한다. Dow Corning SYLGARD(R) 184 SILICONE이라는 이름의 폴리다이메틸실록세인(PDMS)은 미세 전자 소자 등을 만들 때 전사 공정을 위한 고무 스탬프로 활용된다.

플루오린 고무

고압에서 자유 라디칼 유화 중합으로 제조된다. 넓은 온도 범위에서 사용이 가능하고 다양한 화합물이나 석유화학 제품에 대한 안정성이 뛰어나다.

표 23.1 플루오린 고무의 종류

플루오린 고무	상품명
Poly(vinylidene fluoride-co-hexafluoropropylene)	Viton, Fluorel
Poly(vinylidene fluoride-co-hexafluoropropylene-co-tetrafluoroethylene)	Viton, Fluorel
Poly[vinylidene fluoride-co-tetrafluoroethylene-co-perfluoro(methyl vinyl ether)]	Viton
Poly[tetrafluoroethylene-co-perfluoro(methyl vinyl ether)]	Kalrez
Poly(tetrafluoroethylene-co-propylene)	Aflas
Poly(vinylidene fluoride-co-chlorotrifluoroethylene)	Kel-F

폴리유레테인

지방족 유레테인 다이아크릴레이트 올리고머를 HCPK 같은 광개시제(photoinitiator)를 투입하고 잘 혼합한 뒤 UV를 쪼이면 얻을 수 있다. 높은 강도뿐 아니라 기체에 대한 저항성, 내유성 및 방향족 탄화수소에 대한 내화학성이 뛰어나다. 탄성률이나 표면 에너지를 조절할 수 있어 그 응용 범위가 넓다. 일반적으로 NOA 63을 사용한 경우에 비하여 수산화 아크릴산(hydroxy acrylate) 그룹을 사용하면 친수성을 높일 수 있다.

EPDM, EPM

폴리올레핀계 합성 고무로, 에틸렌, 프로필렌 그리고 다이엔의 세 가지 단량체의 공중합이나 에틸렌, 프로필렌 두 가지 단량체의 불규칙 공중합으로 만들어진다. 사이클로펜타다이엔, 사이클로옥타다이엔, 1,4-헥사다이엔과 같은 다이엔을 함께 사용할 수도 있다.

23.3 | 열가소성 탄성체

열가소성 탄성체(thermoplastic elastomers)에는 대표적으로 SBS 삼중 고분자가 있다. 그림 23.3에 나타난 바와 같이 SBS 삼중 고분자는 세 가지 블록으로 구성된다. 유리상 블록 부분과 탄성체 블록의 공중합 형태이므로 생각하면 각각 탄성 부분과 유리 부분으로 상분리가 일어난다. 단단한 유리상이 물리적 가교점 같은 구실을 하여 탄성을 보이게 되는 것이다. 온도를 올리면 다시 열가소성을 띠어 녹을 수 있으므로 가공이 아주 편리하다. 가황 공정을 통해 만들어지는 화학적 가교 구조를 전혀 가지지 않으면서 특정 온도 범위에서만 탄성체 구실을 하는 경우라고 생각된다.

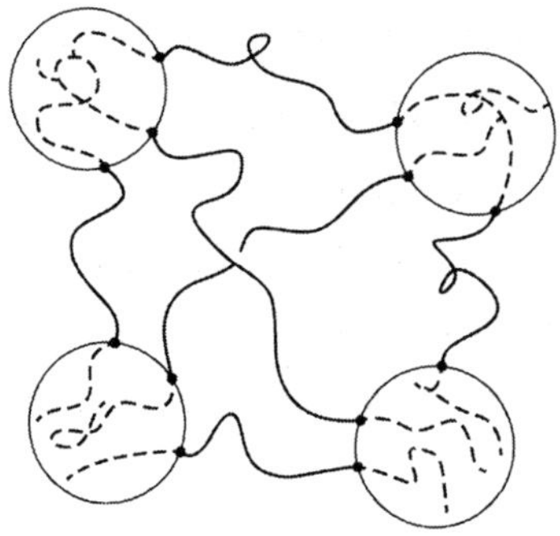

그림 23.3 SBS 탄성체

SBS 탄성체 이외에도 올레핀 탄성체, 유레테인 탄성체, 공폴리에스터 등이 여기에 속하고 유리 전이 온도 이상에서 사용하며 낮은 결정성과 약간의 가교도를 가지고 있어 탄성체 구실을 하게 된다.

23.4 | 열경화성 수지

지금 상용화되고 있는 **열경화성 수지(thermosets)**는 폼알데하이드 수지, 에폭시 수지 그리고 불포화 폴리에스터 수지 등이 있다.

23.4.1 폼알데하이드 수지

폼알데하이드 수지에는 페놀-폼알데하이드 수지, 우레아-폼알데하이드 수지, 멜라민-폼알데하이드 수지가 있다. 먼저 페놀 수지는 페놀(또는 resorcinol)과 폼알데하이드의 축합 중합으로 만들어진다. 페놀 수지의 많은 양이 합판 제조용으로 사용되고 일부는 절연 재료에 이용된다. 이외에도 페인트용으로도 활용되고 있다. 우레아 수지 및 멜라민 수지는 우레아, 멜라민과 폼알데하이드의 축합 중합으로 만드는 것으로 섬유 표면처리용이나 종이의 젖음성 향상을 위하여도 사용된다.

23.4.2 에폭시 수지

그림 23.4에서처럼 비스페놀 A와 에피클로로하이드린(epichlorohydrin)을 중합하면 예비 중합체가 만들어지고 이후 그림 23.5, 23.6처럼 아민이나 무수물로 가교시키면 열경화성 수지로 고화된다.

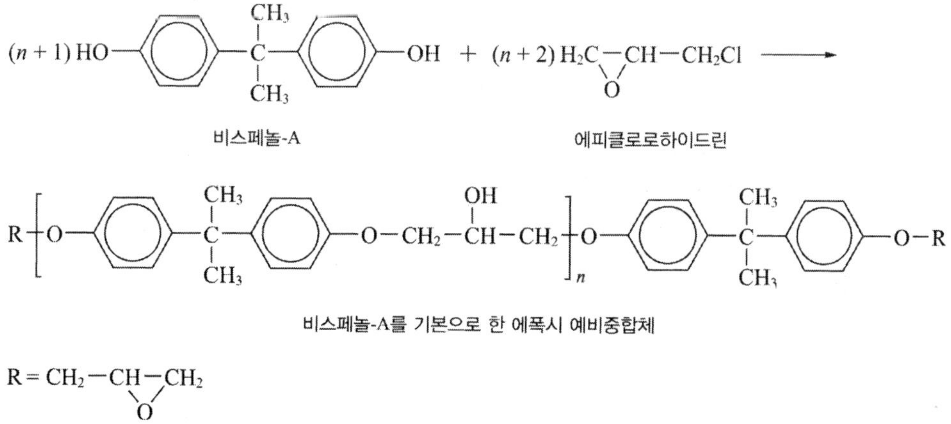

그림 23.4 에폭시 예비 중합체

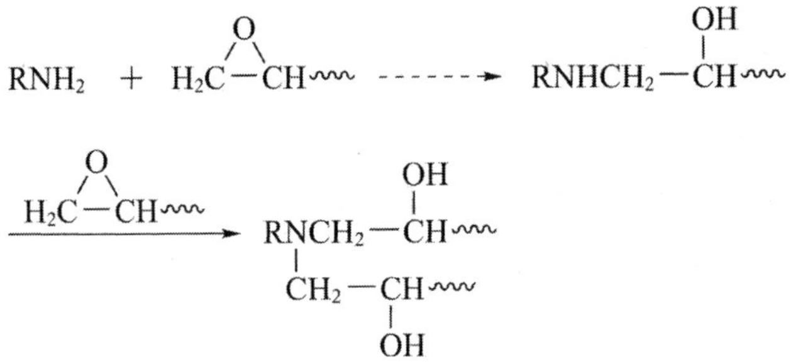

그림 23.5 에폭시 가교 아민

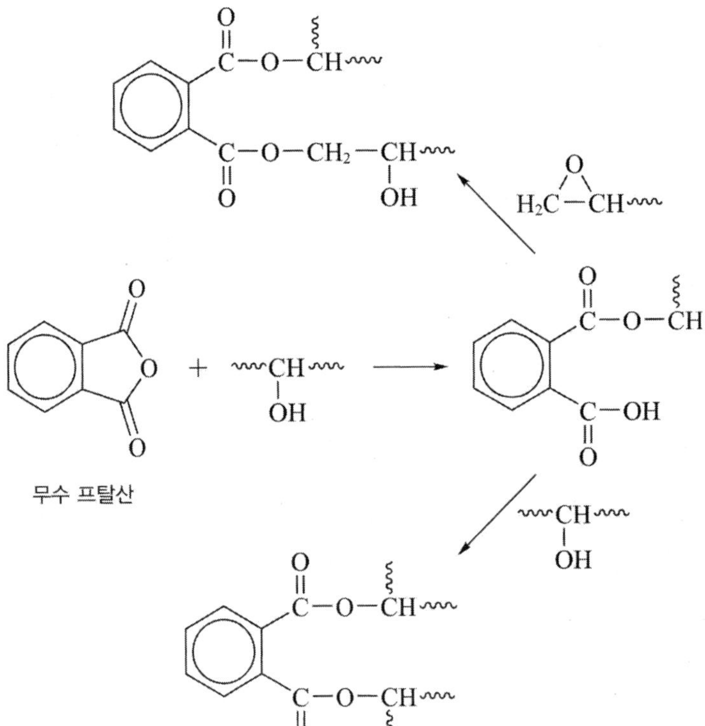

그림 23.6 에폭시 가교 무수물

에폭시 수지는 내화학성이 우수하고 내부식성 또한 뛰어나며 부피 축소도 적고 전기적으로도 절연성이 우수하다. 따라서 보호막으로 코팅하거나 고분자 복합체의 한 성분으로 사용되기도 하고 접착제로도 사용된다.

23.4.3 불포화 폴리에스터 수지

무수 말레산을 사용하여 불포화 다이카복실산을 만든 다음 글라이세롤 같은 다가알코올(polyol)과 반응시키면 불포화 폴리에스터 수지가 된다. 건축용이나 해상용으로 활용되는 열경화성 수지로서 글립탈(glyptal)이라는 상품명으로 알려져 있고, 유리 보강 복합체의 분산매로도 쓰인다.

23.5 | 튀어 오르는 고무 탄성: 탄성체 열역학

흔히 일상에서 사용되는 고무줄을 당기면 열이 발생하여 그대로 고무줄 온도가 올라가게 된다. 이는 1805년 고흐-줄(Gough-Joule) 효과라고 하여 실험적으로 확인되었는데 같은 맥락에서 고무의 온도를 올리면 그 길이는 줄어든다.

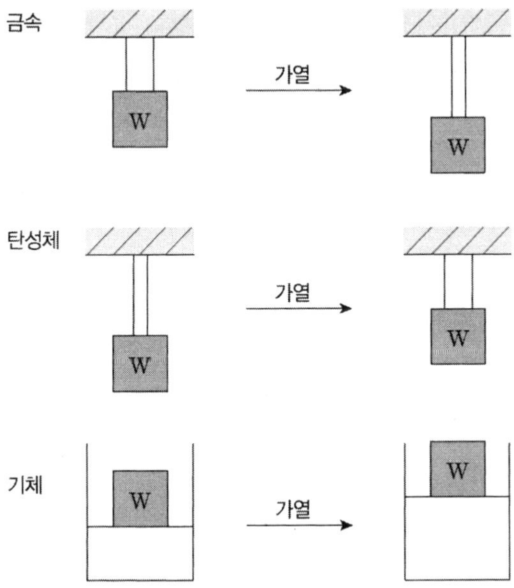

그림 23.7 탄성체의 가열 변형

이 같은 현상은 보통 기체나 액체와 같은 점성 물질이나, 금속 등과 같은 소성 물질에서 온도를 높이면 부피가 늘어나는 것과는 정반대의 현상으로 탄성 물질만의 특성이다.

열역학 법칙에 의하면 내부 에너지(U), 엔트로피(S) 그리고 일(W)은 다음과 같이 관련된다.

$$dU = TdS - dW \tag{23.1}$$

$$dW = PdV - fdl \tag{23.2}$$

이는 시스템이 일을 하게 되면(압력에 의한 일) 양의 값을 가지고, 시스템에 일을 하게 된 경우는(힘에 의한 일) 음수 값을 가진다. 엔탈피는 내부 에너지와 다음과 같이 관련된다.

$$dH = dU + PdV \tag{23.3}$$

정리하면

$$dH = TdS + fdl \tag{23.4}$$

이 된다. 따라서 일정 온도 일정 압력에서 길이에 따른 미분을 생각하면 힘에 대해서

$$f = \left(\frac{\partial H}{\partial l}\right)_{T,P} - T\left(\frac{\partial S}{\partial l}\right)_{T,P} \tag{23.5}$$

가 얻어지게 되는데 첫째 항은 엔탈피 항(f_e)이고 둘째 항은 엔트로피 항(f_s)이다.

깁스 자유 에너지의 전미분식 $dG = -SdT + Vdp + fdl$에서 일정 압력 조건에서 엔트로피의 길이에 대한 미분을 생각하면

$$\left(\frac{\partial S}{\partial l}\right)_{T,P} = -\left(\frac{\partial f}{\partial T}\right)_{P,l} \tag{23.6}$$

이 얻어진다. 이를 식 (23.5)에 대입하면

$$f = \left(\frac{\partial H}{\partial l}\right)_{T,P} + T\left(\frac{\partial f}{\partial T}\right)_{P,l} \tag{23.7}$$

이 된다. 재정리하면

$$(\frac{\partial f}{\partial T})_{P,l} = [f - (\frac{\partial H}{\partial l})_{T,l}]/T \tag{23.8}$$

가 되므로 만일

$$(\frac{\partial f}{\partial T})_{P,l} = [f - (\frac{\partial H}{\partial l})_{T,l}]/T > 0 \tag{23.9}$$

이 되는 조건에서는 높은 연신 변형(high extension)에서 당기면 온도가 차츰 상승하게 되는 것이다.

$$(\frac{\partial H}{\partial l})_{T,P} = (\frac{\partial U}{\partial l})_{T,V} + T\frac{\alpha}{\beta}(\frac{\partial V}{\partial l})_{T,P} \tag{23.10}$$

첫째 항은 작다. 보통 탄성체(elastomer)는 비압축성이므로 둘째항도 작다.

$$f = (\frac{\partial H}{\partial l})_{T,P} - T(\frac{\partial S}{\partial l})_{T,P} \tag{23.11}$$

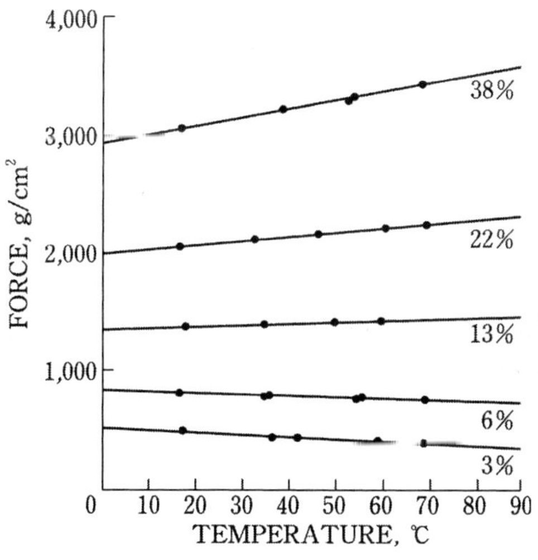

그림 23.8 탄성체의 탄성률의 온도 의존성

엔탈피 항은 식 (23.10)에서 본 바와 같이 아주 작아서 주로 둘째 항인 엔트로피 항에 의해 좌우된다. 변형되지 않고 배향성이 없는 상태가 엔트로피 측면에서 바람직하며 만일 변형이 되어 배향성이 생기게 되면 엔트로피의 차이에 의하여 다시 배향이 없는 상태로 되돌아가려는 경향이 생긴다.

23.6 | 통계학적 이론

헬름홀츠 자유 에너지(Helmholtz free energy)는 정의에 의하여

$$A = U - TS \tag{23.12}$$

이므로 고무에 가해지는 힘의 세기에 따라 일정 온도, 일정 부피하에서의 자유 에너지 변화가 생기게 된다. 즉,

$$f = \left(\frac{\partial \Delta A}{\partial l}\right)_{T,V} \tag{23.13}$$

가 된다. ΔA는 변형 전후의 탄성체의 헬름홀츠 자유 에너지 차이이다.

가교되어 있는 고무 사슬에 대한 통계학적 해석 결과로

$$f^* = G_0\left(\lambda - \frac{1}{\lambda^2}\right) \tag{23.14}$$

가 유도되는데 f^*는 명목 응력(nominal stress), G_0는 전단 탄성률(shear modulus)이다.

λ는 연신 비율로서 다음과 같이 정의된다.

$$\lambda = \frac{L}{L_0} = 1 + \epsilon \tag{23.15}$$

이때 전단 탄성률 G_0는 절대 온도 T에 비례하고 탄성체 망(networks) 속에 있는 사슬의 수에 관계하는

$$E_p \propto \frac{\rho RT}{M_e} \tag{23.16}$$

의 형태로 주어진다(식 (13-9) 참고). 따라서 연신 비율이 1에 그리 멀지 않다면

$$f^* = kT\nu(\lambda - \frac{1}{\lambda^2}) \tag{23.17}$$

로 주어진다. 여기서 ν는 단위 부피당 존재하는 사슬의 수 농도이다.

실험 자료와 이론을 비교한 그래프를 그림 23.9에 나타내었다. $\lambda < 1.5$에서는 이론이 잘 설명하고 있으나 $1.5 < \lambda < 6$에서는 보통 이론적 예측이 실험보다 더 크게 예측하는 것으로 보이며 그 이유는 사슬의 크기 분포를 가우스 분포로 가정한 데에 기인한다. $\lambda > 6$에서는 다시 이론이 다소 과소 예측하고 있는데 변형에 의하여 결정화가 유도되었기 때문으로 해석된다. 결정화가 유도되는 것과 비슷하게 카본 블랙 같은 충전제를 넣어도 탄성률이 상당히 증가하게 된다.

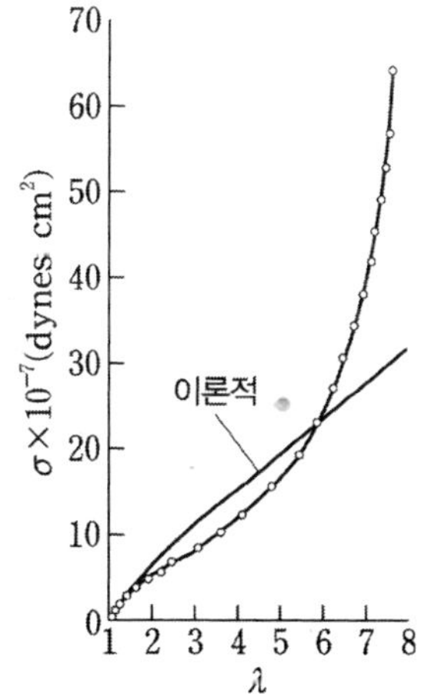

그림 23.9 탄성체의 응력(σ) 변형 곡선

이런 충전제에 의한 탄성률의 변화는 다음과 같은 구스-스몰우드 식으로 설명할 수 있다.

$$\frac{E_f}{E_0} = 1 + 2.5\,\phi_f + 14.1\,\phi_f^2 \tag{23.18}$$

E_f : 복합체의 영 탄성률(Young's modulus)

E_0 : 탄성체 자체의 탄성률

ϕ_f : 충전제의 부피 분율

이 식은 아인슈타인-스톡스 식과 유사한 식으로 미세 유체역학적 고려에서 나왔다고 할 수 있다.

23.7 | 경험적 모델

탄성체에 있어서 연신 비율에 따른 길이의 변화를 좀 더 잘 예측하기 위하여 다음과 같은 경험식이 제안되었다. 무니-리블린 식이라고 부른다.

$$f^* = 2\left(C_1 + \frac{C_2}{\lambda}\right)\left(\lambda - \frac{1}{\lambda^2}\right) \tag{23.19}$$

여기서 C_1, C_2 는 WLF 상수는 아니고 다른 의미를 가지는 경험적 상수이다. 실험 자료를

$$\frac{f^*}{\lambda - \frac{1}{\lambda^2}} \quad vs \quad \frac{1}{\lambda} \tag{23.20}$$

으로 그려보면 상수값들을 쉽게 결정할 수 있겠다.

참고문헌

1.J. R. Fried, "Polymer Science and Technology", 3rd ed., 2014, Prentice Hall, Ch 9, Ch5.

2. Paul J. Flory, "Principles of Polymer Chemistry", 1953, Cornell University Press, Ch XI.

연습문제

23-1 탄성체의 단위 부피당 등온 가역 변형 시 동반되는 일 w는 통계 이론에 의하면 다음과 같이 주어진다.

$$w = \frac{1}{2}G(\lambda_1^{\ 2} + \lambda_2^{\ 2} + \lambda_3^{\ 2} - 3)$$

여기서 λ_1, λ_2, λ_3는 연산율이다. 이 식을 이용하여 판상의 물질에 일반적인 길이의 연신이 가해졌을 때 응력-변형 곡선의 추이를 제시하고, 같은 값의 연산율 λ에 대해 이차원적의 연신이 가해졌을 때 응력-변형 관계가 다음의 식과 같음을 증명하시오

$$\sigma_1 = G(\lambda^2 - \frac{1}{\lambda^4})$$

여기서 σ_1는 연신면에 수직한 평면에 작용하는 응력을 의미한다.

23-2 모서리가 2 cm인 탄성체에 5 kg의 질량을 가하여 초기 길이의 95%로 압축하였다. 같은 탄성체 시편을 50% 연신하는 데 필요한 힘은? 시편의 초기 길이는 2 cm이고 초기 단면적은 1 cm²이다.

23-3 23℃에서 이상 고무를 초기 길이의 2배로 연신할 때 응력이 100 psi 라면, 50% 신장에서의 응력은 얼마인가?

23-4 열가소성 탄성체 고분자의 대표적 예로서 SBS 고분자를 살펴보았다. 이는 음이온 중합으로 만들어지며, 상업화된 대표적 블록 공중합체이다(제품명: Kraton). 또한 물리적 가교와 같은 형태가 이루어져 상온을 포함한 넓은 온도 범위에서 탄성 및 강성을 동시에 가지고 있는 고분자이다. SBS에 사용되는 styrene과 butadiene 블록의 유리 전이 온도를 기반으로 (a) SBS가 어느 온도에서 열가소성 탄성체의 특성을 보이는지, 그리고 (b) 왜 탄성과 강성을 동시에 가지게 되는지 설명하시오.

7부

고성능 고기능 고분자

24

엔지니어링 고분자와 특수 고분자

보통 100도 이하의 열변형 온도(HDT)를 가지는 일반적인 범용 고분자보다 높은 HDT를 가지거나(고온 안정성) 훌륭한 내화학성을 가지는 고분자들을 고성능 고분자(엔지니어링 고분자)라고 할 수 있다. 고성능 고분자들은 이런 장점을 가진 반면에 응력 변형 순응률이 대체적으로 낮고, 연신, 굴곡, 충격 강도는 단지 약간 높은 값을 가진다. 범용 고분자가 1 kg당 약 2,000원에서 10,000원 정도인데 비하여 고성능 고분자는 약 40,000

표 24.1 엔지니어링 고분자의 물성

물성	PA6	PA6,6	ABS	PC	PPO	POM	PSU	PPS
밀도	1.13	1.14	1.05	1.20	1.06	1.42	1.24	1.34
연신 강도	70/85	77/84	32/45	56/67	55/68	62/70	50/100	75
연신 탄성률	1.4	2.0	1.9/2.7	2.1/2.4	2.5	2.8/3.2	2.6/2.7	3.4
파괴신율	200/300	150/30	15/30	100/300	50/60	25/70	25/30	3
굴곡 강도	34	42	76/90	93	93	97	106	138
굴곡 탄성률	9.7	12/28	26/28	23	25/28	26/30	27	41
충격 강도	–	15/20	7/20	20/30	–	8	–	–
열변형 온도	180	200	95/110	138	148	160/173	175/180	137

원 수준으로 비싼 편이다. 우리나라 쌀값의 소매 가격이 kg당 2,000~2,500원 정도임을 감안하면 꽤 높은 편이라고 할 수 있다.

표 24.1에 나타난 폴리아마이드(nylon6(PA6), nylon6,6(PA6,6)), ABS, 폴리카보네이트(PC), 폴리페닐옥사이드(PPO), 아세탈(POM), 폴리설폰(PSU), 폴리페닐린설파이드(PPS) 외에도 플루오린화 고분자인 테플론, 엔지니어링 폴리에스터 등이 엔지니어링 고분자라고 할 수 있다.

이보다도 더 특별한 기능성을 가진 고분자는 kg당 100,000원 수준으로 특수 고분자라고 부른다. 폴리이미드, 이오노머, PEEK, 특수 폴리올레핀, 액정 고분자(LCP), 덴드리머형 고분자, 전도성 고분자 및 고성능 섬유들이 여기에 속한다.

24.1 | 엔지니어링 고분자

24.1.1 폴리아마이드(PA)

PA6, PA6,6 같은 지방족 폴리아마이드는 섬유용으로도 사용되고 자동차용이나 다른 용도의 부품으로도 가공된다. 모든 나일론은 구조적으로 수소 결합이 가능하여 수분에 민감하다. 물 함유를 보통 0.3% 이하로 낮추어 사용하고 그냥 두면 공기로부터 약 9%

표 24.2 중요한 폴리아마이드

단량체	고분자	구조
카프로락탐	폴리(ϵ-카프로락탐) (나일론-6)	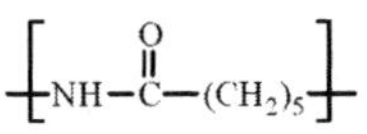
헥사메틸렌다이아민 아디프산	폴리(헥사메틸렌아디프아마이드) (나일론-6,6)	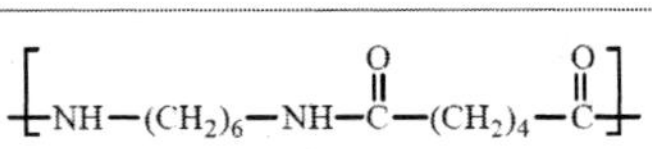
헥사메틸렌다이아민 세박산	폴리(헥사메틸렌세박아마이드) (나일론-6,10)	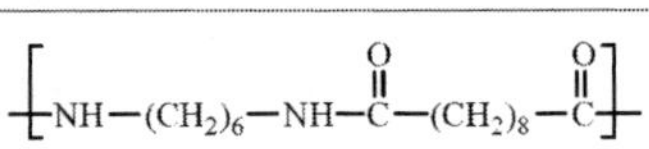
아이소프탈로일 클로라이드 m-페닐렌다이아민	폴리 (m-페닐렌아이소프탈아마이드) (Nomex)	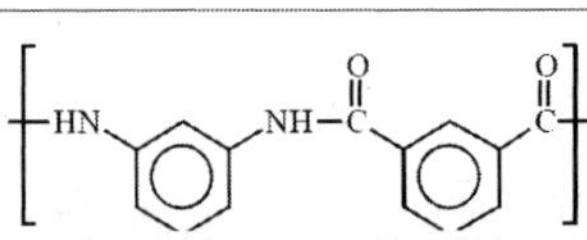
테레프탈로일 클로라이드 p-페닐렌다이아민	폴리 (p-페닐렌테레프탈아마이드) (Kevlar)	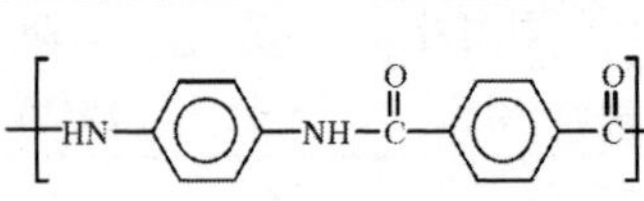

까지 물을 흡수할 수도 있다.

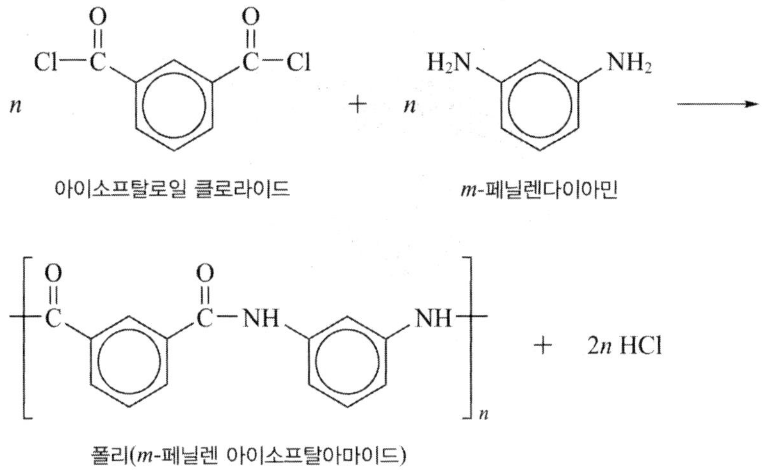

그림 24.1 Nomex

아라미드(aramide)라고 부르는 방향족 폴리아마이드는 1960년대에 Nomex라는 이름으로 상용화되었는데, isophthaloyl chloride와 m-phenylenediamine를 공중합한 것으로 poly(m-phenyleneisophthalamide)이다(그림 24.1).

반면에 파라 구조를 가진 페닐렌다이아민 단량체를 사용하면 Kevlar라고 부르는 PPT [poly(p-phenylene terephthalamide)]가 중합된다. 이는 구조적으로 매우 안정하여 500℃에서 분해가 시작될 정도로 고온 안정성이 높다. 높은 인장 강도와 난연성 직물로 활용이 가능하고, 타이어 코드로도 활용된다.

24.1.2 ABS

ABS는 아크릴로나이트릴, 뷰타다이엔 그리고 스타이렌의 세 가지 단량체를 함유하는 고분자로서 충격 강도와 열변형 온도가 높다. 1950년대부터 styrene-acronitrile(SAN) 공중합체를 폴리뷰타다이엔 고무 입자에 접목(grafting)시켜 중합해 왔다. 15% 정도의 뷰타다이엔과 20% 정도의 아크릴로나이트릴을 함유하고 있다. ABS는 SAN 분산매 안에서 0.5~5.0 μm의 고무 입자나 0.1~1.0 μm의 고무 에멀젼을 포함하는데, 이런 접목 구조는 좋은 계면 결합을 만들어 물성에 큰 영향을 미친다.

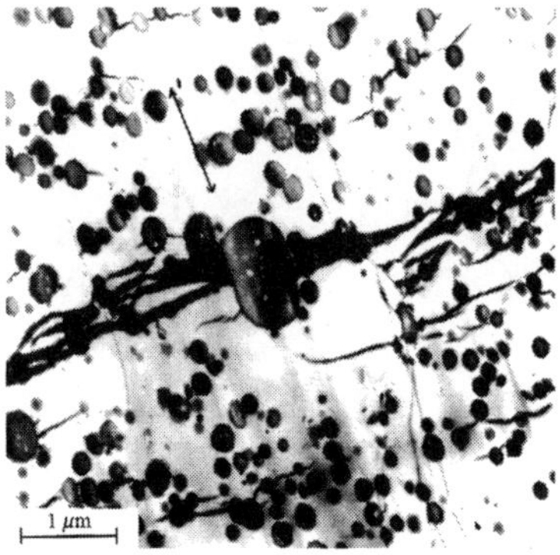

그림 24.2 ABS의 전자현미경 사진

24.1.3 폴리카보네이트(PC)

PC는 무정형 고분자로서 높은 충격 강도, 낮은 흡습성, 낮은 연소성, 좋은 치수 안정성, 88% 정도의 높은 빛 투과율을 보인다. 광학적 이방성인 복굴절(birefringence)이 낮도록 가공할 수 있다면 창 유리나 콤팩트디스크에도 적용이 가능하다. 화학적인 안정성이 다소 떨어지고 스크래치에 대한 저항성이 낮다는 점과 UV에 노출되면 노란색을 띠게 된다는 단점이 있다. 실리콘으로 도포하거나, 자유 라디칼을 안정화시킨 규격을 만들어 이런 단점을 보강하여야 한다.

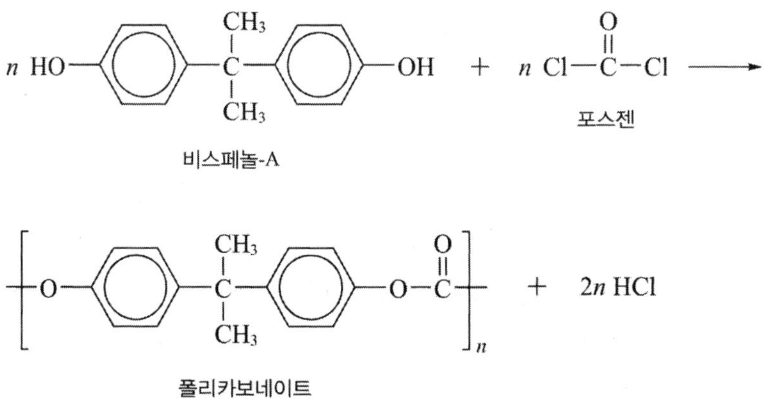

그림 24.3 포스젠 공정

국내에서는 그림 24.3과 같은 포스젠 공정(phosgene process)으로 만드는 계면 중합 PC인 TMPC가 주로 생산된다. 자유 라디칼, 단계 중합, 산화 짝지음 중합(oxidative coupling polymerization)으로 만들어지므로 OH 말단 작용기가 적고 물성이 뛰어나지만 생산 비용이 높다. 롯데화학에서 사용하는 용융 공정에서는 PC가 연간 65,000톤 정도가 생성되는데 높은 온도에서 용융 중합하는 관계로 OH 말단 작용기의 함량이 높고 잔류 BPA도 상대적으로 높아 적절한 물성을 나타내면서 경제적으로 생산할 수 있다. 최근 전세계적인 수요 증가로 인하여 사우디 아라비아의 SABIC에서도 연간 26만톤을 생산하는 공장을 대림엔지니어링의 기술로 짓고 있다. 자세한 내용은 임병훈(2019)을 참고하기 바란다.

24.1.4 개질 폴리(페닐렌 옥사이드)

개질 PPO는 그림 24.4에 보여주는 Poly(2,6-dimethyl-1,4-phenylene oxide)를 말하며 높은 유리 전이 온도($T_g = 214℃$), 높은 HDT를 보이므로 내열성이 우수하지만 가공에는 다소 어려움이 있다. Noryl이라는 이름으로 PPO /HIPS의 블렌드를 만들어 가공 온도를 낮출 수 있다. PPO/PA 블렌드를 만드는 경우에는 상용화제가 필요하며 PA-grafted styrene-maleic anhydride copolymer를 활용하게 된다.

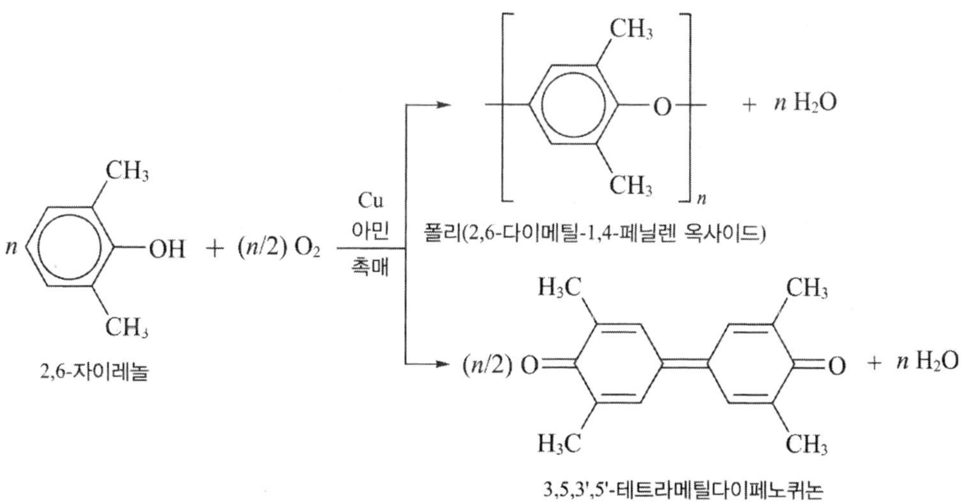

그림 24.4 2,6-자이레놀의 산화 짝지음 반응으로 합성되는 개질 PPO

24.1.5 아세탈(POM)

높은 치수 안정성(크리프 저항성)을 보이는 폴리아세탈은 보통 아세탈이라고 부르기도 하고, 폴리폼알데하이드나 폴리옥시메틸렌(polyoxymethylene; POM)이라고도 부른다. 핼리혜성의 기체 구름 속에 POM이 있다는 질량 스펙트럼 자료가 1987년에 일반에 소개되어 우주 속의 고분자로 불린다. 화학 구조는 $-[-CH_2-O-]_n-$으로 비교적 간단한 구조여서 매우 규칙적인 구조가 가능하며 높은 결정성과 높은 내화학성을 나타낸다. 고무상으로 충격 강도를 보완해 주기도 한다. 트리옥세인을 양이온 개환 중합하거나 폼알데하이드를 이온 중합하여 얻을 수 있다.

24.1.6 폴리설폰

폴리설폰은 온도, 산소, 수분에 강하고 수용성 광물성 산이나 알칼리, 염용액 등에도 강한 수지이다. HDT는 200℃ 근처이며 투과도가 높고 선택도도 우수하여 가스 분리막으로 사용된다. 생체적합성(biocompatibility)도 아주 우수하고 여러 가지 방법으로 살균도 가능하므로 의료용으로 사용된다.

표 24.3 상업적인 폴리설폰의 구조

폴리설폰	반복 단위의 구조
폴리설폰	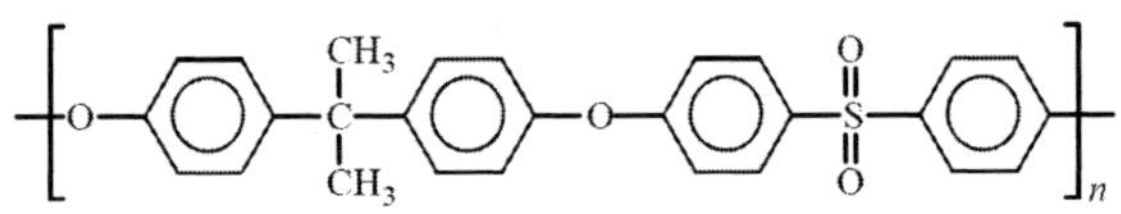
폴리에터설폰	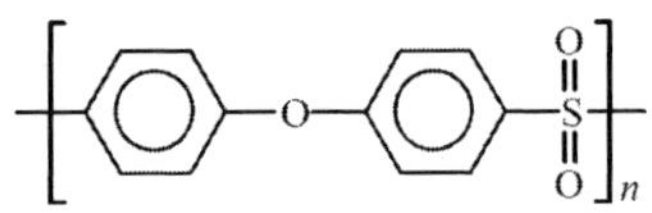
폴리페닐설폰	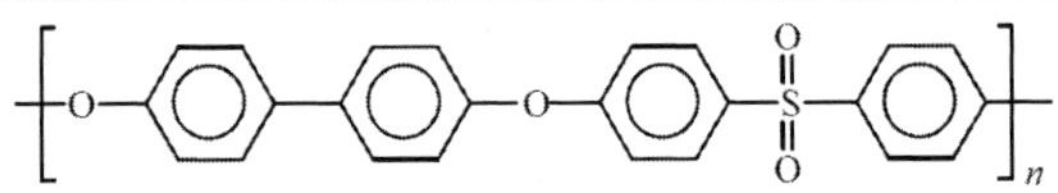

표 24.4 상업적인 폴리설폰의 물성

성질	PSF	PES	PPS
비중(D 1505)	1.25	1.37	1.29
항복점에서의 인장 강도, MPaa(D 638)	70.3	84.1	71.7
인장 탄성률, GPa[b](D 638)	2.48	2.70	2.14
파단 연신율, %(D 638)	50～100	40～80	60
굴곡 강도, MPa[a](D 790)	106	129	85.5
굴곡 탄성률, GPA[b](D 790)	2.69	2.57	2.30
충격 강도(notched Izod), J m^{-1}(D 256)[c]	69	85	641
455 kPa(66 psi)에서의 열변형 온도, ℃(D 648)	174	203[d]	200～204

[a] MPa를 psi로 환산하려면 145를 곱함.

[b] GPa를 psi로 환산하려면 1.45×10^5를 곱함.

[c] J m^{-1}을 lbf in^{-1}로 환산하려면 53.38로 나눔.

[d] 1.82 MPa(264 psi)에서 보고됨.

24.1.7 폴리페닐린설파이드([Poly(phenylene sulfide)], PPS)

PPS는 내화학성과 전기적 성질이 우수하고 난연성도 있는 수지이다. 마이크로파에 대한 투과도도 높고 내마모성 또한 우수하다. 용융 온도가 아주 높고 유기 용매에 잘 용해되지 않기에 특별한 가공 방법이 필요하다.

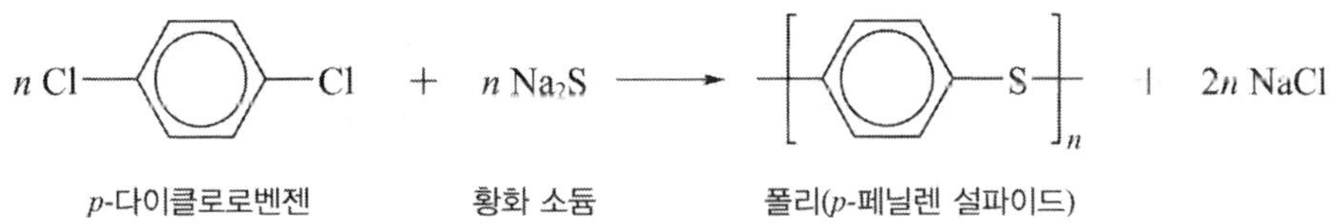

그림 24.5 PPS 합성

24.1.8 엔지니어링 폴리에스터

PET는 주로 생수병으로 만들어지고, PBT는 병용이 아닌 전기 부품으로 활용된다. PCT, PEN도 비슷한 구조의 폴리에스터이다. 폴리에스터의 화학 구조로 볼 때 수분에 민감하지만 강도, 강인성, 치수 안정성, 내마모성, 내화학성 등 우수한 물성을 가지고 있다. 폴리아크릴레이트(PAR)도 방향족 폴리에스터의 하나이며 PCT(Polydimethylene cyclohexane terephthalate)도 최근 관심을 받고 있는 엔지니어링 폴리에스터의 한 종류이다.

24.1.9 플루오린 고분자

플루오린를 포함하는 고분자의 대표는 테플론(Teflon, PTFE)이다. 단량체 tetrafluoroehtylene을 유화 라디칼 중합하여 얻는다. 이 고분자는 1938년에 듀퐁사에서 R. Plunket와 J. Rebok에 의해 처음 합성되었으나 실제 상업적 이용은 1950년에 높은 밀도의 제품을 생산하고 나서부터이다. 낮은 마찰, 낮은 절연 상수, 화학적 비활성 및 높은 열안정성이 특징이다. Kynar라는 상품명으로 알려진 PVDF도 플루오린 고분자의 하나이다.

표 24.5 플루오린 고분자

플루오로 고분자	반복 단위
폴리테트라플루오로에틸렌	$-[CF_2-CF_2]-$
플루오린화 에틸렌-프로필렌 공중합체(FEP)	$-[CF_2-CF_2]_m- \; -[CF_2-CF(CF_3)]_n-$
폴리클로로트라이플루오로에틸렌(CTFE)	$-[CF_2-CClF]-$
폴리(바이닐리덴 플루오라이드)(PVDF)	$-[CH_2-CF_2]-$
폴리(아이닐 플루오라이드)(PVF)	$-[CH_2-CHF]-$

24.2 | 특수 고분자

주로 항공우주용이나 전자 산업용으로 사용되는 고기능성 고분자나 생물 의료 분야의 특별한 기능을 지닌 고분자를 생각할 수 있다.

24.2.1 내열성 폴리이미드

폴리이미드는 고온 안정성과 용매 저항성이 높은 고분자이다. 먼저 방향족 이무수화물(dianhydride)과 방향족 다이아민의 축합 중합으로 poly(amic acid)라고 하는 중간체를 만든 다음 이것을 고온에서 탈수시키면 폴리이미드 구조가 만들어진다. 주로 가교 반응을 통하여 열경화성 수지로 가공된다. 최근에는 열가소성 폴리이미드도 알려지기 시작하였다.

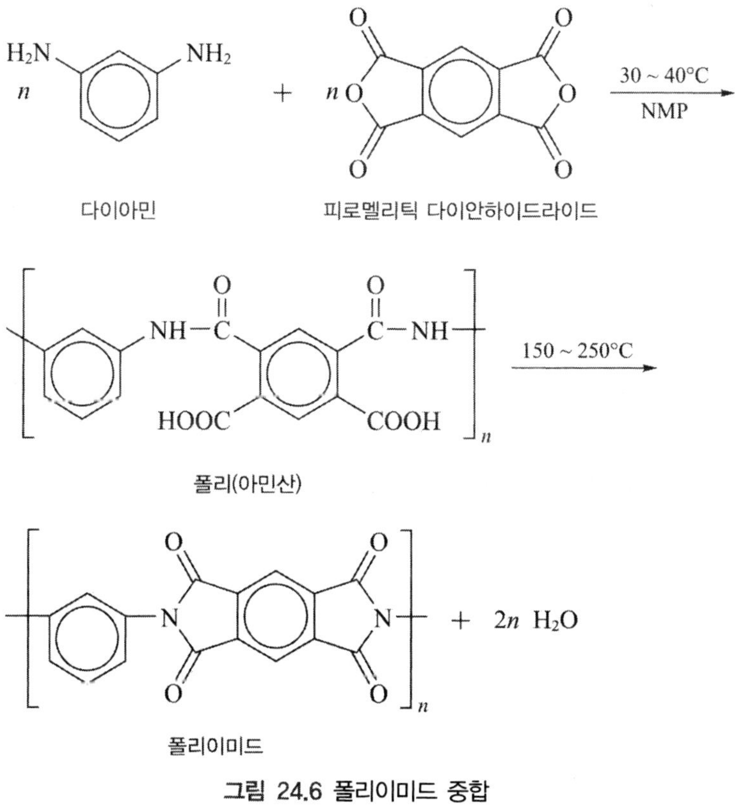

그림 24.6 폴리이미드 중합

표 24.6 Kapton, Ultem, Torlon

물성	폴리이미드[a]	PEI[b]	PAI[c]
밀도(g cm^{-3})	1.42	1.27	1.42
23℃에서 연신율			15
항복점에서		7~8	
파단점에서	70	60	
굴곡 탄성률(GPa)(23℃ 탄젠트)		3.31	5.0
연성 강도(MPa)	–	–	241
1.82 MPa(264 psi)에서 열변형 온도(℃)	–	200	278
Izod 충격 강도 (J/m)			
노치(Notch)가 있을 때	–	53.4	144
노치(Notch)가 없을 때	–	1335	1068
인장 탄성률(GPa)(1% 세칸트)	3.0	3.0	4.8
23℃ 항복점 T_g(℃)에서의 인장 강도(MPa)	172	105	192
	385	217	–
40% 상대 습도와 상온 24시간에서 몰흡수율(%)	2.9	0.25	0.33

[a] Kapton H.

[b] Ultem 1000.

[c] Torlon 4203L; contains 3% TiO_2 and 0.5% fluorocarbon.

24.2.2 이오노머

유기 합성 고분자에서 이온성 고분자를 만들어 낼 수 있다. 10~15% 정도의 이온 함량을 가지는 경우 이오노머(ionomers)라고 부른다. 주로 이온 교환 수지(ion-exchange resin)나 액체 분리막 또는 촉진된 기체 분리막(facilitated gas separations)의 소재로 사용된다. 이온은 고분자 사슬에 달려있는 카복실산이나 설폰산 형태로 존재하게 된다.

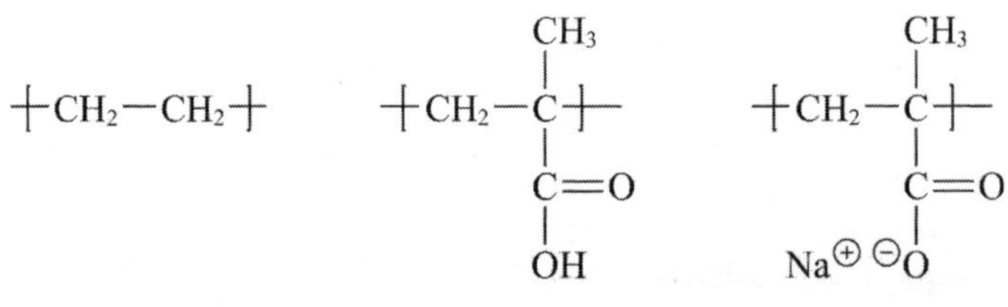

A B C

그림 24.7 Surlyn A의 공단량체 A: 에틸렌, B: 메타아크릴산, C: 메타아크릴산의 소듐염

전기적으로 부분적이나마 완전하게 중성화시키면 고분자 염(polymeric salt)을 이루게 된다. 이온 함량이 15% 이상이면 보통 고분자 전해질(polyelectrolytes)이라 부르며 물에 잘 녹지만 유기 용매에는 녹지 못한다. 이온성 그룹과 비이온성 그룹 간의 혼화성이 매우 낮기에 미세한 상분리 현상을 보이게 된다. 이온성 그룹들만이 모인 작은 응집체(aggregates)를 멀티플레트라고 한다. 멀티플레트를 이루면 되면 유리 전이 온도도 올라가고 탄성률, 용융 점도도 같이 상승하게 된다. Surlyn이라는 상품명의 고분자는 에틸렌과 15%의 메타아크릴 산(metacrylic acid)을 공중합한 것으로 이오노머에 속한다. Nafion도 PFSI(perfluorosulfonate ionomer)이다.

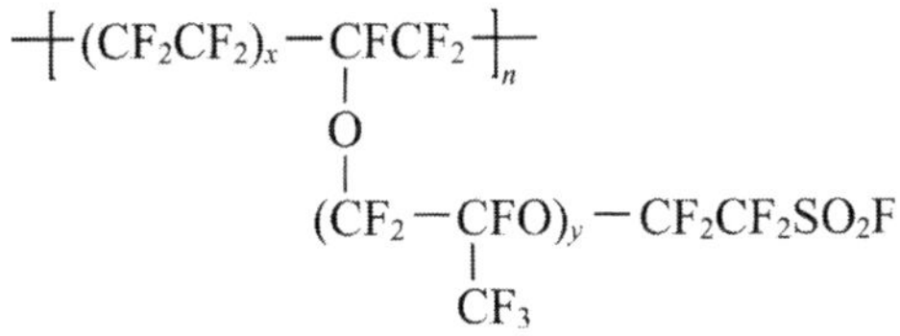

그림 24.8 Nafion

24.2.3 PEEK

Victrex라는 상품명으로 알려진 PEEK[poly(ether ether ketone)]는 고분자 복합체의 분산매로 사용되는 열가소성 수지이다. 알칼리 비스페네이트와 방향족 이할로젠화물을 용액 중합으로 합성하여 고분자량의 고분자를 만든다. 내마모성, 용매 저항성, 내충격성, 열적 안정성이 아주 우수하다. 260℃ 정도에서도 작업이 가능하다. 수분 흡수도 매우 낮아 높은 온도의 증기에도 잘 견딘다.

표 24.7 PEEK 물성

물성	값
T_g(℃)	143
1.82 MPa(264 psi)에서 열변형 온도(℃)	148
결정화도(%)	
일반	20~35
최고	48

(계속)

용해열, ΔH_f(J/g)	130～161
밀도(g/cm^3)	
비결정	1.263
결정	1.400
24시간 동안, 상대 습도 40%에서의 물 흡수율(%)	0.15
용해도 인자(cal/cm^3)$^{1/2}$	9.5
23℃에서 인장 강도(MPa)	91.0
23℃에서 연신율, %	150
23℃에서 굴곡 탄성률, GPa	3.89
충격 강도, Charpy(J/m)	1388

24.2.4 특수 폴리올레핀

100만～500만 정도의 초고분자량을 가진 폴리에틸렌(UHMWPE)은 매우 향상된 기계적 물성(충격 강도, 연신 강도, 내마모성 등)을 가지고 있어 치과 재료, 배터리 분리막 등의 다양한 용도로 사용된다. 방사 공정에 의하여 섬유로도 가공되어 사용된다.

24.2.5 액정 고분자(liquid crystalline polymer)

1956년에 제안된 Onsager theory에 의하면, 막대형 고분자의 경우 종횡비가 x일 때 농축 정도가 $\phi \geq 8/x$(ϕ는 부피 분율)을 만족하면 유방성 액정상(lyotropic liquid crystallin phase)을 띠게 된다. 이것은 플로리의 격자 이론에서 유도한 식이다.

열방성 액정 고분자(thermotropic LCP)는 구조상 온도가 올라갈 때 액상에서 자체 구조를 형성하는 경우이다. 저분자 액정과 마찬가지로 그림 24.9에서 보는 것처럼 스멕틱, 네마틱, 콜레스테릭 구조를 가질 수 있다.

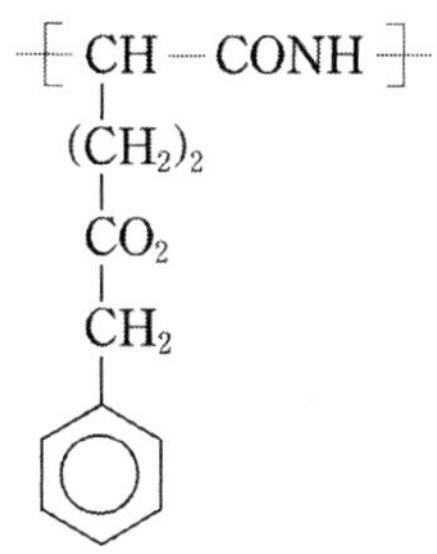

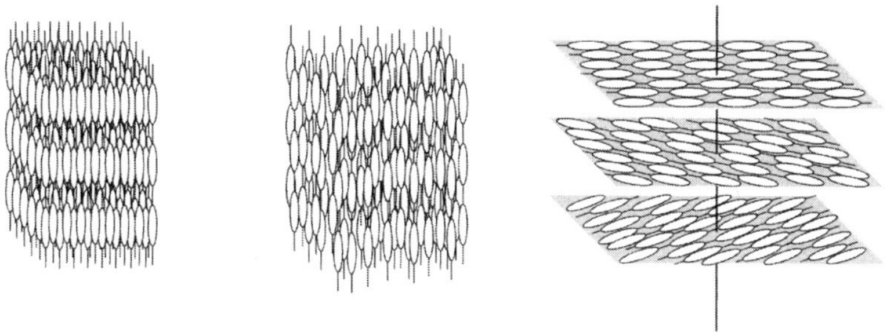

그림 24.9 액정 구조

24.3 | 덴드리머형 고분자

AB_X 형태의 다기능기를 가진 단량체를 중합하면 다가지형(hyperbranched)의 고분자가 되고 마치 나무 모양과 비슷한 덴드리머(dendrimer)가 여러 단계의 유기 화학 반응에 의하여 만들어진다. 덴드리머의 구조는 내부는 저밀도이지만 바깥쪽으로 가면서 점점 조밀한 모양을 가진다. 어떤 고분자는 10 nm보다 더 큰 지름을 가지며 분자량 면에서 수백 만에 달할 때도 있다.

가지가 많은 분자는 가끔 대칭적 구조를 가지기도 한다. 다기능성 중심부에 가지가 체계적으로 연결되면 대칭이 만들어진다. 어떤 경우에는 미처 대칭적으로 연결되지 못하고 내부에 빈 공간을 남길 수도 있고, 이를 활용할 수도 있다.

덴드리머는 잘 제어된 단계 반응으로 만들어지게 된다. 예를 들어 중심부(core)에 해당되는 RB_3 f_{core} ARB_2는 다기능성으로, f_{core} 개의 반응기를 가지고 있고 단량체는 f_{br} 개의 반응기를 가지고 있다. ARB_2은 자체 중합이 일어나는 경우라서 피해야 한다. 한 단계의

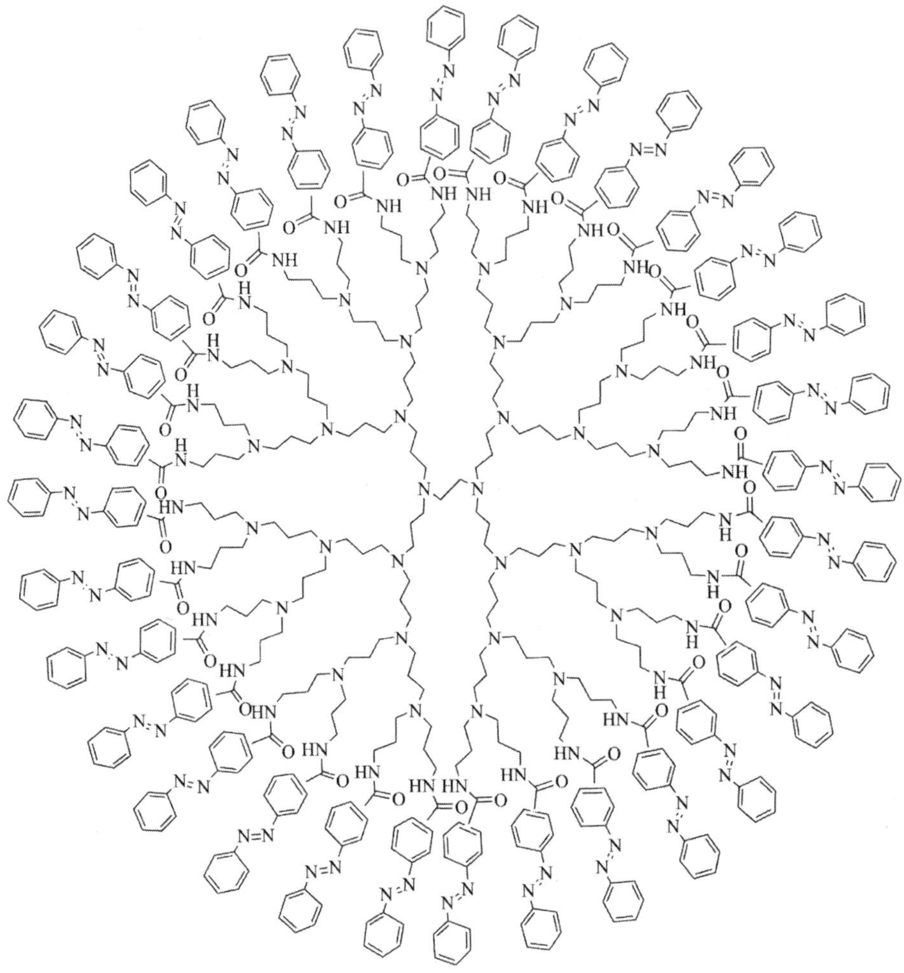

그림 24.10 Azobenzene Dendrimer

성장 반응이 다 완성되고 난 뒤 다음 단계로 넘어가야 한다. 이론적으로 $f_{core}(f_{br}-1)^{g-1}$ 개의 가지가 g번째 생성 단계에서 연결되어야 한다. 중심부를 제외하고 보면 총 가지 단위(branching units)의 가지 수는 $N_{br}=\sum_{x=1}^{g} f_{core}(f_{br}-1)^{x-1}=\frac{f_{core}[(f_{br}-1)^{g}-1]}{f_{br}-2}$이 된다. 이런 경우 전체 부피는 g^3 정도로 증가하게 된다. 일반적으로 서로 공간을 공유하기 어려워지므로 $f_{br}=3$인 경우에는 10번째 성장에서 머물게 되고 $f_{br}=4$인 경우에는 5번째 성장까지 가능하다. 이를 폭발 한계(starburst limit)라고 한다.

가능하면 표면에 있는 모든 반응기가 효과적으로 반응하는 것이 바람직하며 한 단계가 다 끝날 때까지 다른 반응기는 적절한 방법으로 보호되어야 한다. 나중에 다시 반응성이 살아나도록 조치해야 한다.

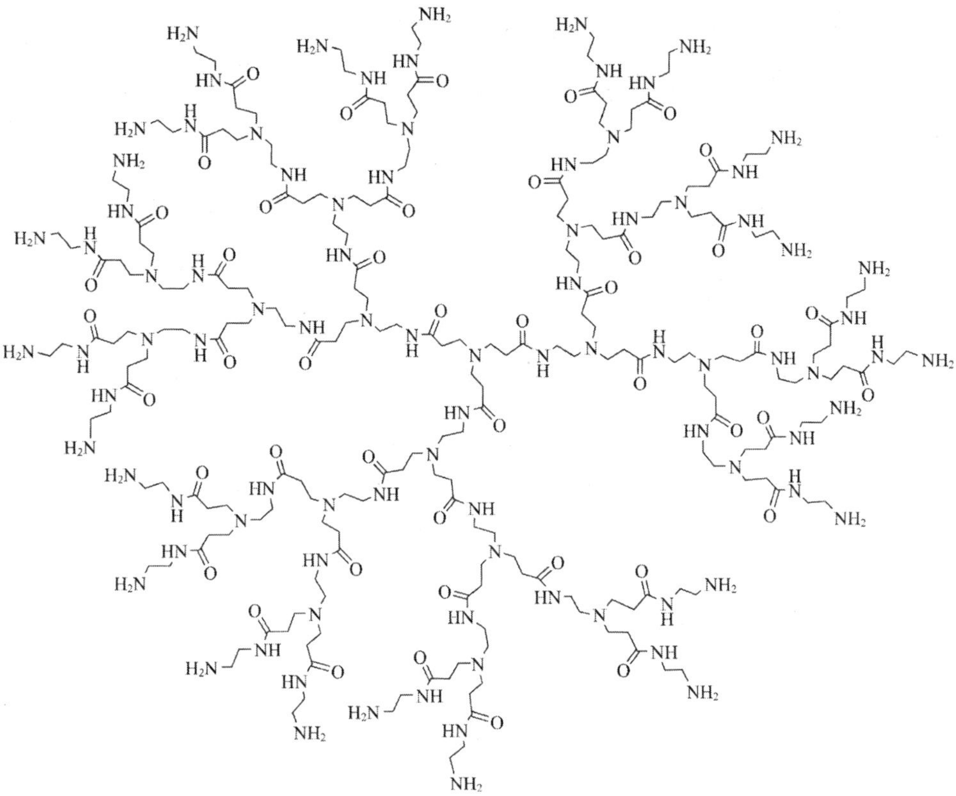

그림 24.11 Poly(amidoamine)(PAMAM)

덴드리머는 다양한 용도로 사용될 수 있다. 우선 매우 조밀한 분자라서 결정화가 잘 안되고 대신 용매에 잘 용해되며 점도도 매우 낮은 편이라 유변 물성 개선(rheology modifier)을 위하여 사용된다. 또한 내부의 빈 공간이나 채널은 아주 다양한 크기와 모양을 가질 수 있어 촉매, 광경작(light harvesting), 분자 인식(molecular recognition)이나 guest molecules을 잡는 데도 활용된다. 이런 덴드리머는 생물학적 세포막을 통과할 수 있어 가운데 약물을 주입하게 되면 약물 전달 기능 물질의 역할을 할 수 있다. 수 처리용으로도 활용된다.

다가지 고분자(hyperbranched Polymer)의 경우 다음과 같이 가지화 인자(branching factor) $= \dfrac{N_{fbr} + N_{term}}{N_{total}}$ 를 정의할 수 있다.

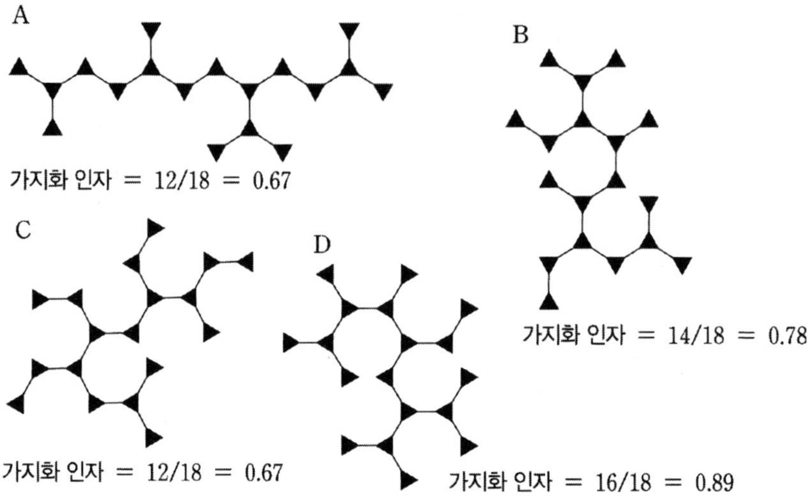

그림 24.12 Branched Molecules

완전한 덴드리머의 경우는 가지화 인자가 1이 된다.

참고문헌

1. J. R. Fried, "Polymer Science and Technology", 3rd ed., 2014, Prentice Hall, Ch 10.
2. R.J. Young and R.A. Lovell, "Introduction to Polymers", 3rd ed., 2011, CRC, Press, Ch3.
3. 임병훈, 「PC의 중합 방법이 구조적 특성과 물성에 미치는 영향 및 개선에 관한 연구」, KAIST 박사 논문 (2019).

연습문제

24-1 고성능 기능성 고분자 폴리아마이드, ABS, PC 각각의 단위체와 그 기능에 대해 설명하시오.

24-2 내열성 특수 고분자 폴리이미드(polyimide)의 내열성 기능의 형성 방법에 대해서 설명하시오.

24-3 폴리이미드는 전자산업에 폭넓게 쓰이면서 산업적, 연구적으로 많은 각광을 받는 고분자이다. 예를 들어, NASA와 듀폰에 의해서 개발된 폴리이미드(상품명: Kapton)는 초저온에서 초고온(250℃ 이상)까지 광범위한 온도 영역에서 물성(강도, 유연성, 전기 절연성 등)이 변하지 않는 특성을 가지기 때문에, 우주선에서 사용되는 고분자 소재이다. 이처럼, 폴리이미드의 디스플레이 및 전자 소재로 사용 예시를 설명하시오. 더하여, 미래 산업에 폴리이미드 고분자를 적용 시, 개선해야하는 물성 및 그 이유를 제시하시오.

24-4 아래 질문에 답하시오.

(a) 구조적 복합도에 따라 덴드리머(dendrimer)의 구조를 그려보시오. 예: 2, 3세대의 덴드리머 구조.

(b) 덴드리머를 합성하는 방법은 크게 divergent 방법과 convergent 방법이 있다. 그 차이를 설명하시오.

(c) 덴드리머의 약물 전달 물질로의 활용과 이 원리를 설명하시오.

25

고분자에 특수 기능을 부여하자!
고기능 고분자(High Functional Polymers)

22장에서 공부한 범용 고분자나 23장에서 다룬 탄성체, 그리고 24장에서 언급한 보다 성능이 우수한 엔지니어링 고분자 그리고 특수한 고기능을 가진 특수 고분자들은 상업적으로 적용될 뿐 아니라 연구에도 많이 활용되고 있다. 여기서는 특수 고분자 중에서 첨단 산업용 소재로 활용되고 있는 몇몇에 대하여 알아볼 것이다. 먼저는 분리막 기술을 활용한 고기능 고분자들을 공부한 뒤에 고분자의 생체 의료공학적 활용에 대하여 소개할 것이다. 이 외의 고분자의 전기적 특성과 전도성 고분자에 대해서는 26장과 27장에서 다룰 것이다.

25.1 | 분리막 기술

25.1.1 차단 고분자

기체 투과성이나 액체 투과성이 매우 낮은 고분자 소재는 음료수용 병이나 전자 장비의 캡슐화(encapsulation)에 활용할 수 있다. 특히 0%의 습도, 25℃ 조건에서 투과도

(permeability)가 10^{-11} $cm^3(STP)cm^{-2}s^{-1}cmHg$ (GPU)보다 낮은 수준이면 보통 차단성이 우수하다고 한다(표 25.1 참고). 폴리아크릴로나이트릴(PAN)이나 폴리메타크릴로나이트릴(PMAN)이 대표적인 예이다. PET의 경우도 CO_2 차단성이 좋아서 탄산음료의 병으로 적합하다.

표 25.1 고분자의 투과도

고분자	$P(O_2)^a$	$P(H_2O)^b$
폴리(바이닐 알코올)	~0.0001	~5000
폴리아크릴로나이트릴	~0.002	2.45
폴리(바이닐리덴 클로라이드)	0.012	~0.052
폴리메타크릴로나이트릴	0.012	3.32
폴리(에틸렌 테레프탈레이트)	0.42	3.2
폴리(바이닐 클로라이트)	0.48	2.5
폴리(바이닐 아세테이트)	3.3	107
폴리프로필렌	10.8	0.42
폴리에틸렌(저밀도폴리에틸렌, LDPE)	2930.0	0.83
폴리아이소뷰틸렌	90.0	9.2
폴리다이메틸실록세인	~3000	80.5

[a] $P \times 10^{11}$ $cm^3(STP)cm^{-2}s^{-1}cmHg$ (GPU) at 0% humidity

[b] $P \times 10^{11}$ $g\text{-}cm/cm^2$ sec cmHg

폴리에틸렌, 폴리프로필렌 같은 폴리올레핀은 근본적으로 탄화수소로만 이루어져 있어 소수성(hydrophobic)이 높기에 좋은 방수 성능이 있다. 따라서 LDPE 필름으로 시리얼 박스 내부를 코팅하면 산소나 수분 투과를 막아주어 시리얼을 바삭하게 유지할 수 있다. 여러 층으로 구성된 기체 투과 방지막의 경우 각각의 기체 투과도(gas permeability)를 조합하여 살라미(Salame) 방식으로 전체 투과도를 쉽게 예측할 수 있다(식 (25.1) 참고).

$$\pi = \frac{1}{N}\sum_i N_i \Pi_i \tag{25.1}$$

N : 구조 단위당 고유 그룹의 수

N_i : 구조 단위에서의 i 그룹의 수

Π_i : 그룹 i의 증가분

25.1.2 분리막을 이용한 분리

여과(filtration)

분리막을 이용하면 기체나 액체 속에 있는 먼지, 염분, 박테리아, 큰 바이러스 같은 고형 입자를 효과적으로 걸러 낼 수 있다. 일반적인 여과 공정에 사용되는 막은 10~100 μm 의 크기의 지름이 있는 다공(pore)을 가지고 있다. 이보다 작은 다공, 즉 0.1~10 μm 의 다공을 가진 경우는 미세 여과(micro filters)라 부르고, 더 작은 경우, 즉 1~100 nm이면 한외 여과(ultra filters)라고 부른다. 특히 아주 작은 1 nm 정도의 다공(pore)을 가진 것은 역삼투압 막으로 활용되고 있다. 미세 구멍의 크기에 따라 비교해 본다면 나노 여과(nano-filtration)는 역삼투와 한외 여과의 중간이라고 할 수 있다.

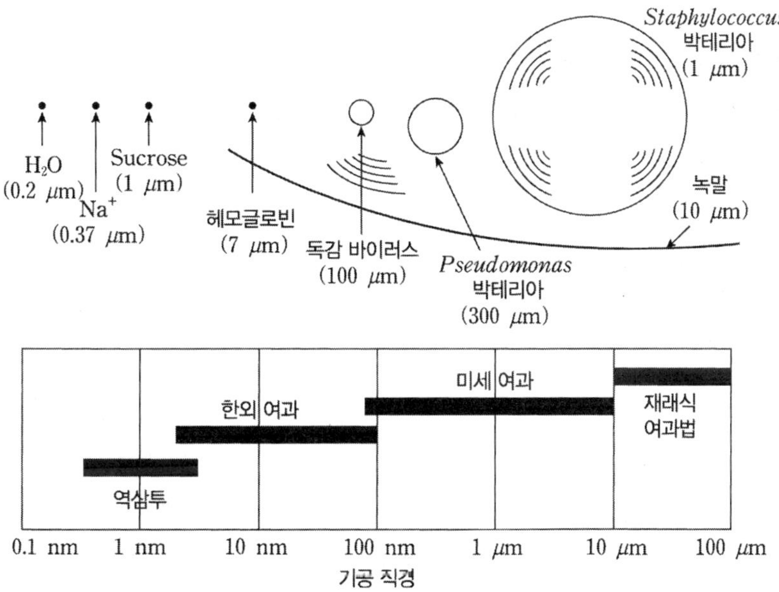

그림 25.1 다공 크기에 따른 여과 공정

역삼투압 막은 해수 담수화 공정에 널리 활용되고 있다. 일반적인 삼투의 경우 염분 농도가 낮은 쪽의 물이 염분 농도가 높은 쪽으로 침투하는데, 역삼투의 경우에는 수백 기압의 높은 압력을 반대편으로 가해주어 0.5~2 nm 크기의 미세 구멍을 가진 분리막을 통하여 염분 농도가 높은 쪽 물이 낮은 쪽으로 모인다.

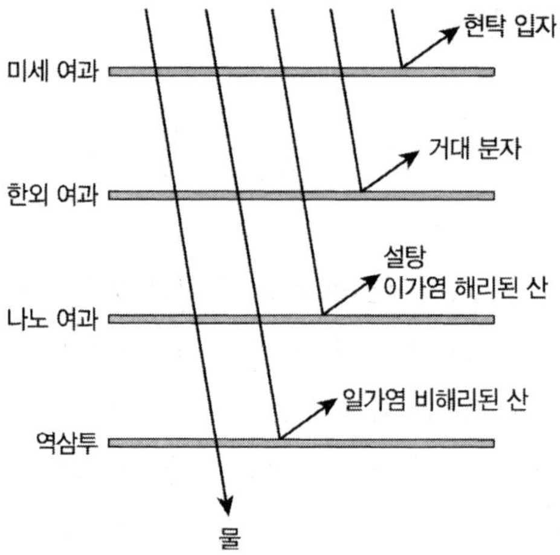

그림 25.2 분리막 공정 비교

기체 분리(gas separations)

오래전인 1866년에 이미 고무나무에서 얻어진 천연 고무로 고분자 분리막을 만들어 공기 중 산소 농도를 21%에서 41%까지 높일 수 있었다.

표 25.2 Polymeric Membrane for gas separations

<table>
<tr><th>분리</th><th>적용 고분자</th></tr>
<tr><td rowspan="8">산소/질소</td><td>실리콘 고무</td></tr>
<tr><td>폴리실록세인-block-폴리카보네이트</td></tr>
<tr><td>폴리설폰</td></tr>
<tr><td>에틸셀룰로스</td></tr>
<tr><td>폴리[(1-트라이메틸실릴)-1-프로파인]</td></tr>
<tr><td>폴리파이롤론</td></tr>
<tr><td>폴리트리아졸</td></tr>
<tr><td>폴리아닐린</td></tr>
<tr><td rowspan="5">일산화 탄소, 메테인, 질소로부터 수소
탄화수소로부터 산성 가스
(예를 들어, 이산화 탄소, 황화 수소)</td><td>폴리설폰</td></tr>
<tr><td>셀룰로스 아세테이트</td></tr>
<tr><td>폴리(바이닐 클로라이드)</td></tr>
<tr><td>폴리설폰</td></tr>
<tr><td>폴리(에테르 이미드)</td></tr>
<tr><td>공기로부터 탄화수소 증기</td><td>실리콘 고무</td></tr>
</table>

산소를 많이 함유한 공기를 만들 때나 일산화 탄소나 다른 기체로부터 수소 기체를 분리하고자 할 때, 천연 가스 속에 있는 이산화 탄소를 제거하고자 할 때, 공기 중에 있는 기체상 유기물(organic vapor)을 제거하고자 할 때, 바나나, 사과 등 과일 수송을 위하여 저산소 공기를 사용하고자 할 때는 한외 다공성 탄소 금속막(ultra-porous carbon and metallic membrane), 세라믹 막(ceramic membrane), 또는 고분자막(polymer membrane)을 사용한다. 특히 내열성이 좋은 폴리설폰 중공사(hollow-fiber)막은 합성 가스에서 수소/일산화 탄소 비율을 조절하는 데에 사용되며, 배출되는 암모니아 기체 내에서 수소/질소 비율을 조절하는 데 사용이 가능하다.

효과적 분리막 공정을 실현하기 위하여 어떤 분리막 재질을 선택할 것인가는 매우 중요한 결정이다. 분리막의 성능을 알아보기 위하여 먼저 투과도(permeability, P_A)와 투과 선택도(permselectivity, α_{AB})에 대하여 생각해 보자. 고분자막 사이에 걸리는 양쪽의 압력 차이는 보통 10 MPa 이상으로, 투과되는 유체의 양(플럭스)을 단위 두께당 압력 차이로 나눈 값을 **투과도**로 정의한다.

$$P_A = \frac{J_A L}{\Delta p} \tag{25.2}$$

J_A : A 성분의 플럭스

L: 고분자 막 두께

Δp: 고분자 막 사이의 압력 차이

기체 투과도의 단위로는 barrer을 많이 쓰며, 1 barrer은 10^{-10} cm^3(STP)$-$cm/$cm^2$$-s-$cmHg에 해당한다.

투과 신택도는 두 성분의 투과도를 각각 측정하여 그 비율로 나타낸다.

$$\alpha_{AB} = \frac{P_A}{P_B} \tag{25.3}$$

기체 투과도는 일반적으로 기체 분자의 크기가 작을수록, 기체의 용해도가 높을수록 증가한다. 투과에서는 먼저 수착(sorption)에 의한 흡착이 우선되고 이어 확산에 의한 전달이 일어나기 때문이다.

표 25.3 고분자의 기체 투과도

고분자	$P(O_2)$[a]	$\frac{P(O_2)}{P(N_2)}$	$P(CO_2)$[a]	$\frac{P(CO_2)}{P(CH_4)}$
고무상 고분자				
뷰틸 고무	1.3	3.9	5.8	6.6
천연 고무	24	3.0	134	4.7
실리콘 고무	610	2.2	4553	3.4
반결정성 고분자				
저밀도폴리에틸렌(ρ=0.9164)	2.9	3.0	12.6	4.3
고밀도폴리에틸렌(ρ=0.964)	0.4	2.9	1.7	4.4
폴리(에틸렌 테레프탈레이트)[b]	0.04	4.5	0.30	–
유리상 고분자				
셀룰로스 아세테이트	0.68	3.4	5.5	28
폴리설폰	1.3	5.2	4.9	23
폴리카보네이트	1.5	5.2	6.0	23
폴리스타이렌	2.6	3.3	10.5	–
폴리(2,6-다이메틸-1,4-페닐렌 옥사이드)	18	5.0	59	15
폴리(4-메틸펜텐-1)	29	4.4	93	–
폴리[1-(트라이메틸실릴-1-프로파인)]	7,200	1.7	19,000	4.4

[a] 투과도의 단위는 barrers[$10^{-10}cm^3$(STP)-cm/(cm^2-s-cmHg)]

[b] $X_c = 0.50$

액상 분리(liquid separations)

액상 분리는 크게 물–유기 용매 분리 아니면 유기 용매–유기 용매 분리로 생각해 볼 수 있다. 액상 분리 공정은 이론적으로 증류(distillation), 흡착(absorption), 액체–액체 추출(liquid-liquid extraction), 부분 결정화(fractional crystallization) 등의 공정을 대체할 수 있다. 액상 분리의 대표적인 예는 투과 증발(pervaporation)인데, 압력 차이를 이용한 방법으로 액체에서 각 성분을 분리해 내는 것이다.

기타 분리

위에서 살펴본 대표적인 분리막 공정 이외에도 투석(dialysis), 전기 투석(electro-dialysis), 전기 삼투(electro-osmosis) 등의 공정에도 분리막은 활용되고 있다. 투석은 콜로이드나 이와 유사하게 큰 입자들을 걸러 내면서 무기 이온이나 작은 입자는 그대로 남겨두는 것이다. 당뇨 환자를 치료하기 위한 신장 혈액 투석이 유명하다. 전기 투석은 이온 교환막(ion exchange membrane)을 이용하여 반대 전하를 띤 이온을 제거하는 공정으로 담수화에 잘 활용되며, 전기 삼투는 폐수 등에 존재하는 콜로이드나 침전물을 제거하기 위한 공정이며, 탈수 공정에도 활용된다.

표 25.4 여러 분리막 공정

공정	적용 원리	원동력	막 형태	적용 예
투석	무기 이온과 다른 미세 입자로부터 콜로이드와 다른 큰 입자의 분리	농도 구배	친수 한외 여과막	인공 신장; 혈장 정제; 비스코스 공정에서의 가성소다 회수
전기 투석	반대 전하를 갖는 이온의 분리	전기 퍼텐셜	이온 교환	전해액 농축; 탈염
전기 삼투압	유출물과 폐수 내의 슬러지와 콜로이드 현탁물의 처리	전기 퍼텐셜	이온 교환	탈수

연료 전지(fuel cells)

전기 자동차, 우주 항공 및 군사용 배터리로 연료 전지가 활용되고 있다. 연료 전지는 크게 고분자 분리막을 중심으로 산화 전극, 환원 전극, 그리고 전하 전달 매개 물질에 해당되는 전해질로 구성되어 있다.

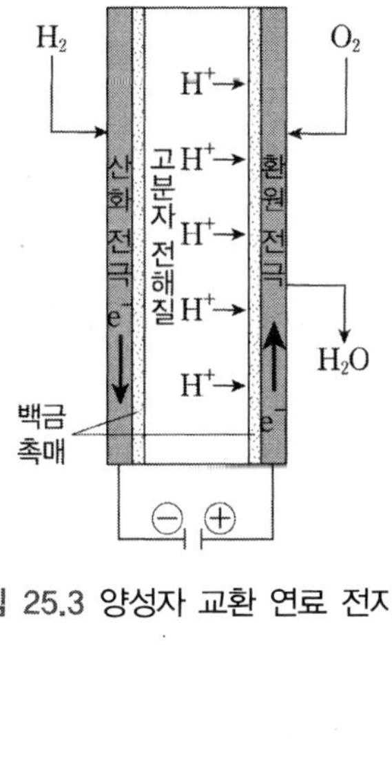

그림 25.3 양성자 교환 연료 전지

산화 전극(anode)에서는 수소가 이온화한다. 이온화된 수소에서 만들어진 자유 전자는 외부 회로를 통하여 흐르고 환원 전극(cathode)에서 산소와 만나 산소 이온을 만든다. 백금 촉매가 이런 반응을 촉진한다. 이온화된 수소는 고분자막을 통하여 환원 전극으로 이동하여 산소 이온과 만나 물이 되는 것이다. 나피온으로 알려진 perfluorosulfonate ionomer가 고분자막으로 사용되며 이를 대체할 수 있는 고분자도 다양하게 연구되고 있다.

25.1.3 이송 메커니즘

다공성 분리막에서 분자의 이동(transport)은 크기 배제(size exclusion)의 형식으로 이루어진다. 반면에 다공성이 없는 분리막에서는 용해/확산의 방식으로 이루어진다.

다공성 매질을 통한 이송

미세 구멍의 크기와 기체 분자의 평균 자유 이동 거리의 비를 뉴센 수(Knudsen number, N_{kn})라고 하며 다음과 같이 정의한다.

$$N_{kn} = \frac{mean\,free\;path}{mean\,pore\;diameter} \tag{25.4}$$

N_{kn} 값이 작은 흐름은 흐름양이 점도의 역수에 비례하는 점성 흐름(viscous flow) 영역이다. N_{kn} 값이 큰 영역은 뉴센 흐름(Knudsen flow) 영역이라 하여, 분자들이 미세 구멍의 벽에 자주 충돌하면서 확산되어 나간다. 이런 흐름에서의 뉴센 확산 계수(D_{kn})는 일반적인 분자 확산 계수와는 달리

$$D_{kn} = \frac{d}{3}\sqrt{\frac{2RT}{M}} \tag{25.5}$$

로 주어진다. 여기서 d는 미세 구멍의 지름, M은 확산되는 물질의 분자량이다.

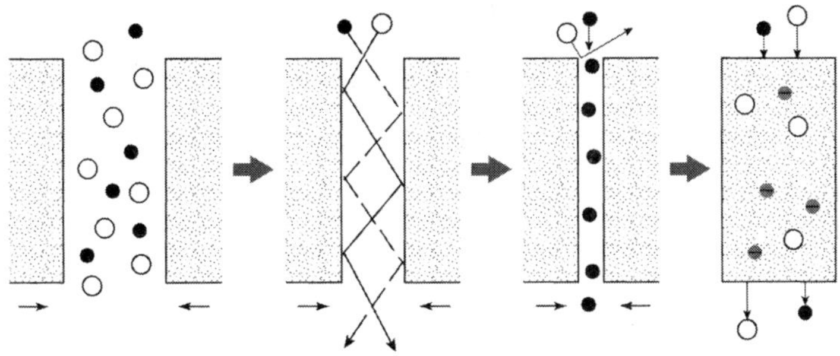

그림 25.4 막을 통한 이송 원리

다공성이 없는 분리막에서의 이동

다공성이 없는 매질에서는 용해/확산에 의해 이동 현상이 일어난다. 이때는 투과도가 용해도 계수(S)와 확산 계수(D)의 곱의 형태로 주어지게 된다.

$$P = SD \tag{25.6}$$

사용 온도가 유리 전이 온도보다 높은($T > T_g$) 고무상 고분자의 경우 농도와 압력의 상관관계가 $C = Sp$로 주어진다(Henry의 법칙). 즉, 투과되는 물질의 흡착 농도(C)는 압력 p에 비례한다는 뜻이다. 헨리의 법칙은 압력이 낮은 경우에는 잘 들어맞지만, 압력이 높은 경우에는 Flory-Huggins 이론을 사용하여야 한다(그림 25.5).

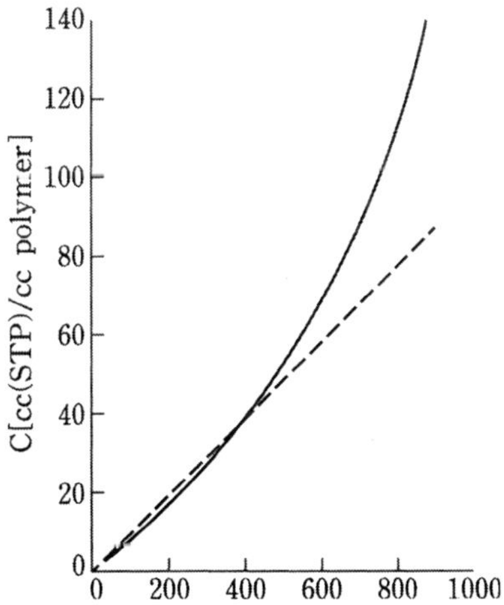

그림 25.5 고무에서의 수착 등온 곡선(실선: Flory Huggins 거동, 점선: Henry의 법칙의 거동)

사용 온도가 유리 전이 온도보다 낮은 유리상 고분자의 경우($T < T_g$) 수착 등온 곡선(sorption isotherm curves)이 압력의 증가에 따라 다소 감소하는 경향을 보인다. 이때는 이중 모드 모델의 랑미어 수착(Langmuir sorption) 곡선을 이용하여야 한다(그림 25.6).

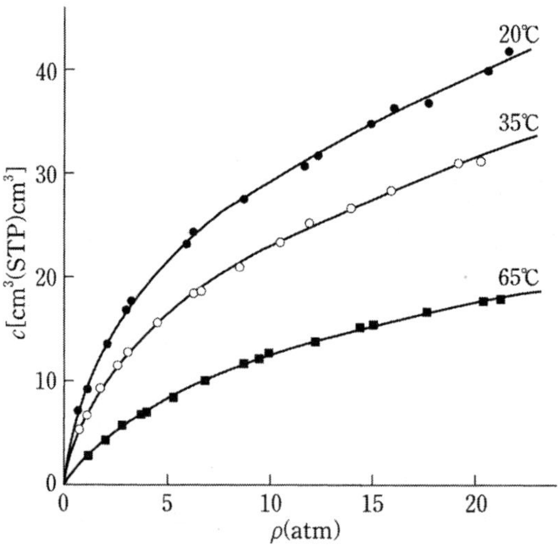

그림 25.6 유리상 고분자에서의 수칙 등온 곡선

전체 흡착 농도 C는 다음과 같이 정의된다.

$$C = C_D + C_H = k_D p + \frac{C_H' bp}{1 + bp} \tag{25.7}$$

C_D : 헨리의 법칙에 의한 농도

C_H : 랑미어에 의한 hole-filling 농도

k_D : 헨리의 법칙 계수

C_H' : 랑미어의 기공충전능(hole-filling capacity)

bp : 기공 친화 인자(hole-affinity parameter)

살아 있는 세포막에서는 농도 차이에 따라 확산이 될 뿐만 아니라 다른 에너지원이나 운반체의 도움을 받기 때문에 더 빠른 확산이 가능하다. 이를 촉진 이송(facilitated transport)이라 하고 실제 분리에서도 이런 현상을 모방하여 투과 성능과 선택도를 획기적으로 높이고 있다.

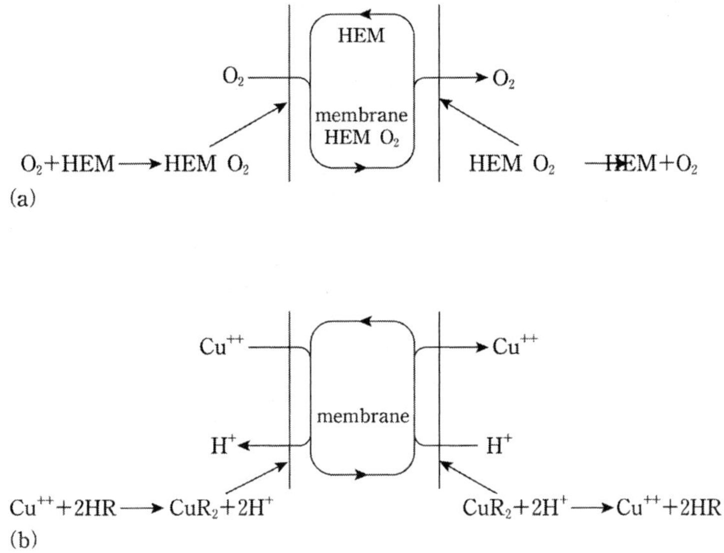

그림 25.7 촉진 이송(facilitated transport). (a) 촉진 이동과 (b) 결합 이동

25.1.4 분리막 제조

다공성이 적은 조밀한 분리막은 용융 압출(melt extrusion), 압축 성형(compression molding), 용액 주형법(solution casting)으로 만들 수 있고 미세 기공막(표 25.5)은 침출(leaching), 상반전(phase inversion), 소결(sintering) 방법으로 만들게 된다. 반결정성 고분자 필름을 연신해서 미세 기공막을 만들기도 한다. 예를 들면 PP(상품명: Celgard), PTFE(상품명: Gore-Tex)가 그것이다. 투과 유체의 양이 보다 높은 상태에서 투과 선택

표 25.5 분리막 제조 방법

제조법	개요
침출법(Leaching)	고체 기공 형성제의 추출
상 전환법(Phase inversion)	고분자, 용매 및 비용매의 3성분 혼합물의 상분리
소결법(Sintering)	반결정 고분자 분말의 용해
연신법(Stretching)	압출된 반결정성 필름의 열처리와 연신의 조합
열유도 상분리법 (Thermally induced phase separation)	잠재 용매로 고분자 용액을 상분리가 일어나는 온도까지 냉각 후 잠재 용매 상의 추출
트랙 식각법(Track etching)	고분자 필름에 빛을 조사하여 분열 조각 생성 후 부식(caustic etching)

도를 향상시키기 위한 방편으로 비대칭 막을 만들어 이용한다.

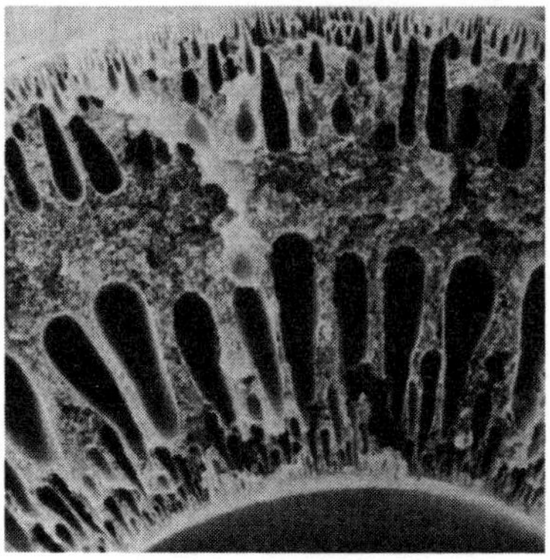

그림 25.8 분리막의 단면

25.2 | 생체 의료공학

생체 의료(biomedical) 용도로 활용되는 고분자는 우선 생체적합성(biocompatibility)을 가져야 한다. 생체적합성은 해당 고분자 표면에 흡착되는 플라즈마 단백질의 양에 의하여 결정된다. 친수성을 증가시키거나, 플라즈마 필름의 코팅, 수용성 고분자를 가지에 붙이는 등의 기작을 통해 단백질의 흡착을 줄일 수 있다. 생체 의료용 단백질은 궁극적으로 생분해성(biodegradability)을 가져야 하고 기계적 강도나 탄성률도 충분해야 한다. PVC, PP, acrylics, PS 등이 최대한 불순물이 없는 형태로 사용되며 그중에서도 감마선 등의 조사로 살균한 PVC가 의료용으로 많이 이용된다.

신장 투석에 사용되는 고분자의 경우 혈액 속에서 염화 소듐, 염화 칼슘, 요소(urea), 크리아티닌이나 요산(uric acid) 같은 저분자량 물질을 효과적으로 제거하면서 동시에 생명에 필수적인 세포 입자나 플라즈마 단백질 같은 큰 분자는 반드시 유지시켜야 한다.

약물 제어 방출

주입하고자 하는 약물의 농도를 약효가 있는 영역(therapeutic range)에서 일정 기간동안 유지시키기 위하여 확산(diffusion), 반응(reaction), 또는 용매 방식의 제어 방출(controlled release) 방법을 사용한다. 최근에는 표적 약물 전달(site-directed drug delivery) 방법도 고안되고 있다.

약물을 품을 수 있는 덴드리머 같은 초분자 구조 같은 것을 만들거나 가교된 수용성 젤(hydrogel)을 만들어 온도나 pH, 농도 등의 변화에 따라 천천히 포함된 약물이 빠져나오도록 설계하여야 한다. 최근에는 패치형으로 개발되어 인체에 주입하는 제품들이 많이 고안되어 있다.

참고문헌

1. J. R. Fried, "Polymer Science and Technology", 3rd ed., 2014, Prentice Hall, Ch 12.
2. Salame, M., Transport Properties of Nitrile Polymers. Journal of Polymer Science, Polymer Symposium, 1973. 41: p. 1-15

연습문제

25-1 PE, PP와 같은 폴리올레핀 계열 고분자의 투과도 계산을 위한 식을 제시하시오.

25-2 약물 제어 방출 분야에서 고분자의 활용이 증대되고 있다. 특히, 약물 제어 방출에 고분자가 활용되기 위해서는 확산, 반응, 제어 방출 등의 일련의 과정들이 잘 조절이 되어야 한다. 이러한 약물 제어 방출을 위해서 개발된 고분자의 예시와, 그 방법을 설명하시오.

25-3 분리막으로서의 고분자의 용도 및 중요성은 더욱 중요해지고 있다. 대표적으로 연구되고, 상업화가 되고 있는 응용처로서 수소를 이용해 연료를 생산하는 Fuel Cell과 이차 전지가 있는데, 내부에서의 고분자 분리막 및 전해질의 역할이 매우 중요하다. 고분자 분리막 및 전해질의 전지 내에서의 역할을 서술해보시오.

26

고분자에 전기장을 걸면?
유전 해석(Dielectric Analysis)

일반적으로 탄화수소 기반의 유기 고분자는 전기적으로 절연 성질을 띠고 있어 여기에 전기장을 걸게 되면 고분자 내에 유도 쌍극자 모멘트가 생겨난다. 만일 고분자에 영구 쌍극자 모멘트(permanent dipole)가 있는 경우에는 전기장 방향으로 그 배향을 바꾸게 된다. 고분자 내에서 움직일 수 있는 이온이 존재한다면 이들의 움직임에 의하여 쌍극자 모멘트가 생기게 되며 또한 각각의 원자들이 가지고 있는 전자 구름도 가해진 전기장에 의하여 한쪽 방향으로 치우치게 되면서 유도 쌍극자 모멘트가 생기는 것이다. 이들은 개별 원자의 전자들의 움직임이므로 높은 주파수에서도 순간적인 분극화가 가능하게 된다. 반면에 분자의 이동이 필요한 분극의 변화나 영구 쌍극자 모멘트의 전기장에 의한 배향 변화는 어느 정도의 시간이 소요된다.

전기장에 주기적 변화를 주게 되면 같이 동조하는 항과 어긋나는 항이 존재하게 된다. 16장에서 언급한 기계적 동적 변형 실험에서 탄성 항과 점성 항이 있는 것과 유사하다고 할 수 있다.

절연 고분자와 달리 전도성 고분자는 1970년에 와서야 알려진다. 폴리아세틸렌이 그 처음이다. 아세틸렌 기체를 치글러-나타 촉매로 중합하면 전도성을 가진 polyacetylene이 만들어지는데, 이 발견의 공로를 인정받아 시라카와(Hideki Shirakawa), 히거(Alan J.

Heeger) 그리고 맥더미드(Alan D. MacDiarmid)가 2000년에 노벨 화학상을 수상하였다. 전도성 고분자에 대하여는 27장에서 자세히 설명할 예정이다.

26.1 | 절연체

$10^{-4} \sim 10^{10}$ Hz 정도의 주파수를 가진 교류 전기장을 **절연체(dielectric)**에 가해주면 일정량의 전하가 절연체 양쪽 전극에 모이게 되는데 그 총 전하량은

$$Q = CV \quad \text{in coulombs,} \quad \text{faradays} \tag{26.1}$$

로 표현된다. 이 양은 가해준 전압 V에 비례하고 그 비례상수(C)는

$$C = \epsilon C_0 \tag{26.2}$$

로서 진공에서의 값(C_0)과 비교하여 상대 유전 계수 ϵ로 나타낸다. 따라서 진공의 경우 $\epsilon = 1$이며, 공기의 경우는 $\epsilon = 1.0006$이고 물의 경우 $\epsilon = 81$로 알려져 있다.

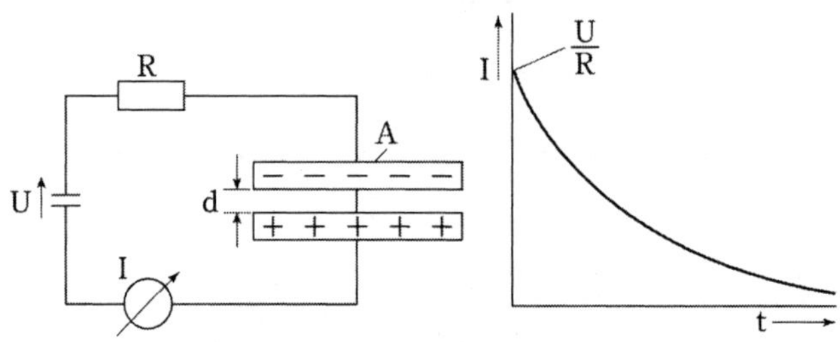

그림 26.1 절연체에 축적된 전하량

반면에 직류 전기장을 계속 가하는 경우에는 짧은 시간에서의 거동과 장시간 뒤의 포화 거동이 다르다.

(짧은 시간 거동) $\epsilon = \epsilon_U$ or ϵ_0 (26.3)

(포화 거동) $\epsilon = \epsilon_R$ or ϵ_∞ (26.4)

충전된 전하량은 전극의 면적에 비례하므로 전하 밀도(charge density, σ)는 단위 면적(A)당 전하량으로 계산하여 다음과 같이 나타낸다.

$$\sigma = \frac{Q}{A} \tag{26.5}$$

전압 또한 그 영향을 절연체 단위 폭(d)당으로 정의하게 되면 전기장의 세기(E)는 단위 길이당 전압

$$E = \frac{V}{d} \tag{26.6}$$

로 표현된다. 정상 상태의 닫힌 계에서는 가우스 이론에 의하여 $E = 4\pi\sigma_0$의 상관관계를 보인다.

시간에 따른 분극(polarization) $P(t)$는

$$P(t) = P_d(t) + P_u \tag{26.7}$$

로 순간적인 분극과 분극의 배향(dipole orientation)에 따른 시간적 추이를 합한 모양으로 표현된다.

$$\lim_{t \to 0} P(t) = P_u \tag{26.8}$$

$$\lim_{t \to \infty} P_d(t) = P_D \tag{26.9}$$

라고 생각하면 정상 상태에서는

$$P_R = P_D + P_u \tag{26.10}$$

가 된다. P_R은 $\lim_{t\to\infty} P(t) = P_R$로 주어지는 무한 시간대에서의 분극이다.

$$\sigma = \sigma_0 + \sigma_P (= P_R) = \epsilon_R \sigma_0 \tag{26.11}$$

$$Q = CV, \quad \frac{Q}{A} = C\frac{V}{d} \times \frac{d}{A} \rightarrow \sigma = CE\frac{d}{A}, \quad \sigma_0 = \epsilon_0 E \tag{26.12}$$

$$\sigma = \sigma_0 + P_R = \epsilon_0 E + P_R = \epsilon\epsilon_0 E \tag{26.13}$$

라고 생각하면

$$P_R = \frac{Q_p}{A} \tag{26.14}$$

$$P_R = \epsilon_0 (\epsilon - 1) = \epsilon_0 \chi E \tag{26.15}$$

로 표현할 수 있다. 여기서 $\chi = \epsilon - 1$: 유전 민감 계수(dielectric susceptability), 즉 분극체로서의 능력을 뜻한다.

시간에 따른 $\epsilon(t)$, $\epsilon(t;\infty)$를 예측하기 위하여 분극도의 시간적 변화가 평형 분극에서의 차이에 비례하며 그 비례 계수가 일정 완화 시간의 역수에 해당한다고 생각한다. 즉,

$$\frac{dP(t)}{dt} = \frac{P(t) - P_R}{\tau} \tag{26.16}$$

여기서 τ는 완화 시간(relaxation time)이다. 이 식을 식 (26.7)에 대입하면

$$\frac{dP_d(t)}{dt} = \frac{P_d(t) - P_D}{\tau} \tag{26.17}$$

$$P_D = P_R - P_u = \frac{E}{4\pi}(\epsilon_R - \epsilon_u) \tag{26.18}$$

$$\tau\frac{dP_d(t)}{dt} + P_d(t) = \frac{E(t)}{4\pi}(\epsilon_R - \epsilon_u) \tag{26.19}$$

이 된다. 주기적 전압, 즉 교류 전기장에 적용하기 위하여

$$E^*(t;\omega) = E_0 \exp(i\omega t) \tag{26.20}$$

를 대입하면 한참 지난 시간에서의 거동은 $t \gg \tau$에서 다음과 같다.

$$P_D^*(\omega) = \frac{(\epsilon_R - \epsilon_u)}{1 + i\omega\tau}\frac{E^*(\omega)}{4\pi} \tag{26.21}$$

이 식의 항들을 복소수 절연 상수(complex dielectric constant)로 표현하면 $\epsilon^* = \epsilon' - i\,\epsilon$ 이고 $\tan\delta_e = \frac{\epsilon''}{\epsilon'}$ 이므로 결과적으로

$$\epsilon^*(\omega) = \epsilon_u + \frac{\epsilon_R - \epsilon_u}{1 + i\omega\tau} \tag{26.22}$$

$$\epsilon' = \epsilon_u + \frac{\epsilon_R - \epsilon_u}{1 + \omega^2\tau^2},\ \epsilon'' = \frac{\omega\tau(\epsilon_R - \epsilon_u)}{1 + \omega^2\tau^2} \qquad \text{(26.23a), (26.23b)}$$

가 되는 것이다.

26.2 | 실험 방법

필요에 따라 고분자 용액, 고분자 용융체 또는 고분자 필름을 대상으로 실험할 수 있다. 보통 주파수 $10^{-4} \sim 10^{10}$ Hz 정도의 넓은 범위에서 가능하며 그림 26.2에서와 같이 셰링 브리지(Schering bridge)를 이용하여 측정하는데

$$\tan\delta_e = R_x C_x \omega \tag{26.24}$$

$$\epsilon' = \frac{C_x}{C_0(1 + \tan^2\delta_e)},\ \epsilon'' = \epsilon' \tan\delta_e \tag{26.25}$$

로 얻을 수 있다.

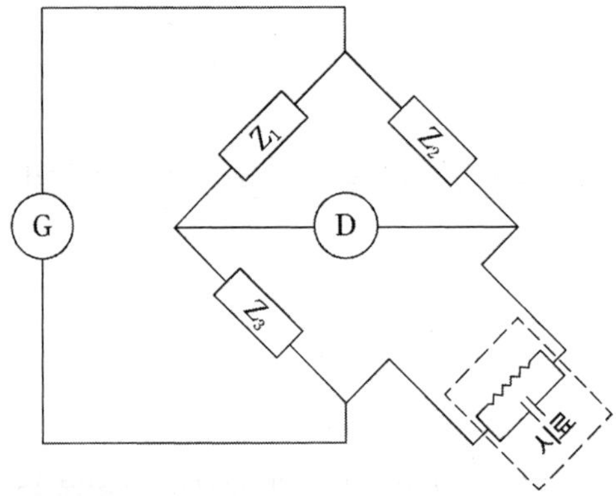

그림 26.2 Schering impedance bridge method

그림 26.3은 고분자 수지의 유전 손실 계수를 여러 온도에서 주파수의 변화에 따라 측정한 것으로 높은 온도에서는 유리 전이 온도를, 낮은 온도에서는 2차 완화 현상을 관찰할 수 있다.

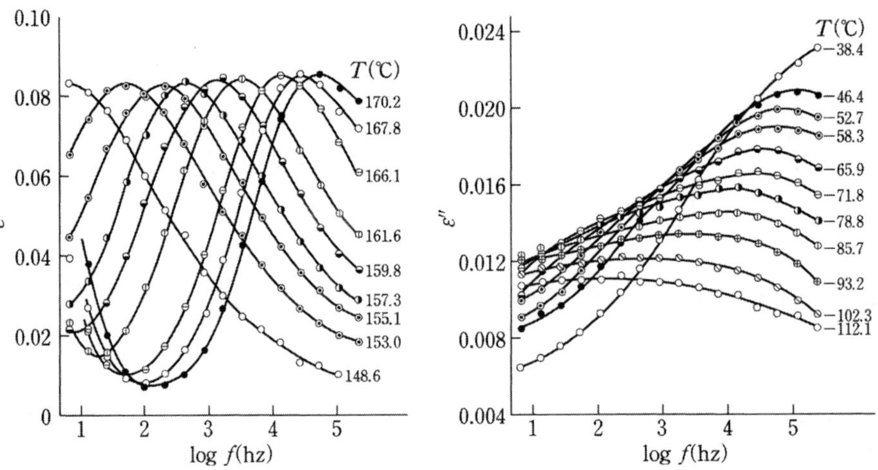

그림 26.3 온도에 따른 유전 손실 계수

26.3 | 절연체의 분극화 메커니즘

앞서 설명한 것처럼 전기장하에서 절연체가 분극화되는 방법은 이동 분극화와 배향 분극화로 나누어 생각할 수 있다. 이동 분극화에는 전자 구름이 움직여서 생겨나는 전자 분극화(electron polarization)와 이온이 움직이는 이온 분극화(ion polarization)가 있다. 배향 분극화는 쌍극자 모멘트가 방향을 바꾸면서 일어나는 것이다. 배향 분극화는 영구 쌍극자 모멘트와 더불어 유도 쌍극자 모멘트에 대하여도 작용하는 것으로 본다.

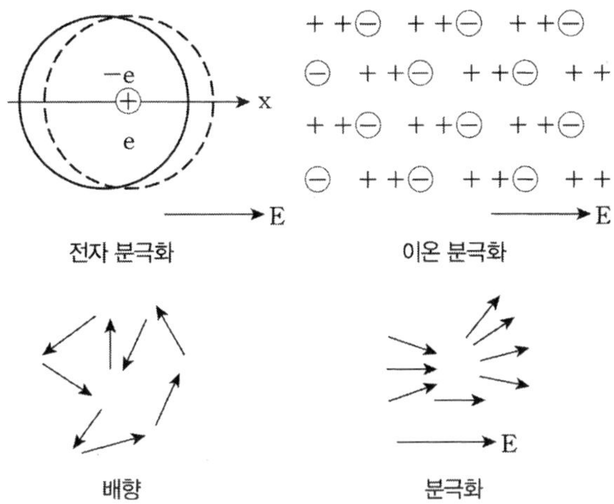

그림 26.4 전자 분극화, 이온 분극화, 배향 분극화

쌍극자 모멘트가 고분자라고 하는 점성체 속에서 배향을 바꾸려고 하면 시간이 어느 정도 소요된다. 특히 높은 주파수를 가진 교류장을 가해주는 경우에는 쌍극자 모멘트가 정해신 주파수에 따라가지 못하고 뒤처지게 된다. 이를 절연 완화(dielectric relaxation)라 하며 결과적으로 유전 손실(dielectric loss)에 의한 유전 가열(dielectric heating)을 경험하게 된다. 특히 극성 분자에서 이런 일이 벌어진다. 반면에 이동 분극화는 매우 빠르고 심지어 빛과 같은 변화에도 잘 반응하므로 전혀 손실이 발생하지 않는다.

굴절률 n은 유전 상수 중 이런 이동 분극화 기여(displacement contribution) ϵ_{ν}에 해당되는 부분과 다음과 같은 상호 관련성이 있다.

$$n = \sqrt{\epsilon_\nu} \tag{26.26}$$

고분자에서도 전자의 분극화가 결국 굴절률, 즉 빛의 주행 속도를 결정하는 것이다. 보통 고분자는 그 속에 존재하는 이온이나 분자 단위 빛 중에서 주로 적외선 영역의 빛에 따라 반응한다. PVC나 카보닐 결합을 가진 극성 고분자에서 영구 쌍극자 모멘트는 유전 손실의 원인이므로 이런 성질을 이용하여 전기 밀봉(electric sealing) 등에 응용하기도 한다.

표 26.1 고분자의 유전 상수 및 유전 손실 계수(tanδ)

고분자	유전 상수	유전 손실 계수$\times 10^3$
PTFE	2.06	0.027
E/TFE	2.6	0.8
LDPE	2.28	<0.1
HDPE	2.32	<0.1
PP	2.2~2.3	0.3~1.0
PS	2.49~2.55	1.5
POM	3.6~4.0	3
PET	3.25	5
PVC	3.39	24
poly(acrylonitrile)	5.5	85
nylon6,6	3.5	12.5
poly(vinyl acetate)	3.5	15
PMMA	3.0	55

*상온 1kHz D150기준 polymer handbook

현재 각종 미세 전자 소자에 사용되는 SiO_2는 유전 상수가 4.2 정도로 매우 높은 편이다. 점점 반도체 소자가 점점 미세화, 조밀화됨에 따라 인접한 구리 전극 간의 혼선(cross talk)을 방지하기가 점점 어렵게 되고 있다. 따라서 이를 방지하고자 하는 노력으로 저유전 물질(유전 상수가 낮은 물질), 즉 유전 상수가 2.5보다 적은 물질들을 찾게 되었다. 일반적으로 유기 고분자 물질은 절연성이 뛰어나기 때문에 다공성 고분자의 구조적 변화나 폴리이미드, 폴리테트라플루우오로에틸렌 같이 재료적 변화를 통해서 절연율을 1.9~2.1 정도까지 낮출 수 있다. 다만 반도체 가공 공정의 특성상 약 400~450℃ 정도까지 열적 안정성을 유지하여야 한다.

절연 성질을 잘 유지하기 위해 **캡슐화(encapsulation)**라 하여 전자 소자를 수분, 방사선 및 이온 오염 등 외부 환경으로부터 효과적으로 보호하기 위하여 표면을 보호층으로 둘러싸는 경우가 있다. 이런 목적으로는 열경화성 수지(thermosets), 열가소성 수지(thermoplastics) 및 탄성체(elastomers)들이 모두 사용될 수 있다.

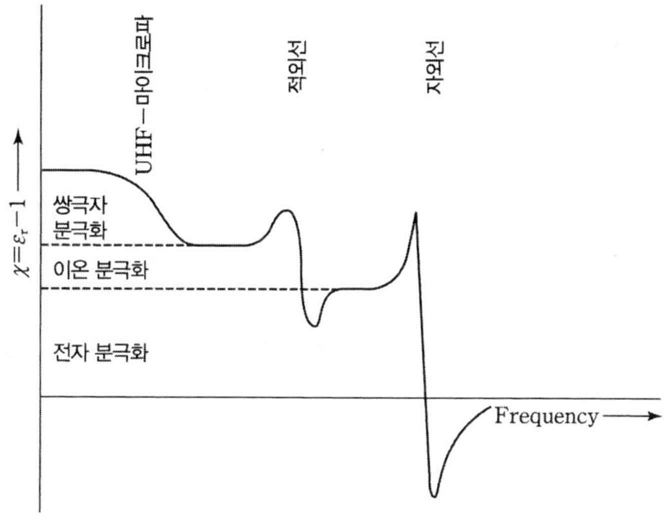

그림 26.5 $\chi = \epsilon_r - 1$ vs frequency

26.4 | 충전제의 도입

고분자에 충전제(filler)를 투입하면 유전 상수가 충전제에 따라 바뀐다. 구형 충전제의 영향은 다음과 같이 주어진다.

$$\epsilon_{eff} = \epsilon(1 - 3\phi \frac{\epsilon_{mat} - \epsilon_f}{2\epsilon_{mat} + \epsilon_f}) \tag{26.27}$$

이 식을 고분자 형식에 적용해 보면 $\epsilon_{fil} = \epsilon_{air} = 1$이므로

$$\epsilon_{eff} = \epsilon_{mat}[1 - 3\phi \frac{\epsilon_{mat} - 1}{2\,\epsilon_{mat} + 1}] \tag{26.28}$$

이 될 것이고 전도성 충전제인 금속 충전제의 경우에는 $\epsilon_{fil} = \infty$ 이므로

$$\epsilon_{eff} = \epsilon_{mat}[1 + 3\phi] \tag{26.29}$$

가 될 것이다.

교류 장에서의 완화 시간은 미디엄(매질)의 점도, 온도 그리고 분자의 크기에 따라 다르며 다음과 같이 주어진다.

$$\lambda_m \sim \frac{\eta r^3}{T} \tag{26.30}$$

η : 점도, T : 절대 온도, r : 분자의 반지름

이 완화 시간이 곧 작은 변형 이후 원래 상태로 복원하는 데 소요되는 시간인 셈이다. 완화 시간과 공조하는 주파수를 다음과 같이 계산해 볼 수 있다.

$$\text{공명 주파수} \quad f_m = \frac{\omega_m}{2\pi} = \frac{1}{2\pi\lambda_m} \tag{26.31}$$

참고문헌

1. Tim A. Osswald, Georg Menges, Materials Science of Polymers for Engineers, 3rd Ed., 2012, Carl Hanser Verlag, Munich, Ch 11.
2. J. R. Fried, "Polymer Science and Technology", 3rd ed., 2014, Prentice Hall, Ch 5.

연습문제

26-1 고분자의 절연 계수를 측정하는 방법에 대해서 본문에서 논의되었다. 이 중에서 다음과 같은 세 시스템, 고분자 용액, 용융체, 필름에 대해 모두 계산할 수 있으면서 넓은 범위의 주파수에서 응용이 가능한 절연 계수 계산 방법을 설명하시오.

26-2 외부 수분, 방사선, 이온과 같은 오염으로부터 효과적으로 개체를 보호하기 위해서 고분자를 활용한 절연 기술이 개발되고 있다. 이 같은 절연 기술에 사용 가능한 고분자의 종류와 캡슐화란 무엇인지 설명하시오.

27
유기 반도체 고분자

27.1 | 전도성 고분자

26장에서 설명한 바와 같이 폴리에틸렌 같은 탄화수소 계열의 고분자는 절연체로써 고압 전선을 코팅하는 절연 재료로 잘 활용되고 있다. 특히 엔지니어링 고분자로 소개한 바 있는 PTFE 같은 플루오린 고분자도 아주 우수한 절연체이다.

이런 절연 성질을 넘어서 고분자에 전기 전도성을 부여하는 일은 천연 고무에 카본블랙을 두입하면서부터 시작되었다고 할 수 있다. 이는 전도성을 가진 충전제를 투입하여 전기 전도성을 향상시키려는 시도였다. 다른 접근 방법으로 고분자 주사슬의 화학 구조를 변경하여 전기 전도도(conductivity)를 획기적으로 증가시킬 수도 있다. 예를 들어 초창기 전도성 고분자인 폴리설퍼나이트릴($(SN)_X$)은 전기 전도도 10^3 S/cm를 보이는 유일한 전도성 고분자로 알려졌다. 이후 폴리아세틸렌의 전기 전도도를 도핑을 통해 10^4 S/cm까지 향상시킬 수 있었다. 도핑은 알칼리 금속 이온 같은 전자 주개(electron donor)나 arsenic pentafluoride(AsF_5) 같은 전자 받개(electron acceptor)를 고분자에 도입하는 것이다.

표 27.1 고분자와 금속의 전도도

물질	전도도[a] ($S\ cm^{-1}$)	비중
은	10^6	10.5
구리	6×10^5	8.9
알루미늄	4×10^5	2.7
도핑된 폴리아세틸렌	1.5×10^5	1
백금	10^5	21.4
도핑된 polythiophene	10^4	1
수은	10^4	13.5
탄소 섬유	500	1.7~2
카본-블랙-충전 폴리에틸렌	10	1
고분자 전해질[b]	10^{-4}	1
폴리테트라플루오로에틸렌(Teflon)	10^{-8}	2.1~2.3
폴리에틸렌	10^{-22}	0.9~0.97

[a] 단위는 diemens(S)/cm

[b] Ionic conductivity

도핑하지 않은 폴리아세틸렌은 트랜스 구조에서는 4.4×10^{-5} S/cm, 시스 구조에서는 1.7×10^{-9} S/cm정도의 전기 전도도를 나타내는데 AsF_5로 도핑을 하면 최대 10^4 S/cm까지 전도성을 높일 수 있다. 유리 전이 온도(T_g)가 $-40\sim0$℃ 정도이며, 고온 안정성도 우수하지만(up to 420℃) 쉽게 산화되는 단점이 있다. 이렇게 도핑된 폴리아세틸렌은 현재 태양 전지나 배터리에 활용되고 있다.

폴리아닐린(PANI)도 대표적인 전도성 고분자로서 전기 전도도가 $10^{-11}\sim10^2$ S/cm로 넓은 범위를 가질 수 있으며, 조절이 가능하다는 특징이 있다.

최근에는 폴리(p-페닐렌)(PPP), polypyrrole, polythiophene도 폴리아세틸렌과 같이 전기 전도성이 있는 것으로 밝혀졌다. 표 27.2에 제시되어있는 이들 고분자의 주사슬 화학 구조를 자세히 살펴보면 단일 결합과 이중 결합이 교대로 존재하는 콘쥬게이트(conjugated) 시스템인 것을 볼 수 있다. 이런 구조적 요인으로 전하의 전달이 가능하게 되어 전기 전도도를 가지게 된다. 일반적으로 콘쥬게이트 고분자라 부른다. 이렇게 콘쥬게이트 구조를 가지는 고분자는 반도체적 성질을 지니고 있어 전자 주개나 전자 받개를 도핑하게 되면 전기 전도성을 획기적으로 증가시킬 수 있다.

표 27.2 몇 가지 전기적 전도성 고분자의 화학 구조와 전도도

전도성 고분자	반복 단위	도핑 물질	전도도[a] (S cm^{-1})
트랜스-폴리아세틸렌		I_2, Br_2, Li, Na, AsF_5	10^4
Poly(3-alkyl-thiophene)	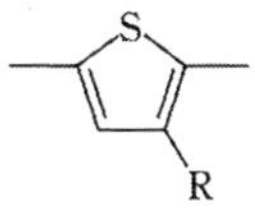	BF_4^-, ClO_4^-, $FeCl_4^-$	$10^3 \sim 10^4$
폴리아닐린[b]	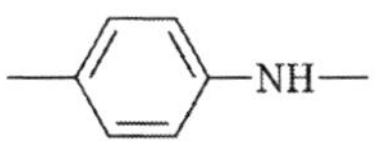	HCl	200
Polyisothianaphthalene	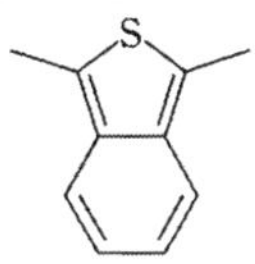	BF_4^-, ClO_4^-	50
폴리(*p*-페닐렌)	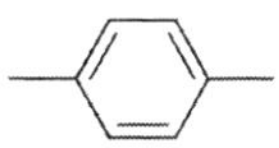	AsF_5, Li, K	10^3
폴리 (*p*-페닐렌 바이닐렌)	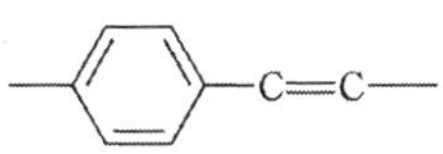	AsF_5	10^4
Polypyrrole	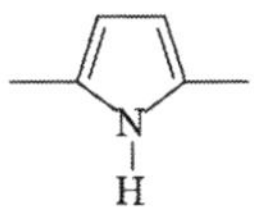	BF_4^-, ClO_4^-, tosylate[c]	500~7500
Polythiophene	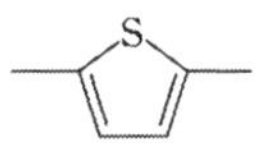	BF_4^-, ClO_4^-, tosylate[c], $FeCl_4^-$	10^3

[a] 도프된 고분자의 대략적인 최대 전도도.

[b] Polyaniline은 4개의 산화 상태로 존재한다.

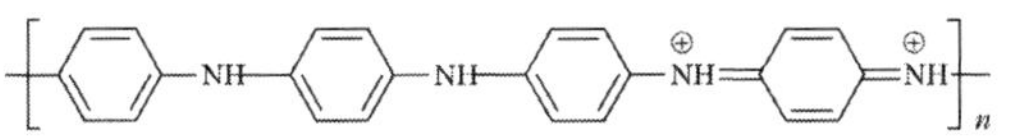

이 중 emeraldine 염만이 보는 바와 같이 imine nitrogen의 protonic doping만을 필요로 하는 우수한 전도체이다.

[c] *p*-Methylphenylsulfonate

전기 전도도는 에너지의 띠 간격(band gap)이 감소할수록 올라간다. 띠 간격이라 함은 원자가 띠(valence band)와 전도 띠(conduction band) 사이의 에너지 차이를 말한다. 원자가 띠란 **최고 점유 오비탈(HOMO)**의 에너지 준위이며 전도 띠는 **최저 비점유 오비탈(LUMO)**에서의 에너지 준위이다. 결국 띠 간격은 HOMO와 LUMO의 에너지 준위 차이로 원자가 띠의 전자 하나를 전도 띠로 도약시키는 데에 필요한 에너지를 뜻한다.

금속의 경우에는 전자의 에너지 차이가 전혀 없는 자유 전자이므로 이런 에너지 차이가 존재하지 않아서 띠 간격이 0이지만 절연체의 경우 2.5~3 eV 이상으로 매우 크며 콘쥬게이트 고분자의 경우 1~2 eV 정도인 것으로 알려져 있다. Polyisothianaphthalene의 경우에는 띠 간격이 상대적으로 작은 약 1 eV이다. 따라서 이들을 띠 간격이 상대적으로 작은 유기 반도체라 부르기도 한다.

이런 고분자를 활용하면 전기를 가했을 때 빛을 낼 수 있는 **고분자 전기 발광 소자(polymer light emitting device; PLED)**나 빛을 받아 전기 에너지를 생산해내는 **고분자 태양 전지**를 만들 수 있다. 물론 기존 무기 재료를 사용하여 발광 소자, 태양 전지, 배터리를 구현할 수 있으나 전도성 고분자를 활용하고자 하는 이유는 더 가볍고, 더 유연하여 심지어 접을 수도 있는 소자를 용액 공정과 같은 더 쉬운 방법으로 만들 수 있기 때문이다. 이런 경우 현재 관심의 대상이 되는 각종 웨어러블 기기에 적용이 가능할 것으로 보인다. 유기 반도체 고분자는 이외에도 배터리용 전도성 유연 전극으로 사용하거나 센서용 소자, 열전 소자, 고체 고분자 전해질로의 활용이 가능하다.

그림 27.1에서 보여주는 리튬 고분자 전지는 쉽게 50 mA/cm^2, 320 Wh/kg 정도의 전류 밀도(current density), 에너지 밀도(energy density)를 실현하고 있다.

센서, 전도성 페인트, 유기 반도체 회로(semiconductor circuit), 저전류 선, 전기-기계 장치 등에서도 이런 전도성 고분자 물질들을 발견할 수 있다.

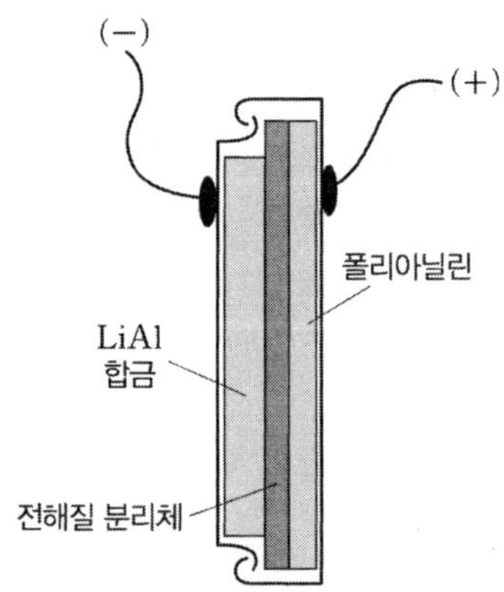

그림 27.1 Lithium-polymer Battery

27.2 | 전자파 차폐

전자파 간섭(electromagnetic interference; EMI)은 환경적 측면에서 볼 때 전자기 소자에서 큰 주제이다. 플라스틱에 전도성 금속을 가볍게 코팅하면 쉽게 얻어지는 성질이다. 또는 플라스틱에 전도성 섬유(탄소 섬유, 탄소 나노 삼유)나 전도성 입자(금속 입자)를 블렌드하여 목적을 달성하기도 한다. 예를 들어 PVC에 알루미늄 판상 입자를 넣어 만든 고분자-금속 복합체는 저방출 전자 소자의 겉포장용으로 적합하다.

27.3 | 전기를 만드는 고분자 태양 전지

태양 전지(solar cell)는 빛의 형태로 지구에 도달하는 엄청난 양의 태양 에너지를 전기 에너지로 바꾸는 장치이다. 세계 인구의 급속한 증가와 개발도상국의 생활 수준의 꾸준한 향상으로 에너지 수요는 날로 급증하는 반면에 화석 연료의 사용 확대로 인한 지구 온난화는 더욱 가속화되고 있다. 이런 상황을 타개하기 위한 재생 에너지의 하나로 태양 에너지의 활용은 피할 수 없는 선택이다. 이미 실리콘 기반의 태양 전지는 상용화되어 세계 각국에서 발전소용과 가정용으로 적용되고 있다. 무기 소재 기반 박막 태양 전지와 제3세대 태양 전지로 고분자나 유기물 기반의 태양 전지와 염료 감응형 태양 전지, 그리고 페로브스카이트 태양 전지 등이 연구되고 있다. 여기서는 주로 고분자 태양 전지와 이의 성능 향상에 대하여 소개하고자 한다.

고분자 태양 전지의 두 성분인 전자 주개와 전자 받개가 짝을 이루어서 빛을 받게 되면 전자 주개 부분에서 흡수가 일어나서 엑시톤(exiton)을 형성한다. 엑시톤은 분리되어 양전하(양성자)와 음전하(전자)로 나뉘고 각각 반대 전하의 전극으로 이동하게 되면서 결과적으로 외부 전자의 흐름이 생기게 되어 전기 에너지를 활용할 수 있게 된다. 두 가지 성분(전자 주개와 받개)의 고분자 또는 유기물을 어떻게 배치하는가에 따라 그 구조가 이층 박막(bilayer) 또는 벌크 비균일(bulk hetero junction; BHJ)의 형태로 나뉜다. 엑시톤의 확산 길이(diffusion length)는 보통 수십 나노 미터 정도로 짧은 관계로 BHJ 형태가 다소 유리하다. 최근에는 이층 박막 형태가 보다 나은 성능을 보이기도 하였다.

전도성 고분자의 반도체 성질에 기초한 고분자 태양 전지는 기존의 무기 태양 전지에

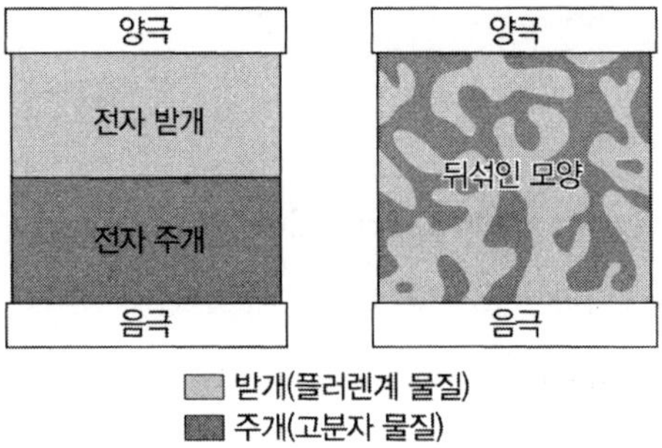

그림 27.2 고분자 태양 전지 구조 비교

비해 간단한 제작 공정, 저렴한 단가와 대면적화의 가능성, 그리고 뛰어난 기계적 유연성을 바탕으로 활발한 연구가 진행되고 있다.

고분자 태양 전지의 활성층의 조성을 보면 대표적으로 P3HT[poly(3-hexylthiophene)]나 PTB7, PCDTBT 등이 전자 주개로 사용되고 전자 받개로는 PCBM 등의 풀러렌이나 최근에는 빛의 흡수가 향상된 염료가 포함된 전도성 물질 등이 사용된다. 어느 물질을 활성층에 활용하느냐에 따라서 효율의 차이가 크게 난다. 보다 높은 효율과 안정성을 지닌 활성층을 만들기 위하여서는 전자 주개와 전자 받개가 효과적으로 만나야 한다. 이를 위하여 이들을 같이 공중합하는 연구도 진행되고 있다. 또 풀러렌계 전자 받개가 저분자인 관계로 상분리 속도가 너무 빨라서, 태양 전지의 안정성 향상을 위해 고분자량의 전자 받개를 사용하기도 한다.

태양광의 넓은 스펙트럼에 비하여 활성층의 좁은 흡수 스펙트럼 때문에 태양광을 부분적으로만 흡수할 수 있다는 점이 한계로 작용하고 있다. 또 엑시톤의 짧은 확산 길이로 인하여 생성된 전하의 분리 및 수집 효율이 낮은 까닭에 무기 태양 전지에 비하여 전환 효율이 떨어지는 문제가 발생하기도 한다. 따라서, 빛의 흡수가 최대화될 수 있도록 띠 간격과 빛에 대한 흡광 계수가 향상된 새로운 전자 주개, 받개의 개발이 매우 중요한 연구이다. 더하여, 전극에 나노 패턴 도입 등을 통해 광산란 효과나 빛 가둠을 증개시켜 광전환 효율을 증가시키거나, 활성층 내에서의 모폴로지 최적화나 고분자의 결정성 향상을 통해 전자 생성 및 이동을 증대시킴으로써 태양 전지 효율을 최적화하는 노력이 많이 이루어지고 있다. 또한 다양한 크기와 형태를 갖는 금/은 나노 입자를 활성층 내에 도입하여 효과적인 광산란으로 인한 광흡수의 개선과 원활한 정공 및 전자 수송을 통해 광 변환 효율을 향상시키고 있다. 중간층으로 CdSe 양자점을 도입한 연구에서는 양자점이 원활한 전자 수송을 유도함으로써 유기 태양 전지의 효율 향상에 기여할 수 있다는 것이 밝혀졌다(그림 27.3 참고).

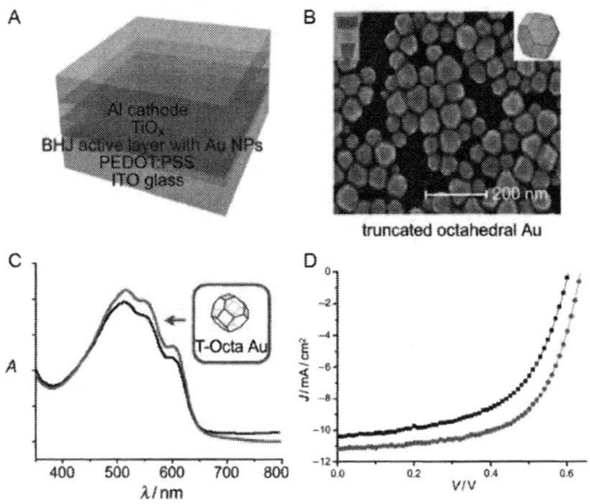

그림 27.3 금 나노 입자 도입을 통한 고효율 고분자 태양 전지 개발. (A) 소자 구조 모식도, (B) 깎은 정팔면체(truncated octahetron) 금 나노 입자의 SEM 이미지, (C) P3HT/PC_{70}BM 필름의 UV-Vis 스펙트럼, (D) J-V 곡선

27.4 | 빛을 내는 고분자 전기 발광 소자(PLED)

전기 발광 소자는 현재까지 주로 무기물을 이용하여 제작해왔다. 이를 대체할 새로운 후보로서 저분자 유기물을 생각할 수 있는데 주로 진공 증착(vacuum deposition)에 의하여 제조되므로 비용이 높아지는 단점을 가지고 있다. 반면에 고분자 물질이 활용된다면 적절한 용매에 고분자를 녹여 사용하는 용액 공정이 가능하다. 스핀 코팅이나 잉크젯, 전사 등의 공정을 도입하면 비교적 저렴한 공정으로 큰 면적의 유연한 소자를 만들 수 있을 것으로 기대된다. 현재는 콘쥬게이트 구조를 가진 고분자에 전기를 통하게 되면 특정한 파장을 가진 빛이 나오는 현상을 경험할 수 있다. 다만 효율이 그리 높은 편이 아니라서 대폭적인 개선이 필요하다.

고분자 전기 발광 소자는 보통 다층으로 구성되는데, 가운데 전기 발광층을 중심으로 홀 전달층(HTL)과 전자 전달층(ETL), 그 밖에 홀 주입층(HIL)과 전자 주입층(EIL) 그리고 산화 전극과 환원 전극으로 이루어져 있다. 일단 활성층에서 만들어진 전자와 홀은 다시 엑시톤으로 재조합되기 전에 각 층으로 이송되어야 한다. 이런 소자는 주로 조명이나 디스플레이로 사용된다. 고분자 전기 발광 소자는 얇고 가벼우며 비용이 저렴하고 큰 면적으로 제조가 가능하다. 또 유연성과 신축성 등 그 제조 방법의 용이함을 장점으로 최근 차세대 광원으로서 학계와 산업계의 많은 주목을 받고 있다.

특히 유기 발광 소자의 높은 전력 효율을 실현하기 위하여, 광 추출 효율의 향상과 낮은 전압 구동을 위한 노력이 있어야 한다. 고분자 전기 발광 소자는 기본적으로 여러 층의 박막으로 구성되어 있는데 이들 층마다 굴절률이 다르므로 빛의 생성 후 밖으로 나오는 과정에서 전반사 현상 등으로 말미암아 80% 정도가 갇히거나 흡수되는 현상을 보여 광 추출 효율이 지극히 낮은 편이기 때문이다. 이를 개선하는 방법은 주로 물리적 방법으로서 TiO_2 역 오팔층의 도입 등 다양한 방법으로 빛의 산란을 유도하는 새로운 층을 도입하는 방법이 이용되고 있다. 이외에도 물결 구조의 도입, 저굴절층의 도입, 광산란 층의 도입, 마이크로 렌즈의 부착 등 다양한 방법이 강구되고 있다.

낮은 구동 전압을 실현하기 위하여는 새로운 물질을 도입할 필요가 있다. 전반적으로 낮은 공정 단가와 큰 면적, 고효율 유기 발광 소자의 제작을 위한 나노 패터닝 방법을 적용할 수 있다. 용액 공정을 통한 광 추출 구조의 도입, 다발광층의 크로스 패터닝 기술 및 삼차원 콜로이드 결정과 소프트 리소그래피 공정을 활용한 탑 에미팅 유기 발광 소자의 백색광 구현에 관한 연구도 수행되고 있다. 최근에는 무기 금속 나노 입자 및 수용액상 양자점을 활용한 고기능성 하이브리드 발광 소자의 개발도 진행되는 중이다.

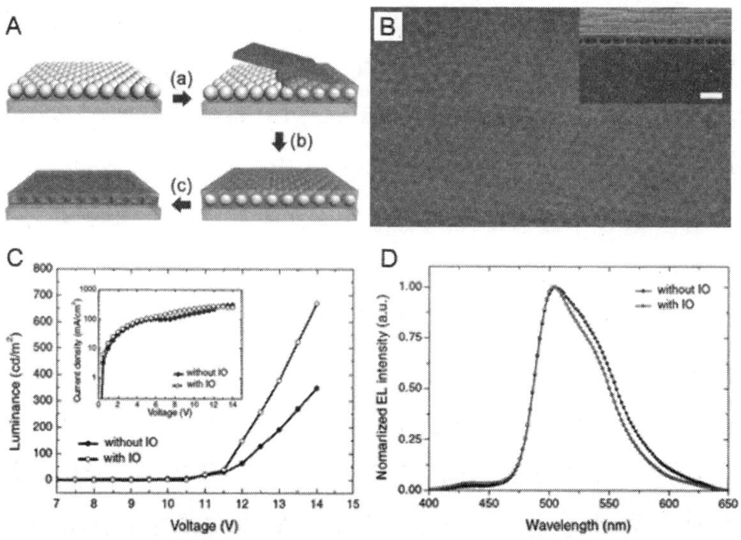

그림 27.4 2차원 TiO_2 역오팔(inverse opal) 광추출 구조를 이용한 고성능 고분자 발광 소자 제작. (A) 역오팔 구조의 제작 과정의 모식도, (B) SEM 이미지, (C) 휘도-전압 특성, (D) 발광 스펙트럼

현재는 OLED라 하여 유기물 전기 발광 소자가 실제 상업화되어 핸드폰, TV 등에 널리 사용되고 있어 고분자 전기 발광 소자의 실현도 양자점 TV등과 같이 곧 가능할 것으로 기대된다.

27.5 | 탄소 기반 기능성 나노 복합체

탄소 소재는 전도성 고분자 또는 금속 산화물과 복합체를 형성하면 성능이 획기적으로 개선된 초고용량의 전극으로 활용할 수 있다. 일반 축전지에 비하면 비축전 용량도 높을 뿐 아니라 충전 및 방전 속도도 수 초~수십 초로 아주 빠르다. 폴리피롤/그라파이트 복합체가 그 한 예라고 할 수 있다. 폴리아닐린/활성 탄소 복합체, 탄소 나노 튜브/RuO_2 복합체도 초고용량 전극으로 활용이 가능하다.

현재 활발히 연구가 되고 있는 탄소 나노 튜브와 그래핀 등의 탄소 나노 소재는 우수한 기계적 물성과 유연성 그리고 독특한 전기적, 물리적 특성으로 꿈의 신소재로 주목

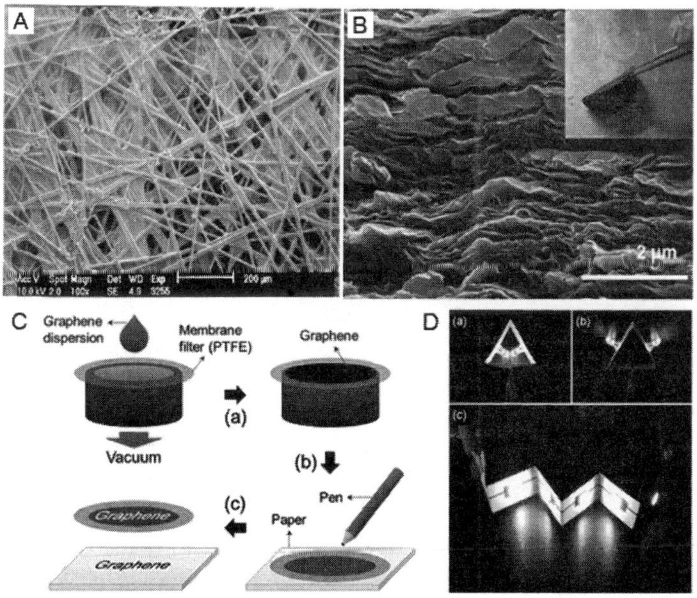

그림 27.5 탄소 소재 기반 기능성 나노복합체의 개발의 예. (A) 초고용량 커패시터 용 폴리피롤/그래파이트 복합체 전극(SEM 이미지), (B) 리튬-이온 전지 용 플렉서블 그래핀 전극(SEM 이미지), (C~D) 접을 수 있는 종이 기판 기반 그래핀 전자회로

을 받고 있다. 이들 탄소 나노 소재의 표면을 효과적으로 개질하여 여러 기능성 고분자와의 상용성을 높이고 모폴로지 제어를 통하여 전도성 고분자와의 효과적 복합체를 만들 수 있을 것이다. 용액 또는 용융 혼합법이나 층상 자기 조립법, 진공 여과법등의 가공 방법을 적절히 활용하면 접을 수 있는 종이 기판 그래핀 전자 회로, 리튬 이온 전지용 그래핀 전극 등도 제조가 가능할 것이다. 고분자와 탄소 나노 소재와의 결합에서 무궁한 가능성을 찾아낼 수 있을 것으로 기대되고 있다.

참고문헌

1. J. R. Fried, "Polymer Science and Technology", 3rd ed., 2014, Prentice Hall, Ch 12.
2. B. Yu et al., Adv. Mater. 22, 2010, 1017.
3. 고분자 과학과 기술, 고분자학회, 24(6), 2013년, p 638-641.

연습문제

27-1 유기 반도체 물질이 전기 전도도를 가질 수 있는 이유는 무엇인가? 다음의 polyacetylene 구조를 이용해 설명해보시오.

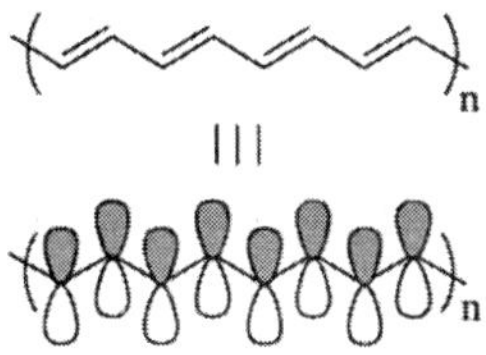

27-2 아래 질문에 답하시오.

(a) 다음 전도성 고분자의 에너지 레벨 도식도를 보고, 각 고분자 ethylene, butadiene, octatetraene, polyacetylene 의 띠 간격(band gap)을 구하시오.

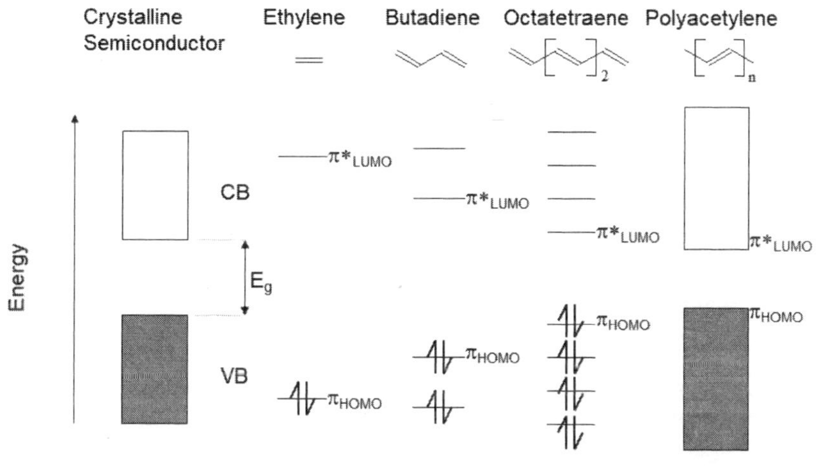

Adapted from: Reddinger, J; Reynolds, R; *Adv. Polym. Sci.* **1999**, *145*, 57

(b) 전도성 고분자는 콘쥬게이션 길이가 길어짐에 따라 띠 간격이 줄어든다. 그러나, 일정 수 이상의 반복 단위(repeating unit)에서는 고분자의 콘쥬게이션 길이가 유지되면서, 띠 간격 또한 더 이상 줄어들지 않게 된다. 이러한 현상의 원인을 설명하고, 대표적인 전도성 고분자(예 : poly(3-hexylthiophene))에서 콘쥬게이션 길이가 유지되는 반복 단위의 수를 구하시오.

27-3 주변에서 사용되는 전도성 고분자 중에 가장 대표적인 polyacetylene, polythiophene, polyaniline, poly(phenylene–vinylene)의 구조를 그려보고, 이 고분자의 콘쥬게이션 구조를 표기해보시오.

27-4 전도성 고분자는 유기 태양 전지에서 많이 활용되고 있다. 태양 전지 구동의 메커니즘은 크게 (1) 광 활성층에 의한 빛의 흡수를 통한 엑시톤(exciton)의 형성, (2) 엑시톤의 주개(donor) 및 받개(acceptor) 계면으로의 이동, (3) 계면에서 엑시톤의 분리(dissociation)에 의한 홀(hole)과 전자(electron)의 형성, (4) 형성된 홀과 전자의 전극으로의 이동의 4가지로 분류된다. 이와 관련하여 아래 질문에 답하시오.

(a) 태양 전지 효율을 정의하고, 효율에 영향을 미치는 요소를 3가지 이상 나열하시오.

(b) 유기 태양 전지의 주개와 받개로 활용되는 물질의 구조를 각각 2개 이상씩 나열하시오.

(c) 유기 반도체 물질 기반의 태양 전지의 효율을 올리기 위해 물질 설계적인 측면에서 고려할 점이 있는지 적어보시오.

연습문제 해답

1부

1장 고분자 그리고 그 역사

1-1. 고분자는 열적으로 가역적 변화를 보이는 열가소성 물질(thermoplastics)과 비가역적 변화를 보이는 열경화성 물질(thermosets)로 구분된다. 열가소성 물질은 무정형이지만 결정성인 고분자로, 가열하면 고체상에서 고무상을 거처 용융 상태로 변하고 다시 냉각하면 고무상을 거처 고형화된다. 반면 열경화성 물질은 화학적 반응에 의하여 중합과 동시에 경화가 된 경우로서 한번 경화되면 분해되지 않는 한 다시 용융상으로 변화할 수 없다.

1-2.

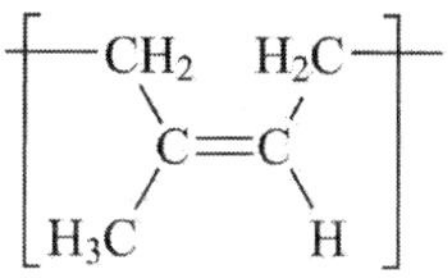

cis-1,4-polyisoprene
cis-poly(1-methyl-1-butenylene)

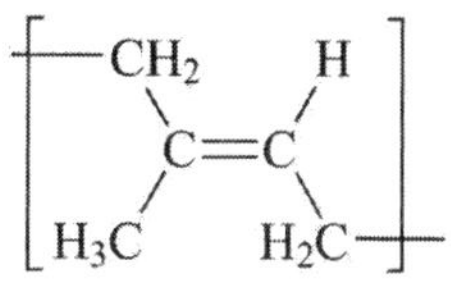

trans-1,4-polyisoprene
trans-poly(1-methyl-1-butenylene)

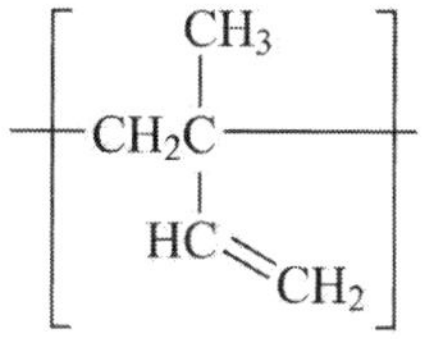

1,2-polyisoprene
poly(1-methyl-1-vinylethylene)

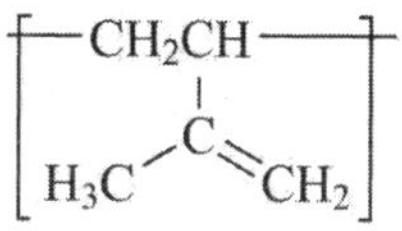

3,4-polyisoprene
poly(1-isophenylethylene)

1-3. (a) poly(methacrylic acid) 또는 poly[1-(carboxy)-1-methylethylene]

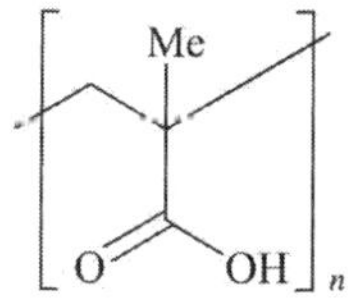

(b) poly(tetramethylene adipamide) 또는 poly(iminoadipoliminobutane-1,4-diyl)

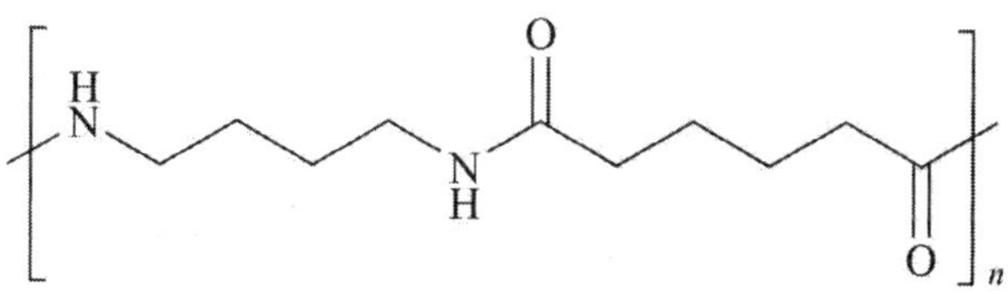

(c) poly(6-hydroxyhexanoic acid) 또는 poly(oxycarbonyl pentamethylene)

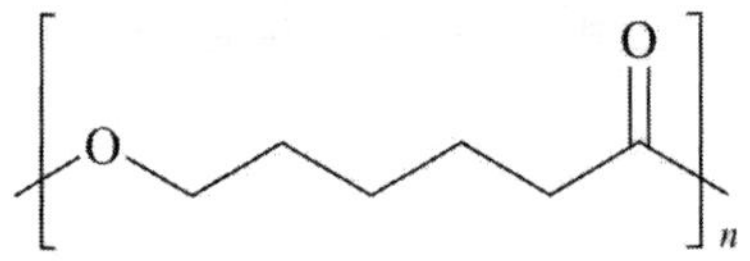

(d) poly(acrylonitrile) 또는 poly(1-cyanoethylene)

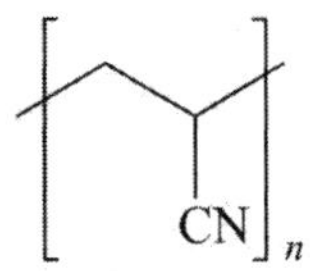

1-4. 고분자의 입체규칙도는 고분자 내에서 반복 단위 간의 결합 입체 규칙성을 의미하는데, 동일 배열(isotactic), 교대 배열(syndiotactic), 그리고 무규칙 배열(attactic)의 세 가지로 구분된다.

2장 고분자는 얼마나 큰 분자인가?

2-1. 수 평균 분자량은 전 분자들의 분자량을 합하여 분자 수로 나눈 산술 평균 분자량으로 삼투압법에 의하여 측정된다. 중량 평균 분자량은 전 분자의 분자량을 그 자체의 무게로 가중하여 평균을 산출하는 것으로 광산란법으로 측정이 가능하다. 그리고, gel permeation chromatography(GPC)와 matrix-assisted laser desoprtion ionization time-of-flight (MALDI-TOF)를 이용하면 수 평균 분자량과 중량 평균 분자량을 모두 측정할 수 있다.

2-2. 몰분율 분포 함수 $P(x)=(1-p)p^{x-1}$이다.

질량 분율 분포 함수 $w(x)=\dfrac{N_x(xM_0)}{N_0M_0}=\dfrac{xN_x}{N_0}=x(1-p)^2p^{x-1}$이다.

수 평균 분자량은 $M_n=\sum_{x=1}^{\infty}P(x)M_x$로 표현되며, $M_x=xM_0$이므로,

$$M_n=\sum_{x=1}^{\infty}xM_0(1-p)p^{x-1}=(1-p)M_0\sum_{x=1}^{\infty}xp^{x-1}=(1-p)M_0\frac{1}{(1-p)^2}=\frac{M_0}{1-p}$$ 이 된다.

마찬가지로, 중량 평균 분자량은 $M_w=\sum_{x=1}^{\infty}w(x)M_x$로 표현되기 때문에,

$$M_w=\sum_{x=1}^{\infty}x^2M_0(1-p)^2p^{x-1}=(1-p)^2M_0\sum_{x=1}^{\infty}x^2p^{x-1}=(1-p)^2M_0\frac{(1+p)}{(1-p)^3}=\frac{M_0(1+p)}{1-p}.$$

2-3. 폴리스타이렌 단량체의 질량 M_0는 104 g/mol이다. 말단기의 영향을 무시한다면, 수 평균 중합

또는 $X_n = \frac{M_n}{M_0} = \frac{89440}{104} = 860$ 이다.

분자량 분산도는 $\frac{M_w}{M_n}$ 로 표현되며, 그 값이 1.5라고 주어졌으므로, 중량 평균 분자량을 계산하면 $M_w = 134160$ g/mol이다.

2-4. (a) $M_n = \frac{(N\times 10000)+(N\times 30000)+(N\times 100000)}{N+N+N} = 46667$ g/mol

$$M_w = \frac{[(N\times 10000)+(N\times 30000)+(N\times 100000)]^2}{(N\times 10000)+(N\times 30000)+(N\times 100000)} = 78571 \text{ g/mol}, \quad \frac{M_w}{M_n} = 1.68$$

(b) $M_n = \frac{1}{(\frac{1}{3}/10000)+(\frac{1}{3}/30000)+(\frac{1}{3}/100000)} = 20930$ g/mol

$$M_w = (\frac{1}{3}\times 10000)+(\frac{1}{3}\times 30000)+(\frac{1}{3}\times 100000) = 46667 \text{ g/mol}, \quad \frac{M_w}{M_n} = 2.23$$

(c) $M_n = \frac{1}{(0.145/10000)+(0.855/100000)} = 43384$ g/mol

$$M_w = (0.145\times 10000)+(0.855\times 100000) = 86950 \text{ g/mol}, \quad \frac{M_w}{M_n} = 2.00$$

같은 수의 분자로 혼합하는 것과 비교하여 같은 무게로 다른 분자량을 가진 고분자를 혼합했을 때 낮은 분자량의 고분자 수가 증가하므로 분자량이 작아진다. 또한 $\frac{M_w}{M_n}$ 가 분자량 분포를 평가하는 데에 적절하지 않을 수 있음을 보여주고 있다. 왜냐하면 (c)의 경우, 일반적인 정규분포와 일치하는 분포를 가지지 않기 때문이다.

2-5. 질량 분율이 주어졌으므로, 중량 평균 분자량 $M_w = \sum_{x=1}^{\infty} w(x) M_x$ 를 이용하면

$$M_w = (0.10\times 12000)+(0.19\times 21000)+(0.24\times 35000)+(0.18\times 49000)+(0.11\times 73000)$$
$$+(0.08\times 102000)+(0.06\times 122000)+(0.04\times 146000) = 51760 \text{ g/mol}$$

$$\frac{1}{M_n} = (0.10/12000)+(0.19/21000)+(0.24/35000)+(0.18/49000)+(0.11/73000)$$
$$+(0.08/102000)+(0.06/122000)+(0.04/146000) = 3.10\times 10^{-5} \text{ g/mol}$$

$M_n = 32291$ g/mol

2-6. 우선 혼합물의 중량 평균 분자량이 250,000 kg/mol이고 PDI가 3.65라고 했으므로, 수 평균 분자량은 $250000/3.65 = 68493$ g/mol이다. 또한 A, B, C 각각의 중량 평균 분자량과 PDI로부터 수 평균 분자량을 계산할 수 있고, 그 값은 각각 200,000 g/mol, 125,000 g/mol, 50,000 g/mol이다. 이제 A를 x mol, B를 y mol, C를 z mol 섞었다고 하자.

총 혼합물 50,000 kg $=200{,}000x+125{,}000y+50{,}000z$

수 평균 분자량은 $\dfrac{200{,}000x+125{,}000y+50{,}000z}{x+y+z}=68{,}493$ g/mol이고, 다른 방법으로 표현하면 $\dfrac{50{,}000{,}000\text{ g}}{(x+y+z)\text{mol}}=68{,}493$ g/mol이 된다.

중량 평균 분자량은

$$\frac{500{,}000\times 200{,}000x+250{,}000\times 125{,}000y+125{,}000\times 50{,}000z}{50{,}000{,}000}=250{,}000\text{ g/mol}$$

이고, 위 세 식을 통해 계산하면 $x=22.8$, $y=78.6$, $z=628$이며, 각각 중량으로는 A=157,000 kg, B=2,900 kg, C=31,400 kg이다.

2-7. 우선 $M_i \approx M_v$라고 하자. 문제에서 주어진 값들을 이용하여 $N_i = W_i/M_i$, W_iM_i를 아래 표에 정리했다.

단편	분자량 (W_i) (g)	M_i	$N_i = W_i/M_i(\times 10^6)$	W_iM_i
1	1.0	1,500	667	1,500
2	5.0	35,000	143	175,000
3	21.0	75,000	280	627,500
4	15.0	150,000	100	2,250,000
5	6.5	400,000	16.3	2,600,000
6	1.5	850,000	1.76	1,275,000
합	50.0		1,208.0	7,929,000

$$M_n=\sum_{i=1}^{6}\frac{W_i}{N}=\frac{50}{1.208\times 10^{-3}}=41{,}322\text{ g/mol},$$

$$M_w=\frac{\sum_{i=1}^{6}W_iM_i}{\sum_{i=1}^{6}W_i}=\frac{7{,}930{,}000}{50}=158{,}600\text{ g/mol},$$

$\dfrac{M_w}{M_n}=3.84$. 넓은 분포이다.

3장 고분자를 용매에 녹이면?

3-1. (a) $n=\dfrac{10^6}{104}=9.62\times 10^3$이다.

$l=2(1.54\ \text{Å})=3.08\ \text{Å}$, 따라서 $\langle r^2\rangle = nl^2=9.13\times 10^4\ \text{Å}^2$

(b) $<r^2>_0 = <\frac{M[\eta]_\theta}{\Phi}>^{2/3} = [\frac{10^6(8\times10^{-4})(10^6)^{0.5}}{2.1\times10^{21}}]^{2/3} = 5.26\times10^5$ Å^2

계산하면 $<r^2>_0^{1/2} = 725$ Å

(c) $C_N = \frac{<r^2>}{nl^2} = \frac{5.26\times10^5}{9.13\times10^4} = 5.76$

3-2. 식 $[\eta]M = KM_v^{1+a}$에 문제에 주어진 값을 대입하면, $7.54\times10^{-3}(5\times10^4)^{1.783} = 8.12\times10^{-3}M_v^{1.71}$가 된다. 계산하면 $M_v = 75988$ g/mol

3-3. $w(r) = (\frac{b}{\sqrt{\pi}})^3 4\pi r^2 \exp[-b^2r^2]$이고, $\frac{dw(r)}{dr} = 0$일 때 최댓값을 가지므로,

$\frac{dw(r)}{dr} = 8\pi r(\frac{b}{\sqrt{\pi}})^3(1-b^2r^2)\exp[-b^2r^2] = 0$, 정리하면 $b^2r^2 = 1$이고, $r = \frac{1}{b} = (\frac{2nl}{3})^{1/2}$이다.

3-4. $\Delta G_m = RT(n_1\ln\phi_1 + n_2\ln\phi_2 + n_1\phi_2\chi)$이고, $\phi_1 = \frac{n_1}{n_1+xn_2}$, $\phi_2 = \frac{xn_2}{n_1+xn_2}$이므로

$\Delta G_m' = RT[\frac{\partial}{\partial n_1}(n_1\ln n_1 - n_1\ln(n_1+xn_2)) + \frac{\partial}{\partial n_1}(n_2\ln xn_2 - n_2\ln(n_1+xn_2)) + \frac{\partial}{\partial n_1}(\chi n_1\frac{xn_2}{n_1+xn_2})]$

이다.

미분식을 정리하면, $\frac{\Delta G_m'}{RT} = \ln(1-\phi_2) + (1-\frac{1}{x})\phi_2 + \chi\phi_2^2$ 식을 얻어낼 수 있다.

식 (3.32)에서 $\ln a_1 = \ln(1-\phi_2) + (1-\frac{1}{r})\phi_2 + \chi_{12}\phi_2^2$이므로, 주어진 값을 대입하면

$(0.989) = (0.750) + 0.250 + (0.250)^2\chi$이고 계산하면 $\chi = 0.426$이 나온다.

3-5. $I = \int_0^\infty W(r)dr$이고, 이는 $W(r) = 4\pi(\frac{\beta}{\pi^{1/2}})^3 r^2\exp(-\beta^2r^2)$를 대입하면,

$I = 4\pi(\frac{\beta}{\pi^{1/2}})^3\int_0^\infty r^2\exp(-\beta^2r^2)dr$이다.

문제에서 주어진 관계, $I(b) = \int_0^\infty x^b\exp(-ax^2)dx$ $I(2) = \frac{1}{4}\pi^{1/2}a^{-3/2}$를 이용하면

$I = 4\pi(\frac{\beta}{\pi^{1/2}})^3(\frac{1}{4})\pi^{1/2}\beta^{-3} = 1$로 정리된다.

(a) 확률적으로 가장 가능성이 큰 r은, $\frac{\partial}{\partial r}[W(r)] = 0$일 때이므로

$W(r) = 4\pi(\frac{\beta}{\pi^{1/2}})^3 r^2\exp(-\beta^2r^2)$을 대입하면,

$2rexp(-\beta^2r^2)-2r^3\beta^2\exp(-\beta^2r^2)=0$, 정리하면 $r=\frac{1}{\beta}$ 이다.

$\beta=[3/(2nl^2)]^{1/2}$ 이므로 대입하면 $r=0.816n^{1/2}l$ 이다.

(b) 평균 제곱근 값은 $<r^2> = \frac{\int_0^\infty r^2W(r)dr}{\int_0^\infty W(r)dr}$ 이고, 정리하면

$<r^2> = 4\pi(\frac{\beta}{\pi^{1/2}})^3\int_0^\infty r^4\exp(-\beta^2r^2)dr$ 이다.

$\int_0^\infty W(r)dr = 1$ 이므로, 문제에서 주어진 적분 계산 값을 이용하면

$<r^2> = 4\pi(\frac{\beta}{\pi^{1/2}})^3(\frac{3}{8})\pi^{1/2}\beta^{-5}=\frac{3}{2\beta^2}$ 가 되고, 마찬가지로 $\beta=[3/(2nl^2)]^{1/2}$ 이므로

$<r^2>^{1/2}=n^{1/2}l$ 이다.

(c) 평균값은 $<r> = \frac{\int_0^\infty rW(r)dr}{\int_0^\infty W(r)dr}$ 로 표현되며, 이 역시 정리하면 다음과 같다.

$<r> = 4\pi(\frac{\beta}{\pi^{1/2}})^3\int_0^\infty r^3\exp(-\beta^2r^2)dr$

(b)와 동일한 방법으로 적분을 진행하고, 식을 계산하면 $<r> = 0.921n^{1/2}l$ 이다.

3-6. 합성 고분자는 일반적으로 친유성으로 유기 용매에 잘 녹지만 특히 용해도 상수가 비슷한 용매에 잘 녹는다. 이 경우 좋은 용매(good solvent)라 하고 용융 상태의 분자보다도 훨씬 커다란 입체 형태(conformation)를 가진다. 만일 용매가 적절히 고분자를 팽윤시켜 용융 상태와 용액 상태에서의 고분자의 크기가 같다면 세타 용매(theta solvent)라고 한다.

3-7. 각각 화학 결합을 중심으로 자유로운 회전이 가능하다면, 유연 사슬 고분자의 입체 형태는 수없이 많은 경우의 수를 가질 수 있다. 이 입체 형태에 대한 가장 간단한 모델 중 하나는 불규칙 비행 사슬이다. 이로 구성된 고분자는 아무런 회전에 제약이 없으면 끝점 사이 거리의 크기 제곱 평균은 $<r^2> = nl^2 \propto M_n$ 이다. 따라서 일반적 크기는 분자량의 0.5제곱에 비례한다.

3-8. (a) 동일 배열 폴리프로필렌 단량체의 분자량은 42이므로, 이 고분자는 (200000/42)개의 단량체로 이루어져 있다. 또한 C-C 결합 길이는 1.54 Å 이고, 하나의 단량체에 C-C 결합이 2개 있으므로, $\frac{200000}{42}\times1.54\times0.1\times2=1467$ nm.

(b) $\frac{200000}{6.02\times10^{23}\times0.906}=3.67\times10^{-19}$ cm^3

4장 고분자 용액 이론

4-1. 혼합에 의한 엔탈피를 최소화하기 위해 전체 용해도 상수 δ는 이들이 용매처럼 작용할 때와 비슷한 값을 가져야 한다. 하지만 벤젠과 클로로폼의 경우 PVC에 대한 극성 차이(polarity contribution)가 매우 다르기 때문에 좋은 용매가 아니고, PVC를 팽창하게만 한다.

4-2. $\Delta G_m = RT[\ln(1-\phi_2)+(1-\frac{1}{x})\phi_2+\chi\phi_2^2]$ 관계식으로부터(x는 degree of polymerization), 보통 고분자의 x는 크기 때문에 $\frac{1}{x}$은 0으로 근사할 수 있다. $\Delta G_m'' = \Delta G_m'$ 이라는 조건을 이용하여 위 식을 미분하면,

$\ln(1-0.89)+(1\times 0.89)+\chi(0.89)^2 = \ln(1-0.01)+(1\times 0.01)+\chi(0.01)^2$이 된다.

이 방정식을 풀면 $\chi = 1.66$이다.

4-3. $\ln a_1 = \ln(1-\phi_2)+\phi_2+\chi_{12}\phi_2^2$이고, 이를 다시 정리하면, $\ln(\frac{a_1}{\phi_1}) = 1-\phi_1+\chi_{12}(1-\phi_1)^2$이 된다. $\phi_1 \to 0$일 때 위 식은 $\lim_{\phi_1\to 0}(\frac{a_1}{\phi_1}) = 1+\chi_{12}$로 정리될 수 있다.

식 (4.5), $\ln\gamma_1^{\infty} = \ln(\frac{a_1}{\phi_1})^{\infty} = \lim_{\phi_1\to 0}(\frac{a_1}{\phi_1}) = \ln(\frac{273.16\,R\nu_2}{V_g P_1^0}) - \frac{P_1^0(\beta_{11}-V_1)}{RT}$에 위 관계식을 대입하면 $\chi_{12} = (\ln\frac{273.16\,R\nu_2}{V_g P_1^0\,V_1}) - \frac{P_1^0(\beta_{11}-V_1)}{RT} - 1$이다.

4-4. $\Delta H_m = kT\chi_{12}n_1\phi_2$, $\Delta H_m = V(\delta_1-\delta_2)^2\phi_1\phi_2$을 $k = R/N_A$의 관계식과 $\phi_1 = V_1/V$을 이용하여 정리하면, $\chi_{12} = \frac{V}{RT}(\delta_1-\delta_2)^2\frac{N_A}{n_1}\phi_1 = \frac{V_1}{RT}(\delta_1-\delta_2)^2$이다.

5장 고분자를 가열하면?

5-1. 고체상의 반결정성 고분자를 가열했을 때 고분자의 주사슬이 서서히 움직이는 온도, 즉 유리 전이 온도에 도달하면 탄성률(modulus)이 급격히 떨어지므로, 탄성률을 실험적으로 측정함으로써 온도를 결정할 수 있다. 고무상에서 시작하여 용융 온도가 되면, 고분자 분자들은 하나씩 분리되어 액체상으로 변하게 되고, 이러한 상변화를 통해 용융 온도를 실험적으로 측정할 수 있다. 이때 무정형 고분자에서는 유리 전이 온도만 있고 용융 온도는 관찰되지 않는다.

5-2. 82~90℃에서 기울기가 변하는 2차 전이 현상이 일어나는데, 이 온도 범위가 유리 전이 온도에 해당한다. 유동성 변화에 따른 부피 증가로 상대적 열용량 변화가 일어나기 때문이다. 160~181℃에서는 부피가 갑작스럽게 증가하는, 1차 전이 현상인 용융 현상이 나타나고 있다. 이는 전형적인 반결정성 고분자의 결정 용융에 따른 잠열 필요로 급격한 변화가 수반된다.

5-3. (a) 시료의 결정성을 ϕ라고 하자.

$\rho = \phi(\rho_c - \rho_a) + \rho_a = 0.2(1.396 - 1.280) + 1.280 = 1.303$ g/mL

(b) $\Delta C_p = (1-\phi)(\Delta C_p)_{am} = 0.8(\Delta C_p)_{am}$이다. Simha-Boyer 규칙에 따르면 $(\Delta C_p)_{am} \approx \frac{115}{T_g}$ J/gK이므로, 대입하면 $\Delta C_p = (1-0.2)(0.336) = 0.269$ J/gK= 0.06416 cal/gK

(c) $\Delta Q = \phi \Delta H_f = 0.2(6.431)$ kcal/mol= 0.307 kJ/mol

5-4. $T_{g,mix} = \dfrac{w_1 T_{g,1} + kw_2 T_{g,2}}{w_1 + kw_2}$에서 양변에 $w_1 + kw_2$를 곱하면

$T_{g,mix}(w_1 + kw_2) = w_1 T_{g,1} + kw_2 T_{g,2}$이고, 양변을 w_2로 나누면

$T_{g,mix}(\dfrac{w_1}{w_2} + k) = \dfrac{w_1}{w_2} T_{g,1} + kT_{g,2}$이다. 정리하면

$[T_{g,1} - T_{g,mix}]\dfrac{w_1}{w_2} = \phi = kT_{g,mix} - kT_{g,2}$.

5-5. $\ln T_g = w_1 \ln T_{g1} + (1-w_1)\ln T_{g2}$를 이용하면

$\ln 303 = w_1 \ln 188 + (1-w_1)\ln 356$ 에서 $w_1 = 0.252$이다.

5-6. (a) $M_n = 7 \times 104 = 728$이다. $T_{g,1} = 373 - \dfrac{1.2 \times 10^5}{728} = 373 - 165 = 208$ K

(b) $T_{g,2} = 373 - \dfrac{1.2 \times 10^5}{10^5} = 372$ K이고,

$\ln(\dfrac{T_g}{165}) = \dfrac{0.8\ln(372/165)}{0.2(372/165) + 0.8} = 0.5199$이므로 계산하면 $T_g = 277.5$ K.

6장 고분자는 어떻게 만드는가?

6-1. 반응성은 고분자 사슬의 길이에 영향을 받지 않는다. 일반적으로 일부 사슬의 길이에 대해서 유효하다. 단량체의 반응성은 이량체 등과는 다르다.

6-2. 단계 중합은 말단 작용기의 반응을 통해 중합되는 방법이고, 사슬 중합은 라디칼 등의 활성화된 부분을 통해 반응이 일어나 사슬이 성장하는 방법이다. 단계 중합은 반응 초기에 단량체가 대부분 소모되는 반면, 사슬 중합에서의 단량체 농도는 반응 시간에 따라서 서서히 감소한다. 단계 중합의 경우 반응 시간에 따라 고분자의 분자량이 증가하고 그 분자량이 아주 크지 않지만, 사슬 중합에서는 분자량이 큰 고분자가 순간적으로 생성되며 매우 큰 분자량으로 자랄 수 있다. 각각의 방법으로 중합된 고분자의 예시는 아래와 같다.

단계 중합: polyester, nylon, polycarbonate

사슬 중합: PS, PE, PVC

6-3. 단계 중합을 통해 만들어진 고분자의 수 평균 중합도는 $X_n = \dfrac{1}{1-p}$이고, $X_n = \dfrac{M_n}{M_0}$이므로

수 평균 분자량은 $M_n = \dfrac{M_0}{1-p}$로 표현된다.

$M_0 = 226$ g/mol이므로 (a)~(h)의 수 평균 분자량은 각각 452, 1130, 2260, 4520, 7533, 11300, 22600, 45200 g/mol이다.

6-4. (a)

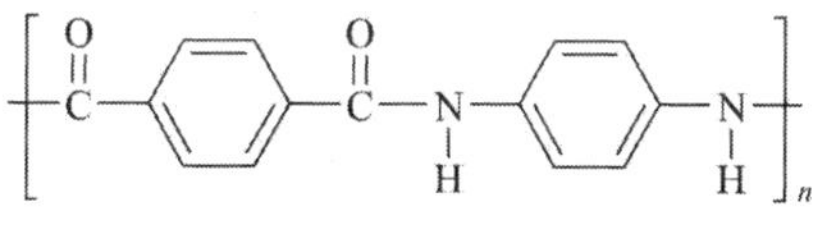

(b) p-aminoaniline 1 mol, terephthalic acid 0.99 mol, benzoid acid 0.02 mol이고 $f_{avg} = 1.98$, $X_n = 14.7$이므로 $p = 0.94$이다.

(c) Benzoic acid가 두 배(0.04 mol)가 되면 $f_{avg} = 1.96$이고, $p = 0.94$이므로 $X_n = 12.7$이 된다.

6-5. (a) $-\dfrac{d[\mathrm{COOH}]}{dt} = k[\mathrm{COOH}][\mathrm{OH}]$이고 $[\mathrm{COOH}] = [\mathrm{OH}] = C$이므로,

$-\dfrac{dC}{dt} = kC^2$, $\dfrac{1}{C} = kt + Constant$. 문제에서 $C = C_0(1-p)$라고 했으므로

$C_0 kt = \dfrac{1}{1-p} + Constant$

(b) $X_n = \frac{C_0}{C} = \frac{1}{1-p}$ 이므로 (a)의 식을 이용하면, $C_0 kt = X_n + Constant.$

수 평균 중합도는 시간에 대한 일차 함수이다.

(c) $X_n = C_0 kt + 1 = At + 1$ 이다.

각 조건에 대하여, $20 = 200A + 1, 37 = 325A + 1, 46 = 400A + 1$ 이고, 계산하면 $A = 0.108$ 이 나온다. 따라서 $t = (90-1)/0.108 = 824$(분)가 걸린다.

6-6. (a) 물이 부산물로 나오는 축합 중합 방식이다.

반복 단위는 탄소 6개, 수소 1개, 질소 1개, 산소 1개이므로 합은 113(M_0).

$\frac{M_w}{M_0} = \frac{1+p}{1-p}$ 에서 계산하면 전환율 p=0.992.

(b) 2차 반응식 $\frac{d[M]}{dt} = -k[M]^2$ 을 풀면 $\frac{1}{[M]} - \frac{1}{[M]_0} = kt.$

따라서 $M_n / M_0 = 1 + [M]_0 kt$ 이고, $2N_B' / N_B = 0.065$ 이다.

$x_n = M_n / M_0 = \frac{1+r}{1+r-2rp}$ 에 $p = \frac{[M]_0 kt}{1+[M]_0 kt}$ 를 대입해서 정리하면 된다.

7장 사람이 고안한 고분자 중합 방식

7-1. (a) $R_i = 2fkd_i[I] = 2(0.30)(1.2\times10^{-5})[I] = 7.2\times10^{-6})[I]$ 이다.

$[I] = [I_0]\exp(-k_d t)$ 이므로 문제의 값을 대입하여 1분일 때의 상황을 계산하면,

$[I] = 0.001(0.9993) = 0.0009993$ M, $R_i = (7.2\times10^{-6})(0.0009993) = 7.19\times10^{-9}$ M/s

같은 방법으로, 16.6시간일 때는 $[I] = 0.000488$ M, $R_i = 3.51\times10^{-9}$ M/s

(b) $[IM_x\bullet] = (\frac{fk_d}{k_t})^{1/2}[I]^{1/2}$ 식으로부터,

1분일 때 $[IM_x] = [\frac{(0.30)(1.2\times10^{-5})}{7.2\times10^7}]^{1/2}(0.0009993)^{1/2} = 7.08\times10^{-9}$ M.

(c) $R_0 = k_p[IM_x\bullet][M]$ 이므로,

정리하면 $[M] = [M]_0\exp(-k_p[IM_x\bullet]t) = 0.9999$ M

$R_0 = 176(7.08\times10^{-9})(0.9999) = 1.24\times10^{-6}$ M/s

(d) $\tau = \frac{[IM_x\bullet]}{2k_t[IM_x\bullet]^2} = \frac{1}{2k_t[IM_x\bullet]} = \frac{1}{2(7.2\times10^7)(7.08\times10^{-9})} = 0.981\ s$

(e) $X_n = \frac{R_p}{R_t} = \frac{1.24\times10^{-6}}{2(7.2\times10^7)(7.08\times10^{-9})^2} = 172$

7-2. 우선 $[M]$을 시간에 대한 함수로 정리하자 ($[I]$는 상수라고 가정한다).

$R_p = -\dfrac{d[M]}{dt}$ 관계식을 이용하면,

$\ln\dfrac{[M]}{[M]_0} = -k_p\sqrt{\dfrac{fk_d[I]}{k_t}}t,\ \ln 2 = (15\times 10^3)(8)(60)\sqrt{\dfrac{3.78\times 10^{-4}[I]}{6\times 10^8}}$ 이다.

또한 $[I]$를 계산하면 $[I] = \dfrac{9.22\times 10^{-15}}{6.3\times 10^{-13}} = 1.46\times 10^{-2}$ mol/L가 나온다.

이제 $[SH]$를 구하기 위한 계산을 해야 한다.

그러기 이전에, $(X_n)_0 = \dfrac{(1.5\times 10^4)(250)/(86.09)}{2\sqrt{6\times 10^8(3.78)(10^{-4})(1.46)(10^{-2})}} = 376$이고

$X_n = 15000/(86.09) = 174$이다.

따라서 $[SH] = [M]\dfrac{1/X_n - 1/[X_n]_0}{C} = 2.9\dfrac{1/174 - 1/376}{0.885} = 1.13\times 10^{-2}$ mol/L가 된다.

7-3. ln 2=0.693이고, ln 10=2.303이다.

$[I] = [I_0]\exp(-k_d t)$ 식을 통해, $k_d = \dfrac{\ln 2}{t_{1/2}} = 0.95\times 10^{-5}\dfrac{1}{s}$를 계산할 수 있다.

$t=0$일 때, $R_p = k_p[M]\sqrt{\dfrac{k_d f[I]}{k_t}} = 1.44\times 10^{-4}\ \dfrac{\text{g mol}}{\text{s}}$이다.

마찬가지로 $[I] = [I_0]\exp(-k_d t)$ 식과 $[M] = [M_0]\exp(-k_p\sqrt{\dfrac{fk_d[I]}{k_t}}t)$ 식을 이용할 수 있다. 90% 전환율까지 걸리는 시간을 구하기 위해서는 분자량을 알아야 하고, $[I]$ 와 $[M]$을 알아야 분자량 계산이 가능하다. 따라서 $[I] = [I_0]$라고 가정하고 $[M]$에서의 시간을 구하면 $t=16000$ s가 나오고, 이 시간으로부터 $[I]$를 구할 수 있다. 마지막으로 수 평균 중합도를 계산하면 $X_n = \dfrac{k_p[M]}{\sqrt{k_t f k_d[I]}} = 18{,}000$이 된다.

7-4. (a) 음이온 중합

(b) $-\dfrac{d[M]}{dt} = k_p[M][M^-]$이고, 정지 반응이 없고, 개시 반응이 전파 반응보다는 빠르므로,

$[M^-] = constant$. 적분 정리하면 $\ln\dfrac{[M]}{[M]_0} = -k_p[M^-]t,\ k_p = 950\ /M\sec$

(c) 초기 중합 속도 $R_p = -\dfrac{d[M]}{dt} = k_p[M][M^-] = 0.19$ mol/Ls

(d) $DP = \dfrac{[\Delta M]}{[I]} = \dfrac{0.2}{0.5\times 10^{-3}} = 400,\ M_n = 104\times 400 = 41{,}600$

7-5. $f_1 = \frac{[M_1]}{[M_1]+[M_2]}$, $\frac{d[M_1]}{d[M_2]} = \frac{[M_1]}{[M_2]}$ 이고, $r_1[M_1]+[M_2]=[M_1]+r_2[M_2]$ 이다.

양변을 $[M_2]$로 나눠서 정리하면, $[M_1] = \frac{1-r_2}{1-r_1}[M_2]$.

이때 양변을 $[M_1]+[M_2]$로 나누면, $f_1 = \frac{1-r_2}{1-r_2}(1-f_1)$. 마지막으로 식을 정리하면

$f_1 = \frac{1-r_2}{2-r_1-r_2}$.

7-6. 축합 중합의 PDI는 보통 2 정도이고, 자유 라디칼 중합의 PDI는 5 이상이며, 로그 정상 분포를 보인다. 이온 중합의 PDI는 1에 가까우며, Poisson 분포를 보인다.

7-7. (a) 표 7.6에서 단량체의 Q, e값을 참고하자. 스타이렌을 1번 물질, 클로로스타이렌을 2번 물질이라고 하면,

$r_1 = \frac{Q_1}{Q_2}\exp[-e_1(e_1-e_2)] = \frac{1.00}{1.03}\exp[0.8(-0.8+0.33)] = 0.667$

이다. 같은 방법으로, $r_2 = 1.203$

(b) $F_1 = \frac{r_1f_1^2 + f_1f_2}{r_1f_1^2 + 2f_1f_2 + r_2f_2^2}$ 이고, $f_2 = 1-f_1$과 (a)에서 구한 r_1, r_2값을 대입하면 f_1을 x축, F_1을 y축으로 하는 함수를 그릴 수 있다.

그래프를 그려보면 반응성이 더 큰 클로로스타이렌의 비율이 높을 때 이상적인 직선과 차이가 적음을 확인할 수 있다.

7-8. (a) 스타이렌을 S, 여기에 공중합되는 단량체를 M이라고 하자. 동일 몰 수로 혼합하므로 $f_S = f_M = 0.5$이다.

따라서 식 $F_1 = \frac{r_1f_1^2 + f_1f_2}{r_1f_1^2 + 2f_1f_2 + r_2f_2^2}$을 정리하면, $F_S = \frac{1+r_S}{1+r_S+r_M}$이 된다.

(b) $f_M = 1-f_S$이므로, 식 $F_1 = \frac{r_1f_1^2 + f_1f_2}{r_1f_1^2 + 2f_1f_2 + r_2f_2^2}$을 정리하면,

$F_S(r_Sf_S^2 + 2f_Sf_M + r_Mf_M^2) = r_Sf_S^2 + f_Sf_M$

$f_S^2[r_S(F_S-1)] + f_S[(1-f_S)(2F_S-1)] + [F_Sr_M(1-f_S)^2] = 0$

이 이차방정식을 풀면, $f_S = \frac{r_M \pm \sqrt{r_Sr_M}}{r_M - r_S}$이다.

공비 공중합일 때는 식 $(f_S)_{azeo} = (1-r_M)/(2-r_S-r_M)$을 통해 계산이 된다.

(a), (b)에서 계산한 수식을 문제에서 제시한 (i)~(vii)에 대해 계산한 결과는 아래 표와 같다 (단, X는 공비 공중합 조건이 아님).

	r_S	r_M	F_S ($f_s=0.5$)	f_S ($F_s=0.5$)	$(f_S)_{azeo}$
뷰타다이엔	0.78	1.39	0.427	0.572	X
메틸 메타크릴레이트	0.52	0.46	0.510	0.485	0.529
메틸 아크릴레이트	0.75	0.18	0.597	0.329	0.766
아크릴로나이트릴	0.40	0.04	0.574	0.240	0.615
무수 말레산	0.02	0	0.505	$0<f_S<1$	0.505
바이닐 클로라이드	17	0.02	0.946	0.033	X
바이닐 아세테이트	55	0.01	0.982	0.013	X

8장 고분자 중합 기술

8-1. $w_1=0.2$, $w_2=0.8$이고 $\Delta T=50$℃이다.

따라서 $\Delta H=[1000\times 0.2\times 0.5+1000\times 0.8\times 1+100]\times 50=50$ kcal가 나온다.

이는 전체 200g acrylamide에 대한 중합열이므로, 몰로 환산하여 molar heat of polymerization을 계산하면 $\frac{50\,kcal}{200g}\times\frac{71g}{mol}=17.75$ kcal/mol이 나온다.

8-2. 고분자 중합 반응은 발열 반응으로 단량체만으로 중합을 시작하는 경우와 용매 상에서 중합을 시작하는 경우로 나누어 생각할 수 있다. 전자의 경우 발열에 의한 온도 조절이 관건이며 잘못하면 발열 가속화에 의하여 어려움을 겪을 수 있다. 반면 정제 공정이 필요 없는 이점이 있다. 후자의 경우 온도 조절이 용이하지만, 계면 활성제를 제거해야 하고 용매를 분리 정제해야 하는 공정상의 어려움이 있을 수 있다.

8-3. 두 중합법은 반응 발열의 소실이 매우 효율적이라는 점에서 유사하다. 그러나 현탁 중합은 동역학 및 메커니즘 측면에서 벌크 중합과 동일하다. 유화 중합의 장점은 얻을 수 있는 분자량이 매우 크다는 것이며, 단점은 중합 방법이 복잡하다는 것과, 많은 성분을 이용한 중합이기 때문에 정제 과정이 필요하다는 점이다. 현탁 중합은 중합체를 과립 형태로 생성하는 장점이 있고 점착성 중합체의 형성에 적합하지 않다는 단점이 있다.

8-4. 젤 효과로 인해 중합 매질의 점도가 증가하므로 사슬 이동성이 감소하고 중합 속도가 증가한다. 일반적으로 반응 중 발열로 인해 폭발 가능성이 있다. 따라서 반응 조건 및 반응기 설계를 설정할 때 이 점을 고려해야 한다.

8-5. (a) 폴리(바이닐 아세테이트)는 물에 용해되지 않기 때문에 물에 안정한 입자 분산액으로 제형화해야 한다. 바이닐 아세테이트의 자유 라디칼-에멀젼 중합을 이용해야 원하는 형태의 고분자를 직접적으로 합성해낼 수 있다.

(b) 낮은 PDI를 가지는 폴리(메타크릴산)은 라디칼 중합을 통해 합성될 수 있다. 그중에서도 가역적으로 비활성화가 가능한(reversible-deactivation) 라디칼 중합만 가능하다. 대표적으로는 RAFT 중합(reversible-addition-fragmentation chain-transfer radical solution polymerization)이 적합한데, 이 경우 수 평균 몰질량은 단량체와 RAFT 물질의 농도비를 통해 결정된다.

(c) 폴리아크릴로나이트릴 섬유는 일반적으로 용액 방사에 의해 생산되며, 이때 폴리아크릴로나이트릴 용액은 필요한 섬유 직경의 구멍을 포함하는 금속판인 방사구를 통과한다. 방사구의 다른 쪽은 폴리아크릴로나이트릴을 녹이지 못하는 용매로 이루어져 있기 때문에, 용액이 방사구를 통과할 때 고분자가 섬유 형태로 침전된다. 따라서 높은 전환율의 자유 라디칼 용액 중합을 통해 중합하는 것이 가장 효과적이다.

(d) 무정형(atactic) 폴리(메틸 메타크릴레이트)는 벌크 자유 라디칼 중합을 통해 중합되어야 한다. 이 방법은 단량체와 소량의 개시제만을 사용하기 때문에 불순물이 없는 고분자를 얻기에 용이하기 때문이다.

(e) 말단에 C=C 결합이 있는 폴리(메틸 메타크릴레이트)는 촉매 사슬 이동 라디칼 중합을 통해 가장 효과적으로 생산될 수 있다. 따라서 작은 분자량의 폴리(t-뷰틸 메타크릴레이트) 또한 용액에서 촉매 사슬 이동 라디칼 중합을 통해 가장 잘 제조될 것이다.

(f) (c)와 같이, 폴리스타이렌을 사용하기 위해서는 용액 상태여야 하기 때문에, 접착제 등으로 사용될 수 있는 용매에서 스타이렌을 자유 라디칼 용액 중합을 통해 고분자화하는 것이 좋다.

(g) 폴리(메틸 메타크릴레이트) 비드는 자유 라디칼 현탁 중합을 통해 제조할 수 있다.

9장 고분자를 만드는 새로운 방법들

9-1. (a) 치글러-나타(Ziegler-Natta) 배위 중합은 비극성 올레핀 단량체 중합의 입체 화학을 제어할 수 있기 때문에 사용된다.

(b) 치글러-나타 및 메탈로센 중합에 사용되는 촉매는 메틸 메타크릴레이트와 같은 극성 단량체와 반응한다. 하지만 음이온 중합은 반대 이온(counter-ion)이 탄소 이온의 활성 중심과 강하게 연관되어있을 때 동일 배열(isotactic) 폴리(메틸 메타크릴레이트)를 생성하게 된다. 이를 위해서는 벤젠과 같은 비극성 용매를 사용해야 하고, 리튬 이온과 반대 이온을 제공하는 개시제가 필요하다. 부반응을 제한하기 위해서는, 입체 화학적 제한이 가능하도록 부피가 큰 개시제(bulky initiatio)를 사용하여 저온에서 반응을 일으켜야 한다.

(c) 에틸렌의 중합에서는 재배열 부반응(rearrangement side-reaction)을 통해서만 메틸 가지를 생성할 수 있다. 이러한 반응은 Pd와 Ni의 다이이민 착물을 촉매로 이용하는, 메탈로센 중합을 통해 일어나게 된다.

9-2.

	자유 라디칼 중합	양이온 중합	음이온 중합	Group transfer	배위 중합
methyl acrylate	O		O	O	
1-pentene					O
methacrylonitrile	O		O	O	
ethylene	O				O
propylene					O
vinylacetate	O				
isoprene	O	O	O		O
1-propyl vinyl ether		O			
1,1-dichloroethylene	O				

9-3. 단량체의 가격이 싸며, 한 종류의 단량체를 이용한 one-pot synthesis가 가능하다. 또한 ABA 블록 공중합체와는 달리 고분자가 포화(saturated)되어 있기 때문에 그 내구성이 우수하다.

9-4. 먼저 (1) 고분자 합성 도중에는 종결이 억제되고, 원할 때 종결을 할 수 있어야 한다. 이는 원하는 분자량을 얻는 데 필수적이다. (2) 개시 단계의 속도가 전파 단계의 속도보다 월등히 빨라서 중합 중에 모든 사슬의 성장이 같이 시작되어야 PDI가 작아지게 된다. ATRP나 RAFT 모두 위의 두 조건을 얻을 수 있도록 새로운 촉매나 개시제를 사용하게 된다.

Chapter 10

10-1. (a) 피크 적분값을 I_{ij}라고 하면, 몰 비율 $x_{ij} = \dfrac{I_{ij}}{\sum I_{ij}}$로 표현할 수 있다. 이를 바탕으로 문제에서 주어진 표를 통해 계산하면 다음과 같다.

샘플	x_{mm}	x_{mr}	x_{rr}
A	0.04	0.33	0.63
B	0.95	0.04	0.01

(b) 메조 배치에 대한 확률 P_m은 몰 비율 x_{ij}를 통해 표현할 수 있다. $x_{mr} = 2P_m(1-P_m)$이고, $x_{mm} = P_m^2$ 이므로, $x_{mr} = 2P_m - 2x_{mm}$이다. 따라서 $P_m = x_{mm} + 0.5x_{mr}$이고, (a)에서 구한 값을 대입하면 샘플 A의 $P_m = 0.205$, 샘플 B의 $P_m = 0.970$이다.

(c) Bernoullian 통계학을 바탕으로 하면, $\dfrac{4x_{mm}x_{rr}}{x_{mr}^2}=1$이다.

샘플 A, B에 대해 각각 x_{mm}, x_{mr} 값을 대입하면, 샘플 A는 0.93, 샘플 B는 23.8이 된다. 따라서 샘플 A가 Bernoullian 통계 모델에 맞는 물질임을 알 수 있다.

(d) (a), (b)에서 계산된 결과를 보면 샘플 A는 라디칼 중합을 통해 합성된 교대 배열 고분자이고, 샘플 B는 음이온 중합을 통해 합성된 동일 배열 고분자이다.

10-2. 고분자의 p-distributed benzene와 mono-substituted benzene에서 차이가 발생한다. 전자는 약 820 cm^{-1}에서 특징적인 피크를 나타내고 후자의 두 피크는 690 cm^{-1} 및 750 cm^{-1}에서 나타난다.

10-3. 1,2-polymer: 730~770 cm^{-1}에서 IR 흡광 피크가 나타난다(ortho-substituted benzene). H-NMR은 3 ppm(benzylic singlet)과 7~7.5ppm(두 개의 방향족 doublet)에서 1:1:1의 비율로 특징적인 피크들이 나타난다. C-NMR은 3개의 방향족, 1개의 메틸렌 피크가 나타난다.

1,4-polymer: 810~840 cm^{-1}에서 IR 흡광 피크가 나타난다. H-NMR은 3 ppm(singlet)과 7~7.5ppm(singlet)에서 1:2의 비율로 특징적인 피크들이 나타난다. C-NMR은 2개의 방향족, 1개의 메틸렌 피크가 나타난다.

(참고 문헌: J. Polym. Sci., C: Polym. Lett., 24, 645 (1986))

10-4. MALDI를 측정하기 위해서는 일단 고분자를 matrix라는 물질과 같이 섞어 결정화시키는 과정이 필요하다. 이는 레이저의 에너지를 쉽게 흡수하여 기체화를 가능하게 만든다. 결과적으로 기체화된 물질들을 이용하여 질량 분광기로 분자량을 측정하게 된다. 이때 높은 분자량의 고분자는 기체화하는 것이 상대적으로 어렵다.

3부

11장 고분자의 크기는 어떻게 측정하는가?

11-1. 데이터를 먼저 방정식에 따라 플로팅에 적합한 형식으로 변환해야 한다. 즉, π/c에 대해 변환한다. 평형 삼투압 π는 다음과 같이 주어진다.

$\pi = h\rho g$

여기서 ρ는 용매의 밀도이고 g는 중력으로 인한 가속도이다. 즉,

$\pi = h\times(0.867\ \text{g/cm}^3\ 10^{-3}\ \text{kg/g}\ \times 10^6\ \text{cm}^3/\text{m}^3)\times 9.81\ \text{m/s}^2$

$\pi = 8.505\times 10^3 \times N/m^3 \times h$

이다. 여기서 h는 미터 단위의 pressure head이다. 용액 농도를 kg m^{-3}의 해당 단위(N.B. 1 g dm^{-3} ≡ 1 g $dm^{-3}\times10^{-3}$ kg $g^{-1}\times10^3$ dm^3 m^{-3} ≡ 1 kg m^{-3})로 변환해야 한다. 이것은 J/kg에 해당하는

Nm/kg 단위의 π/c로 이어진다. 변환 결과는 다음 표와 같다.

c(kg/m^3)	h(m)	π(N/m^3)	π/c(J/kg)
2.6	5.85×10-3	49.76	19.13
5.2	12.93×10-3	109.97	21.01
8.7	24.37×10-3	207.27	23.82
11.8	36.34×10-3	309.08	26.19
15.1	50.99×10-3	433.69	28.72

선형 회귀 분석은 다음을 제공한다.

y절편=17.08 J/kg

기울기=0.771 Jm^3/kg^3

(a) 상기 표와 그래프의 y절편으로부터 구할 수 있는 값은 다음과 같다.

$$\frac{RT}{M_n} = 17.08 \text{ J/kg}$$

$$M_n = \frac{8.314 \text{ J/K} \cdot \text{mol} \times 295 \text{ K}}{17.08 \text{ J/kg}}$$

$$M_n = 143.6 \text{ kg/mol}$$

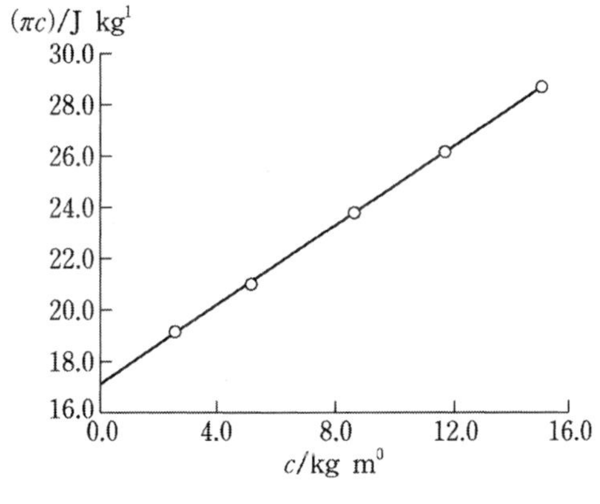

(b) 기울기에서 구할 수 있는 값은 $\frac{RT}{V_1\rho_2^2}(\frac{1}{2}-\chi) = 0.771$ Jm^3/kg^{2}이다. 고분자의 밀도가 제공되지만 다른 값들과 일치하도록 최종 계산 전에 kg/m^3 단위로 다음과 같이 변환해야 한다.

ρ_2=1.05 g/cm^3×10^{-3} kg/g×10^6 cm^3/m^3

ρ_2=1050 kg/m^3

용매(톨루엔)의 몰부피 V_1은 밀도 ρ_{tol}과 분자량 M_{tol}(≡ C7H8 = 92 g/mol)으로부터 구할 수 있으며, 또한 일관된 단위여야 한다.

$V_1 = M_{tol}/\rho_{tol}$

V_1=92 /mol(0.867 g/cm^3×10^6 cm^3/m^3)

$V_1 = 1.061 \times 10^{-4}\ m^3/mol$

데이터를 위의 방정식에 대입하면 폴리스타이렌-톨루엔의 Flory-Huggins 상호 작용 계수인 χ을 다음과 같이 추정할 수 있다.

$$\frac{8.314\ J/K \cdot mol \times 295\ K}{1.061 \times 10^{-4}\ m^3/mol \times (1050\ kg/m^3)^2}\left(\frac{1}{2} - \chi\right) = 0.771\ Jm^3/kg^2$$

$$20.970\ Jm^3/kg^2 \times \left(\frac{1}{2} - \chi\right) = 0.771\ Jm^3/kg^2$$

$$\chi = 0.463$$

11-2. 두 분석에 동일한 유속이 사용되었고 각각의 경우 분리가 오직 크기의 차이로 인한 것이라고 가정한 경우, 용출 부피의 일치는 폴리스타이렌(PS) 및 폴리(메틸 메타크릴레이트)(PMMA) 분자의 유체 역학적 부피 V_h가 같아야함을 의미한다. 즉,

$$([\eta]M)_{PS} = ([\eta]M)_{PMMA}$$

샘플의 분자량 분포가 좁으므로 $\overline{M_n} \approx \overline{M_v} \approx \overline{M_w} (= M)$으로 가정할 수 있다.

따라서 Mark-Houwink-Sakurada 방정식을 사용하여 $[\eta]$를 대체하면 다음과 같다.

$$K_{PS}\ M_{PS}^{1+a_{PS}} = K_{PMMA}\ M_{PMMA}^{1+a_{PMMA}}$$

$$M_{PMMA} = \left(\frac{K_{PS} M_{PS}^{1+a_{PS}}}{K_{PMMA}}\right)^{\frac{1}{1+a_{PMMA}}}$$

$$= \left(\frac{1.03 \times 10^{-2}\ cm^3/g(g/mol)^{-0.74} \times (97000\ g/mol)^{1.74}}{5.7 \times 10^{-3}\ cm^3/g(g/mol)^{-0.76}}\right)^{\frac{1}{1.76}}$$

$$= \left(\frac{4.896 \times 10^6\ (g/mol)^{1.00}}{5.7 \times 10^{-3}\ cm^3/\ g(g/mol)^{-0.76}}\right)^{\frac{1}{1.76}}$$

$$= (8.589 \times 10^8\ (g/mol)^{1.76})^{\frac{1}{1.76}}$$

$$= 119153\ g/mol \times 10^{-3}\ kg/g$$

$$= 119.15\ kg/mol$$

11-3. poly(vinyl pyridinium chloride)의 두 시료 A와 B의 삼투압은 다른 용매에서 측정되었으며, 다음 데이터를 얻을 수 있다.

증류수 내의 삼투압

Sample	c(g/mL)	Π(atm×10^3)
A	0.002	29
A	0.005	50
B	0.002	31
B	0.005	52

0.01 N NaCl 수용액 내의 삼투압

Sample	c(g/mL)	Π(atm×10^3)
A	0.002	5
A	0.005	13
B	0.002	2
B	0.005	5.5

위를 바탕으로, 아래와 같이 해석할 수 있다.

$$\frac{\Pi}{c} = RT\left(\frac{1}{\overline{M}_n} + A_2C + \cdots\right)$$

증류수

Sample	c(g/mL)	Π(atm×10^3)	Π/c
A	0.002	29	14.5
A	0.005	50	10.0
B	0.002	31	15.5
B	0.005	52	10.4

0.01 N NaCl 수용액

Sample	c(g/mL)	Π(atm×10^3)	Π/c
A	0.002	5	2.5
A	0.005	13	2.6
B	0.002	2	1.0
B	0.005	5.5	1.1

수용액에 대한 데이터에서 알 수 있듯이, Π/c는 희석에 따라 증가하며, 이는 용액 내 중합체의 예상되는 거동과 반대이다. 이는 염소 치환체의 해리에 기인할 수 있으며, 이에 따라 고희석액에서 삼투압 단위의 유효 수가 증가한다. 염화 음이온이 첨가되면 해리가 억제되고, 두 번째 표에 주어진 데이터에서 볼 수 있듯이 Π/c는 본질적으로 농도와 무관함을 알 수 있다($A_2 \approx 0$).

11-4. (a) 농도에 따른 점도 그래프는 다음과 같다.

$$\frac{\eta_i}{c} = [\eta] + k_B[\eta]^2 c \qquad \left(\eta = \frac{\eta - \eta_s}{\eta_s} \approx \frac{t - t_s}{t_s},\ t_s = 65.8\ \text{s}\right)$$

c(g/dL)	η	η_i/c
0.54	0.538	0.996
1.08	1.193	1.105
1.62	1.957	1.208
2.16	2.906	1.345

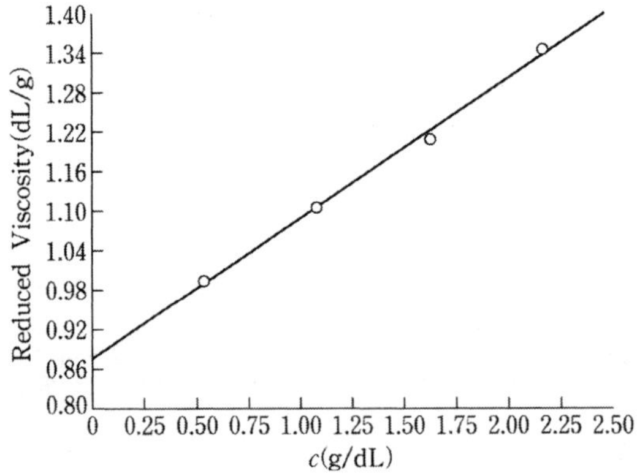

(b) 위 그래프로부터 다음 값들을 구할 수 있다.

$$\frac{\eta_i}{c} = [\eta] + k_H[\eta]^2 c$$

y절편으로부터 $[\eta] = 0.8760$ dL/g.

기울기로부터 $k_H(\eta) = 0.2130$, $k_H = 0.278$.

(c) Mark.Houwink 인자($a = 0.725$, $K = 1.1 \times 10^{-4}$ dL/g)를 이용하여 PS의 분자량을 계산하면, $[\eta] = K\overline{M}_v^a$이므로 $0.876 = (1.1 \times 10^{-4})M_v^{0.725}$ 또는 $\overline{M}_v = 240{,}350$이다.

11-5. $[\eta]M = KM_v^{1+a}$

$7.54 \times 10^{-3}(5 \times 10^4)^{1.783} = 8.12 \times 10^{-3}\, M^{1.71}$

$\overline{M}_v = 75{,}988$

11-6. $K = \dfrac{2\pi^2 n_o^2}{N_A \lambda^4}(\dfrac{dn}{dc})^2 = \dfrac{2\pi^2(1.4199)^2(6.297 \times 10^{-2})^2}{6.023 \times 10^{23}(6328)^4(10^{-8})^4} = 1.63 \times 10^{-8}$

$c \times 10^3$	$R(\theta) \times 10^5$	$K_c/R(\theta) \times 10^6$
0.5034	0.239	3.43
1.0068	0.440	3.73
1.5102	0.606	4.06
2.0136	0.790	4.15
2.517	0.902	4.55

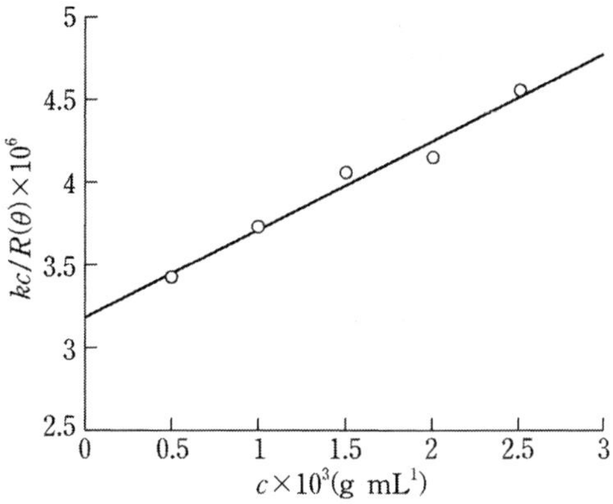

y절편으로부터, $\overline{M}_n = \dfrac{1}{3.186\times10^{-6}} = 313,873.$

기울기로부터, $A_2 = \dfrac{1}{2}(5.284\times10^{-4}) = 2.64\times10^{-4}$ mL mol/g^2.

11-7. 데이터 분석을 위한 가장 간단한 절차는 Huggins Equation에 따라 결과를 그리는 것이다. 이를 위해서는 유동 시간 vs 농도 데이터에서 감소된 점도를 계산해야 한다. 용액과 용매 사이의 밀도 차이가 무시할만하다고 가정하면,

$$\frac{\eta_{sp}}{c} = \frac{(\eta-\eta_o)/\eta_o}{c} = \frac{(t-t_o)/t_o}{c}$$

Sample	$10^3\times c$ (g/cm^3)	t/s	(η_{sp}/c) (cm^3/g)
B	1.586	158.5	27.83
	5.553	178.6	31.79
	7.403	189.6	33.64
	8.884	199.5	35.37
E	1.04	176.1	153.92
	1.691	195.4	169.85
	2.255	214.8	184.04
	2.706	232.4	196.22

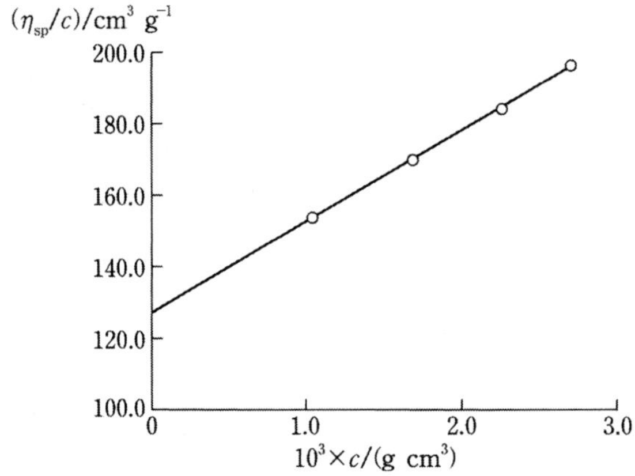

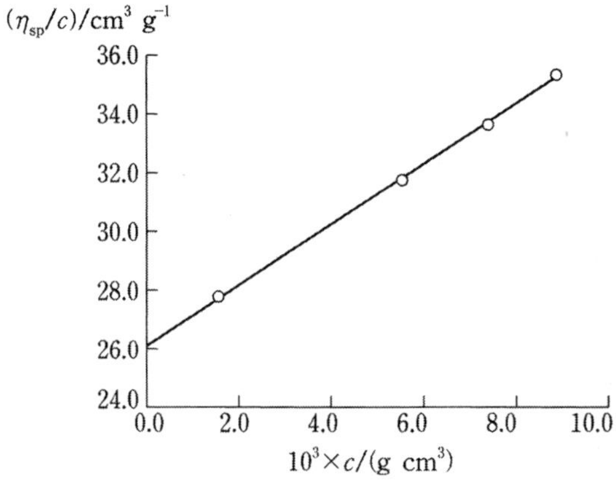

고유 점도는 c = 0일 때의 값, 즉 절편이며 각 데이터 세트의 선형 회귀 분석으로 얻은 값은 다음과 같다.

Sample B : $[\eta]B = 26.16$ cm^3/g

Sample E : $[\eta]E = 127.28$ cm^3/g

Sample B와 E에 대한 $[\eta]$값은 $\overline{M}_w$를 사용한 $[\eta]$의 변동에 대한 데이터를 완성한다. 이러한 데이터는 Mark-Houwink-Sakurada 방정식의 형식에 따라 $\overline{M}_v \approx \overline{M}_w$로 근사할 수 있다. 즉, $[\eta] = K\overline{M}_w^a$이므로 이를 로그를 취하여 선형화하면 $\log[\eta] = \log K + a\log\overline{M}_w$가 된다.

필요한 데이터는 다음 표에 나와 있으며 log-log 플롯은 아래와 같다.

$[\eta]$ (cm^3/g)	$\overline{M}_w$ (g/mol)	$\log[\eta]$ (cm^3/g)	$\log\overline{M}_w$ (g/mol)
15.77	37,000	1.198	4.568
26.16	102,000	1.418	5.009
42.56	269,000	1.629	5.430
68.12	690,000	1.833	5.839
127.28	2,402,000	2.105	6.381

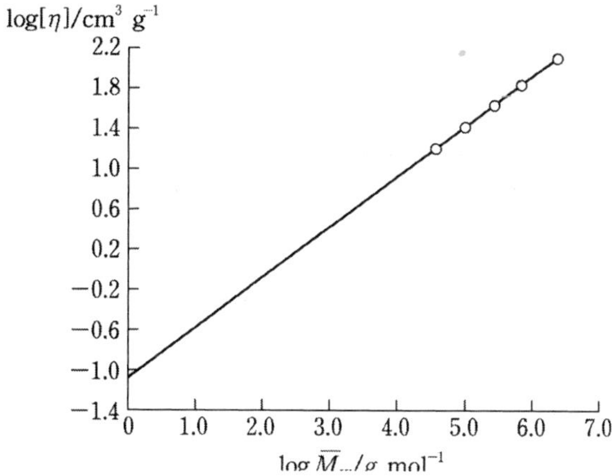

선형 회귀에 의한 데이터 분석은

(i) 기울기에서 $a=0.50$

(ii) y절편에서 $\log[K\ \mathrm{cm^3/g}\times(\mathrm{g/mol})^a]=-1.089$, $K=8.15\times10^{-2}\ \mathrm{cm^3/g}\times(\mathrm{g/mol})^{-0.50}$]이다.

$a=0.50$은 고분자 분자가 unperturbed dimension에 해당하는 conformation을 지니고 용액이 theta 조건에 있다는 뜻이다.

12장 고분자를 고체로 만들면?

12-1. (a) 폴리프로필렌이 폴리에틸렌보다 상대적으로 단량체 내 유효 분자량이 크며, 탄소가 선형으로 연결되어 있음과 더불어 CH_3 곁사슬이 주사슬의 회전을 방해하기 때문에 유리 전이 온도가 높다.

폴리에틸렌의 구조: $(-CH_2-CH_2-)_n$

폴리프로필렌의 구조: 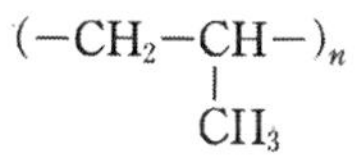

(b) 주사슬로부터 산소 원자가 하나 더 있어서 분자량도 높으며 곁사슬이 주사슬의 회전을 방해하여 폴리(바이닐 아세테이트)가 폴리(메틸 아크릴레이트)보다 유리 전이 온도가 높다.

폴리(메틸 아크릴레이트)의 구조: 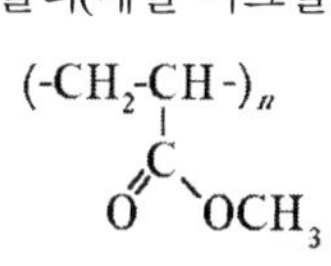

폴리(바이닐 아세테이트)의 구조: 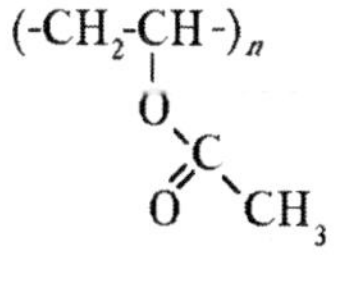

(c) 단량체 내 유효 분자량은 butyl로 같지만, 곁사슬이 상대적으로 더 길고 부피가 커서 주사슬의 회전을 방해하여 폴리(1-뷰텐)이 폴리(2-뷰텐)보다 유리 전이 온도가 높다.

폴리(1-뷰텐)의 구조: 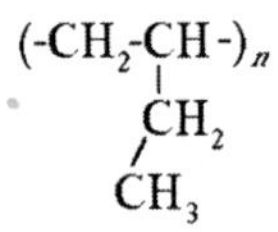

폴리(2-뷰텐)의 구조: 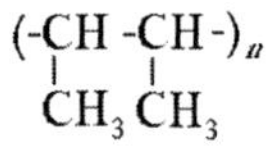

12-2. 규격도는 다음과 같다.

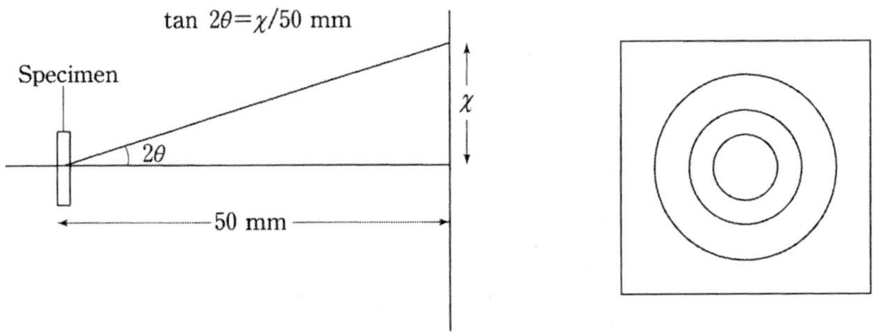

원의 반지름은 19.7, 22.2, 36.6 mm이고 $\lambda = 0.1542$ nm이다. Bragg 법칙에 의하면 $\lambda = 2dsin\theta$ (여기서 d = 평면 간격)이므로 다음의 데이터를 얻을 수 있다.

x(mm)	2θ	$\sin\theta$	d(nm)
19.7	21.50	0.186	0.413
22.2	23.94	0.207	0.371
36.6	36.20	0.311	0.248

그러므로 해당 평면은 (110), (200), 그리고 (020)이다.

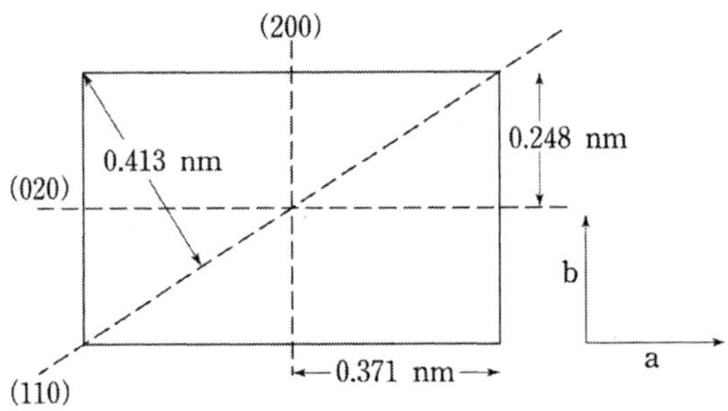

12-3. 1st order line의 높이는 $h = 22.9$ nm이므로, $\tan\phi = \frac{22.9\ \text{mm}}{30\ \text{mm}}$이다. 그러므로 $\phi = 37.3°$ 이다.

(a) 결정 평면 간격인 c는 회절 격자와 동일한 이론을 사용하여 결정될 수 있다.

$\sin\phi = \frac{l\lambda}{c}$ 이므로, 1st order line($l = 1$)에서는 $c = \frac{\lambda}{\sin\phi} = \frac{0.1542\ \text{nm}}{0.606\ \text{nm}} = 0.254$ nm가 된다.

(b) 2nd order line($l=2$)에서는 $\sin\phi = \frac{2\lambda}{c} = \frac{0.308 \text{ nm}}{0.254 \text{ nm}} = 1.21$ 가 된다.

하지만 $\sin\phi \le 1$ 에선 2nd order line은 구할 수 없고, $\frac{0.254 \text{ nm}}{2} = 0.127$ nm 미만의 파장을 가진 X선이 2nd line을 얻기 위해 사용되어야 한다.

12-4. 다음과 같이 밀도와 Position in column에 대한 함수의 그래프를 구하면,

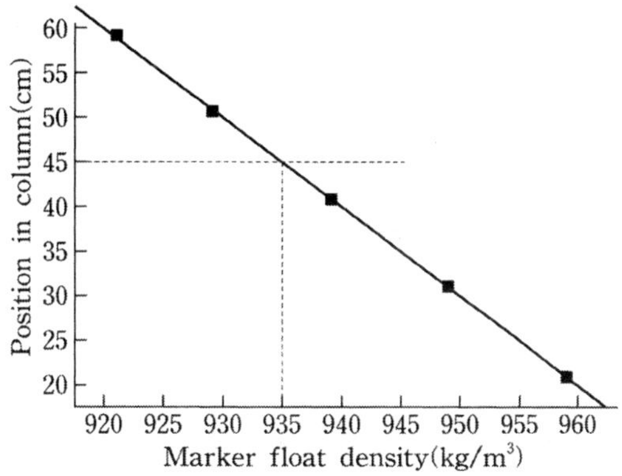

고분자의 밀도는 약 935 kg/m^{3}이고, 고분자의 부피비와 질량비는 다음과 같다.

$$\phi_c = \frac{\rho - \rho_a}{\rho_c - \rho_a} = 43.75\%$$

$$x_c = \frac{\rho_c(\rho - \rho_a)}{\rho(\rho_c - \rho_a)} = 46.70\%$$

12-5. T_m^o 은 다음과 같은 T_m과 T_c의 그래프로부터 구할 수 있다.

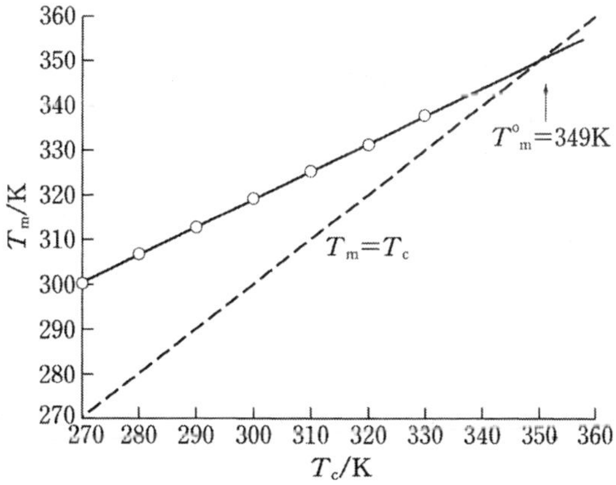

위의 그래프로부터 $T_m^o = 349$ K이다.

12-6. $\overline{X}_n = 3,\ T_m = 65℃ = 338\ \text{K},\ \overline{X}_n = 10,\ T_m = 75℃ = 348\ \text{K},$

$$\frac{1}{T_m} - \frac{1}{T_m^o} = \frac{R}{\Delta H_u}\frac{2}{x_n} \text{ 이므로,}$$

$$\frac{R}{\Delta H_u} = \frac{10}{338 \times 348}\frac{30}{2 \times 7} = 0.000182\ /\text{K}$$

$$\frac{1}{338\ \text{K}} - \frac{1}{T_m^o} = \frac{2}{3} \times 0.000182\ /\text{K}$$

$$T_m^o = 352.5\ \text{K} = 79.5℃$$

12-7. 주어진 값들로부터 다음과 같은 그래프를 구할 수 있다.

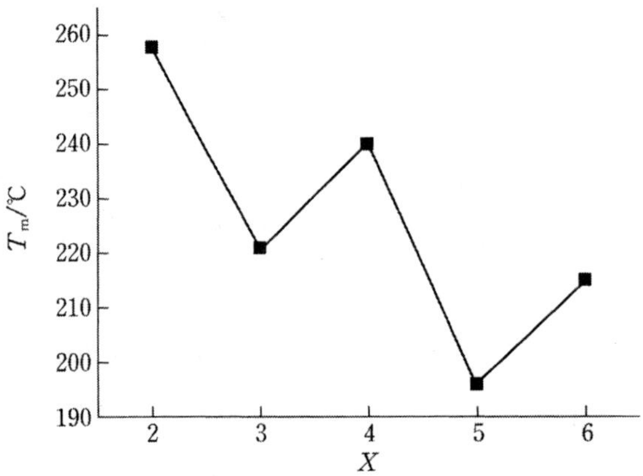

(a) 위의 플롯은 x와 고분자의 융점 T_m을 나타내는데, 전체적으로 x가 증가하면 T_m이 감소하지만 x가 홀수일 때 보다 짝수일 때 상대적으로 더 높다는 것을 알 수 있다. 이는 다음과 같은 두 가지 효과 때문이다.

i) 단분자 내에서 H-결합의 존재는 결정을 안정화시키는데, x가 증가함에 따라 H-결합의 효과가 줄어든다.

ii) 다음 그림과 같이 polyamide(예시는 Nylon)의 배열을 보면, x가 짝수일 때 인접 분자의 N-H 및 C=O 그룹이 더 많이 정렬될 수 있고, 이로 인해 x가 홀수일 때 보다 쉽게 더 안정된 H- 결합을 형성한다.

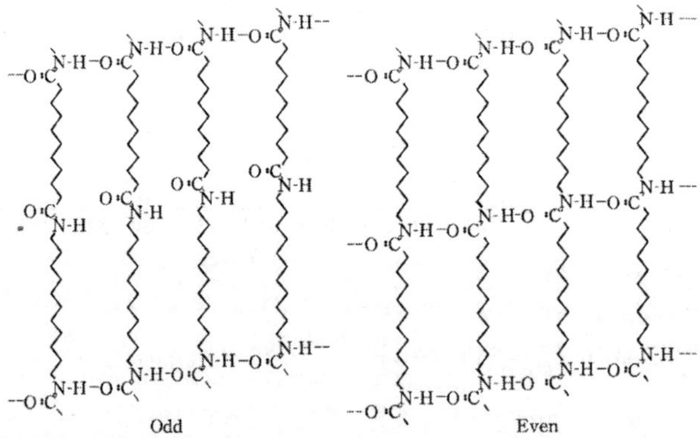

(b) $p-$페닐렌 그룹의 존재는 폴리머 사슬을 훨씬 더 단단하게 만들어 T_m을 크게 증가시킨다.

12-8. 교대 배열(syndiotactic) 폴리(메틸 메타크릴레이트)는 상대적으로 반응이 랜덤하게 일어나는 저온 기반 자유 라디칼 중합에 의해 얻을 수 있다(T. G. Fox et al., JACS 80, 1768 (1958); F. A. Bovey, JPS 46, 69 (1960)). 한편, 동일 배열(isotactic) 고분자는 음이온 중합에서만 얻을 수 있는데, 이는 사용하는 반응 촉매가 산소와 수분에 굉장히 민감하기 때문이다(교대 배열도 음이온에서는 가능하다). 최근의 분자 모델링(A. Soldera, Polymer 43, 4269 (2002))을 참고하면, 분자 간 상호 작용과 주사슬 간 굽힘 각도 에너지의 차이가 교대 배열 고분자의 더 높은 유리 전이 온도를 만들게 한다.

13장 고분자에 힘을 가하면 - 변형

13-1. 종 방향의 변형은 $\epsilon_L = \ln(L/L_o) = \ln(10.5/10) = 0.04879$이고, PS의 푸아송 비($\nu$)는 0.33(표 13.2)이므로, 시료가 등방성이고 균일하게 변형된다면 $\nu = -\dfrac{\epsilon_T}{\epsilon_L}$의 관계식에 의해 $\epsilon_T = -\nu\epsilon_L = -0.01610 = \ln(W/W_o) = \ln(T/T_o)$가 성립한다($W$는 폭, T는 두께).

즉, $\dfrac{W}{W_0} = \dfrac{T}{T_0} = e^{-0.01610} = 0.9840$가 되므로 $W = 5(0.9840) = 4.92$ cm,

$T = 2(0.9840) = 1.97$ cm, $V = 10.5 \times 4.92 \times 1.97 = 101.77$ cm^3이다.

$V_0 = 10 \times 5 \times 2 = 100$ cm^3이므로 $\Delta V = 101.77 - 100 = 1.77$ cm^3 or 1.77%

13-2. $\phi = 1 - \exp(-kt^n)$이므로 $\phi = 1 - \exp[-10^2(10)^2] = 1 - \exp(-1) = 0.6321$ or 63.2%

13-3. $\epsilon = \ln(L/L_o) = \ln 2 = 0.6931$, $\Delta\nu = (1-2\nu)\epsilon V_o$ (여기서 $\nu = 0.49$)이므로

$$\frac{\Delta V}{V_o} = (1-0.98)(0.6931) = 0.0139 \text{ or } 1.39\%$$

13-4. (a) $\sigma = E\epsilon = 0.01(3GPa) = 0.03GPa = 30MPa$

(b) $\sigma^T = \sigma(1+\epsilon) = 30(1.01) = 30.3MPa$

4부

14장 고분자는 어떻게 가공하는가?

14-1. 분배 혼합은 상용성이 있는 두 액체가 라미나 흐름에 의하여 서로 혼합되는 현상인 반면, 분산 혼합은 비상용성의 2차 성분이나 입자 응집체 등이 분산매인 고분자에 의해 쪼개져서 혼합되는 형태이다. 분산 혼합의 경우 가해진 변형의 크기보다 가해진 응력이 훨씬 크기 때문에, 흐름의 종류가 중요하게 된다.

14-2. 발포 플라스틱이란 플라스틱에 탄산수소염 아조 화합물 등의 발포제를 첨가하여 만든 플라스틱을 말한다. 이는 다공성 물질로, 가볍고 단열성, 완충성 등이 좋다는 특징이 있다. 예로는 발포 폴리스타이렌(PS)이 있으며 단열 포장재로 사용되고 있다. 그 외에도 비즈 발포 폴리프로필렌(EPP), 폴리에틸렌과 폴리스타이렌(PE/PS) 복합 비즈 발포 등이 자동차의 경량화를 위해 사용된다.

14-3. (a) 얼음이 다 녹을 때까지 필요한 열량은 다음과 같다.

$$q = \frac{334\ \text{J/g} \times 100\ \text{kg} \times 1000\ \text{g/kg}}{20\ \text{h} \times 60\ \text{min/h} \times 60\ \text{s/min}} = 463.9\ \text{W}$$

큐빅은 정육면체이므로

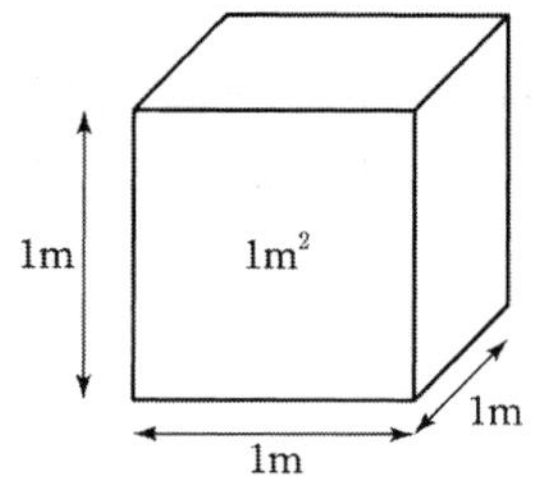

열이 흐르는 단면적은 $A = 6 \times 1\ \text{m}^2 = 6\ \text{m}^2$이다.

한편, 열전달 식은 다음과 같다.

$$q = \frac{T_{hot} - T_{cold}}{L/kA}$$ (여기서, L은 단열재 두께, A는 열이 흐르는 단면적)

즉, $$L = \frac{(T_{hot} - T_{cold}) \times kA}{q} = \frac{30\ \text{K} \times 0.05\ \text{W/Km} \times 6\ \text{m}^2}{436.9\ \text{W}} = 0.019\ \text{m} = 19.4\ \text{mm}$$

(b) 상기 식에서 k 값을 0.04 W/Km으로 변형하면,

$$L = \frac{(T_{hot} - T_{cold}) \times kA}{q} = \frac{30\ \text{K} \times 0.04\ \text{W/Km} \times 6\ \text{m}^2}{436.9\ \text{W}} = 0.019\ \text{m} = 15.5\ \text{mm}$$이다.

15-1. (a) $\Delta p = \dfrac{\text{ram load (lb}_f)}{\pi(0.375/2)^2} = \dfrac{\text{ram load}}{0.110}$ in. psi

$$Q = \frac{0.0737}{\text{efflux time}} \ (\text{n}^3/\text{min})$$

$$\phi = \frac{4Q}{\pi R^3} = \frac{4Q}{\pi(0.0205)^3} = 1.48 \times 10^5 \ (\text{min}^{-1})$$

$\log\tau_w$와 $\log\phi$의 그래프는 다음과 같이 기울기 n과 y절편 $\log m'$으로 나타내는 식 형태를 갖춘다.

$$m = m'\left(\frac{4n}{3n+1}\right)^n$$

Δp	τ_w(psi)	$\log\tau_w$	Q(in^3/min)	ϕ(/min)
886	14.6	1.16	0.0139	2050
1318	21.7	1.34	0.0466	6890
1973	32.5	1.51	0.2377	35,100
2273	37.5	1.57	0.4335	64,100

플롯의 최소 제곱 적합은 n=0.2694의 기울기와 0.2829(m'= 1.92)의 절편을 제공한다.

$$m = 1.92\left[\frac{4(0.269)}{3(0.269)+1}\right]^{0.269} = 1.67 \text{ psi min}^{0.269} = 34{,}600 \text{ Pa s}^{0.269}$$

일반적인 가정은 등온, 층류, 정상 상태 및 비압축성 흐름일 때이다. (무시할 수 있는 body force, 벽에서의 미끄러짐 없음, 점성 가열 없음 및 압력과 무관 한 점도)

(b) $\dot{\gamma}_w = \dfrac{3n+1}{4n}\phi = 1.68\phi$

$$\eta = \frac{\tau_w}{\dot{\gamma}_w}$$

$\dot{\gamma}_w$(s^{-1})	η(Pa s)
57.3	1750
193	774
983	228
1800	144

$\eta = m\dot{\gamma}_w^{\,n-1}$이므로, $\log\eta = -0.728\log\dot{\gamma}_w + 4.53$은 4개의 데이터 포인트에서 얻은 값을 이용하여 구할 수 있다. 실험 데이터는 57에서 1800 s^{-1}까지인 벽 전단 속도 범위에서의 shear-thinning 거동을 보여준다.

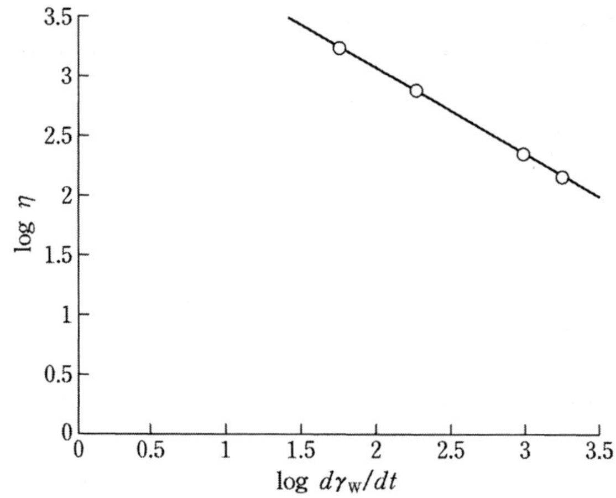

15-2. $Q=\dfrac{n\pi R^3}{1+3n}(\dfrac{R\Delta p}{2mL})^{1/n}$

$\dfrac{Q_2}{Q_1}=\dfrac{R_2^3R_2^{1/n}}{R_1^3R_1^{1/n}}=(\dfrac{R_2}{R_1})^{3+\frac{1}{n}}$

$40=2^{3+\frac{1}{n}}$이므로 $\log40=(3+\dfrac{1}{n})\log2$가 되어 $n=0.43$이다.

$\dot{\gamma}_w=\dfrac{3n+1}{4n}(\dfrac{4Q}{\pi R^3})$이므로 $\dfrac{\dot{\gamma}_{w,1}}{\dot{\gamma}_{w,2}}=(\dfrac{R_2}{R_1})^3(\dfrac{Q_1}{Q_2})=(2)^3(\dfrac{1}{40})=0.2$이다.

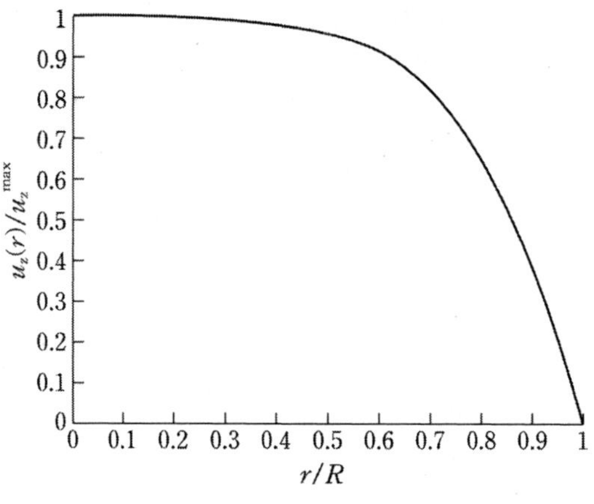

15-3. (a) $\tau_w=\dfrac{R\Delta p}{2L}=\dfrac{0.125\Delta p}{2(3)}=2.08\times10^{-2}\Delta p$

$\Delta p=\dfrac{1000\ \text{lb}_\text{f}}{\text{in}^2}\dfrac{1\ \text{N}}{0.2248\ \text{lb}_\text{f}}\dfrac{\text{in}^2}{(2.54\ \text{cm})^2}\dfrac{10^4\ \text{cm}^2}{\text{m}^2}=6.895\times\text{N/m}^2$

$\tau_w=2.08\times10^{-2}(6.895\times10^6)=1.43\times10^5\ \text{N/m}^2$

(b) 210℃에서 PS에 대한 멱 법칙 매개 변수(power law index) m 및 n 값을 가져오면,

$$\dot{\gamma}_w = (\frac{\tau_w}{m})^{1/n} = (\frac{1.43\times10^5}{2.38\times10^4})^4 = 1.30\times10^3/s$$

(c) 이 값은 사용된 매개 변수에 대해 허용되는 범위 내에 있다. (i.e., 100~4500 /s). 체적 유량의 단위는 cm^3/s이므로

$$Q = \frac{n\pi R^3}{1+3n}(\frac{R\Delta p}{2mL})^{1/n} = \frac{0.25\pi(0.125)^3}{1+0.75}[\frac{0.125\Delta p}{2(2.38\times10^4)}]^4 = 19.1\ cm^3/s$$

15-4. $\frac{\eta_{60}}{\eta_{80}} = (\frac{60{,}000}{80{,}000})^{3.4}$.

$\eta_{60} = 7.5\times10^3$ P at $T = 150℃$

$$\log(\frac{\eta_{150}}{\eta_g}) = -\frac{C_1^g(150-T_g)}{C_2^g+150-T_g}$$

$$\log(\frac{\eta_T}{\eta_g}) = -\frac{C_1^g(T-T_g)}{C_2^g+T-T_g}$$

$$\log(\frac{\eta_T}{\eta_{150}}) = -\frac{C_1^g(T-T_g)}{C_2^g+T-T_g} + \frac{C_1^g(150-T_g)}{C_2^g+150-T_g}$$

대부분 고분자의 온도 의존성은 매개 변수 $C_1^g = 12$와 $C_2^g = 50$에 의해 작은 온도 간격에 걸쳐 합리적으로 잘 설명된다. 즉, $\log(\frac{2\times10^4}{7.5\times10^3}) = \frac{12(T-75)}{50+T-75} + \frac{12(150-75)}{50+150-75}$이므로,

$T = 140℃$.

16장 고분자 용융체의 점탄성

16-1. (a) $\frac{d\sigma}{dt} = R = constant$이므로, 맥스웰 모델($\frac{de}{dt} = \frac{1}{E}\frac{d\sigma}{dt} + \frac{\sigma}{\eta}$)에 의해서

$$\frac{de}{dt} = \frac{R}{E} + \frac{Rt}{\eta} \quad (\because \sigma = \int Rdt)$$

Voigt 모델($\frac{de}{dt} = \frac{\sigma}{\eta} - \frac{Ee}{\eta}$)에 의해서

$$\frac{d^2e}{dt} = \frac{1}{\eta}\frac{d\sigma}{dt} - \frac{E}{\eta}\frac{de}{dt}$$

$$\frac{d^2e}{dt^2} + \frac{E}{\eta}\frac{de}{dt} - \frac{R}{\eta} = 0 \quad (\because R = \frac{d\sigma}{dt})$$

이것은 여러 가지 방법으로 풀 수 있는 미분 방정식인데. 그중 한 방법은 J. G. Willaims의 Stress Analysis of Polymers에서 소개된 'convolution integral' 방법이며, 가장 간단한 방법은 다음과 같이 결과를 '추측'하는 것이다.

$e=\frac{R}{E}[t-\tau_0[1-\exp(-\frac{t}{\tau_0})]]$ 여기서 $\tau_0=\frac{\eta}{E}$

즉,

$$\frac{de}{dt}=\frac{R}{E}[1-\exp(-\frac{t}{\tau_0})]$$

$$\frac{d^2e}{dt}=\frac{R}{E\tau_0}\exp(-\frac{t}{\tau_o})$$

$$\frac{d^2e}{dt^2}+\frac{E}{\eta}\frac{de}{dt}-\frac{R}{\eta}=\frac{R}{E\tau_0}\exp(-\frac{t}{\tau_o})+\frac{E}{\eta}\frac{R}{E}[t-\tau_0[1-\exp(-\frac{t}{\tau_0})]]-\frac{R}{\eta}$$

$$=\frac{R}{E}\frac{E}{\eta}\exp(-\frac{t}{\tau_0})+\frac{R}{\eta}-\frac{R}{\eta}\exp(-\frac{t}{\tau_0})-\frac{R}{\eta}=0$$

e와 t 사이의 관계를 통해 약분하면

$$e=\frac{R}{E}[t-\tau_0[1-\exp(-\frac{t}{\tau_0})]]$$

따라서 추측한 솔루션이 올바른 것으로 나타난다.

(b) $\frac{de}{dt}=S=constant$이므로, 맥스웰 모델($\frac{de}{dt}=\frac{1}{E}\frac{d\sigma}{dt}+\frac{\sigma}{\eta}$)에 의해서

$S=\frac{1}{E}\frac{d\sigma}{dt}+\frac{\sigma}{\eta}$ 또는 $\frac{d\sigma}{(S\eta-\sigma)}=\frac{E}{\eta}dt$

이며, 이를 적분하면

$$\ln(S\eta-\sigma)=-\frac{Et}{\eta}+A$$

이다. 여기서 A는 적분 상수이다. $t=0$, $\sigma=0$이므로 $A=\ln(S\eta)$이다.

$\ln[\frac{(S\eta-\sigma)}{S\eta}]=-\frac{Et}{\eta}$이므로 $\sigma=S\eta[1-\exp(-\frac{t}{\tau_0})]$가 된다. 여기서 $\tau_0=\frac{\eta}{E}$이다.

Voigt 모델($\frac{de}{dt}=\frac{\sigma}{\eta}-\frac{Ee}{\eta}$)에서는 변형식($\sigma=Ee+S\eta$)에 의해서

$\sigma=ESt+S\eta$ ($\because S=\frac{e}{t}$).

16-2. (a) Stress relaxation에 대한 맥스웰 모델을 통해

$$\sigma=\sigma_o\exp(-\frac{t}{\tau_0})$$

$\sigma_0=strain\times short-term\ \ modulus$

$=0.2\times3$ MPa $=0.06$ MPa

Leaking pressure$=0.3$ MPa$=0.6$ MPa $\exp(-\frac{t}{300\ days})$

즉, $t=208$ days

16-3. 점탄성 고분자는 다음과 같은 변형 주기를 나타낸다.

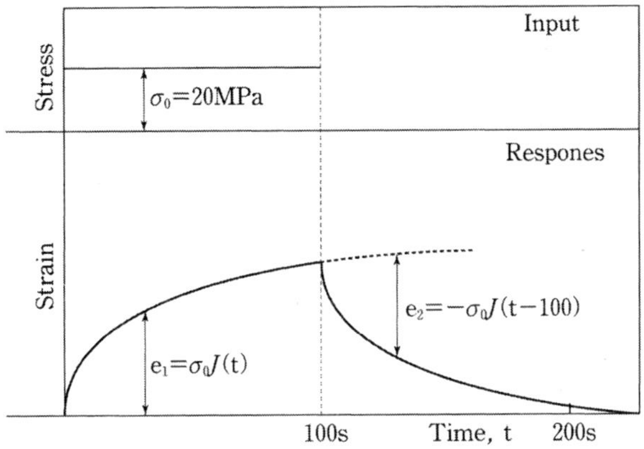

$e_1(t)$ = strain due to loading

$e_2(t-100)$ = strain due to unloading

(a) 100 s 이후,

$$e_1(100)=\sigma_0\times J_0(100)$$
$$=20\times10^6\times J_0(1-\exp(-100/200))$$
$$=20\times10^6\times3\times10^{-9}\times(0.3935)$$
$$=23.61\times10^{-3}=0.02361$$

(b) 100 s 이후,

$$e_1(200)=\sigma_0\times J_0(200)\ =20\times10^6\times J_0(1-\exp(-200/200))$$
$$=20\times10^6\times3\times10^{-9}\times(0.6321)=0.03793=37.93\times10^{-3}=0.03793$$

고분자는 0.2 MPa/s의 속도로 unloading되므로 응력이 20 MPa에서 0 MPa로 떨어지려면 100 초가 걸린다.

Unloading 시

$$e_2(100)=-\int_0^{100}J_0[1-\exp(-t/\tau_0)]\frac{d\sigma}{dt}dt$$

$$J_0=3\times10^{-9}\ \mathrm{m^2\,Pa^{-1}},\ \tau_0=200\ \mathrm{s},\ \frac{\mathrm{d}\sigma}{\mathrm{dt}}=0.2\times10^6\ /\mathrm{Pa\ s}$$

$$\therefore e_2(100)=-3\times10^{-9}\times0.2\times10^6\times\int_0^{100}[1-\exp(-t/\tau_0)]dt$$
$$=-0.6\times10^3\times[e^{-t/200}(te^{t/200}+200)]_0^{100}$$
$$=-0.6\times10^{-3}\times[100+200e^{-1/2}-200]=-0.01278$$

Boltzmann 중첩 원리를 적용하면 Total strain은 $t=200$ s일 때,

$e_1(200)+e_2(100)=0.03793-0.01278=0.02515.$

16-4. $|E^*| = \sqrt{(E')^2 + (E'')^2}$

$E' = (\frac{\sigma^0}{\epsilon^0})\cos\delta;\ E'' = (\frac{\sigma^0}{\epsilon^0})\sin\delta$이므로

$|E^*| = [(\frac{\sigma^0}{\epsilon^0})^2(\sin^2\delta + \cos^2\delta)]^{1/2} = \frac{\sigma^0}{\epsilon^0}$

$D^* \times \overline{D}^* = |D^*|^2$

$D^* = D' - iD'';\ \overline{D}^* = D' + iD''$

$D' = (\frac{\epsilon^0}{\sigma^0})\cos\delta;\ D'' = (\frac{\epsilon^0}{\sigma^0})\sin\delta$이므로

$|D^*| = [(\frac{\epsilon^0}{\sigma^0})^2(\sin^2\delta + \cos^2\delta)]^{1/2} = \frac{\epsilon^0}{\sigma^0} = \frac{1}{|E^*|}$

16-5. $W = \int_0^{2\pi} \sigma^* d\epsilon^*$에서

$\sigma^* = \sigma^0 \sin(wt + \delta),\ \epsilon^* = \epsilon^0 \sin wt;\ d\epsilon^* = \epsilon^0 \cos wt\, d(wt)$ 이므로

$W = \sigma^0 \epsilon^0 \int_{wt=0}^{2\pi} \sin(wt + \delta) \cos wt\, d(wt).$

$\sin(wt + \delta) = \sin wt \cos\delta + \cos wt \sin\delta$이므로

$\frac{W}{\sigma^0 \epsilon^0} = \cos\delta \int_0^{2\pi} \sin wt\ \cos twt\, d(wt) + \sin\delta \int_0^{2\pi} \cos^2 wt\, d(wt).$

$\int \sin wx\ \cos wx\, dx = \frac{\sin^2 wx}{2w};\ \sin^2\theta = \frac{1}{2} - \frac{1}{2}\cos 2\theta$ 이므로

$\int_0^{2\pi} \sin wt\ \cos twt\, d(wt) = w \frac{\sin^2 wt}{2w}\Big|_0^{2\pi} = \frac{1}{2}[\frac{1}{2} - \frac{1}{2}(\cos 4\pi) - \frac{1}{2} + \frac{1}{2}(\cos 0)] = 0$이 되어,

$\frac{W}{\sigma^0 \epsilon^0} = \sin\delta \int_0^{2\pi} \cos^2 wt\, d(wt)$ 이 성립한다.

$\int \cos^2 u du = \frac{u}{2} + \frac{\sin 2u}{4}$ 의 관계식에 따라

$\frac{W}{\sigma^0 \epsilon^0} = \sin\delta(\frac{wt}{2} + \frac{\sin 2wt}{4})\Big|_0^{2\pi} = \sin\delta[\pi + \frac{\sin(4\pi)}{4} - 0 - \frac{\sin 0}{4}] = \pi \sin\delta.$

$\therefore W = \pi \sigma^0 \epsilon^0 \sin\delta$

16-6. (a) $\log a_T = \frac{-17.44(423 - 373)}{51.6 + 50} = -8.583,\ \therefore a_T = 2.61 \times 10^{-9}$

(b) $\log a_T = \frac{-13.7(50)}{50 + 50} = -6.85,\ \therefore a_T = 1.41 \times 10^{-7}$

16-7. $\ln\left(\frac{f_1}{f_2}\right) = -\left(\frac{E_a}{R}\right)\left(\frac{1}{T_1} - \frac{1}{T_2}\right)$

$\ln\frac{1}{110} = -\left(\frac{840{,}000}{8.3144}\right)\left(\frac{1}{373} - \frac{1}{T_2}\right)$

$T_2 = 379.6\ \text{K}$

16-8. (a) $E(t) = \sum_{t=1}^{3} E_i \exp(-t/\tau_i) = 9.983\ \text{GPa}$

5부

17장 고분자에 양념을?

17-1. (a)

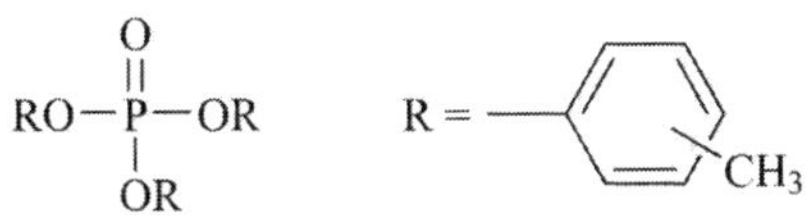

(b)

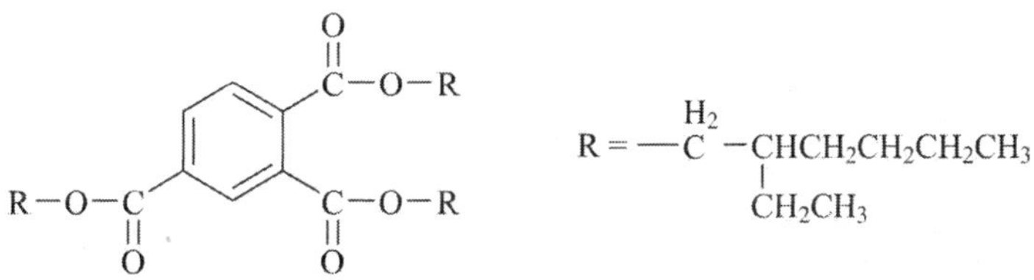

(c)

(d)

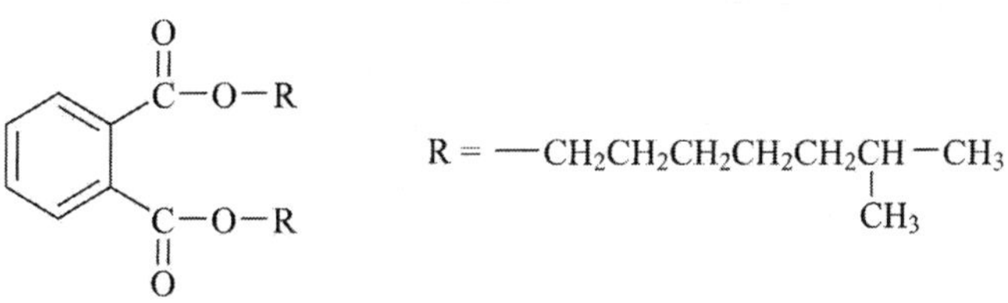

17-2. $T_{g,1} = 201$ K (TOTM), $T_{g,2} = 354$ K (PVC)

TOTM의 무게 분율은 $W_1 = \dfrac{30}{100+30} = 0.231$ 이므로,

$$\ln\left(\frac{T_g}{T_{g,1}}\right) = \ln\left(\frac{T_g}{201}\right) = \frac{W_2 \ln(T_{g,2}/T_{g,1})}{W_1(T_{g,2}/T_{g,1}) + W_2} = \frac{0.769 \ln(354/201)}{0.231(354/201) + 0.769} = 0.3699$$

이다. 따라서 가소화된 PVC의 유리 전이 온도는 $T_g = 291$ K이다.

17-3. 데이터를 통해 그래프를 그리고 추세선을 그리면(x축: ϕ_{PVDF}, y축: T_g), $\phi_{PVDF} = 0.8$일 때의 T_g는 -18℃임을 알 수 있다. T_g는 ϕ_{PVDF}와 선형 관계가 있기 때문에, 두 고분자 블렌드는 하나의 상(single phase)을 이룬다.

17-4. 하이드록시벤조페논(hydroxybenzophenone)과 하이드록시벤조트리아졸(hydroxybenzotriazole)이 가장 많이 사용되는 UV 안정제들이다. 벤조페논의 경우 휘발성이 적고 올레핀과의 상용성이 좋지만, 가공 시에 색 변화가 일어나기도 한다는 단점이 있다. 벤조트리아졸은 벤조페논에 비해 자외선 흡수 능력이 크며 색상 안정성이 우수하다. 하지만 비싸다는 단점이 있다.

18장 고분자와 고분자의 만남

18-1. $\dfrac{M}{M_m} = \dfrac{1 + AB\phi_f}{1 - B\psi\phi_f}$ 그리고 $B = \dfrac{\dfrac{M_f}{M_m} - 1}{\dfrac{M_f}{M_m} + A}$

만일 $A \to \infty$ 이면 $B \to 0$, $AB \to \dfrac{M_f}{M_m}$ 이므로 $\dfrac{M}{M_m} \to 1 + \left(\dfrac{M_f}{M_m} - 1\right)\phi_f$

정리하면 $M = \phi_f M_f + (1 - \phi_f) M_m$ 이 된다.

또한, $A \to 0$ 이면 $B \to 1 - \dfrac{M_m}{M_f}$, $AB \to 0$ 이다. 그러므로 $\dfrac{M}{M_m} \to \dfrac{1}{1 - (1 - \dfrac{M_m}{M_f})\psi\phi_f}$.

위 식을 정리하면 $\dfrac{1}{M} = \dfrac{\psi\phi_f}{M_f} + \dfrac{(1 - \psi\phi_f)}{M_m}$ 로 증명할 수 있다.

18-2. $E_L = (1 - \phi_f)E_m + \phi_f E_f$ 관계로부터,

문제에서 주어진 부피 분율 0.4와 모듈러스 값 2.5 GPa를 이용하면,

최대 탄성률 $E_L = (1 - 0.4)2.5 + 0.4(517) = 208.3$ GPa.

$\sigma_L = (1 - \phi_f)\sigma_m + \phi_f \sigma_f$ 을 이용하면,

최대 힘(strength) $\sigma_L = (1 - 0.4)(0.065) + 0.4(2.83) = 1.17$ GPa.

18-3. $T_g = 373 - \frac{1.2\times10^5}{42000} = 370\ \text{K}$

낮은 농도의 TMPC 조건에서는 PS가 주된 성분(major component)이기 때문에, 전체 블렌드의 T_g는 가장 낮은 분자량의 PS($M_n = 42000$)에 영향을 받아서 미미하게 낮아진다.

18-4. 역혼합 법칙과 로그 혼합 법칙 모두 실험 결과보다 높은 값의 T_g로 계산되었다. 이 경우에서는 로그 혼합 법칙보다 역혼합 법칙이 실험 결과를 더 잘 표현한다.

Wt% PPO	T_g (K) 실험 결과	T_g (K) 역혼합 법칙	T_g (K) 로그 혼합 법칙
0	489		
20	458	461.9	464.5
40	431	437.6	441.1
60	413	415.7	419.0
80	394	396.0	398.0
100	378		

18-5. NR/NBR 50/50: 두 개의 T_g가 각 성분의 T_g와 동일 (섞이지 않음, incompatible)

NR/CR 50/50: 두 개의 T_g가 각 성분의 T_g와 동일 (섞이지 않음, incompatible)

NR/BR 50/50: 한 개의 T_g가 각 성분의 T_g의 중간값 (섞임, compatible)

18-6. (a) $\Delta G_m^* = RT[(\frac{\phi_1}{x_1})\ln\phi_1 + (\frac{\phi_2}{x_2})\ln\phi_2 + \chi\phi_1\phi_2]$ 식으로부터, 스피노달에서의 조건은 $(\frac{\partial^2\Delta G_m^*}{\partial\phi^2}) = 0$이라고 주어졌다. 따라서, 깁스 자유 에너지 식은

$$\frac{\partial\Delta G_m^*}{\partial\phi_1} = \frac{\partial}{\partial\phi_1}[RT[\frac{\phi_1}{\chi_1}\ln\phi_1 + \frac{(1-\phi_1)}{\chi_2}\ln(1-\phi_1) + \chi\phi_1(1-\phi_1)]]$$

이고, 정리하면 $\frac{\partial\Delta G_m^*}{\partial\phi_1} = RT[\frac{1}{\chi_1} + \frac{\ln\phi_1}{\chi_1} - \frac{(1-\phi_1)}{\chi_2} - \frac{1}{\chi_2} + \chi - 2\chi\phi_1]$이다. 따라서,

$$\frac{\partial^2\Delta G_m^*}{\partial\phi_1^2} = \frac{\partial}{\partial\phi_1}[RT[\frac{1}{\chi_1} + \frac{\ln\phi_1}{\chi_1} - \frac{(1-\phi_1)}{\chi_2} - \frac{1}{\chi_2} + \chi - 2\chi\phi_1]] = 0$$

이 되고 식을 정리하면 $\frac{1}{x_1\phi_1} + \frac{1}{x_2(1-\phi_1)} - 2\chi = 0$이다.

(b) 임계 온도 T_c에서 스피노달 조건은 $(\frac{\partial^2\Delta G_m^*}{\partial\phi^2}) = (\frac{\partial^3\Delta G_m^*}{\partial\phi^3}) = 0$이므로,

$$\frac{\partial^3\Delta G_m^*}{\partial\phi_1^3} = \frac{\partial}{\partial\phi_1}[\frac{1}{\chi_1\phi_1} + \frac{1}{\chi_2(1-\phi_1)} - 2\chi] = [-\frac{1}{\chi_1\phi_1^2} + \frac{1}{\chi_2(1-\phi_1)^2} - 0] = 0$$

따라서 $\frac{1}{\chi_1\phi_1^2} = \frac{1}{\chi_2(1-\phi_1)^2}$, 이를 조성에 대해 정리하면 $\phi_{1c} = \frac{1}{1+(x_1+x_2)^{1/2}}$ 이다.

그리고 Flory-Huggins 변수의 임곗값은 (a)의 스피노달 지점의 식으로부터,

$2\chi_c = \frac{1}{x_1\phi_1} + \frac{1}{x_2(1-\phi_1)}$ 이고, 이를 조성에 대해 정리하면 $\chi_c = \frac{1}{2}[\frac{1}{x_1^{1/2}} + \frac{1}{x_2^{1/2}}]^2$.

(c) 두 고분자의 분절 수가 같다면 $\chi_1 = \chi_2$이므로 $\phi_{1c} = 0.5$, 대응되는 $\chi_c = 2/x$ 이다.

19장 고분자의 수명

19-1. (a) 단량체가 중합이 되어 고분자가 될 때 말단기(end-group)가 빠지는 농도가 에스터 결합의 생성 농도라고 할 수 있다. 말단기가 빠지는 농도는 처음에 단량체에 붙어있는 말단기의 농도에서 마지막에 고분자에 붙어있는 말단기의 농도를 뺀 것과 같기 때문에 단량체 농도 $N = \frac{c}{M_0}$ 에서 고분자 농도 $m = \frac{N}{x_n}$ 를 빼면, 에스터 결합의 농도 $[E] = N - m = N[1 - \frac{1}{x_n}]$가 된다.

(b) 1차 반응 속도 식을 이용하면 $\frac{d(1/x_n)}{dt} = k(1 - 1/x_n)$ 이다.

N은 상수이고, $t = 0$, $x_n = x_{n,0}$이므로, 식을 풀면 $\ln\frac{1-1/x_n}{1-1/x_{n,0}} = kt$이다.

만일 $x_n \gg 1$이라고 가정하면 위 식은 $\frac{1}{x_n} - \frac{1}{x_{n,0}} = kt$로 정리된다.

(c) 반응 상수가 $k = k_0 x_n^a$ $(a > 0)$를 만족한다면, 위 반응 속도식은 $\frac{d(1/x_n)}{dt} = k_0 x_n^a (1 - 1/x_n)$ 가 된다. 이 적분식을 풀어서 정리하면, $\frac{1}{1+a}[(\frac{1}{x_n})^{1+a} - (\frac{1}{x_{n,0}})^{1+a}] = k_0 t$라는 관계가 나온다.

19-2. 일반적으로 방향족 그룹(aromatic group)이 포함되어있는 경우가 지방족 그룹(aliphatic group)으로만 이루어져 있는 경우보다 높은 열적 안정성을 가진다. 특히 열에 대해 주사슬 결합이 끊어질 때 자유 라디칼이 형성되면서 고분자의 분해가 가속화된다. 바이닐 고분자의 경우 상대적으로 낮은 온도(~ 150℃)에서 자유 라디칼이 형성되어서 고분자의 구조가 변하게 된다. 또한 이러한 특성을 이용해 바이닐기를 가진 고분자들을 서로 가교(crosslinking)하는 데 사용하기도 한다.

19-3. TGA는 온도에 따른 시료의 무게 변화를 정량 분석함으로써 시료의 열안정성 등의 성질을 판단하는 장비이다. 일반적으로 시료에 열을 가한 뒤, 이의 질량 변화를 시간이나 온도의 함수로 측정한다. 폴리스타이렌의 열분해 온도는 375℃ 정도, 테플론은 350℃ 정도이다.

19-4. 테플론은 플루오린 원자와 탄소 원자 간의 강한 공유 결합력으로 인한 독특한 물성을 가지게 된다. 탄소-플루오린 공유 결합은 탄소-탄소, 탄소-수소 공유 결합에 비해 매우 강하다. 뿐만 아니라 일반적인 탄소-수소 결합의 입체적 구조와는 달리 탄소-플루오린 결합의 입체 구조는, 플루오린 원자끼리의 반발력으로 인해 비틀어진 나선 구조를 띠게 된다. 때문에 탄소-탄소 결합이 플루오린 원자에 의해 보호받게 된다. 따라서 테플론은 우수한 내열성, 내화학성, 내구성을 가지게 된다.

20장 일상에서의 고분자 관리

20-1. 짝수 개의 원자들이 반복 단위 내에 있다면 좀 더 콤팩트(compact)한 결정이 생길 것이므로 용융 온도가 증가할 것이다. 사슬 내 공간(space)의 길이가 길어지면 odd-even 효과보다는 평균적인 성질을 보일 것이다.

처음 두 경우($x=2$, $x=3$)의 평균 77, 다음 두 번($x=4$, $x=5$)의 평균 72, 이런 식으로 계산하다 보면 $x=10$일 때는 이 둘의 평균인 74.5가 될 것이다.

20-2. 환경 친화적으로 공정을 개선한다. 환경 친화적 제품(생분해성 고분자 등)을 사용한다. 고분자 폐기물 처리 기술을 개발한다. 올바른 고분자 상식으로 일회용 고분자 재활용 방안을 홍보한다.

20-3. 예: polydioxanone, poly(β-hydroxybutyrate), poly(caprolactone), poly(lactic acid), poly(glycolide), poly(hydroxyvalerate)

분해 속도: polyglycolide(~3개월), poly(lactide)(12~24개월), polycaprolactone(24개월 이상), polydioxaneone(4~6개월)

20-4.

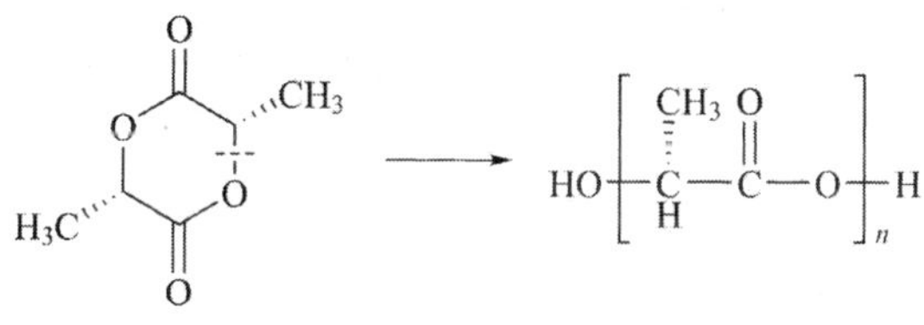

L-lactide poly(*L*-lactide)

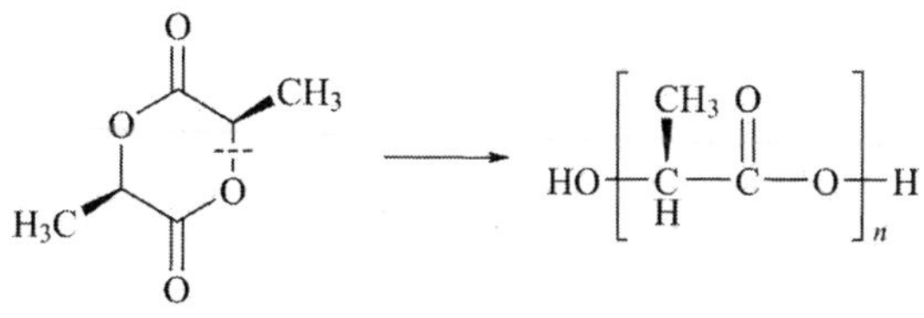

D-lactide poly(*D*-lactide)

사용되는 예시는 식품용 접시, 농업용 필름, 가전제품의 부품류, 3D프린터 재료 등이 있다.

21-1.

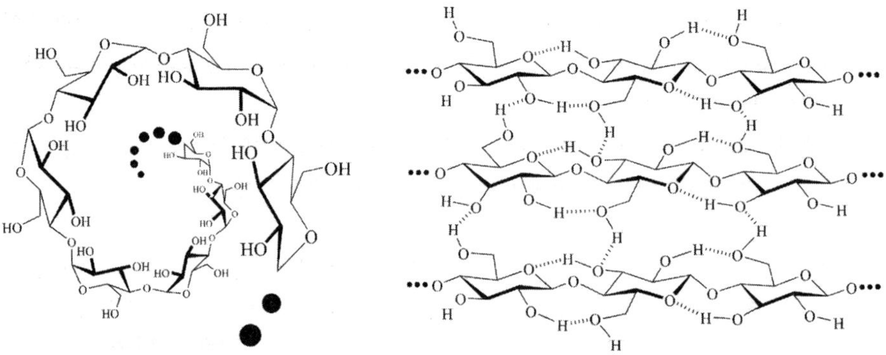

Amylose
(a)

Cellulose
(b)

(a)는 아밀로스의 구조이고, (b)는 셀룰로스의 구조이다.

셀룰로스는 각 아노머들의 평행하게 놓여 있고 글라이코사이드 결합 외에도 내부에 수소 결합이 형성되어 일종의 그물 구조를 형성하고 있다. 따라서 외부 압력에 상당한 저항성을 지니고 있고, 이러한 특성 때문에 식물 세포를 보호하기 위한 세포벽으로 이용된다. 그리고 수소 결합은 각 아노머 사이에서만 형성되기 때문에 외부로 노출되지 않고, 따라서 물에 대한 용해도도 낮다.

반면에 아밀로스는 나선형 구조를 형성한다. 아밀로스의 아노머 사이에도 수소 결합이 형성되지만, 나선형 구조상 수소 결합들이 노출되어 있어 압축력에 강하게 저항할 수 없다. 또한 이로 인해 물에 잘 용해되는 편이다.

21-2. (a)

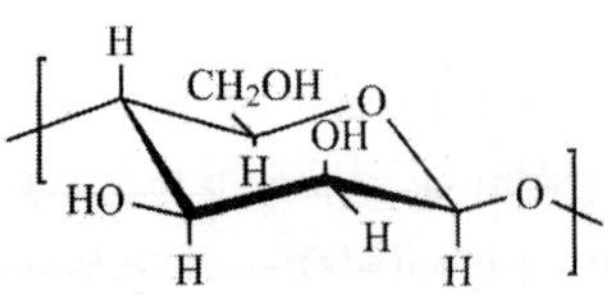

(b)

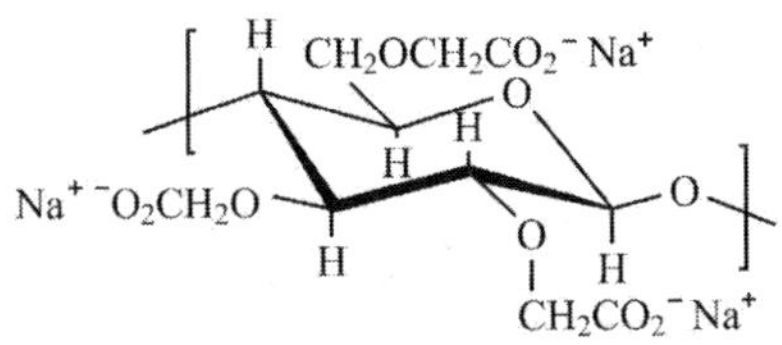

(c)

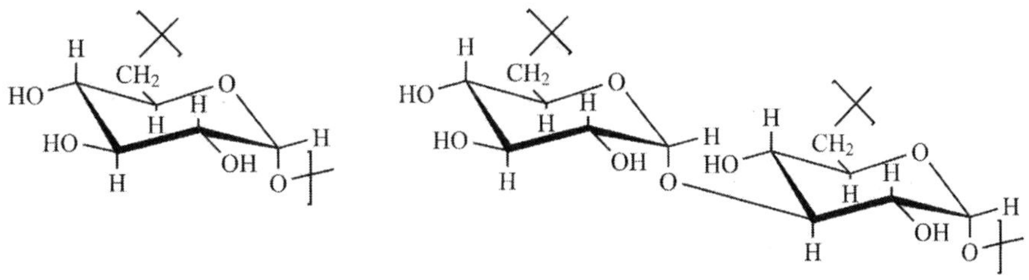

21-3. Michael addition 반응으로 다음과 같다.

$$\text{Cell—OH} + CH_2{=}CHCN \xrightarrow{OH^-} \text{Cell—}OCH_2CH_2CN$$

22장 흔히 사용되는 고분자들

22-1. LDPE는 다양한 크기의 곁사슬 가지를 랜덤으로 가지고 있으며 자유 라디칼 개시제 기반의 고압 조건에서 합성이 가능하다. LLDPE는 마찬가지로 가지를 가지고 있으나, 가지의 길이가 공단량체로 이용되는 1-alkene에 의존한다. 이 고분자는 저압 조건에서 조화 중합법으로 만들어진다.

22-2. 다음과 같은 장점을 지닌다.

(1) 하나의 단량체가 one-pot 시스템에 이용되어, 메카니즘 분석에 용이하다.
(2) 반응 속도(kinetic)를 조절할 수 있기 때문에 분자량이 조절 가능하다.
(3) 촉매로 인해 하나의 단량체가 늘어나기 때문에 분산도가 매우 낮다.
(4) 단량체가 상대적으로 저렴하다.
(5) 적어도 하나의 diene 단량체로 만들어져 외부 환경(습기, 온도)에 강하다.

22-3. cis 이중 결합이 열리면서 얻을 수 있는 구조:

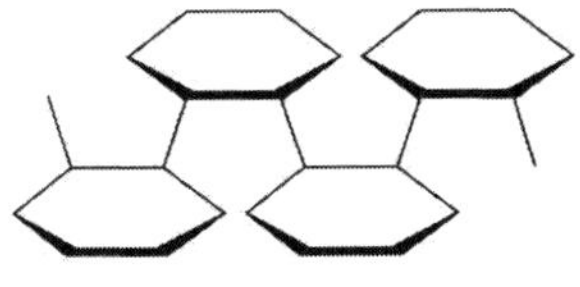
erythro-diisotactic

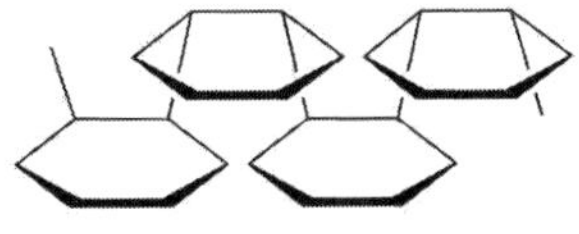
erythro-disyndiotactic

trans 이중 결합이 열리면서 얻을 수 있는 구조:

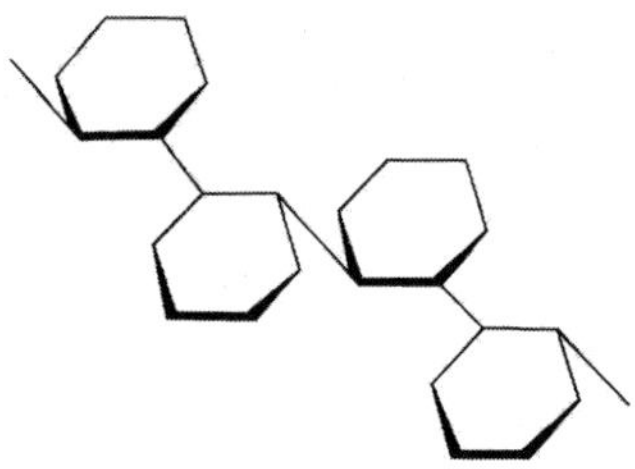

threo-diisotactic

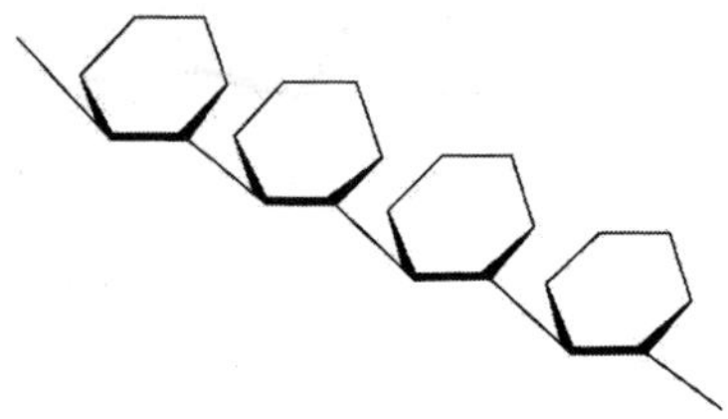

threo-disyndiotactic

Metathesis 중합법으로 만들어지면 다음과 같다.

cis

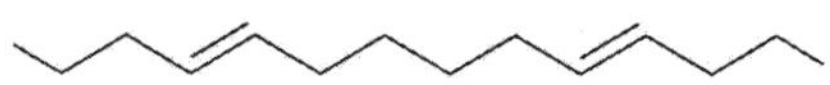

trans

이때 Zigler-Natta 중합법으로는 cis 형태로 이중 결합이 열리기 때문에 trans 형태가 나오기 어렵다. 한편, ROMP로는 보통 trans 형태가 나온다.

23장 가교된 고분자? 탄성체

23-1.

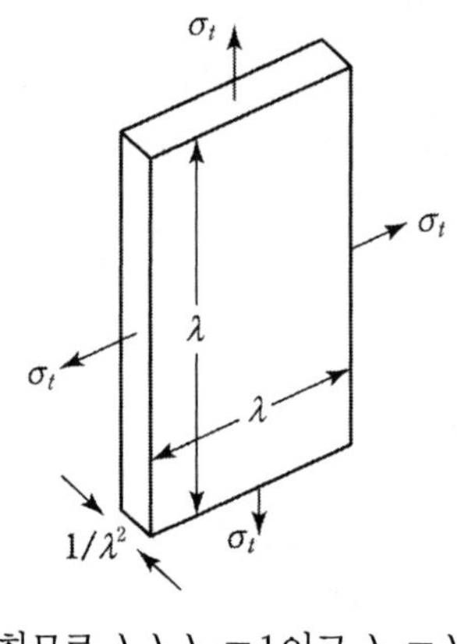

2차원 변형의 경우 부피가 일정하므로 $\lambda_1\lambda_2\lambda_3 = 1$이고 $\lambda_1 = \lambda_2 = \lambda$, $\lambda_3 = 1/\lambda^2$이므로 일에 대해 다음 식이 성립한다.

$$w = 1/2G(\lambda_1^2 + \lambda_2^2 + \lambda_3^2 - 3) = 1/2G(2\lambda^2 + \frac{1}{\lambda^4} - 3)$$

$$dw = 2G(\lambda - \frac{1}{\lambda^5})d\lambda$$

변형되지 않은 상태에서 단위 면적당 힘은 각 방향에서 f_1, f_2, f_3이다. 일반적으로 이 힘들로부터 일은 다음과 같다.

$dw = f_1 d\lambda_1 + f_2 \lambda_2 + f_3 \lambda_3$

$f_1 = f_2 = f$, $f_3 = 0$이므로 $dw = 2fd\lambda = 2G(\lambda - \frac{1}{\lambda^5})d\lambda$, $f = G(\lambda - \frac{1}{\lambda^5})$.

이 힘들은 다음과 같이 실 stress(σ)들과 연관된다.

$f_1 = \sigma_1 \lambda_2 \lambda_3$, $\lambda_1 \lambda_2 \lambda_3 = 1$, $f_1 = \frac{\sigma_1}{\lambda_1}$ or $f = \frac{\sigma_t}{\lambda}$

σ_t는 2차원적 실 stress이므로,

$\sigma_t = G(\lambda - \frac{1}{\lambda^5})\lambda$ or $\sigma_t = G(\lambda^2 - \frac{1}{\lambda^4})$

23-2. 정수압은 다음과 같이 구할 수 있다.

$\Delta P = 5\ \text{kg}\ \frac{9.80665\ \text{m}}{\text{s}^2 24\ \text{cm}^2}\ \frac{10^4\ \text{cm}^2}{\text{m}^2} = 2.043 \times 10^4\ \text{kg/ms}^2$

$V_o = 8\ \text{cm}^3$; $V = 6.859\ \text{cm}^3$; $\Delta V = 8 - 6.859 = 1.141\ \text{cm}^3$

$K = \frac{2.043 \times 10^4}{1.141/8} = 14.32 \times 10^4 = 0.143\ \text{MPa}$

$K = \frac{2(1+v)G}{3(1-2v)}$ or $G = \frac{3(1-2v)K}{2(1+v)}$.

$v = 0.49$이므로 $G = \frac{3(1-0.98)}{2(1.49)} 0.143 = 0.00288\ \text{MPa}$

$\lambda = \frac{L}{L_o} = 1.5$

$f^* = G_o(\lambda - \frac{1}{\lambda^2}) = 0.00288(1.5 - \frac{1}{1.5^2} = 0.00288(1.0556) = 0.00304\ \text{MPa}$

$f^* = 3.04 \times 10^3\ \frac{\text{kg}}{\text{ms}^2} \times 1\ \text{cm}^2 \times \frac{\text{m}^2}{10^4\ \text{cm}^2}\ \text{A} = 0.304\ \text{kg}_\text{f}$

23-3. $f^* = G_o(\lambda - \frac{1}{\lambda^2})$

$\lambda = \frac{L}{L_o} = 2$; $G_o = \frac{100\ \text{psi}}{2 - \frac{1}{4}} = 57.14\ \text{psi}$

$\lambda = \frac{1.5}{1} = 1.5$

$f^* = 57.14(1.5 - 0.444) = 60.3\ \text{psi}$

23-4. (a) Thermoplastic elastomer 온도는 아래 그림과 같이 Hard Elastomer와 Soft Elastomer의 각 유리 전이 온도의 사이 값을 의미하게 된다.

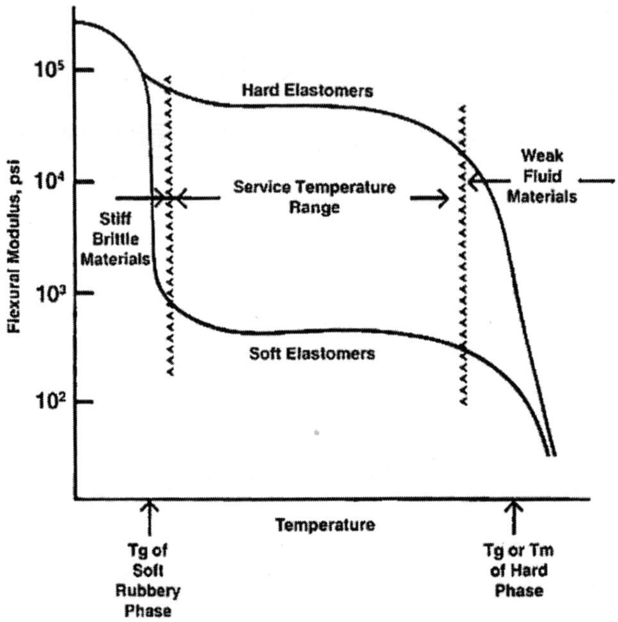

그러므로 폴리스타이렌의 유리 전이 온도인 100°C와 폴리뷰타다이엔의 유리 전이 온도인 180°C 사이인 100~180°C에서 thermoplastic elastomer의 특성을 보인다.

(b) 아래와 그림과 같이 SBS의 경우, Styrene과 Butadiene이 공유 결합으로 묶여있는 상태로 균일하게 상분리 되어 모폴로지를 형성하기 때문에 Styrene으로부터의 강성, Butadiene으로부터의 탄성 각각의 특성을 동시에 지닐 수 있게 된다.

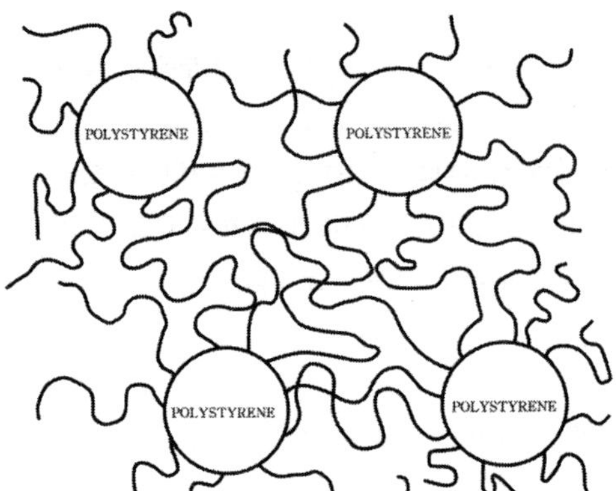

7부

24장 엔지니어링 고분자와 특수 고분자

24-1. 폴리아마이드:

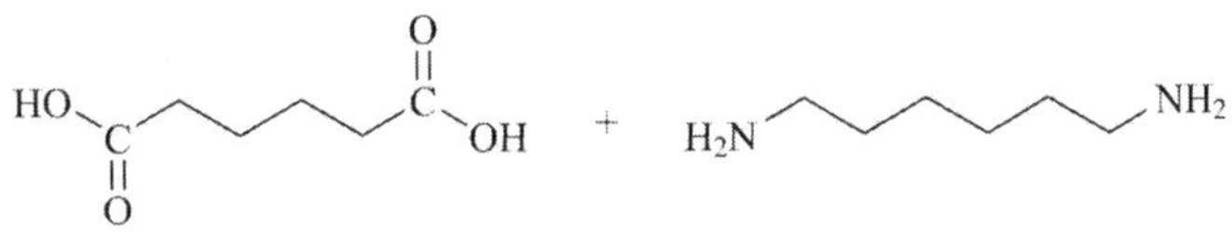

adipic acid hexamethylene diamine

폴리아마이드는 흡수성 고분자이며 흡수 시 물성 및 치수 변화가 크다. 흡습성은 비결정 부분의 아마이드기의 특성이며 분자 구조 내의 아마이드기 농도가 낮을수록 흡수율이 낮다. 분자 구조 내의 아마이드 결합에 의하여 폴리아마이드의 특징이 나타나며 아마이드기의 비율에 따라 물성이 다르게 나타난다.

ABS:

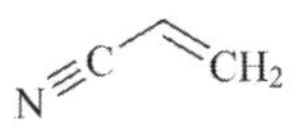

Acrylonitrile

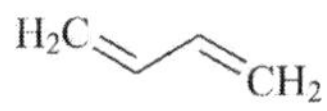

1,3-Butadiene

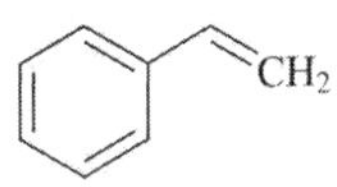

Styrene

ABS의 가장 중요한 기계적 성질은 충격 저항성과 인성이며, 이들은 구성 성분의 다양한 변형을 통해 개선이 가능하다. 충격 저항은 스타이렌 및 아크릴로나이트릴과 관련하여 폴리뷰타다이엔의 비율을 증가시킴으로써 증폭할 수 있지만, 이는 다른 특성들 또한 변화시킨다. 충격 저항은 저온에서 급격히 떨어지지 않는다. 제한된 하중에서는 그 하중을 버티는 안정성이 탁월하다. 따라서, 구성 요소의 비율을 변경하여 ABS를 다른 등급으로 준비할 수 있다.

PC:

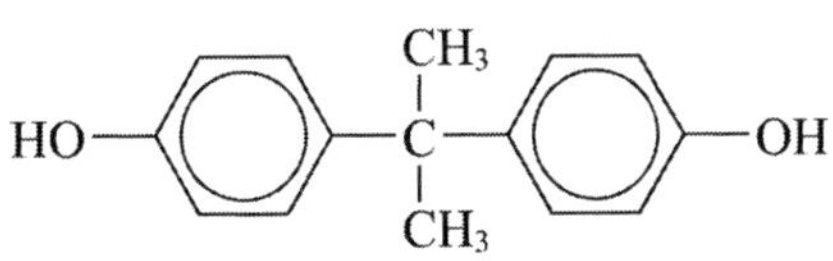

비스페놀-A

투명성, 충격 저항성, 내열성, 난연성, 치수 안정성, 내후성, 자기 소화성 등에서 높은 물리적 성질을 나타낸다. 충격 저항성은 일반적인 유리의 250배 이상이다. 엔지니어링 플라스틱 중에서도 평균적으로 높은 물성을 갖는 합성 수지이며, 투명한 성질을 이용해 광학 용도로도 사용할 수 있다.
하지만 제품 내구성이 강한 편은 아니어서 알칼리성 세제, 알칼리 용제에서 훼손된다. 특히, 에스터 결합을 하기때문에 고온 고습도 환경에서는 가수분해 된다.

24-2. 열경화성 고분자 매트릭스 폴리아마이드는 매우 낮은 크리프 및 높은 인장 강도를 나타낸다. 이러한 특성은 최대 232℃의 온도에서 지속적으로 사용하고, 704℃까지 짧은 시간 내에 사용하는 동안 유지된다.

이러한 강한 내열성은 다음 구조와 같은 폴리이미드 주사슬이 방향족 골격 구조로 이루어져 있기 때문이다. 특히 주로 sp^2 탄소-탄소 결합에 의해 직접 연결된 융합 고리(fused ring)로 구성되어 있는 주사슬 구조는 열이나 외부 충격에 부서지기 어렵게 만든다. 특히나 유연성과 내열성은 trade-off 관계에 있는데, 유연성을 강하게 해주는 곁사슬기가 없기 때문에 내열성 측면이 더욱 부각된다.

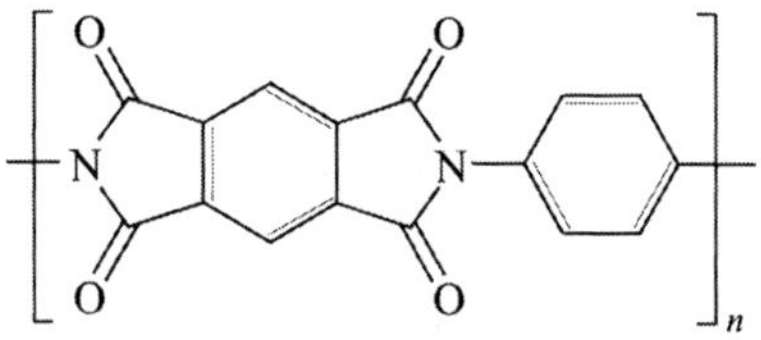

24-3. 반도체 산업에서는 폴리이미드를 고온 접착제로 사용한다. 특히 다른 고분자와 다르게 내열성, 우수한 화학적 저항성, 뛰어난 기계적 성질을 지니고 있기 때문에, 최종적으로 반도체의 회로와 외부 환경 사이에 passivation 층으로 이용된다. 금속보다는 약할 수 있으나 유연성이 뛰어나기 때문에 기계적인 스트레스의 완충제로도 사용된다.

일부 폴리이미드는 포토레지스트처럼 사용될 수 있다. 현상액에 잘 녹게 되는 형태(positive 형) 또는 잘 녹지 않게 되는 형태(negative 형)의 포토레지스트와 같은 폴리이미드가 시장에 존재한다. 미래 산업에서 폴리이미드를 지속적으로 발전 · 이용하기 위해서는 합성법의 개선이 필요하다. 첨단 산업에 사용되는 고분자의 경우, 최소 라디칼 중합을 통해 만들어지는데, 폴리이미드의 경우에는 아직도 축합 중합을 이용하기 때문에 분산도가 굉장히 넓고 분자량 조절에 있어서 한계가 있다. 이를 개선하기 위해 정교한 합성법이 개발되어야 하며, 더 나아가 우주 산업에 쓰이기 위해서는 내열성뿐 아니라 내한성 성능을 개선하여야 한다.

24-4. (a)

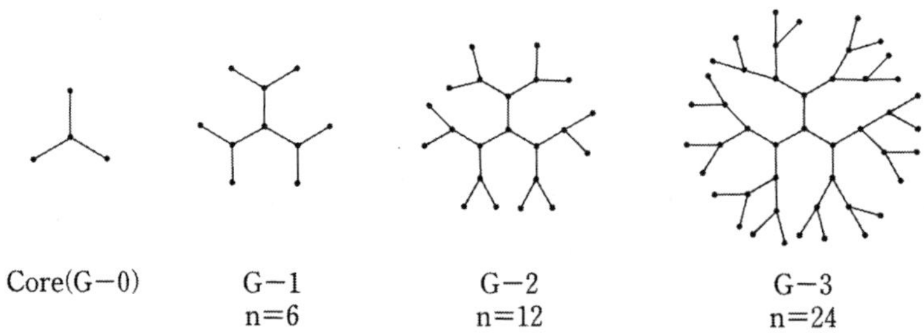

(b) i) Divergent 방법:

덴드리머는 일반적으로 Michael 반응에 의해 바깥쪽으로 확장되는 다기능 코어에서 합성된다. 정확한 덴드리머의 확장을 위해 반응의 각 단계를 완전히 완료한 뒤, 후행 세대를 이어 나간다. 특히 합성 시 불순물이 생겨날 수 있고 불완전 덴드리머가 생겨날 수 있는데, 완전 덴드리머와 불완전 덴드리머의 상대적 크기 차이가 매우 작기 때문에 정제하기가 매우 어려워, 주로 같이 사용된다.

ii) Convergent 방법:

덴드리머 구형의 표면에서부터 반응이 코어 안쪽으로 진행되어 만들어지는 방법이다. 끝이 반응할 수 있는 작용기를 유지하는 상태에서 가지 형태 분자들이 자라나다가 최종적으로 코어에 부착되는 형태이다. 이 방법을 사용하면 불순물과 짧은 가지를 훨씬 쉽게 제거할 수 있으므로 최종 덴드리머가 불완전 덴드리머를 최대한 배제된 상태로 형성된다. 그러나 이러한 방식으로 만들어진 덴드리머는 코어를 따라 Crowding 입체 효과로 인한 반응이 제한되기 때문에 Divergent 방법으로 만든 덴드리머만큼 크게 키울 수 없다.

(c) 덴드리머는 코어 형태로 존재하여, 마이셀 혹은 리소좀처럼 체내에 투입될 수 있다. 이를 이용하여 덴드리머에 약물을 넣고 뺄 수만 있게 된다면 약물 전달 물질로 활용될 수 있다. 약물 전달은 덴드리머 내부 공동 내에 캡슐화되거나 소수성, 정전기 또는 공유 상호 작용을 통해 표면에 결합될 수 있다. 그 이후 pH, 빛, 온도 등과 같은 외부 자극에 의해서 약물-덴드리머 결합이 분리되거나 덴드리머 자체가 분해되면 약물이 빠져나온다. 종류의 분자 구조는 주로 폴리프로필렌 이민(PPI), 폴리아미도 아민(PAMAM) 등을 이용할 수 있다.

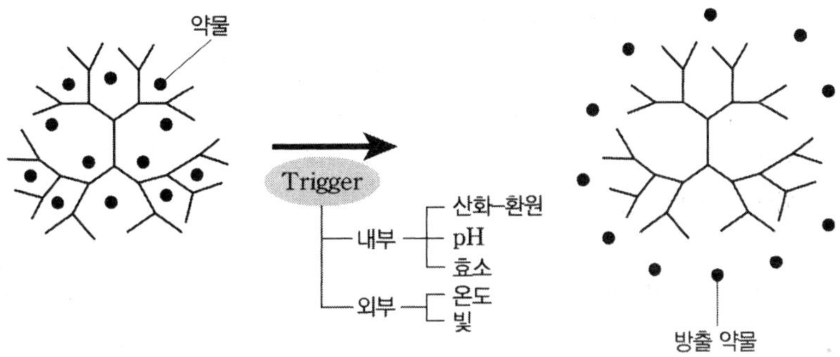

덴드리머로부터 유발되는 약물 제어 방출

25장 고분자에 특수 기능을 부여하자!

25-1. 투과도의 경우, 보통 분광기를 통해서 구할 수 있는데, 고분자의 경우 내포하고 있는 분자 구조에 따라 흡수하는 파장과 광원이 다르기 때문에 사용하는 분광기의 파장이 UV인지, IR인지, 혹은 다른 형태의 파장인지를 알고 있어야 한다. 투과도를 측정하는 방법으로는 고분자를 용매 내에 녹인 용액 형태나 얇은 필름 형태로 제작하여 빛을 투과시키는 방법이 있다. 여기서 투과의 경우 다음 식과 같이 입사광의 투과도 대비 용액/필름에서 거쳐 나온 흡수되지 않은 투과도의 강도의 비율로 나타낼 수 있다.

$$\text{Transmittance} = \frac{I}{I_0}$$

25-2. (1) 확산

저장소 장치에서 약물은 고분자막 안에 저장되어 있고, 이 막을 통해 천천히 확산된다.

Levonorgestrel과 같은 경우, 작은 실리콘 튜브 속에 저장하여 팔에 이식한 뒤, 고분자 캡슐에서 확산되어 5년 동안 천천히 방출된다. 약물을 고분자 내의 서로 연결된 매트릭스 안에 저장하여, 분자량이 수백만 dalton에 달하는 약물도 있을 만큼 크기에 제한을 덜 받지만, 공간 사이가 좁거나 불균일하면 약물이 빠르게 방출되지 못한다.

(2) 화학 반응

화학 작용 시스템에서는 고분자가 시간이 지나면 분해되도록 고안되는데, 특히 분해 과정은 효소 반응과 같은 촉매를 통해 일어난다. 약물과 중합체 사이의 공유 결합이 내인성 효소에 의해 절단되며 정맥 등에 투여되는 형태이다. 폴리에틸렌글라이콜 같은 수용성 고분자를 이용하면 생물학적 반감기를 연장할 수 있다. 분해 가능한 고분자 전달 시스템의 표면 침식을 방출 속도를 더 정확하게 조절할 수 있어서 선호되는 시스템이고, 무수물 고분자는 표면 침식을 촉진하기 위해 사용된다. 소수성 단량체의 경우 고분자 내부로 물을 배제하여 대량 침식을 하게 된다.

(3) 용매 활성화

용매는 고분자와 화학적으로 반응하지 않으며 장치의 팽창이나 삼투 작용에 의해 약물 방출이 시작된다. 예를 들어 nifedipine의 경우, 약물을 소금과 같은 삼투압 활성화 물질과 혼합한 후, 수분은 투과하지만 약물을 투과하지 못하는 막으로 둘러싼 다음, 레이저를 이용하여 캡슐 막 표면에 작은 구멍을 낸다. 캡슐을 복용하면, 삼투 작용에 의해 물이 지속적으로 유입되면서 구멍을 통해 약물을 밀어내어 약물 방출이 조절된다.

25-3. 연료 전지용 분리막 및 전해질로 사용되는 것은 주로 프로톤 교환막이다. 이 교환막이 가져야 할 성질은, 높은 프로톤 전도도와 기계적 강도, 그리고 낮은 기체 투과도 및 물의 이동도이다. 탈수 시에는 프로톤 전도도가 급격히 떨어지므로 탈수에 저항성이 있어야 한다. 막이 직접 겪게 되는 산화 및 환원 반응, 가수분해 등에 대한 내성이 커야 하며, 양이온 결합력이 좋아야 하고, 균질성이 요구된다.

고분자 전해질막의 또 다른 중요한 역할은 연료(수소 또는 메탄올)와 산소를 분리시키는 것이다. 그러나 Nafion계 막의 경우 소수성 결정 부분과 친수성 ion cluster 부분 사이에는 소수성이 강한 무정형 영역이 존재하여 H_2, O_2 등의 용해도가 높다. 따라서 저급 알코올과 같은 용매에 의해 막이 쉽게 팽윤된다. 또 소수성이 강한 물질은 perfluoro carbon과의 상호 작용이 강하여 한 번 막 속에 들어가 이들을 배출하는 것이 매우 어렵다. 그럼에도 아직까지 Nafion계 고분자가 가장 많이 쓰이는 이유는 이를 모두 만족하는 물질이 많지 않기 때문이다.

26장 고분자에 전기장을 걸면?

26-1. 절연 상수를 측정하기 위해서는 고분자 샘플 앞뒤로 유전체 측정 전극을 샌드위치 형상으로 만들고 각 전극의 병렬 커패시턴스를 측정하여 필름의 유전 상수를 계산해야 한다.

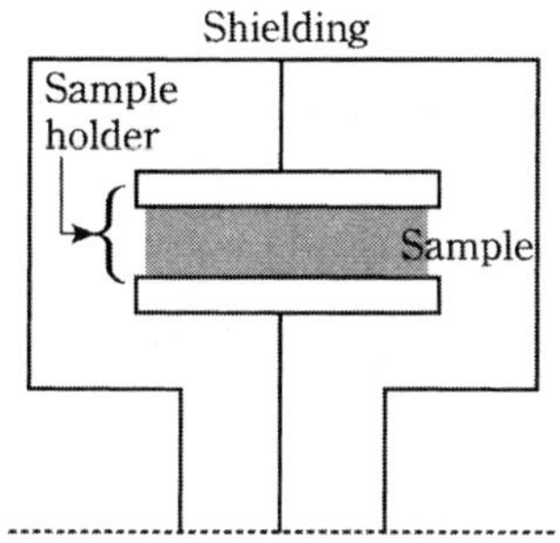

고분자의 절연 상수의 경우 보통 주파수 $10^{-4} \sim 10^{10}$ Hz 정도의 넓은 범위에서 측정할 수 있으며 셰링 브리지(Schering Bridge)를 이용하여 측정한다.

$$\tan\delta_e = R_x C_x w$$

$$\epsilon' = \frac{C_x}{C_0(1+\tan^2\delta_{e)}}, \ \epsilon'' = \epsilon' \tan\delta_e$$

26-2. 캡슐화란 수분, 방사선 및 이온 오염등의 외부 환경으로부터 전자 소자를 보호하기 위하여 고분자의 절연 성질을 활용하여 표면을 보호층(portective seal)으로 둘러싸는 것이다. 보다 일반적으로는 식품 성분, 효소, 세포 또는 기타 물질을 마이크로미터 단위의 막으로 감싸는 데 사용된다. 캡슐화는 외부 환경에 의한 분해를 방지하기 위해 경질화되거나 불용성으로 된 필름으로 만든 벽 안에 고체, 액체 또는 기체 물질을 넣는 것이 핵심이다. 가장 단순한 형태의 마이크로캡슐은 주위에 균일한 벽이 있는 작은 구 형태이다. 캡슐 내부의 물질은 코어 또는 충진물이라고 하며 벽은 셸, 코팅 또는 멤브레인이라고 한다. 알지네이트(알긴산)와 같은 지질 및 고분자와 같은 일부 물질은 타겟 물질을 내부에 가두기 위해 혼합물로 사용할 수도 있다. 대부분의 캡슐에는 직경이 수 마이크로미터에서 수 밀리미터 사이인 기공이 있다. 코팅에 일반적으로 사용되는 코팅 재료로는 에틸셀룰로스, 폴리바이닐알코올, 젤라틴, 알긴산 등이 있다. 캡슐화의 방법으로는 팬 코팅, 원심 압출, 진동 노즐, 스프레이 건조, 마이크로 유체 등이 있다.

27장 유기 반도체 고분자

27-1. 고분자에 단일 결합과 이중 결합이 교대로 형성되게 되면 콘쥬게이션(conjugation) 구조를 가지게 되는데, 이의 경우 sp^2 orbital이 overlap이 되면서 고분자 주사슬(backbone)과 평행하게 pi 전자 구름이 생성된다(하단 그림 참고). 이같이 형성된 전자 구름을 따라서 전자나 홀의 이동이 원활하게 일어나게 된다.

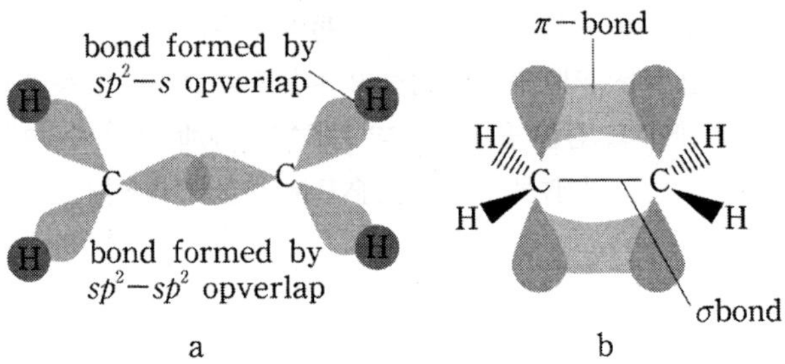

27-2. (a) 1) ethylene: 6.7 ev

2) butadiene: 5.8 ev

3) octatetraene: 3.1 ev

4) polyacetylene: 1.5 ~ 3 ev

(b) 1) 전도성 고분자는 무한히 긴 길이의 콘쥬게이션 길이를 가질 수 없다. 실제로는, 특정 길이(유효 콘쥬게이션 길이, effective conjugation length) 이상으로 고분자가 성장할 경우, 각 사슬이 꼬이고 휘어져 있고, 사슬 내 분자 구조가 돌아가 있기 때문에 특정 고분자 길이 이후부터는 한 방향 벡터로의 콘쥬게이션 길이가 유지 된다. 이 때문에, 전자가 가질 수 있는 최대/최소 에너지가 제한되고 일정한 크기의 띠 간격(band gap)을 가지게 된다.

2) Effective conjugation length of P3HT: 14 units

27-3. 1) polyacetylene

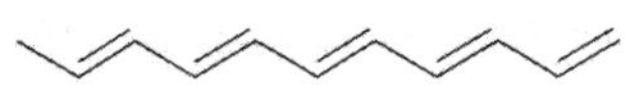

2) polythiophene

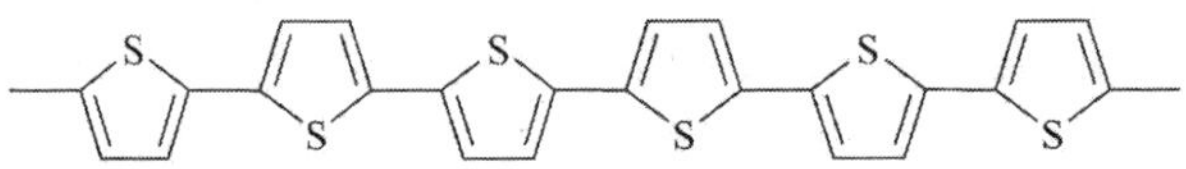

3) polyaniline

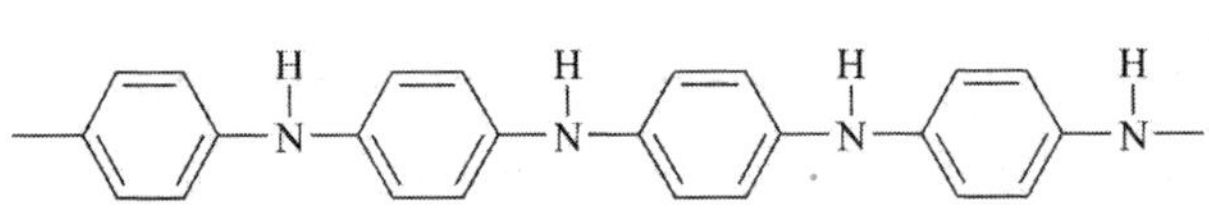

4) poly(phenylene-vinylene)

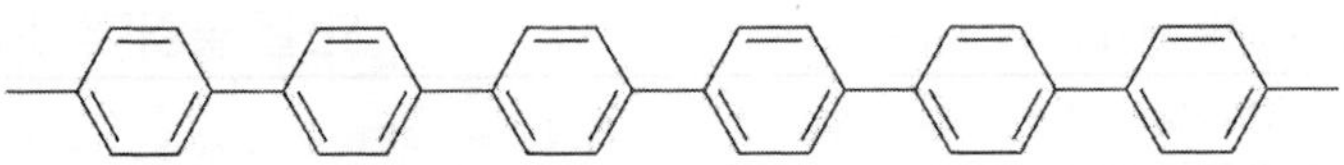

27-4. (a)

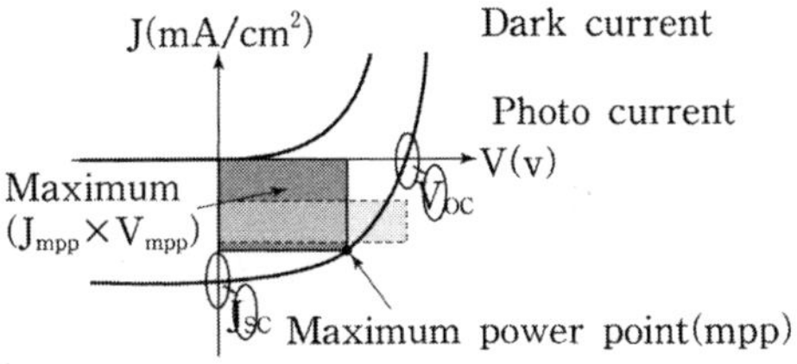

$$\eta = \frac{P_{out}}{P_{in}} = \frac{V_{mpp} * J_{mpp}}{P_{in}} = \frac{J_{sc} * V_{oc} * FF}{P_{in}}$$

상단 그림처럼 태양 전지 효율은 I-V curve를 그렸을 때 직사각형의 면적에 의해서 표시된다. 물리적으로는 외부에서 100개의 photon이 태양 전지로 들어올 때, 생성되는 electron/hole에 의해 얻어지는 전력을 의미한다. 태양 전지의 효율은 세 구성 요소, 즉 전륫값과 전압값 그리고 직사각형의 비율을 좌우하는 fill factor의 곱으로 정의된다.

(b) 주개: poly(3-hexylthiophene), poly(benzothiophene)

받개: PCBM, Y7

(c) 위에서 설명한 것처럼 태양 전지의 효율은 전륫값과 전압값의 곱으로 이루어진다. 전류를 올리기 위해서는 태양 전지에 사용되는 물질이 최대한 많은 양의 photon을 흡수해야 한다. 또 형성된 photon을 효과적으로 전자와 홀로 분리시키고 전극까지 흘려줄 수 있도록 charge mobility 특성이 높은 고분자나 유기 물질이 필요하다. 반면에 전압은 고분자 주개의 HOMO level과 고분자 받개의 LUMO level에 의해서 좌우되므로 이 두 개의 차이를 크게 가져갈 수 있는 물질의 설계가 중요하다.

찾아보기

저자 소개

박오옥

Ph.D. Chemical Engineering, Stanford University, 1985
KAIST 생명화학공학과 교수, 1985-2019
KAIST 교학부총장, DGIST 부총장 등 역임
KAIST 생명화학공학과 명예교수(현재)

김범준

Ph.D. University of California Santa Barbara, 2006
KAIST 생명화학공학과 교수, 2018-현재

고마운 고분자 이야기

저 자 박오옥 · 김범준
발 행 인 김지영
발 행 처 자유아카데미
주 소 경기도 파주시 회동길 37-42 파주출판도시
전 화 031-955-1321
팩 스 031-955-1322
홈페이지 www.freeaca.com
전자우편 main@freeaca.com (대표)
editor@freeaca.com (편집)
crm@freeaca.com (영업)
등 록 제406-2003-017호, 1980. 7. 12
제1판1쇄 2021년 2월 9일 발행
제1판2쇄 2023년 9월 1일 발행
정 가 30,000원

저자와의 협의하에 인지생략

무단 복제를 금하며, 잘못된 책은 바꾸어 드립니다.

ISBN 979-11-5808-296-3 93430